U0228260

大语言模型开发

用开源模型开发本地系统

范煜 —— 著

清华大学出版社
北京

图书在版编目（CIP）数据

大语言模型开发：用开源模型开发本地系统 / 范煜著. —北京：清华大学出版社，2024. 8. —（新时代·技术新未来）. — ISBN 978-7-302-67051-3

Ⅰ. TP391

中国国家版本馆 CIP 数据核字第 202459QM25 号

责任编辑：刘 洋
封面设计：徐 强
版式设计：张 姿
责任校对：宋玉莲
责任印制：丛怀宇

出版发行：清华大学出版社

网 址：https://www.tup.com.cn，https://www.wqxuetang.com
地 址：北京清华大学学研大厦 A 座 邮 编：100084
社 总 机：010-83470000 邮 购：010-62786544
投稿与读者服务：010-62776969, c-service@tup.tsinghua.edu.cn
质 量 反 馈：010-62772015, zhiliang@tup.tsinghua.edu.cn

印 装 者：大厂回族自治县彩虹印刷有限公司
经 销：全国新华书店
开 本：185mm×260mm 印 张：20.75 字 数：518 千字
版 次：2024 年 9 月第 1 版 印 次：2024 年 9 月第 1 次印刷
定 价：118.00 元

产品编号：104288-01

前言
PREFACE

在 ChatGPT 的成功推动下，人工智能（artificial intelligence，AI）技术的主要研究焦点已从计算机视觉逐渐转向自然语言处理（natural language processing，NLP）。这使得原本相对边缘的自然语言处理技术逐渐走向了舞台中心。尽管自然语言处理的研究者相较于计算机视觉（computer vision，CV）领域来说少，但经过几十年的发展，其积累的技术成果也十分丰富。以 ChatGPT 及其背后的 GPT（Generative Pretrained Transformer）模型为代表的大语言模型（LLM）技术的成功，不是一夜之间的突变，而是基于多年技术积累取得的一次重大突破。

但是，并非所有的自然语言处理技术都被大语言模型的开发所采用。一些技术路线已被放弃，一些虽然得到了发展，但已被更优秀的技术所取代。在大语言模型技术的后续发展中，这些被抛弃或替代的技术仍有可能被重新研究和改进。本书旨在是让读者了解主流大语言模型所采用的技术，而不是去开发新的大语言模型。因此，我们主要介绍了 GPT 系列及开源 Llama 2 模型所采用的技术，对其他技术并未进行探讨，例如知名的词嵌入（word embeddings）技术 Word2Vec。

现在的大语言模型基本上都是基于 Transformer 架构。相较于标准的编码器 - 解码器（Encoder-Decoder）结构，如今的 GPT 系列产品及 Llama 1、Llama 2 都采用了单解码器结构。本书以 Transformer 模型架构为基础，重点关注了纯解码器技术方向，并对相关技术进行了详细的阐述。

由于 GPT-3.5、GPT-4 的技术并未开源，且基于其 API（应用程序接口）的开发并不适合本地部署，因此本书的开发技术主要基于开源的大语言模型，尤其是 Meta 的 Llama 2 模型。对于新技术，我们主要介绍那些可以通过源代码进行验证和借鉴，且可以在 Llama 2 模型上运行的技术，其他技术则不做介绍，如混合专家系统（Mixture of Experts，MoE）。

本书基本覆盖大语言模型开发的多个方面。整体上可以参照 OpenAI 的安德烈 • 卡帕西（Andrej Karpathy）在微软的 2023 年 Build 大会报告中介绍的 GPT 助手训练流程。报告中指出：要训练一个 ChatGPT，需要经过表 0-1 中的几个阶段：预训练（Pretraining，PT）、监督微调（Supervised Finetuning，SFT）、奖励模型（Reward Modeling，RM）以及基于人类反馈的强化学习（Reinforcement Learning from Human Feedback，RLHF）。

表 0-1　GPT 助手训练流程

阶段	预训练	监督微调	奖励模型	基于人类反馈的强化学习
数据集	原始语料 数万亿字 质量低、数量大	示例 理想助手回答 约 10 ～ 100K（输入提示，回复）由合约工人编写 数量较少，质量较高	比较 100K 到 1M 个比较 由合约工人编写 数量较少，质量较高	提示 约 10 ～ 100K 提示 由合约工人编写 数量少，质量高

续表

阶段	预训练	监督微调	奖励模型	基于人类反馈的强化学习
算法	语言模型 预测下一个标记	语言模型 预测下一个标记	二分类 根据偏好预测回报	强化学习 生成最大化回报的标记
模型	基础模型	SFT 模型	RM 模型	RL 模型
备注	1 000GPU 数月训练 GPT、Llama、PaLM 模型可发布	1 ～ 100GPU 数天训练 Vicuna-13B 模型可发布	1 ～ 100GPU 数天训练	1 ～ 100GPU 数天训练 ChatGPT、Claude 模型可发布

图 0-1 是书中涉及知识的框图。除白色外，都是需要学习的内容。

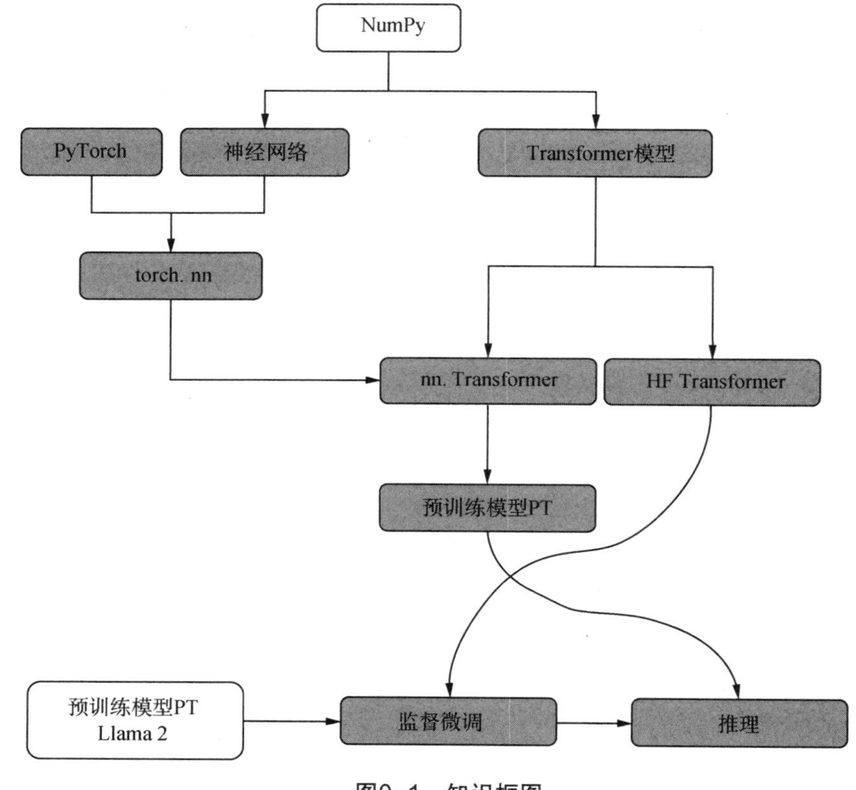

图0-1　知识框图

构建可本地部署且拥有私有知识的大语言模型具有高度市场需求。这种模型主要通过两种技术实现私有知识的加入：检索增强生成（RAG）和监督微调。其中，RAG 技术适用于开源和闭源模型，而 SFT 技术只适用于开源模型。对于私有知识的加入，书中主要讲述了监督微调，并结合大型语言模型详细介绍了 RAG 中词向量（word embeddings）的计算。通过学习本书，开发人员可以利用开源预训练模型研发在本地环境中独立部署，并以自身独特知识库为依托构建专业化垂直领域模型。

本书的内容来源不仅包含网络上的各类教程和文章，也包括原始论文和源代码。许多内容来自对原始论文的阅读与理解，对开源代码的详细分析和程序运行输出。对书中所有引用的源代码，作者都已经亲自运行并确保其有效性，书中提供了下载链接，便于读者继续研究。部分基础知识和源代码分析借助了 ChatGPT，后期少部分内容使用了阿里云的通义千问，效果不错。

本书不但适用于大型语言模型应用开发人员，而且对于渴望深度探究 ChatGPT 背后的运行机制，更高效地运用和优化其功能的实践者，同样具有极高的参考价值。换言之，若想在 ChatGPT 应用领域成为佼佼者，掌握提示的规则和技巧固然重要，深入掌握其内在机制才是关键。

我们预期读者具有 Python 编程的基础知识，并对深度学习（deep learning）有一定了解，但并不要求读者具备自然语言处理的基础知识。

由于作者水平有限和技术发展的迅速性，本书内容难免存在不足之处。在此，恳请读者批评指正。

获取书中示例源代码及资源访问网址请扫封底的二维码。

范　煜

2024 年 3 月

目录
CONTENTS

第3章 PyTorch开发基础

第4章 Transformer模型详解

第 5 章 大语言模型

第 6 章 模型训练

第7章 模型微调

第8章 人类反馈强化学习

第9章 模型推理

第10章 中文私有模型开发

第11章 模型评估

第1章

自然语言处理

1.1 人工智能的技术构成

人工智能是一个广泛的领域，从应用领域来讲，主要包括计算机视觉和自然语言处理。

计算机视觉是让计算机能够“看”和理解视觉信息的技术。它的应用包括图像识别、物体检测、图像分割、场景理解等。自然语言处理主要关注让计算机理解和处理人类语言。自然语言处理的主要应用包括机器翻译、情感分析、文本摘要、语音识别等。

从技术角度讲，人工智能主要包括机器学习（machine learning，ML）、深度学习、强化学习（reinforcement learning，RL）、知识图谱（knowledge graphs）等。

机器学习是人工智能的一个子集，它使用算法让计算机从数据中学习，而无须进行明确的编程。机器学习的主要类型包括监督学习、无监督学习、半监督学习和强化学习。

深度学习是机器学习的一个子集，它使用神经网络模型进行学习，这些模型包含多个隐藏层。深度学习已在图像识别、语音识别、自然语言处理等领域取得了显著的成果。

强化学习是一种学习方法，其中的智能体通过与环境的交互来学习如何实现目标。强化学习在游戏、机器人技术、自动驾驶等领域有广泛的应用。

知识图谱是一种结构化的数据表示方法，用于存储信息并描述信息之间的关系。知识图谱在搜索引擎、推荐系统、问答系统等方面有广泛的应用。

1.1.1 机器学习和深度学习的区别

机器学习和深度学习都是人工智能的重要分支，深度学习是机器学习的扩展，它能够处理更复杂的问题和更大的数据集，但同时也需要更多的计算资源和数据。而机器学习则更加灵活和高效，适合处理一些相对简单的问题。它们之间的主要区别在于模型结构、数据需求、处理方式和解决问题的能力。

机器学习模型通常比较简单，可以是线性回归、逻辑回归、决策树、支持向量机等。而深度学习模型则基于神经网络，尤其是深层神经网络，如卷积神经网络（convolutional neural networks，CNN）、循环神经网络（recurrent neural networks，RNN）和变分自编码器（variational auto-encoders，VAE）等。

深度学习需要大量的数据才能得到有效的训练。这是因为深度学习模型通常有很多参数，需要大量数据来避免过拟合(overfitting)。而对于机器学习模型，尤其是一些简单的模型，可能只需要少量的数据就能得到不错的结果。

机器学习模型在处理输入数据时，通常需要人为地进行特征选择和特征工程。而深度学习模型可以自动从原始数据中学习到有用的特征，这也是深度学习的一个主要优点。

对于一些复杂的问题，如图像识别、语音识别和自然语言处理等，深度学习通常能够得到更好的结果。而对于一些简单的问题，使用机器学习就足够了，而且更快、更易于理解。

图 1-1 显示了机器学习与深度学习的关系及特征的演变。

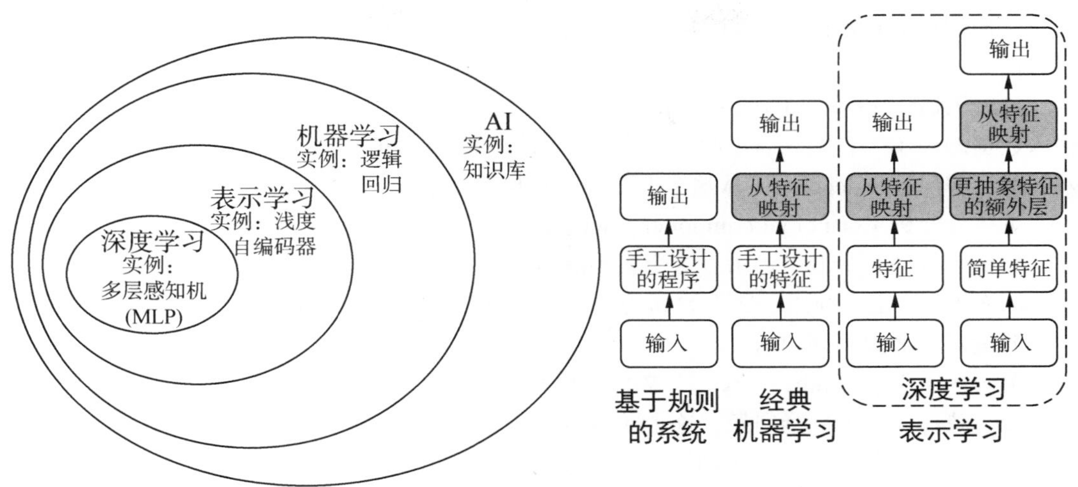

图1-1　机器学习与深度学习的关系及特征的演变

1.1.2　表示学习与深度学习的关系

表示学习（representation learning）是机器学习中的一个重要概念，其主要目标是自动找出用于解释原始数据的有效和有用的特征或表示。这些表示可以帮助改善后续的机器学习任务，如分类、回归等。表示学习的一个关键概念是，好的数据表示可以使原本复杂的任务变得简单。

深度学习是表示学习的一个重要实例。深度学习模型，如卷积神经网络和循环神经网络，可以自动从原始数据中学习到有用的表示。这是深度学习能够在图像识别、语音识别和自然语言处理等任务上取得突出成绩的一个重要原因。

表示学习与经典机器学习的主要区别在于特征选择的过程。在经典机器学习中，特征选择通常需要人工进行，这需要对问题和数据有深入的理解，而且往往需要大量的时间和努力。而在表示学习中，特征或表示是自动从数据中学习得到的，无须人工进行特征选择。

从复杂度来看，表示学习通常能够处理更复杂的数据和问题。例如，对于图像、语音和文本等复杂的数据，直接使用原始数据进行经典的机器学习可能会非常困难，而表示学习可以自动学习到有效的特征，从而使问题变得简单。

良好的数据表示可以提升模型的泛化能力，即使在未见过的数据上，也能得到好的结果。这是因为良好的数据表示可以捕捉到数据的底层结构和规律，而这些结构和规律通常对于解决问题是有用的。

深度学习是一种特殊的表示学习方法，它使用了深度神经网络（deep neural networks，DNN）（有多个隐藏层的神经网络）来学习数据的表示。深度学习的特点是，它可以自动地、层次化地学习数据的表示。在深度学习中，每一层的神经网络都会学习数据的一种表示，而且每一层的表示都是在前一层表示的基础上学习得到的。这种层次化的表示学习方式使深度学习能够处理非常复杂的数据和任务。

相对于深度学习，表示学习是一个更广泛的概念，它的目标是找到一种将原始数据转换到更有用的表示的方法，无论这种方法是深度学习，还是其他的方法。

除了深度学习，其他的表示学习方法可以根据是否需要标签数据（即有监督或无监督）

以及它们的目标（例如，是否试图保持数据的某些性质）来分类。以下是一些常见的表示学习方法。

自编码器（autoencoders）：这是一种无监督的表示学习方法，它试图学习一个能够重构输入数据的表示。自编码器由两部分组成：编码器（encoder）将输入数据编码为一个低维表示，然后解码器（decoder）从这个低维表示重构原始输入。

主成分分析（principal component analysis，PCA）：这是一种经典的无监督表示学习方法，它试图找到一个低维表示，这个表示能够最大化数据的方差。

词嵌入：这是一种用于文本数据的表示学习方法，它将每个词映射到一个连续的向量，这个向量能够捕捉到词的语义。

图嵌入（graph embeddings）：这是一种用于图数据的表示学习方法，它试图将图中的节点或边映射到一个低维向量，这个向量能够捕捉到节点或边的属性和结构信息。

变分自编码器和生成对抗网络（generative adversarial networks，GANs）：这两种方法都是无监督的表示学习方法，它们不仅试图学习数据的表示，还试图学习数据的生成过程。

1.2 自然语言处理的发展阶段

自然语言处理是人工智能的一个重要分支，其目标是让计算机能够理解和生成人类语言。自然语言处理技术的发展历程可以概括为以下几个阶段。

（1）规则驱动的方法（20 世纪 50 年代至 20 世纪 80 年代）：早期的自然语言处理系统主要依赖于硬编码的规则。例如，ELIZA 和 SHRDLU 等系统，它们主要通过模式匹配和规则引擎来理解和生成语言。

（2）统计方法（20 世纪 80 年代至 21 世纪第一个十年）：随着计算机科学的发展，统计方法开始在自然语言处理中得到应用。例如，隐马尔可夫模型（Hidden Markov Model，HMM）和条件随机场（Conditional Random Fields，CRF）被用于词性标注（POS tagging）和命名实体识别（NER）。此外，IBM（国际商业机器公司）的统计翻译模型（如 IBM Model 1 ～ 5）在机器翻译领域取得了重要的突破。

（3）深度学习方法（21 世纪第一个十年至今）：随着深度学习的兴起，自然语言处理领域也发生了革命性的变化。例如，Word2Vec（2013 年）和 GloVe（Global Vectors for Word Representation，2014 年）等词嵌入模型，它们能够有效地捕捉单词的语义信息。然后，序列到序列（Sequence to Sequence，Seq2Seq）模型和注意力机制（attention mechanism）的提出，进一步推动了机器翻译和文本生成等。

（4）Transformer 和预训练模型（Pretrained Models）（2017 年至今）：Transformer 模型（2017 年）的提出，开启了自然语言处理的新时代。基于 Transformer 的 BERT（Bidirectional Encoder Representations from Transformers）（2018 年）和 GPT（2018 年）等预训练模型，通过大规模的无监督学习，显著提高了自然语言处理任务的性能。

（5）大规模语言模型（2019 年至今）：GPT-2（2019 年）、GPT-3（2020 年）和 OpenAI 的 ChatGPT 等大规模语言模型，通过训练数十亿甚至数万亿个参数，能够生成极其逼真的人类语言。

图 1-2 分别从自然语言处理、深度学习、Transformer 三个由大到小的层面展示了技术发展的过程。

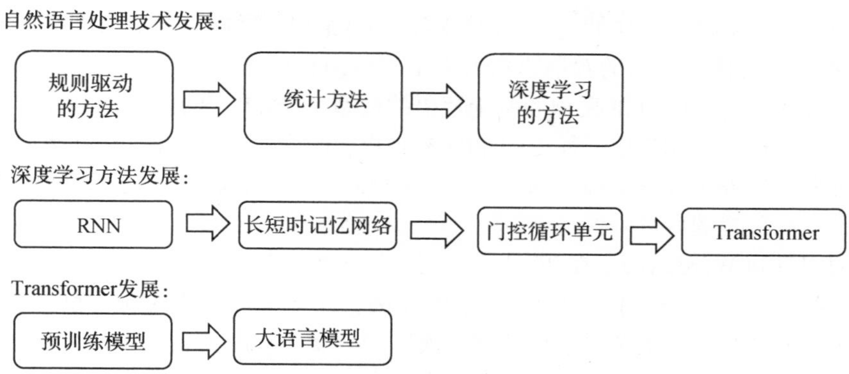

图1-2　技术发展的过程

1.3　规则驱动的方法

在自然语言处理的规则驱动方法阶段，有几个关键的里程碑式的技术和系统。

（1）ELIZA（1966年）：ELIZA是由MIT（麻省理工学院）的约瑟夫·维森鲍姆（Joseph Weizenbaum）开发的早期自然语言处理程序。这个程序模拟了一个心理治疗师的角色，通过识别用户输入中的关键词和短语，并根据预设的规则生成回应。尽管ELIZA的理解能力非常有限，但它成功地展示了计算机可以在一定程度上模拟人类的对话。

（2）SHRDLU（1970年）：SHRDLU是由特里·威诺格拉德（Terry Winograd）在斯坦福大学开发的一个早期的自然语言理解系统。这个系统能够理解关于一个由几何形状组成的虚拟世界的简单英语句子，并对这些句子进行适当的响应。SHRDLU利用了一种名为微世界（micro-world）的概念，即限制其操作和理解的语境范围，从而在这个有限的领域内实现相对高效的语言理解。

（3）规则驱动的机器翻译：在这个阶段，人们也尝试开发了一些基于规则的机器翻译系统。这些系统通常包括词汇查找、句法分析和生成等步骤。尽管这些系统的翻译质量通常受限于规则的复杂性和覆盖度，但它们为后来的统计机器翻译（SMT）和神经网络机器翻译奠定了基础。

这些早期的规则驱动的自然语言处理系统，虽然在理解和生成语言的能力上有很大的局限性，但它们为自然语言处理的研究开辟了道路，并为后来的发展奠定了基础。

1.4　统计方法

在规则驱动的方法之后，自然语言处理的研究开始转向统计方法。这个阶段的主要特点是利用大量的语言数据（语料库）和统计模型来理解和生成语言。以下是这个阶段的一些里程碑式的技术。

（1）隐马尔可夫模型：在20世纪80年代和90年代，HMM被广泛用于自然语言处理的许多任务，特别是在词性标注和语音识别中。HMM是一种统计模型，它可以用来描述一个隐藏的序列状态产生观察序列的过程。在词性标注中，隐藏的状态序列就是单词的词性，观察的序列就是单词本身。

（2）统计机器翻译：在 20 世纪 90 年代末和 21 世纪初，SMT 开始成为机器翻译的主流方法。SMT 系统通常使用大量的双语语料库来学习单词和短语的翻译概率，然后使用这些概率来生成翻译。其中，IBM 的模型和基于短语的模型是 SMT 中的两个重要方法。

（3）条件随机场：CRF 是一种在 21 世纪初被提出的序列标注模型，它在诸如命名实体识别和信息抽取等任务中取得了很好的效果。与 HMM 不同，CRF 可以考虑整个序列的特征，而不仅仅是当前位置的特征。

（4）词向量和 Word2Vec：在 2013 年，托马斯·米科洛夫（Tomas Mikolov）等提出了 Word2Vec 模型，这是一种用于学习词向量的方法。词向量可以捕捉词义和词之间的关系，例如"王子"和"公主"的关系类似于"男人"和"女人"的关系。Word2Vec 的出现对自然语言处理产生了深远影响，它开启了深度学习在自然语言处理中的应用。

Transformer 模型不直接使用上述提到的统计方法，但它的一些关键技术与这些方法有一定的关联。

（1）词向量：Transformer 模型使用词向量作为输入，这是自 Word2Vec 模型以来的一种通用做法。词向量可以将词映射到连续的向量空间中，使得语义相近的词在空间中的距离也相近。

（2）序列模型：虽然 Transformer 模型并没有直接使用 HMM 或 CRF，但它处理的问题往往是序列问题，例如机器翻译、文本生成等。Transformer 模型使用自注意力机制（self-attention mechanism）来捕捉序列中的长距离依赖关系，这是一种比 HMM 和 CRF 更强大的方法。

（3）概率模型：Transformer 模型也可以被看作一种概率模型，它使用 Softmax 函数来计算每个词的概率。这与统计机器翻译中的方法有一定的相似之处，但 Transformer 模型是在深度神经网络的框架下进行学习和推理的。

1.4.1 隐马尔可夫模型

隐马尔可夫模型是一种统计模型，用于描述一个隐藏的马尔可夫过程。其主要是作为一种统计工具，用于处理时间序列数据。HMM 在语音和手写识别、自然语言处理、生物信息学等领域有广泛的应用。

HMM 基于马尔可夫过程，马尔可夫过程是一种特殊的随机过程，其中系统的未来状态仅依赖于其当前状态，而与过去的状态无关。这种性质被称为马尔可夫性质或无记忆性质。

HMM 具有两个主要的序列：观察序列和状态序列。观察序列是我们可以直接观察到的数据，而状态序列则是隐藏的，我们不能直接观察到。

HMM 主要由三部分组成。

（1）状态转移概率矩阵：这表示了系统从一个状态转移到另一个状态的概率。

（2）观察概率矩阵（也称为发射概率）：这表示了在给定某个隐藏状态的情况下，观察到某个观察值的概率。

（3）初始状态概率：这表示了系统在初始时刻处于某个状态的概率。

HMM 主要涉及三个基本问题。

（1）评估问题：给定模型参数和观察序列，计算观察序列出现的概率。

（2）解码问题：给定模型参数和观察序列，寻找最可能的隐藏状态序列。

（3）学习问题：给定观察序列，调整模型参数以最大化观察序列的概率。

对于这三个问题，已经有了一些经典的解决算法，如前向后向算法解决评估问题，维特比算法（Viterbi Algorithm）解决解码问题，Baum-Welch 算法（也称 EM 算法）解决学习问题。

隐马尔可夫模型在自然语言处理中有着重要的作用和地位。它主要用于处理序列数据，这使得它在许多自然语言处理任务中都非常有用，例如词性标注、命名实体识别、分词（tokenization）、语音识别等。

（1）词性标注：词性标注是自然语言处理中的一个基础任务，它的目标是确定每个单词在句子中的语法角色（名词、动词、形容词等）。HMM 可以用来处理这个问题，因为我们可以把每个单词的词性看作是一个隐藏状态，而单词本身是观察到的符号。

（2）命名实体识别：命名实体识别的任务是识别文本中的特定类型的名词短语，如人名、地名、组织名等。HMM 也可以用于这个任务，因为我们可以把每个单词是否属于某种类型的名词短语看作是一个隐藏状态。

（3）分词：在一些语言（如中文）中，文本并没有明显的词语分界符，因此需要进行分词处理。HMM 可以用于这个任务，因为我们可以把每个字符是否属于一个词的开始、中间或结束看作是一个隐藏状态。

（4）语音识别：语音识别的任务是将语音信号转换为文本。HMM 可以用于这个任务，因为我们可以把每个语音帧对应的音素看作是一个隐藏状态，而语音帧本身是观察到的符号。

虽然 HMM 在自然语言处理中有着广泛的应用，但它也有一些局限性。例如，它假设观察值之间是独立的，这在许多自然语言处理任务中并不成立。因此，现在许多自然语言处理任务已经开始使用更复杂的模型，如条件随机场、深度学习模型（如循环神经网络、Transformer 等）。

虽然隐马尔可夫模型和 Transformer 模型在设计和实现上有着显著的不同，但我们不能否认 HMM 对于序列建模和自然语言处理领域的重要贡献。HMM 在一定程度上为 Transformer 的发展铺平了道路，但并没有直接的贡献。以下是一些可能的贡献。

（1）序列建模的先驱：HMM 是最早用于处理序列数据的模型之一，它为后来的序列建模任务（包括 Transformer）提供了理论基础。通过 HMM，研究人员开始理解如何处理序列数据，这对于后来 Transformer 的设计和实现有着重要的启示作用。

（2）概念引入：HMM 引入许多处理序列数据的重要概念，如状态、观察、转移概率等，这些概念在后来的模型中仍然有着广泛的应用。

（3）应用驱动：HMM 在许多自然语言处理任务中的成功应用，如词性标注、命名实体识别、语音识别等，这些成功的应用驱动了自然语言处理领域的发展，推动了更多的研究和更先进的模型（如 Transformer）的出现。

然而，需要注意的是，尽管 HMM 为序列建模和自然语言处理领域的发展作出了重要贡献，但 Transformer 并没有直接从 HMM 中借鉴或继承任何特定的技术或方法。相反，Transformer 的设计和实现主要基于深度学习和自注意力机制，这与 HMM 的基于统计的方法有着本质的不同。

1.4.2 条件随机场

条件随机场是一种统计建模方法，主要用于序列数据的标注和分段。在自然语言处理领域，CRF 常常被用于词性标注、命名实体识别等任务。CRF 是一种判别模型，它能够使用上下文信息来预测当前的输出。

CRF 的基本思想是给定一组输入序列，通过构建一个条件概率模型来预测输出序列。这个模型表示的是在给定观察序列的情况下，某个状态序列的概率。CRF 的一个关键特性是它能够考虑整个序列的特性，而不仅仅是单个数据点。

CRF 的主要组成部分包括以下几个。

（1）状态：这是我们想要预测的序列，比如在词性标注任务中，状态就是每个单词的词性。

（2）观察：这是输入的数据，比如在词性标注任务中，观察就是句子中的单词。

（3）特征函数：这是用于预测的函数，它将输入和输出映射到一个实数值。特征函数可以是任意的，只要它能够捕捉到输入和输出之间的关系。

（4）转移概率：这是从一个状态到另一个状态的概率，它由特征函数和一个权重参数决定。

CRF 的训练通常通过最大化对数似然函数来进行，这可以通过梯度下降或其他优化算法来实现。预测则通过维特比算法来找到最可能的状态序列。

总的来说，CRF 是一个强大的序列建模工具，它能够考虑整个序列的特性，捕捉到输入和输出之间的复杂关系。

1.5 深度学习方法

在自然语言处理的发展中，有几种技术对深度学习方法的发展产生了重大影响，可以被视为具有里程碑意义的技术。

（1）词向量：这是一种将词表示为高维空间中的向量的技术，最著名的可能就是 Word2Vec 和 GloVe。这些词向量捕获了词的语义信息，使得语义上相似的词在向量空间中距离接近。这种表示方法在许多自然语言处理任务中都有应用，包括情感分析、文本分类和机器翻译等。

（2）循环神经网络：RNN 是处理序列数据的一种强大工具，它能够捕获序列中的时间依赖性。RNN 的一个重要变体是长短时记忆网络（long short-term memory，LSTM），它通过引入门控机制解决了 RNN 的长期依赖问题。

（3）Transformer 模型：Transformer 模型在 2017 年提出，其核心是自注意力机制，可以捕获序列中任意两个位置之间的依赖关系，无论它们之间的距离有多远。Transformer 模型在许多自然语言处理任务中都取得了很好的效果，如机器翻译、文本摘要等。

（4）预训练语言模型（Pretrained Language Models）：这是一种使用大量无标签数据预训练模型的技术，然后在特定任务上进行微调。其中最著名的可能就是 BERT 了。BERT 模型在预训练阶段学习了丰富的语言知识，然后在特定任务上进行微调，可以获得很好的效果。

（5）GPT：GPT 是 OpenAI 开发的一种预训练语言模型，它使用一个大型 Transformer 模型在大量文本数据上进行预训练，然后在特定任务上进行微调。GPT 在许多自然语言处理任务上都取得了很好的效果，包括文本生成、机器翻译和问答等。

1.5.1 Word2Vec词嵌入

词向量和 Word2Vec 涵盖了统计方法和深度学习方法的元素。它们的目标是将词语表示为高维空间中的向量，这些向量能够捕获词语的语义信息。

Word2Vec 是一种特定的词向量生成方法，它使用浅层神经网络（两层）来训练词向量。Word2Vec 有两种主要的训练算法：连续词袋（CBOW）模型和 Skip-gram 模型。CBOW 模型预测目标词汇基于其上下文，而 Skip-gram 模型则预测上下文基于目标词汇。这两种模型都使用了一种名为负采样的技术来加快训练速度。

因此，Word2Vec 既可以被视为一种统计方法，因为它依赖于词汇的共现统计信息；又可以被视为一种深度学习方法，因为它使用神经网络来学习词向量。然而，需要注意的是，虽然 Word2Vec 使用了神经网络，但它的网络结构相对简单，不像一些更复杂的深度学习模型，如卷积神经网络或循环神经网络。

1.5.2 循环神经网络

循环神经网络模型是一种基于神经网络的语言模型，它通过在序列中添加隐藏层来捕捉上下文信息，并通过反向传播（backpropagation）算法进行训练。RNN 模型在处理长序列和自然语言文本中表现良好。

循环神经网络是一种适用于处理序列数据（如时间序列数据，自然语言等）的神经网络模型。与传统的神经网络不同，RNN 在处理每个输入元素时都会考虑到前面的历史信息。这是通过在网络中引入循环连接实现的，使得网络的输出不仅依赖于当前的输入，也依赖于前一步的隐藏状态。

RNN 的基本结构可以表示为以下的更新公式：

$$h_t = f(W_{xh} \cdot x_t + W_{hh} \cdot h_{t-1} + b_h)$$
$$y_t = W_{hy} \cdot h_t + b_y$$

其中，x_t 是在时间步（time step）t 的输入；h_t 是在时间步 t 的隐藏状态；y_t 是在时间步 t 的输出；W_{xh}、W_{hh} 和 W_{hy} 是网络的权重参数；b_h 和 b_y 是偏置参数；f 是非线性激活函数，如 tanh 或者 ReLU（线性整流）函数。

然而，标准的 RNN 在处理长序列时会遇到梯度消失（Gradient Vanishing）和梯度爆炸（Gradient Explosion）问题，这使得网络难以学习和记忆长期的依赖关系。为了解决这个问题，人们提出了一些改进的 RNN 模型，例如长短时记忆网络和门控循环单元（Gated Recurrent Unit，GRU）。

这些模型通过引入一种复杂的内部机制（如门控机制）来控制信息的流动，使网络能够在长序列中更好地记忆历史信息，从而有效地解决了梯度消失和梯度爆炸问题。

1.5.3 长短时记忆网络模型

长短时记忆网络是一种特殊的循环神经网络，它能够在处理长序列数据时更好地学习和记忆长期的依赖关系。LSTM 是由赛普·霍克赖特（Sepp Hochreiter）和于尔根·施密德胡伯（Jürgen Schmidhuber）在 1997 年提出的，现在已经广泛应用于各种序列预测任务，如语音识别、语言模型、文本生成等。

LSTM 的关键是引入所谓的“细胞状态”（cell state），这是一种在网络的隐藏层中传递的内部状态，可以理解为 LSTM 的“记忆”。这种细胞状态通过一些特定的结构（称为“门”）来更新和控制，这些门可以学习何时应该记住或忘记信息，以及何时应该更新细胞状态。

LSTM 的一个基本单元包括以下几个部分。

（1）遗忘门（Forget Gate）：决定哪些信息应该被遗忘或丢弃。

（2）输入门（Input Gate）：决定哪些新进来的信息应该被保留在细胞状态中。

（3）输出门（Output Gate）：决定哪些信息应该被输出到下一时间步。

这些门的操作可以用以下的数学公式来表示：

遗忘门：$f_t = \sigma(W_f \cdot [h_{t-1}, x_t] + b_f)$

输入门：$i_t = \sigma(W_i \cdot [h_{t-1}, x_t] + b_i)$

候选细胞状态：$\tilde{c}_t = \tanh(W_c \cdot [h_{t-1}, x_t] + b_c)$

更新后的细胞状态：$c_t = f_t \odot c_{t-1} + i_t \odot \tilde{c}_t$

输出门：$o_t = \sigma(W_o \cdot [h_{t-1}, x_t] + b_o)$

更新后的隐藏状态：$h_t = o_t \odot \tanh(c_t)$

这里，$[h_{t-1}, x_t]$ 表示将上一时间步的隐藏状态 h_{t-1} 和当前时间步的输入 x_t 进行拼接。W_f, W_i, W_c, W_o 和 b_f, b_i, b_c, b_o 是网络的权重和偏置参数，这些参数在训练过程中通过反向传播算法来学习。Sigmoid 和 tanh 是非线性激活函数。

通过这些门的操作，LSTM 能够在处理长序列数据时有效地控制信息的流动，从而避免了普通 RNN 在处理长序列时会遇到的梯度消失和梯度爆炸问题。

1.5.4 门控循环单元模型

门控循环单元是一种循环神经网络的变体，由 Cho 等在 2014 年提出。GRU 是为了解决传统 RNN 在处理长序列时会遇到的梯度消失和梯度爆炸问题。与长短时记忆网络类似，GRU 也引入门机制来控制信息的流动，但 GRU 的结构比 LSTM 更简单，只有两个门：更新门（Update Gate）和重置门（Reset Gate）。

以下是 GRU 的基本结构。

（1）更新门：决定保留多少过去的信息。它通过一个 Sigmoid 函数来计算，其输出范围在 0 到 1 之间，表示保留多少过去的信息。如果更新门的输出接近 1，那么就保留更多的过去信息；如果接近 0，那么就丢弃更多的过去信息，接受更多的新信息。

（2）重置门：决定在计算新的候选隐藏状态时，应该使用多少过去的信息。如果重置门的输出接近 0，那么在计算新的候选隐藏状态时，将主要使用新的输入信息，而忽略过去的隐藏状态。

这些门的操作可以用以下的数学公式来表示：

更新门：$z_t = \sigma(W_z \cdot [h_{t-1}, x_t] + b_z)$

重置门：$r_t = \sigma(W_r \cdot [h_{t-1}, x_t] + b_r)$

候选隐藏状态：$\tilde{h}_t = \tanh(W \cdot [r_t \odot h_{t-1}, x_t] + b)$

更新后的隐藏状态：$h_t = (1 - z_t) \odot h_{t-1} + z_t \odot \tilde{h}_t$

这里，$[h_{t-1}, x_t]$ 表示将上一时间步的隐藏状态 h_{t-1} 和当前时间步的输入 x_t 进行拼接。W_z, W_r, W 和 b_z, b_r, b 是网络的权重和偏置参数，这些参数在训练过程中通过反向传播算法来学习。Sigmoid 和 tanh 是非线性激活函数。

通过这些门的操作，GRU 能够在处理长序列数据时有效地控制信息的流动，从而避免了普通 RNN 在处理长序列时会遇到的梯度消失和梯度爆炸问题。而且，由于 GRU 的结构比 LSTM 更简单，因此在某些任务中，GRU 可能会比 LSTM 更快地收敛，同时也需要较少的计算资源。

1.6 序列到序列模型

2014 年，伊尔亚·苏茨克维（Ilya Sutskever）等学者提出了著名的序列到序列模型。

Seq2Seq 是指一类神经网络模型，其主要目标是将一个可变长度的输入序列映射到另一个可变长度的输出序列，通常用于机器翻译、语音识别、对话系统等自然语言处理任务中。

Seq2Seq 模型通常包括一个编码器和一个解码器。编码器将输入序列压缩成一个固定维度的向量（通常称为上下文向量），然后解码器根据该向量逐个生成目标序列的各个元素。

编码器和解码器通常是基于循环神经网络或者 Transformer 实现的，其中编码器和解码器的网络结构可以相同也可以不同，可以根据任务的特点和数据集的情况进行选择。

Seq2Seq 模型的优点是可以处理输入输出长度不同的序列，不需要对输入序列进行固定长度的处理，同时可以充分利用上下文信息进行序列生成。随着深度学习技术的发展，新的 Seq2Seq 模型也在不断涌现，如 Transformer、BERT 等，已经成为自然语言处理领域的重要研究方向之一。

1.7 注意力机制

注意力机制是一种重要的深度学习技术，它的主要思想是在处理序列数据时，模型不再是平等地对待所有的输入部分，而是根据每个部分对于当前任务的重要性赋予不同的权重。这种机制最早在自然语言处理领域的神经机器翻译（Neural Machine Translation，NMT）任务中得到广泛应用，后来被扩展到了许多其他的任务和领域。

在神经机器翻译任务中，注意力机制的引入主要是为了解决长序列翻译的问题。在传统的序列到序列模型中，编码器需要将整个输入序列编码成一个固定长度的向量，然后解码器再根据这个向量生成输出序列。当输入序列很长时，这种方式很可能会丢失一些重要的信息。注意力机制在每一步生成输出时，都对输入序列进行加权求和，使得模型“关注”到输入序列中的不同部分，从而有效地解决了这个问题。

注意力机制的基本步骤如下。

（1）计算注意力分数（attention score）：这通常是通过一个可学习的函数来完成的，这个函数的输入是当前的查询（Query）和所有的键（Key）。查询通常是解码器的当前状态，键则是编码器的所有状态。

（2）计算注意力权重：通过对注意力分数进行 Softmax 操作，可以得到注意力权重。这些权重表示了模型对于每个输入部分的关注程度。

（3）计算上下文向量：通过对注意力权重和值（Value）进行加权求和，可以得到上下文向量。值通常也是编码器的所有状态。

（4）生成输出：模型根据上下文向量和当前的查询生成输出。

注意力机制的概念源自人类视觉的注意力机制。在视觉处理中，人类的大脑并不会对所有的输入信息给予同等的关注，而是会集中注意力在某些特定的、与当前任务最相关的部分。这样的处理方式不仅可以大大提高处理效率，而且可以提高处理结果的质量。

2015年，兹米特里•巴赫达瑙（Dzmitry Bahdanau）、约书亚•本吉奥（Yoshua Bengio）等人发表《基于联合学习对齐和翻译的神经机器翻译》（*Neural Machine Translation by Jointly Learning to Align and Translate*），提出了注意力机制，并应用于神经机器翻译任务。这篇论文的出现对Seq2Seq的发展影响重大，它给予了Seq2Seq第二次生命。在他们的模型中，解码器在生成每一个输出单词时，都会对输入序列中的所有单词计算一个权重，然后根据这些权重来生成输出。这种方法使模型能够在生成每一个单词时，都"关注"到输入序列中最相关的部分，从而有效地解决了长序列翻译的问题。

后来，这个概念被阿希什•瓦斯瓦尼（Ashish Vaswani）等进一步扩展，他们提出了自注意力机制和Transformer模型。在这个模型中，不再需要传统的循环神经网络或卷积神经网络结构，而是直接通过自注意力机制处理序列数据。这种模型在处理长序列时具有更高的效率，并且能够捕捉到更长距离的依赖关系。

1.8 Transformer模型

Transformer是一种新型的深度学习模型，2017年由Google的研究者瓦斯瓦尼等在论文《注意力就是你需要的全部》（*Attention is All You Need*）中提出，用于解决序列到序列的学习问题。Transformer的最大特点是完全放弃了之前RNN和CNN的结构，转而使用了全新的自注意力机制。这种设计使Transformer在处理长序列时具有更高的效率，并且能够捕捉到更长距离的依赖关系。

Transformer的基本结构包括编码器和解码器两部分，每一部分都是由多个Transformer层堆叠而成。

编码器的每一层都包含两个子层：自注意力层（self-attention）和全连接的前馈神经网络（feed-forward neural network）。自注意力层的作用是在处理每一个输入单词时，对所有输入单词的重要性进行加权，使模型能够关注到输入序列中最相关的部分。前馈神经网络则是对每个位置的表示进行处理。

解码器也是由两个子层组成，但在自注意力和前馈神经网络之间，还增加了一个额外的注意力层，用于对编码器的输出进行加权。这使得解码器在生成每一个输出单词时，都能关注到输入序列中最相关的部分。

Transformer的这种设计使其在处理长序列和捕捉长距离依赖关系方面具有优势。此外，由于其并行化的特性，Transformer在训练时也更加高效。这些优点使Transformer在近年来成为自然语言处理等领域的主流模型，如BERT、GPT等都是基于Transformer的架构。

Transformer是一个神经网络架构，可以被用于各种任务，包括但不限于Seq2Seq任务。GPT是基于Transformer的解码器部分构建的。GPT并没有使用到Transformer的编码器-解码器结构，而只使用了解码器部分。

1.9 预训练模型

预训练模型是在大量数据上训练过的深度学习模型。这些模型已经学习到了一些基本的特征或模式，可以被用作其他任务的起点，而不是从零开始训练。这种方法可以大大减少训练时间，并且可以提高模型的性能，特别是当可用的数据量较少时。

预训练模型的基本思想是先在大量的无标签文本数据上进行预训练，学习语言的一般特性，然后在特定任务上进行微调。这种方法的优点是它可以利用大量的无标签数据来学习语言的一般模式，然后在特定任务上进行微调，以适应特定任务的需求。

在自然语言处理领域，常见的预训练模型如 BERT、GPT、RoBERTa 等，都是在大量的文本数据上进行预训练的。这些模型学习到了语言的基本结构和模式，因此可以被用于各种自然语言处理任务，例如文本分类、命名实体识别、问答系统等。

预训练模型的一个主要优点是它们可以处理大量的数据，并且可以学习到更复杂、更丰富的特征或模式。然而，它们也有一些局限性，例如，预训练模型可能需要大量的计算资源和时间，而且可能不适应所有的任务或数据。

大语言模型是一种特殊类型的预训练模型。它们通常在大量的文本数据上进行预训练，学习到语言的基本结构和模式，然后被用于各种自然语言处理任务。GPT（如 OpenAI 的 GPT-3 和 GPT-4）就是大语言模型的一个例子，它在数十亿甚至数万亿的文本数据上进行预训练，学习到了非常丰富和复杂的语言模式。

以下是一些主要的预训练模型。

（1）BERT：BERT 是一种基于 Transformer 的预训练模型，它通过在大量的无标签文本数据上进行预训练，学习语言的一般特性。BERT 的一个关键特点是它的双向性，这意味着它可以同时考虑上下文中的左侧和右侧的词，以更好地理解每个词的含义。

（2）GPT：GPT 是另一种基于 Transformer 的预训练模型，它使用了 Transformer 的解码器部分。GPT 在大量的无标签文本数据上进行预训练，然后在特定任务上进行微调。GPT 的一个关键特点是它的单向性，这意味着它在预测下一个词时，只考虑上下文中的左侧的词。

（3）Llama（Large Language Model Meta AI）：Llama 是 Meta 公司推出的架构和 GPT-3 相似的开源预训练模型。

（4）Falcon：由位于阿布扎比的技术创新研究院 (Technology Innovation Institute，TII) 创建的一系列的新语言模型。

这些预训练模型在许多自然语言处理任务上都取得了显著的成功，包括文本分类、情感分析、命名实体识别、问答系统等。这主要是因为这些模型能够在大规模无标签文本数据上学习到语言的一般特性，然后在特定任务上进行微调，以适应特定任务的需求。

这些预训练模型都是基于 Transformer 模型的。Transformer 模型之所以在自然语言处理任务中取得成功，主要是因为它的一些关键特性。

（1）自注意力机制：自注意力机制使模型能够对输入序列中的每个单词都分配不同的注意力权重，这意味着模型可以捕获序列中的长距离依赖关系，而不仅仅是局部信息。这对于理解语言中的复杂结构和含义非常有帮助。

（2）并行计算：在传统的循环神经网络中，每个时间步的计算都依赖于前一个时间步的结果，这使得训练过程难以并行化。而 Transformer 模型则可以处理整个序列的所有单词，这使它在训练时可以充分利用现代硬件的并行计算能力，大大提高了训练效率。

（3）可扩展性：Transformer 模型的设计使其可以容易地扩展到更大的模型和更长的序列，这对于处理大规模的语料库和复杂的自然语言处理任务非常有用。

（4）预训练和微调：预训练模型首先在大规模的无标签文本数据上进行预训练，学习语言的一般模式和结构，然后在特定任务的标签数据上进行微调。这种方法使模型能够利用大量的无标签数据，提升模型的性能。

由于预训练模型需要在大规模的语料库上进行训练，因此并行计算的能力是非常重要的。Transformer 模型可以在处理序列数据时进行并行化计算，这使得它比传统的循环神经网络更适合于处理大规模的数据。

预训练模型是一个广泛的概念，它不仅包括大语言模型，还包括其他在大量数据上进行预训练的模型。例如，在计算机视觉领域，有许多在大量图像数据上进行预训练的模型，如 ResNet、VGG 等。这些模型在预训练阶段学习到了图像的基本特征和模式，然后可以被用于各种图像处理任务，如图像分类、物体检测等。

1.10 大语言模型

大语言模型是一种能够生成和理解人类语言的人工智能模型。这种模型通常使用深度学习方法进行训练，并且需要大量的计算资源和数据。大语言模型的一个关键特性是它们的规模：它们通常有数十亿甚至数万亿个参数，并且在大规模的语料库上进行训练，这些语料库可能包含了整个互联网的文本数据。

大语言模型的一个重要特点是它们的训练是无监督的，也就是说，它们不需要标签数据。它们只需要大量的文本数据，然后通过预测下一个词来学习语言的模式。这使大语言模型能够在训练时处理大量的数据，从而学习到更丰富、更复杂的语言结构和知识。

大语言模型的训练通常分为两个阶段：预训练和微调。在预训练阶段，模型在大规模的无标签文本数据上进行训练，目标是学习预测下一个词或者下一个字符。在这个阶段，模型会学习到大量的语言知识，包括词汇、语法、句法和一些语义信息。在微调阶段，模型在特定任务的标签数据上进行训练，目标是优化模型在该任务上的性能。

大语言模型可以用于各种自然语言处理任务，包括文本分类、情感分析、文本生成、机器翻译、问答系统、对话系统等。例如，GPT-3 是 OpenAI 开发的一个大语言模型，它有 1 750 亿个参数，可以生成连贯且在语法和语义上都相当准确的文本。这种模型可以被应用在各种任务中，例如回答问题、写作、翻译、编程等。除 GPT 系统模型外，阿联酋技术创新研究院开发的 Falcon，Meta 开发的 Llama 2 也是开源的大语言模型。

大语言模型也有一些挑战和限制。例如，它们需要大量的计算资源和数据进行训练，可能会产生偏见，有时生成的文本可能包含错误或者不准确的信息，而且它们的内部工作机制往往难以解释。因此，使用大语言模型需要谨慎，需要有适当的安全和道德考虑。

大语言模型可以从模型的架构角度进行分类，也可以从模型的训练方式和预测方式来进行分类。

1.10.1 根据架构分类

大语言模型根据其架构分为纯编码器、纯解码器、编码器 - 解码器三类模型。

1. 纯编码器模型

这类模型只有一个编码器，它将输入的文本转换为一种内部表示（通常被称为嵌入）。这种内部表示可以被用来进行各种任务，比如文本分类、实体识别等。BERT 是一个典型的纯编码器模型。

2. 纯解码器模型

这类模型只有一个解码器，它接收一段文本作为输入，并生成一段新的文本作为输出。GPT 系列模型就是纯解码器模型，它们在生成文本时，会一步步地生成下一个词，每步都依赖于前面的词。

3. 编码器 - 解码器模型

这类模型包括一个编码器和一个解码器。编码器将输入文本转换为内部表示，然后解码器将这种内部表示转换为输出文本。这种模型通常用于机器翻译等任务，其中输入文本和输出文本的长度可能不同。

这三种模型都有各自的优点和适用场景。纯编码器模型适合处理输入文本的任务，纯解码器模型适合生成文本的任务，而编码器 - 解码器模型则适合处理输入文本和输出文本长度不同的任务。

1.10.2　根据训练方式和预测方式分类

大语言模型按模型的训练方式和预测方式可以分为两类：自回归模型和自编码模型。

1. 自回归模型

这类模型在生成文本时，会一步步地生成下一个词，每步都依赖于前面的词。最著名的自回归模型是 GPT 系列，包括 GPT-1、GPT-2 和 GPT-3。这些模型在生成文本时，会考虑到前面的所有词，从而生成具有连贯性的文本。自回归模型可以是纯解码器模型，也可以是编码器 - 解码器模型。

2. 自编码模型

这类模型在训练时，会同时考虑到上下文的信息，从而预测被遮挡的词。最著名的自编码模型是 BERT，它在训练时，会随机遮挡一些词，然后使用上下文的信息来预测被遮挡的词。这种训练方式使BERT能够理解词语在上下文中的含义，从而在各种自然语言处理任务上取得很好的效果。自编码模型通常是纯编码器模型。

另外，还有一些模型是自回归和自编码的结合，比如 T5 和 BART。这些模型在训练时，会同时考虑到上下文的信息，从而预测被遮挡的词，然后在生成文本时，会一步步地生成下一个词，每步都依赖于前面的词。

这些模型在各种自然语言处理任务上都取得了非常好的效果，但也有各自的优点和缺点。例如，自回归模型在生成连贯文本时表现优秀，而自编码模型则在理解上下文含义上表现出色。

第2章

深度学习基础

2.1 深度学习

深度学习是为了解决表示学习难题而被提出的。机器学习旨在自动地学到从数据的表示（representation）到数据的标记（label）的映射。随着机器学习算法的日趋成熟，人们发现，在某些领域（如图像、语音、文本等），如何从数据中提取合适的表示成为整个任务的瓶颈所在，而数据表示的好坏直接影响后续学习任务（所谓垃圾进，垃圾出）。与其依赖人类专家设计手工特征（难设计还不见得好用），表示学习希望能从数据中自动地学到从数据的原始形式到数据的表示的映射。

表示学习的理想很丰满，但实际中人们发现从数据的原始形式直接学得数据表示这件事很难。深度学习是目前最成功的表示学习方法，因此，国际表征学习大会（ICLR）的绝大部分论文都是关于深度学习的。深度学习是把表示学习的任务划分成几个小目标，先从数据的原始形式中学习比较低级的表示，再从低级表示学得比较高级的表示。这样，每个小目标比较容易达到，综合起来我们就完成表示学习的任务。这类似于算法设计思想中的分治法（divide-and-conquer）。

深度神经网络是深度学习目前几乎唯一行之有效的实现形式。简单地说，深度神经网络就是很深的神经网络。我们利用网络中逐层对特征进行加工的特性，逐渐从低级特征提取高级特征。除了深度神经网络之外，有学者在探索其他深度学习的实现形式，比如深度森林。

深度神经网络目前的成功取决于三大推动因素：①**大数据**。当数据量小时，很难从数据中学得合适的表示，而传统算法＋特征工程往往能取得很好的效果。②**计算能力**。大的数据和大的网络需要有足够快的计算能力才能使模型的应用成为可能。③**算法创新**。现在很多算法设计关注如何使网络更好地训练、更快地运行、取得更好的性能。

2.2 感知机

感知机（perceptron）通常指的是单层感知机。单层感知机是一种简单的二元线性分类器，主要用于二分类问题，它是一种监督学习的算法，是最早的一种前馈神经网络模型，只包含一个输入层和一个输出层，没有隐藏层，由弗兰克·罗森布拉特（Frank Rosenblatt）在 1957 年提出。

与单层感知机对应的是多层感知机（multilayer perceptron，MLP）。多层感知机是一种前馈神经网络，包含至少三层（输入层、隐藏层和输出层）的结构。每一层都由一个或多个感知机（或称为神经元）组成。

感知机是最简单的前馈神经网络形式，基本形式是一个计算权重和输入特征的线性组合，然后通过一个阈值［或激活函数（activation function）］来决定输出。如果线性组合的结果大于阈值，感知机输出 1；否则，输出 0。

感知机模型的基本形式可以表示为

$$f(\boldsymbol{x}) = \operatorname{sign}(\boldsymbol{w} \cdot \boldsymbol{x} + b)$$

其中，$\boldsymbol{w}$ 是权重向量；$\boldsymbol{x}$ 是输入向量；b 是偏置项；sign 是符号函数。

单层感知机的权重更新过程实际上是一种最简单的梯度下降，但通常不被称为反向传播，因为反向传播通常用于多层神经网络中，它涉及从输出层向输入层逐层传播误差，更新每一层的权重。而单层感知机只有一个权重层需要更新，所以没有必要用到反向传播这种多层网络中用来传播误差并计算梯度的算法。

图 2-1 所示为一个基于二分类任务的单层感知机。要构建这个感知机，首先，我们定义输入向量 $\boldsymbol{x}$ 和对应的标签 $\boldsymbol{y}$，并初始化权重 $\boldsymbol{w}$ 和偏置 b。假设输入向量是二维的，即 $\boldsymbol{x} = [x_1, x_2]$，权重 $\boldsymbol{w}$ 也是二维的，即 $\boldsymbol{w} = [w_1, w_2]$，并且偏置 b 是一个标量。

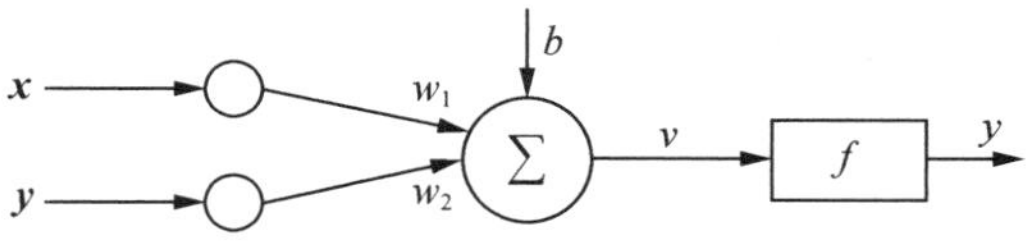

图2-1　单层感知机

2.2.1　前馈网络

编写一个前馈网络（Feed-Forward Network，FFN），来进行二分类，这是基于随机权重的模型，由于权重没有经过训练，所以输出结果是错误。

```
import numpy as np

# 输入向量和对应的标签
x = np.array([[0, 0], [0, 1], [1, 0], [1, 1]])  # 输入向量的形状为(4, 2)
y = np.array([0, 0, 0, 1])                     # 标签的形状为(4,)

# 初始化权重和偏置
w = np.random.randn(2)  # 初始化权重，形状为(2,)
b = np.random.randn()  # 初始化偏置，标量

# 定义激活函数和阈值
def activate(x):
    return 1 if x >= 0 else 0

threshold = 0.5

# 前馈传播
def forward_propagation(x, w, b):
    z = np.dot(x, w) + b
    a = activate(z)
    return a

# 测试前馈传播
for i in range(len(x)):
    output = forward_propagation(x[i], w, b)
    print("输入:", x[i], " 输出:", output)
```

运行结果为

```
输入: [0 0]  输出: 1
输入: [0 1]  输出: 1
输入: [1 0]  输出: 0
输入: [1 1]  输出: 1
```

显然，这个结果是错误的。

下面对源代码进行分析，复现一下程序运行过程。

1. 输入及初始化

输入向量 $\boldsymbol{x}$：[[0 0] [0 1] [1 0] [1 1]]

标签 $\boldsymbol{y}$：[0 0 0 1]

随机生成的初始化权重 $\boldsymbol{w}$：[-1.38092639　1.1077138]

随机生成的偏置值 b（标量）：0.435195634304824

2. 获取输出

公式 z = np.dot($\boldsymbol{x}$, $\boldsymbol{w}$) + b 的运算过程为（注意，与代码中不同）：

> np.dot() 是 NumPy 库中的一个函数，用于计算两个数组的点积（也称为内积或矩阵乘法）。点积在线性代数和向量运算中非常常见，并在许多科学和工程领域中广泛使用。
>
> 点积的计算规则取决于数组的维度。
>
> （1）如果两个输入数组都是一维的，函数将计算它们的内积（即数量积）。
>
> （2）如果两个输入数组都是二维的，函数将计算它们的矩阵乘法。
>
> （3）如果其中一个输入数组是一维的，另一个输入数组是二维的，函数将执行广播（broadcasting）操作，然后计算它们的矩阵乘法。
>
> 在 PyTorch 中，与 numpy.dot 对应的函数是 torch.matmul。

1）计算 np.dot(***x***, ***w***)

```
np.dot(x, w) = [[0* -1.38092639 + 0 * 1.1077138]
                [0 * -1.38092639 + 1 * 1.1077138]
                [1 * -1.38092639 + 0 * 1.1077138]
                [1 * -1.38092639 + 1 * 1.1077138]]
             = [[0]
                [1.1077138]
                [-1.38092639]
                [-0.27321259]]
```

2）加上偏置 b，得到 z 的运算结果

```
z = np.dot(x, w) + b
  = [[0 + 0.435195634304824]
     [1.1077138 + 0.435195634304824]
     [-1.38092639 + 0.435195634304824]
     [-0.27321259 + 0.435195634304824]]
  = [[0.43519563]
     [1.54290943]
     [-0.94573076]
     [0.16198304]]
```

3）用下列代码单独计算激活函数的输出

```python
for i in range(len(z)):
    a = activate(z[i])
    print(a)
```

输出结果错误，为

```
1
1
0
1
```

权重值需要经过学习，才能得到正确的模型。

2.2.2 权重更新

深度学习的优化函数是在训练神经网络时使用的一种数学算法，其目标是最小化（或最大化）一个损失函数（loss function）。深度学习模型的训练过程可以被看作一个优化问题，其中需要调整模型的参数以最小化损失函数，使模型更好地拟合训练数据并在未见过的数据上进行泛化（generalization）。

梯度下降是一种用于优化函数的迭代优化算法，通常用于在机器学习和深度学习中更

新模型参数以最小化损失函数。

梯度下降的基本思想是通过迭代的方式找到函数的最小值点。在每一步迭代中，算法计算函数相对于参数的梯度（导数），然后按照负梯度的方向更新参数，以逐渐接近最小值点。

以下是梯度下降算法的简单步骤。

（1）初始化参数：选择初始参数值作为算法的起点。

（2）计算损失函数的梯度：使用初始参数值计算损失函数相对于参数的梯度。梯度表示了函数在该点上升最快的方向。

（3）更新参数：根据梯度的方向和学习率来更新参数值。学习率是一个控制每次迭代步长的超参数，它决定了参数更新的幅度。

（4）重复步骤（2）和（3）：重复计算梯度和更新参数的过程，直到达到停止条件，如达到最大迭代次数或梯度的变化很小。

权重的更新规则是：$\boldsymbol{w} = \boldsymbol{w} + \eta \cdot (\boldsymbol{y} - \boldsymbol{o}) \cdot \boldsymbol{x}$

偏置的更新规则是：$b = b + \eta \cdot (\boldsymbol{y} - \boldsymbol{o})$

其中，$\boldsymbol{w}$ 是权重；η 是学习率；$\boldsymbol{y}$ 是目标输出；$\boldsymbol{o}$ 是实际输出；$\boldsymbol{x}$ 是输入。

那么，权重和偏置的更新规则是怎么来的呢？

单层感知机的权重和偏置更新规则其实是基于损失函数的梯度。在这里，我们通常使用的损失函数是均方误差损失函数。对于每一个输入样本，我们都会计算预测值和实际值之间的误差，然后尝试通过调整权重和偏置来最小化这个误差。

假设我们的预测值是

$$\boldsymbol{o} = \boldsymbol{wx} + b$$

其中，$\boldsymbol{w}$ 是权重；$\boldsymbol{x}$ 是输入；b 是偏置。我们的目标值是 $\boldsymbol{y}$。我们的误差 E 可以表示为

$$E = 1/2 \cdot (\boldsymbol{y} - \boldsymbol{o})^2$$

这是一个关于 $\boldsymbol{w}$ 和 b 的函数。为了最小化 E，我们需要计算 E 关于 $\boldsymbol{w}$ 和 b 的梯度，并按梯度下降的方向更新 $\boldsymbol{w}$ 和 b。

首先，我们计算 E 关于 $\boldsymbol{w}$ 的偏导数：

我们知道 $\boldsymbol{o} = \boldsymbol{w} \cdot \boldsymbol{x} + b$，因为线性函数的导数是其斜率，所以 $\mathrm{d}\boldsymbol{o}/\mathrm{d}\boldsymbol{w} = \boldsymbol{x}$。

引入中间参数 z，$z = \boldsymbol{y} - \boldsymbol{o}$，所以 $\mathrm{d}z/\mathrm{d}\boldsymbol{o} = -1$。

然后我们可以使用链式法则计算 $\mathrm{d}E/\mathrm{d}\boldsymbol{w}$：$\mathrm{d}E/\mathrm{d}\boldsymbol{w} = \mathrm{d}E/\mathrm{d}z \cdot \mathrm{d}z/\mathrm{d}\boldsymbol{o} \cdot \mathrm{d}\boldsymbol{o}/\mathrm{d}\boldsymbol{w}$。

我们可以分别计算这两项：

（1）$\mathrm{d}E/\mathrm{d}z = \mathrm{d}/\mathrm{d}z[1/2 \times z^2] = 2 \times 1/2 \times z^{(2-1)} = z = \boldsymbol{y} - \boldsymbol{o}$

（2）$\mathrm{d}z/\mathrm{d}\boldsymbol{o} = \mathrm{d}/\mathrm{d}\boldsymbol{o}[\boldsymbol{y}-\boldsymbol{o}] = -1$

（3）$\mathrm{d}\boldsymbol{o}/\mathrm{d}\boldsymbol{w} = \mathrm{d}/\mathrm{d}\boldsymbol{w}[\boldsymbol{w} \cdot \boldsymbol{x} + b] = \boldsymbol{x}$

所以，$\mathrm{d}E/\mathrm{d}\boldsymbol{w} = -(\boldsymbol{y} - \boldsymbol{o}) \cdot \boldsymbol{x}$

$$\mathrm{d}E/\mathrm{d}\boldsymbol{w} = -(\boldsymbol{y} - \mathrm{output}) \cdot \boldsymbol{x} = -(\boldsymbol{y} - (\boldsymbol{wx} + b)) \cdot \boldsymbol{x}$$

> 这里用到导数规则
>
> 幂规则：如果 $f(x) = x^n$，那么 $f'(x) = n \cdot x^{(n-1)}$。也就是说，$x$ 的 n 次幂的导数是 n 乘以 x 的 $n-1$ 次幂。
>
> 链式法则：如果 $y = f(g(x))$，那么 $\mathrm{d}y/\mathrm{d}x = f'(g(x)) \cdot g'(x)$。也就是说，复合函数的导数是外函数的导数（在内函数处）乘以内函数的导数。

然后，我们计算 E 关于 b 的偏导数：

$$dE/db = -(\boldsymbol{y} - \text{output}) = -(\boldsymbol{y} - (\boldsymbol{wx} + b))$$

然后，我们按梯度下降的方向更新 $\boldsymbol{w}$ 和 b：

$$\boldsymbol{w} = \boldsymbol{w} - \eta \cdot dE/d\boldsymbol{w}$$

$$b = b - \eta \cdot dE/db$$

其中，η 是学习率。

2.2.3　反向传播

误差反向传播（error back-propagation，BP）结合微积分中链式法则和算法设计中动态规划思想用于计算梯度。直接用纸笔推导出中间某一层的梯度的数学表达式是很困难的，但链式法则告诉我们，一旦我们知道后一层的梯度，再结合后一层对当前层的导数，就可以得到当前层的梯度。动态规划是一个高效计算所有梯度的实现技巧，通过由高层往低层逐层计算梯度，避免了对高层梯度的重复计算。

```
# 反向传播和权重更新
learning_rate = 0.1  # 学习率

def backward_propagation(x, w, b, y, output):
    error = y - output
    delta_w = learning_rate * error * x  # 权重更新量
    delta_b = learning_rate * error    # 偏置更新量
    w += delta_w
    b += delta_b
```

（1）计算误差（error），通过从目标输出（$\boldsymbol{y}$）中减去实际输出（output）得到。这个误差表示了网络当前输出与期望输出之间的差异。

（2）根据误差（error）、学习率（learning_rate）和输入值（$\boldsymbol{x}$），计算权重的更新量（delta_w）。更新量表示了权重应该如何改变以减小误差。公式 delta_w = learning_rate * error * x 说明根据误差的大小、学习率和输入值的大小来确定权重的更新量。

（3）根据误差（error）和学习率（learning_rate），计算偏置的更新量（delta_b）。更新量表示了偏置应该如何改变以减小误差。公式 delta_b = learning_rate * error 说明根据误差的大小和学习率来确定偏置的更新量。

（4）将权重（$\boldsymbol{w}$）和偏置（b）分别与对应的更新量（delta_w 和 delta_b）相加，以更新它们的值。这个操作会把权重和偏置更新到新的值，使它们逐渐逼近更好的解决方案。

这个函数的目的是通过反向传播和更新权重来优化模型，使得网络的输出与期望输出更加接近。

```
# 训练神经网络
epochs = 100  # 迭代次数

for epoch in range(epochs):
    for i in range(len(x)):
        output = forward_propagation(x[i], w, b)
        backward_propagation(x[i], w, b, y[i], output)

# 测试训练后的神经网络
print("训练后的神经网络输出:")
for i in range(len(x)):
    output = forward_propagation(x[i], w, b)
    print("输入:", x[i], " 输出:", output)
```

如果迭代次数 epochs = 10，模型仍然不正确，输出是这样的：

训练后的神经网络输出：

```
输入： [0 0]  输出： 1
输入： [0 1]  输出： 1
输入： [1 0]  输出： 0
输入： [1 1]  输出： 1
```

如果迭代次数 epochs = 100，才能输出正确答案：

```
训练后的神经网络输出：
输入： [0 0]  输出： 0
输入： [0 1]  输出： 0
输入： [1 0]  输出： 0
输入： [1 1]  输出： 1
```

2.3 激活函数

激活函数是一种添加到人工神经网络中的函数，旨在帮助网络学习数据中的复杂模式。类似于人类大脑中基于神经元的模型，激活函数最终决定了要发射给下一个神经元的内容。图 2-2 显示了输入经过激活函数得到输出。

输入 → 激活函数 → 输出

图2-2 激活函数

人工神经元的工作原理如图 2-3 所示。

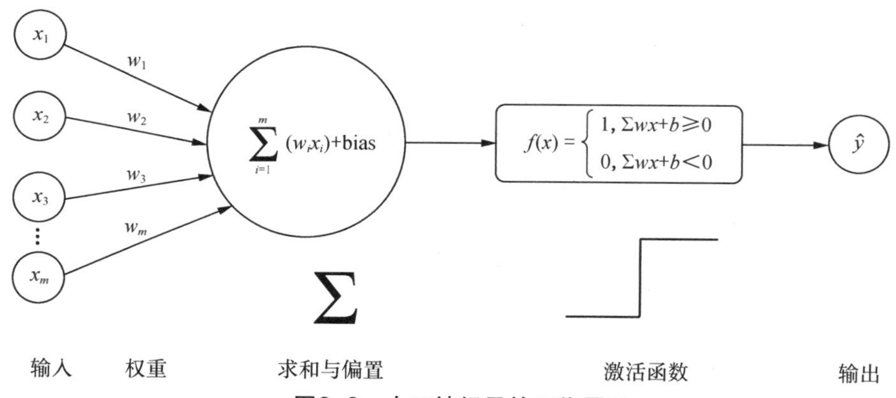

图2-3 人工神经元的工作原理

激活函数是神经网络的必要组成部分。如果没有激活函数，多次线性运算的堆叠仍然是一个线性运算，即不管用再多层实质只起到了一层神经网络的作用。一个好的激活函数应满足以下性质：①**不会饱和**。Sigmoid 和 tanh 激活函数在两侧尾端会有饱和现象，这会使导数在这些区域接近零，从而阻碍网络的训练。②**零均值**。ReLU 激活函数的输出均值不为零，这会影响网络的训练。③**容易计算**。

激活函数分为“饱和激活函数”和“非饱和激活函数”。Sigmoid 和 tanh 是“饱和激活函数”，在输入接近正无穷或负无穷时，这两个函数的导数趋近于 0，导致梯度接近于零。而 ReLU 及其变体则是“非饱和激活函数”。使用“非饱和激活函数”的优势在于两点：①“非饱和激活函数”能解决所谓的“梯度消失”问题。②它能加快收敛速度。

2.3.1　常用激活函数

深度学习中常用的激活函数有以下几种。

1. Sigmoid 函数（Logistic 函数）

功能：将输入值映射到区间 [0, 1]，用于二元分类任务。

公式：$f(x) = 1 / (1 + \exp(-x))$

图 2-4 所示为 Sigmoid 函数曲线。

2. 双曲正切函数（tanh 函数）

功能：将输入值映射到区间 [−1, 1]，除了二元分类任务外，也常用于隐藏层的激活函数。

公式：$f(x) = (\exp(x) - \exp(-x)) / (\exp(x) + \exp(-x))$

图 2-5 所示为双曲正切函数曲线。

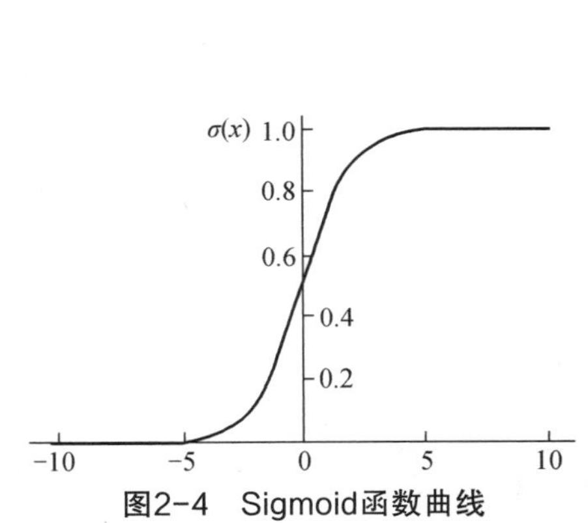

图2-4　Sigmoid函数曲线

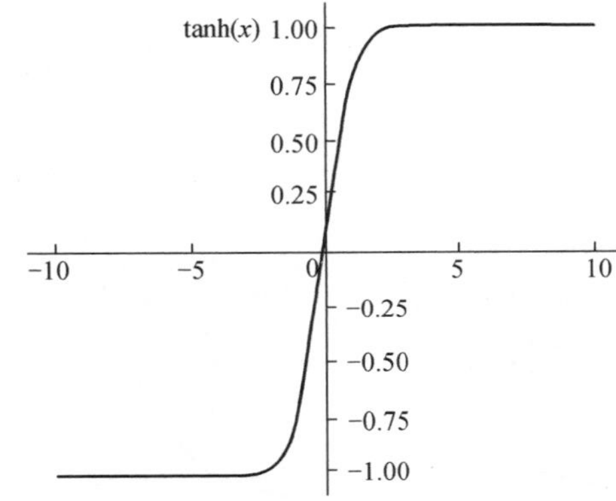

图2-5　双曲正切函数曲线

3. ReLU 函数

功能：对于正值输入，直接输出输入值；对于负值输入，输出为 0。经常用于隐藏层的激活函数。

公式：$f(x) = \max(0, x)$

图 2-6 所示为 ReLU 函数曲线。

4. Leaky ReLU 函数

功能：与 ReLU 类似，但负值输入时不完全置为 0，而是引入一个小的斜率，使得负值输入时也有输出。

公式：$f(x) = \max(0.01x, x)$

图 2-7 所示为 Leaky ReLU 函数曲线。

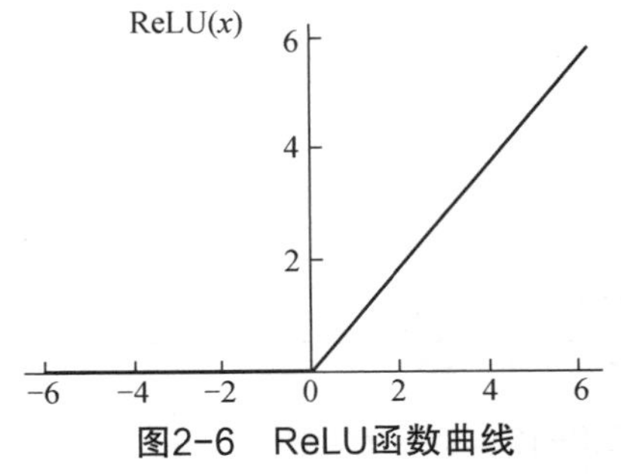

图2-6　ReLU函数曲线

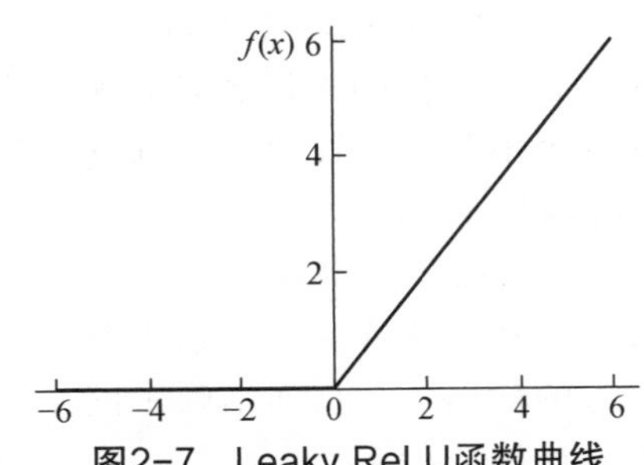

图2-7　Leaky ReLU函数曲线

5. Parametric ReLU 函数（PReLU 函数）

功能：在 Leaky ReLU 的基础上引入一个可学习的参数，使负值输入时的斜率可以根据数据进行调整。

公式：$f(x) = \max(a \cdot x, x)$，其中 a 为可学习的参数。

图 2-8 所示为 Parametric ReLU 函数曲线。

6. Softmax 函数

功能：将输入向量归一化为概率分布，适用于多类别分类问题。

公式：$f(x_i) = \exp(x_i) / \mathrm{sum}(\exp(x_j))$，其中 x_i 为输入向量中的第 i 个元素。

图 2-9 所示为 Softmax 函数曲线。

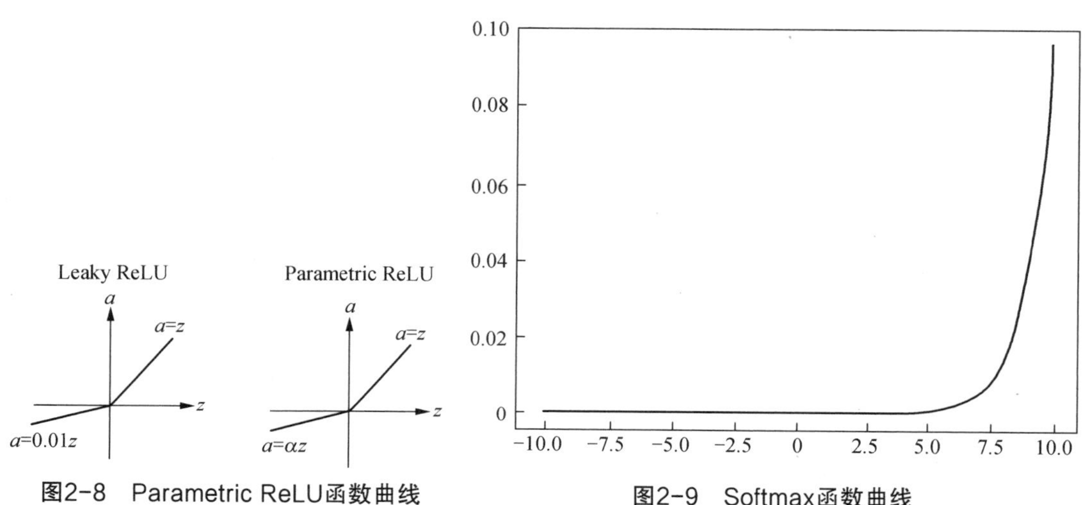

图2-8　Parametric ReLU函数曲线

图2-9　Softmax函数曲线

2.3.2　新型激活函数

1. Swish 函数

Swish 函数（自适应激活函数）由 Google 团队在 2017 年提出。Swish 函数的公式为 $f(x) = x \cdot \mathrm{Sigmoid}(\mathrm{beta} \cdot x)$，其中 Sigmoid 是 S 形函数（Logistic 函数），beta 是一个可调节的超参数。Swish 函数具有 Sigmoid 函数的平滑性，同时它还引入一个可学习的非线性趋势。图 2-10 所示为 Swish 激活函数曲线。

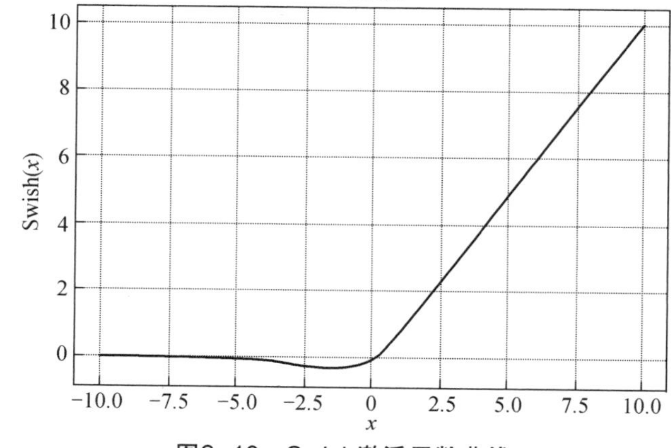

图2-10　Swish激活函数曲线

Swish 激活函数的功能为如下。

（1）平滑性：Swish 函数具有连续可导的平滑特性，这有助于梯度的传播和网络的收敛。

（2）非线性趋势：Swish 引入一个非线性趋势，允许更大的输入值产生更大的输出值，从而增强了网络的表达能力。

（3）自适应性：Swish 函数的形状和激活程度可以通过学习调整，使网络可以根据不同输入数据的性质自适应地调整激活程度。

2. GLU

GLU（Gated Linear Unit，门控线性单元）是一种具有门控机制的激活函数。GLU 是由 Google Brain 团队提出，并在神经网络语言模型（如 Transformer）中取得了很好的效果。

GLU 激活函数的核心思想是通过门控机制来控制激活函数的输出。它引入一个门控向量，用于控制激活函数输入的哪些部分会被保留和使用，从而增强了模型的表示能力。

在 GLU 中，输入被分成两部分，分别称为“门”和“激活向量”。“门”部分负责控制输入的哪些信息被保留，“激活向量”部分负责对保留的信息进行非线性变换。

具体来说，GLU 对激活函数输入的一部分进行门控（通常是使用 Sigmoid 函数作为门控函数），将另一部分作为激活向量，然后，将门控后的部分和激活向量按元素的乘法操作，以选择性地传递有用的信息。

GLU 激活函数的功能包括以下几个。

（1）增强信息的表达能力：GLU 能够通过门控机制选择性地传递输入的部分信息，从而提高网络的表示能力，更好地捕捉输入中的重要特征。

（2）缓解梯度消失问题：由于具有非线性变换的部分，GLU 可以帮助捕获和传播梯度，从而缓解深度神经网络中常见的梯度消失问题。

（3）提供非线性变换：GLU 的激活向量部分进行非线性变换，可以更好地拟合非线性函数，增强模型的拟合能力。

（4）提高建模能力：GLU 在处理自然语言处理等序列数据任务时表现出色，能够更好地捕捉上下文信息，提高模型的建模能力。

3. SwiGLU

SwiGLU 是在 2020 年由 Google 团队提出的一种门控激活函数，在深度学习中常被用于自然语言处理和计算机视觉任务。SwiGLU 结合了 GLU 和 Swish 函数的特性。

SwiGLU 激活函数的功能如下。

（1）门控机制：SwiGLU 通过使用门控机制来调节网络中的信息流。它通过 Sigmoid 函数控制输入信号的比例，决定哪些信息通过和哪些信息被阻止。

（2）非线性特性：SwiGLU 引入 Swish 函数的非线性特性，增强了网络的表达能力。

（3）上下文建模：SwiGLU 能够学习局部特征之间的依赖关系，并在输入序列中进行上下文建模，尤其适用于处理序列数据。

4. GeGLU

GeGLU（Gaussian Error Linear Unit）是一种深度学习激活函数，它是基于 GLU 的改进版本。GeGLU 作为深度学习激活函数的一个改进版本，通过增强特征交互能力和降噪能力，可以更好地捕捉输入之间的复杂关系，并提高模型在自然语言处理任务中的性能。GeGLU 在自然语言处理任务中被广泛使用，特别适用于文本分类、语义匹配和机器翻译等任务。

GLU 激活函数是由 Dauphin 等于 2017 年提出的，其主要用途是在自然语言处理任务中进行特征选择和降维。然而，传统的 GLU 存在一个问题，即其门控机制只能在输入向量的相邻维度间进行交互。GeGLU 则可解决这个问题。

GeGLU 的功能主要体现在两个方面。

（1）特征交互能力：GeGLU 通过引入高斯误差项，使每个输入维度都能够与其他维度进行交互。这种交互性能够帮助模型更好地捕捉输入之间的依赖关系和复杂的非线性关系，从而提高性能。

（2）降噪能力：GeGLU 的高斯误差项相当于一种噪声注入机制，它可以降低输入数据中的噪声对模型的影响。通过将高斯噪声引入 GLU 的门控机制中，GeGLU 可以使模型对输入的扰动更鲁棒，从而提高模型的泛化能力和鲁棒性。

2.4 优化函数（算法）

在网络结构确定之后，我们需要对网络的权值（weights）进行优化。深度学习的优化函数是针对神经网络模型的训练过程中，用于调整模型参数以最小化损失函数的算法。

优化函数的作用包括以下几个。

（1）最小化损失函数：深度学习模型的目标是学习一组参数，使得在给定输入数据时，模型的输出与真实标签之间的损失最小。优化函数通过调整模型参数来实现这一目标。

（2）参数更新：优化函数确定了在每一步训练中如何更新模型参数。通过计算损失函数对参数的梯度（导数），优化算法根据这个梯度信息更新模型的权重和偏置，朝着减小损失的方向迭代。

（3）避免局部最小值：深度学习中的损失函数通常是高度非凸的，有很多局部最小值。优化函数的设计旨在帮助模型逃离局部最小值，以找到全局最小值或者接近最小值的参数。

（4）加速收敛：优化算法的设计影响模型参数的调整速度，可以加速模型的收敛（达到最优解的过程）。

以下是一些常用的深度学习优化函数的详细介绍。

2.4.1 梯度下降法

想象你去野足但却迷了路，在漆黑的深夜你一个人被困在山谷中，你知道谷底是出口但是天太黑了根本看不清楚路。于是你确定采取一个贪心（greedy）算法：先试探在当前位置往哪个方向走下降最快（即梯度方向），再朝着这个方向走一小步，重复这个过程直到你到达谷底。这就是梯度下降的基本思想。

梯度下降法的性能大致取决于三个因素：①初始位置。如果你初始位置就离谷底很近，自然很容易走到谷底。②山谷地形。如果山谷是“九曲十八弯”，很有可能你在里面绕半天都绕不出来。③步长。当你步子迈太小，很可能你走半天也没走多远，而当你步子迈太大，一不小心就容易撞到旁边的悬崖峭壁，或者错过了谷底。

梯度下降法包括批量梯度下降法（Batch Gradient Descent）、随机梯度下降法（Stochastic Gradient Descent，SGD）和小批量梯度下降法（Mini-batch Gradient Descent）。

（1）批量梯度下降法：该方法在每个训练周期中使用整个训练集的数据计算模型参数的梯度，并更新参数。

（2）随机梯度下降法：该方法在每个训练周期中使用一个样本来计算模型参数的梯度，并更新参数。由于每次更新只涉及一个样本，故计算速度相对较快。随机梯度下降的变种方法有动量法、Nesterov 加速梯度、自适应学习率方法。自适应学习率方法包括 AdaGrad（Adaptive Gradient）、RMSProp（Root Mean Square Propagation）、Adam（Adaptive Moment Estimation，自适应矩估计）、AdaDelta 等。

（3）小批量梯度下降法：该方法在每个训练周期中使用一小部分随机选择的训练样本计算模型参数的梯度，并更新参数。其综合了批量梯度下降法和随机梯度下降法的优点，既能保留一定的计算效率，又能获得较好的收敛性能。

2.4.2 动量优化算法

动量优化是一种常用的优化算法之一。在深度学习中，动量优化（momentum optimization）被广泛用于加速训练过程、克服局部极小点和平滑参数更新。动量法通过引入一个动量项来加速梯度下降的收敛过程。将上一次更新参数时的速度记忆下来，并在更新时加权融合当前的梯度。这样能够在平坦和峡谷区域中更快地进行学习。

动量优化的核心思想是结合当前梯度的信息与历史梯度的信息来更新模型参数，以加速收敛并实现更稳定的优化。它通过引入动量项来模拟物体在梯度方向上的速度和惯性。

具体来说，动量优化算法使用一个动量变量，通常表示为 v，来记录之前的梯度信息。在每个优化步骤中，动量项（v）与当前梯度（g）相结合，产生一个更新量 $\Delta(\theta)$，用于更新模型参数（θ）。动量变量 v 起到平滑梯度变化的作用，因此在参数更新中具有一定的惯性。

动量优化算法的更新过程可以表示为

```
v = β*v- η*g  # 更新动量
θ = θ + v  # 更新参数
```

在上述更新规则中，η 表示学习率，而 β 则是动量系数（通常取值范围为 [0, 1] 之间）。较大的动量系数表示在更新过程中更多地保留历史梯度信息，因此参数更新对于每个梯度步骤具有更高的惯性。

动量优化算法的主要优点之一是能够加速收敛过程。通过引入动量项，模型参数在参数空间中可以更快地移动，从而加快学习的速度。此外，动量优化算法还可以帮助克服局部极小点问题。由于动量项可以在参数更新中跨越局部极小点，因此模型有更大的机会发现全局最优解。

然而，动量优化算法也存在一些注意事项。较大的动量系数可能导致参数更新过大，导致模型无法稳定收敛。此外，当动量系数过小或过大时，算法的效果可能会受到抑制，因此需要根据具体问题进行调优。

2.4.3 AdaGrad优化算法

AdaGrad 是一种优化算法，用于训练深度学习模型。它是由约翰·杜奇（John Duchi）等在 2011 年提出的，并被广泛应用于各种深度学习任务中。

AdaGrad 的主要思想是自适应地调整学习率，使得在梯度下降的过程中，对于不同的参数会有不同的更新步长。它通过将学习率除以每个参数的历史梯度平方和的平方根，来自适应地缩放学习率。当参数更新频繁时，该算法会降低其学习率，从而对于稀疏的参数或者出现高频特征的问题具有较好的效果。

以下是 AdaGrad 算法的详细步骤。

（1）初始化参数：将所有参数的累积梯度初始化为零。

（2）对于每个训练样本做到以下几点。

① 计算梯度：计算当前参数点的梯度。

② 累积梯度平方和：将当前梯度的平方按元素累积到先前的梯度平方和中。

③ 计算缩放后的学习率：将学习率除以每个参数的历史梯度平方和的平方根。

④ 参数更新：使用缩放后的学习率对参数进行更新。

（3）重复上述步骤，直到达到停止条件（例如达到最大迭代次数或达到预定的性能水平）。

AdaGrad 的一个重要特点是在训练过程中，它会自动减小学习率，使得在训练初期较大的梯度较大的参数更快地收敛，而较小的梯度较小的参数则能够更小地调整。这样可以帮助算法更好地处理不同参数的稀疏性和尺度差异。

然而，AdaGrad 也存在一些问题。由于累积梯度平方和的累积过程，随着训练的进行，学习率会逐渐变得较小，可能导致在后续训练中更新过于缓慢。这种情况下，参数可能会停止更新，导致算法无法得到更好的结果。为了解决这个问题，后续的优化算法，如 RMSProp 和 Adam，对 AdaGrad 进行了改进。

尽管如此，AdaGrad 仍然是了解深度学习优化算法的重要基础，其自适应的学习率缩放机制在某些情况下仍然具有一定的优势。

2.4.4 RMSProp优化算法

RMSProp 算法是对 AdaGrad 算法的改进。RMSProp 通过适应性调整学习率的方式帮助优化模型的收敛速度和稳定性。RMSProp 引入衰减系数，对历史梯度进行加权平均，避免了学习率过早衰减的问题。

下面详细介绍 RMSProp 的原理和步骤。

1. 梯度平方累积

RMSProp 算法使用指数加权移动平均来估计梯度的平方累积值。对于每个可训练参数 θ，它维护一个累积变量 v，初始化为 0。

在每轮训练中，计算当前梯度 g 的平方并将其累积到 v 中：

$$v=\beta \cdot v+(1-\beta) \cdot g^2$$

其中，β 是一个用于衡量历史梯度对累积影响程度的超参数（衰减系数），用来平衡历史信息对当前步的影响，取值范围为 0 到 1 之间。一般情况下，β 的值设定为 0.9。

2. 参数更新

对于每个参数 θ，RMSProp 算法使用学习率 α 和小常量 ε 来更新参数的值：

$$\theta=\theta-\left(\frac{\alpha}{\sqrt{v+\varepsilon}}\right) \cdot g$$

其中，g 是当前的梯度值。

3. 适应性学习率调整

RMSProp 的核心思想是通过使用梯度平方累积的平均值来调整不同参数的学习率。当一个参数的梯度变化幅度大时，它的累积梯度平方较大，因此学习率会相应减小，使得参数更新幅度减小；当一个参数的梯度变化幅度小时，它的累积梯度平方较小，学习率相应增大，以加速参数更新。

总的来说，RMSProp 通过自适应地调整学习率，使每个参数的更新幅度既能考虑当前的梯度信息，又能考虑历史的梯度变化情况，从而实现更快的收敛和稳定的训练过程。

需要注意的是，RMSProp 仍然需要适当的超参数设置来保证算法的有效性。通常需要调节学习率 α 和梯度平方累积的衰减系数 β，以及一个很小的常数 ε 用于数值稳定。这些超参数的选择需要根据具体的问题和数据集进行调整和优化。

2.4.5 Adam优化算法

Adam 是一种自适应学习率的优化算法，由 Diederik P. Kingma 和吉米•巴（Jimmy Ba）在 2014 年提出。它结合了两种优化算法的优点：RMSProp 和 Momentum，并通过计算梯度的一阶矩估计和二阶矩估计来适应不同的学习率。

> 在统计学中，矩是用于描述和衡量随机变量分布特征的一组统计量。
> （1）均值（一阶原点矩）：$\mu = E[X]$，表示随机变量的平均值或期望值。
> （2）方差（二阶中心矩）：$\sigma^2 = E[(X-\mu)^2]$，度量随机变量的离散程度。
> （3）偏度（三阶中心矩）：Skewness = $E[(X-\mu)^3] / \sigma^3$，衡量分布的偏斜程度。
> （4）峰度（四阶中心矩）：Kurtosis = $(E[(X-\mu)^4] / \sigma^4) - 3$，度量分布的尖锐程度。

Adam 的更新规则如下。

（1）计算梯度的一阶矩（即均值）和二阶矩（即未中心化的方差）。

$$m_t = \beta_1 m_{t-1} + (1-\beta_1) g_t$$
$$v_t = \beta_2 v_{t-1} + (1-\beta_2) g_t^2$$

其中，g_t 是梯度；m_t 和 v_t 是一阶矩和二阶矩的估计值；β_1 和 β_2 是超参数；通常设为 0.9 和 0.999。

（2）由于 m_t 和 v_t 在初始阶段都被初始化为 0，所以需要对它们进行偏差修正。

$$\hat{m}_t = \frac{m_t}{1-\beta_1^t}, \hat{v}_t = \frac{v_t}{1-\beta_2^t}$$

其中，t 是当前的迭代次数。

（3）使用修正后的一阶矩和二阶矩来更新权重。

$$\theta_{t+1} = \theta_t - \frac{\eta \bullet \hat{m}_t}{\sqrt{\hat{v}_t + \varepsilon}}$$

其中，θ 是权重；η 是学习率；ε 是一个很小的参数。

写在程序代码里，可以是这样：

```
w = w - lr * m_hat / (sqrt(v_hat) + eps)
```

其中，w 是权重；lr 是学习率；eps 是一个很小的常数以防止除以零。

Adam 的优点有以下几个。

（1）自适应学习率：Adam 会为每个参数维护一个单独的学习率，这个学习率是基于梯度的一阶矩和二阶矩的。这使得 Adam 在处理稀疏梯度或者非平稳目标函数时，比固定学习率的优化器（optimizers）有更好的性能。

（2）内存需求较小：与第二阶方法［一类优化算法，通过考虑目标函数的二阶导数（即 Hessian 矩阵）信息来更新模型参数］相比，Adam 只需要存储一阶矩和二阶矩的估计值，因此内存需求较小。

（3）偏差修正：Adam 包含对一阶矩和二阶矩的偏差修正，从而在迭代初期提高了估计的准确性。

然而，Adam 也有一些缺点。例如，它可能会在训练后期出现性能下降的问题，这可能是由于学习率过小导致的。这也是后来提出 AdamW 的一个主要动机，即在权重更新时引入权重衰减，以改善 Adam 在训练后期的性能。

2.4.6 AdamW优化算法

AdamW 是一种优化算法，它是 Adam 优化器的一个变体。AdamW 的主要创新在于，它在权重衰减的处理上与传统的 Adam 有所不同。

在传统的 Adam 或其他许多优化器中，权重衰减通常是通过在损失函数中添加一个正则项来实现的，这个正则项是模型权重的 L2 范数。然而，这种方法在使用自适应学习率的优化器时可能会出现问题，因为正则项会与优化器的学习率调度混淆，导致优化过程不稳定。

AdamW 的提出者认为，权重衰减应该是一个单独的步骤，与梯度更新分开。因此，AdamW 在每次更新权重时都会先对权重进行衰减，然后再进行梯度更新。这样，权重衰减就不会受到学习率调度的影响，优化过程更稳定。

具体来说，AdamW 的更新规则为

$$w = w - \text{weight\_decay} * \text{lr} * w - \text{lr} * m / (\text{sqrt}(v) + \text{eps})$$

其中，w 是权重；lr 是学习率；m 和 v 是 Adam 的一阶矩和二阶矩的估计；eps 是一个很小的常数以防止除以零；weight_decay 是权重衰减系数。

相比 Adam，AdamW 的优点主要有两个。

（1）更稳定的优化过程：由于权重衰减与梯度更新是分开的，因此 AdamW 的优化过程不会受到学习率调度的影响，从而更稳定。

（2）更好的泛化性能：在一些实验中，AdamW 已经被证明能够比 Adam 更好地泛化到未见过的数据，从而提高模型的性能。

图 2-11 标明了不同优化算法之间的继承关系。

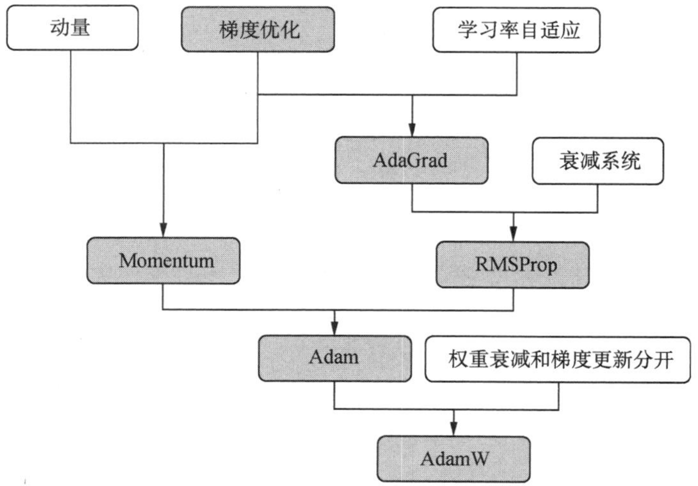

图2-11　不同优化算法之间的继承关系

2.5 权值初始化

权值初始化对网络优化至关重要。早年深度神经网络无法有效训练的一个重要原因就是早期人们对初始化不太重视。下面介绍几个适用于深度神经网络的初始化方法。

（1）初始化的基本思想：方差不变，即设法对权值进行初始化，使得各层神经元的方差保持不变。

（2）Xavier 初始化：从高斯分布或均匀分布中对权值进行采样，使得权值的方差是 $1/n$，其中 n 是输入神经元的个数。该推导假设激活函数是线性的。

（3）He 初始化 /MSRA 初始化：从高斯分布或均匀分布中对权值进行采样，使得权值的方差是 $2/n$。该推导假设激活函数是 ReLU。因为 ReLU 会将小于 0 的神经元置零，大致上会使一半的神经元置零，所以为了弥补丢失的这部分信息，方差要乘以 2。

总体上来讲，训练深度学习网络尽量使用 zero-centered 数据（可以通过数据预处理实现）和 zero-centered 输出。所以要尽量选择输出具有 zero-centered 特点的激活函数以加快模型的收敛速度。

2.5.1　批归一化

批归一化（Batch Normalization，BN）是深度学习中一种常用的技术，旨在加快神经网络的训练速度并改善模型的稳定性和泛化能力。该技术于 2015 年由 Sergey Ioffe 和 Christian Szegedy 提出，并广泛应用于各种深度神经网络架构中。

批归一化每层显式地对神经元的激活值规范化，使其具有零均值和单位方差。批量规范化使激活值的分布固定下来，这样可以使各层更加独立地进行学习。批量规范化可以使网络对初始化和学习率不太敏感。此外，批量规范化有些许正则化（regularization）的作用，但不要用其作为正则化手段。

在深度神经网络中，随着网络层数的增加，每一层的输入数据分布往往会发生变化。这种数据分布的变化会导致每一层网络的激活函数输出分布变得不稳定，从而使网络的训练过程变得困难，导致梯度消失或梯度爆炸等问题。此外，网络对输入的微小变化也会非常敏感，使得模型的泛化能力受到限制。

批归一化通过对每个小批量训练样本的激活值进行规范化，解决了上述问题。具体而言，批归一化通过以下步骤对每一层的输入进行处理。

（1）计算每个小批量训练样本的均值和方差。

（2）根据这些均值和方差对小批量样本进行规范化，使其均值为 0，方差为 1。

（3）引入可学习参数 gamma 和 beta，对规范化后的数据进行线性变换和偏移，以恢复模型的表示能力。

通过批归一化，网络在训练过程中可以更好地适应不同输入分布，并且不容易受梯度消失和梯度爆炸的影响。此外，批归一化还具有一定的正则化效果，可以减轻过拟合的问题。通过降低网络层之间的耦合性，批量规范化还允许使用更高的学习率，加快网络的收敛速度。

总而言之，批归一化是一种在深度学习中广泛使用的技术，通过规范化每个小批量样本的激活值，加快与提高了网络的训练速度、稳定性和泛化能力。这种技术的引入对于加速深度神经网络的收敛和提高模型性能具有重要意义。

2.5.2　层归一化

层归一化（Layer Normalization，LN）是一种在深度学习中常用的归一化方法，由巴和杰弗里·辛顿（Geoffrey Hinton）在2016年提出。它是对批归一化的一种改进，主要用于解决批归一化在RNN中的一些问题。

归一化方法的主要目的是解决深度学习中的内部协变量偏移问题。内部协变量偏移，是指在深度神经网络训练过程中，由于每一层参数的更新，会导致后一层输入数据的分布发生改变，这就需要更多的训练时间来适应这种变化。

层归一化的主要思想是对每一层的输出进行归一化，使得每一层的输出都有相同的均值和方差。具体来说，层归一化是在每个样本内部进行的，而不是在批内部。这意味着它计算的均值和方差是在单个数据样本的所有特征上进行的，而不是在整个批的所有样本上进行的。

层归一化的计算公式如下。

假设 $\boldsymbol{x}$ 是一个维度为 $[N, M]$ 的输入矩阵，其中 N 是特征数量，M 是样本数量，那么 层归一化的计算过程如下。

（1）计算输入 $\boldsymbol{x}$ 的均值 μ 和方差 σ^2，但这里的均值和方差是在特征维度（对应于每个样本）上计算的，而不是在样本维度（对应于每个特征）上计算的。

$$\mu = \text{mean}(x, \text{axis=1, keepdims=True})$$

$$\sigma^2 = \text{var}(x, \text{axis=1, keepdims=True})$$

（2）对输入 $\boldsymbol{x}$ 进行归一化。

$$\boldsymbol{x}\_\text{normalized} = (\boldsymbol{x} - \mu) / \text{sqrt}(\sigma^2 + \varepsilon)$$

其中，ε 是一个很小的数，用于保证数值稳定性。

（3）对归一化的结果进行缩放和平移。

$$y = \boldsymbol{\gamma} \cdot \boldsymbol{x}\_\text{normalized} + \boldsymbol{\beta}$$

其中，$\boldsymbol{\gamma}$ 和 $\boldsymbol{\beta}$ 是可学习的参数，维度与 $\boldsymbol{x}$ 相同，它们的作用是恢复归一化的数据的原始尺度和均值。

层归一化的优点是不依赖于批的大小，因此在批长度很小，或者不能使用批训练的情况下（如RNN）依然能够有效工作。此外，由于在每个样本内部进行归一化，因此不会受到其他样本的影响，这使得层归一化在处理序列数据时更具优势。

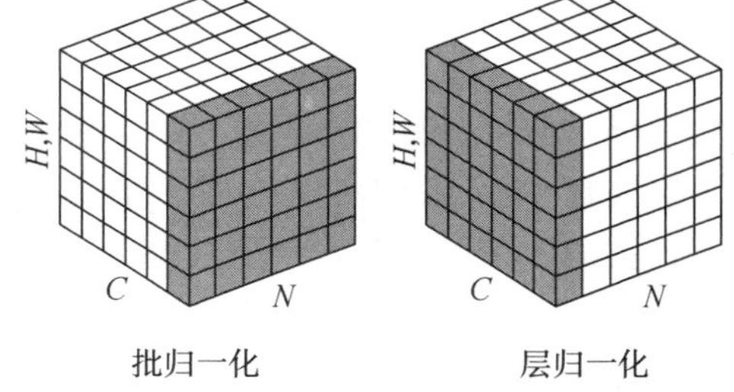

图2-12　批归一化与层归一化的比较

批归一化与层归一化的比较见图2-12。批归一化是在批（C）上，对NHW归一化，对小批长度效果不好；层归一化在特征方向（N）上，对CHW归一化，主要对RNN作用明显。

2.5.3　RMSNorm

RMSNorm（Root Mean Square Layer Normalization）是一种在深度学习中用于归一化层（Normalization Layer）的方法，它旨在解决层归一化的一些问题。

层归一化在处理一些任务时可能会遇到问题，例如在处理序列长度变化大或者序列非常长的任务时，层归一化的性能可能会下降。这是因为层归一化是在每个样本的所有特征上计算均值和方差的，如果特征的数量（例如序列的长度）变化很大，那么计算出的均值和方差也会变化很大，这可能会导致归一化的效果不好。

RMSNorm的提出就是为了解决这个问题。它的主要思想是只对每个样本的特征进行方差归一化，而不进行均值归一化。这意味着RMSNorm只会消除每个样本特征的尺度（scale）

差异，而不会消除它们的偏移（shift）。这样，即使特征的数量变化很大，RMSNorm 也能保持稳定的性能。

RMSNorm 的计算公式如下。

假设 $\boldsymbol{x}$ 是一个维度为 $[N, M]$ 的输入矩阵，其中 N 是特征数量，M 是样本数量，那么 RMSNorm 的计算过程如下。

（1）计算输入 $\boldsymbol{x}$ 的均方根（root mean square，RMS）。

$$\text{RMS} = \text{sqrt}(\text{mean}(\boldsymbol{x}^2, \text{axis=1}, \text{keepdims=True}))$$

（2）对输入 $\boldsymbol{x}$ 进行归一化。

$$\boldsymbol{x}\_\text{normalized} = \boldsymbol{x} / (\text{RMS} + \varepsilon)$$

其中，ε 是一个很小的数，用于保证数值稳定性。

（3）对归一化的结果进行缩放和平移。

$$y = \boldsymbol{\gamma} \cdot \boldsymbol{x}\_\text{normalized} + \boldsymbol{\beta}$$

其中，$\boldsymbol{\gamma}$ 和 $\boldsymbol{\beta}$ 是可学习的参数，维度与 $\boldsymbol{x}$ 相同，它们的作用是恢复归一化的数据的原始尺度和均值。

RMSNorm 的优点是不依赖于特征的数量，因此在处理序列长度变化大或者序列非常长的任务时，能够保持稳定的性能。此外，由于它只进行方差归一化，因此计算复杂度相比层归一化有所降低。

2.6　损失函数

在机器学习中，损失函数是用来估量模型的预测值 $f(x)$ 与真实值 Y 的不一致程度，损失函数越小，一般就代表模型的鲁棒性越好，正是损失函数指导了模型的学习。损失函数的选择对训练过程和最终模型的性能具有重要影响。

图 2-13 中，x 轴是训练的次数，y 轴是误差。图上显示，随着训练次数的增加，误差迅速减少，到后面逐渐稳定，最后是没有变化。该图说明训练次数 2 000 即可，再多训练也无法优化模型。

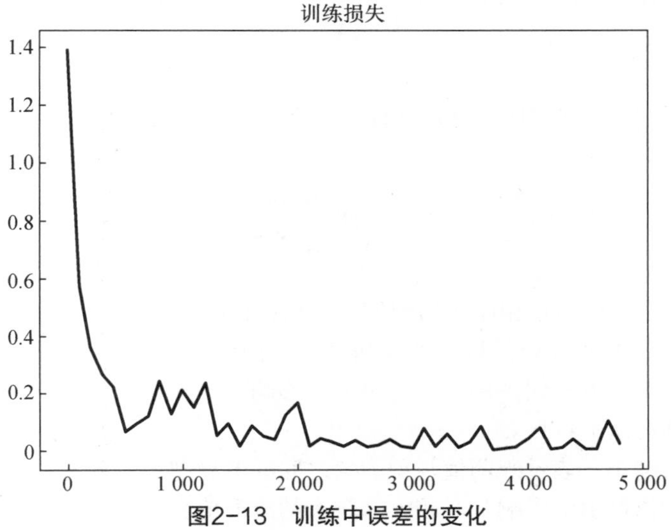

图2-13　训练中误差的变化

损失函数分为两大类——回归损失和分类损失。在分类任务中，我们要从类别值有限的数据集中预测输出，比如给定一个手写数字图像的大数据集，将其分为0～9中的一个。而回归问题处理的则是连续值的预测问题，例如给定房屋面积、房间数量以及房间大小，预测房屋价格。

2.6.1 均方误差

均方误差（mean squared error，MSE）是一种常用的衡量预测模型或估计器性能的指标，是回归问题中常用的损失函数。它衡量了预测值与真实值之间的平均差异程度，具体计算方式是将预测值与真实值的差的平方求平均。MSE可以用于各种领域的数据分析和机器学习任务中，例如回归分析、时间序列预测、模型评估等。均方误差越小，表示模型的预测越接近真实值。

MSE的数学公式如下：

$$\text{MSE}=\frac{\sum_{i=1}^{n}(y_i-\hat{y}_i)^2}{n}$$

其中，y_i 表示第 i 个样本的真实值；$\hat{y}_i$ 表示预测值；n 表示样本数量。

MSE的特点有以下几个。

（1）MSE测量了预测值与真实值之间的平均平方差。使用平方项可以抑制正负差异的抵消，使较大差异的样本在计算中得到更大的权重。

（2）MSE为非负值，数值越小表示模型的预测性能越好，达到0时表示完美预测。

（3）MSE的单位是原始数据单位的平方，这可能不直观。例如，如果预测的是房屋价格，那么MSE的单位是平方价格单位。

（4）MSE容易受到异常值的影响。由于平方项的存在，较大的误差平方会对MSE产生较大的贡献，因此在存在异常值的情况下，MSE可能被放大。

在使用MSE进行模型评估时，通常会与其他指标结合使用，以全面评估模型的性能。例如，可以使用均方根误差（root mean squared error，RMSE）对MSE进行开方运算，将结果转换回原始数据单位，以更好地解释和比较模型的预测性能。

2.6.2 均方根误差

均方根误差通过计算观测值与预测值的差的平方的平均值，并对结果进行平方根运算得到。它的计算公式如下：

$$\text{RMSE}=\sqrt{\frac{1}{n}\sum_{i=1}^{n}(\hat{y}_i-y_i)^2}$$

其中，y_i 表示观测值；$\hat{y}_i$ 表示相应的预测值；$\sum$表示求和符号；n 表示样本数量。

均方根误差对误差的量级进行了平方和开方的操作，这使得它更加关注较大误差的影响，即较大误差会对均方根误差的值产生更大的影响。

均方根误差具有以下特点。

（1）RMSE值越小，表示观测值与预测值之间的差异越小，预测的准确度越高。

（2）RMSE受离群值的影响相对较大，较大的离群值会导致RMSE值增大。

（3）RMSE 可以与实际的观测值进行直接比较，而不依赖具体的模型或方法。

在许多实际应用中，均方根误差常用作评估模型的准确性和预测能力的指标。例如，在回归分析中，可以使用 RMSE 来评估回归模型的预测精度；在时间序列预测中，RMSE 可用于评估预测模型的性能等。

2.6.3　交叉熵损失

交叉熵损失（cross-entropy loss）通常用于分类问题，特别是多类分类。它通过比较模型输出的概率分布与真实标签的分布来评估模型性能。随着预测概率偏离实际标签，交叉熵损失会逐渐增加。交叉熵损失可以更好地处理类别不平衡的情况，并且在训练初期可以产生更大的梯度值，有助于加速训练过程。

熵（entropy）是信息论中的概念。熵用来度量一个随机变量的不确定性或信息量。对于一个离散概率分布的随机变量 X，其熵可以定义为

$$H(X) = -\sum p(x) \cdot \log(p(x))$$

其中，$p(x)$ 表示随机变量 X 取值为 x 的概率；$\sum$表示对所有可能取值求和；log 表示以 2 为底的对数函数。

现在考虑一个分类问题，假设有 N 个样本，每个样本有 K 个类别。通过神经网络或其他分类模型，我们得到了每个样本属于各个类别的概率分布，用 $p(i)$ 表示第 i 个样本属于各个类别的概率。

对于第 i 个样本，我们希望其真实类别对应的概率为 1，其他类别对应的概率为 0。我们用 $q(i)$ 表示第 i 个样本的真实类别所对应的概率分布。则交叉熵损失可以定义为

$$L = -1/N \cdot \sum\sum q(i,j) \cdot \log(p(i,j))$$

其中，i 表示样本的索引；j 表示类别的索引；$q(i,j)$ 表示第 i 个样本的真实类别为第 j 个类别的概率；$p(i,j)$ 表示模型预测的第 i 个样本属于第 j 个类别的概率。

交叉熵损失函数的目标是最小化预测概率分布与真实概率分布之间的差异。具体来说，当模型的预测与真实标签完全一致时，交叉熵损失为 0。而随着预测与真实标签之间的差异增大，交叉熵损失也会增大。

交叉熵损失函数在深度学习中的应用非常广泛，特别是在分类问题中。它具有较好的数学性质，能够促使模型产生更为确信的预测结果，并且梯度计算相对简单，有利于参数更新和优化过程。因此，它成为分类模型中的常用损失函数之一。

假设我们有一个简单的词汇表，包含三个词：["apple", "banana", "cherry"]。想要构建一个二元语言模型，用于预测下一个词的概率分布。给定一个训练样本的序列：["apple", "banana", "cherry", "apple"]，希望计算这个语言模型的交叉熵损失。

首先，我们需要将每个词转换为一个独热向量（one-hot vector）。假设我们使用以下表示方式。

```
"apple"  --> [1, 0, 0]
"banana" --> [0, 1, 0]
"cherry" --> [0, 0, 1]
```

接下来，我们定义一个理想的目标概率分布，该分布在当前词的位置上具有概率 1，其他位置上的概率为 0。对于序列 ["apple", "banana", "cherry", "apple"]，目标概率分布可以表示为

```
[1, 0, 0]
[0, 1, 0]
[0, 0, 1]
[1, 0, 0]
```

在我们的语言模型中，使用某种算法（如前馈神经网络）计算每个词的预测概率分布。假设模型输出的预测概率分布为

```
[0.9, 0.05, 0.05]
[0.1, 0.8, 0.1]
[0.1, 0.2, 0.7]
[0.6, 0.3, 0.1]
```

现在，我们可以使用交叉熵公式计算损失。对于每个位置上的预测概率分布和目标概率分布，交叉熵损失的计算公式如下：

$$L = -\sum (y \cdot \log(\hat{y}))$$

其中，y 是目标概率分布；$\hat{y}$是预测概率分布；$\sum$表示对所有位置求和。

将上述值代入公式进行计算：

$L = -((1 \times \log(0.9)) + (0 \times \log(0.05)) + (0 \times \log(0.05)) + (1 \times \log(0.6)) + (0 \times \log(0.3)) + (0 \times \log(0.1)) + (1 \times \log(0.7)) + (0 \times \log(0.2)) + (0 \times \log(0.1)))$

计算结果为

$$L = -(0.105\,4 + 0 + 0 + 0.510\,8 + 0 + 0 + 0.356\,7 + 0 + 0) \approx -0.973$$

因此，该语言模型在给定训练样本的交叉熵损失约为 0.973。我们可以使用这个损失来评估模型的预测准确性并进行训练优化。

2.7 模型评估

2.7.1 偏差/方差

优化完成后，你发现网络的表现不尽如人意，这时诊断网络处于高偏差 / 高方差状态是对你下一步调参方向的重要指导。与经典机器学习算法有所不同，因为深度神经网络通常要处理非常高维的特征，所以网络可能同时处于高偏差和高方差的状态，即在特征空间的一些区域网络处于高偏差，而在另一些区域处于高方差。我们先参照图 2-14 对偏差 / 方差（bias/variance）做简要介绍。

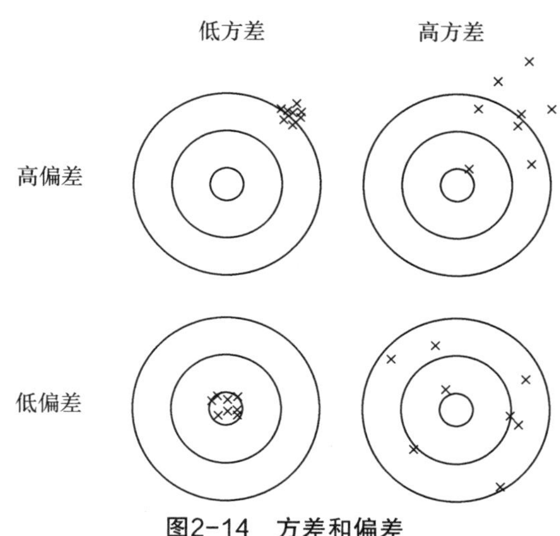

图2-14　方差和偏差

（1）偏差。偏差度量了网络的训练集误差和贝叶斯误差（即能达到的最优误差）的差距。高偏差的网络有很高的训练集误差，说明网络对数据中隐含的一般规律还没有学好。当网络处于高偏差时，通常有以下几种解决方案：①训练更大的网络。网络越大，对数

据潜在规律的拟合能力越强。②**更多的训练轮数**。通常训练时间越久，对训练集的拟合能力越强。③**改变网络结构**。不同的网络结构对训练集的拟合能力有所不同。

（2）方差。方差度量了网络的验证集误差和训练集误差的差距。高方差的网络学习能力太强，把训练集中自身独有的一些特点也当作一般规律学得，使网络不能很好地泛化到验证集。当网络处于高方差时，通常有以下几种解决方案：①**更多的数据**。这是对高方差问题最行之有效的解决方案。②**正则化**。③**改变网络结构**。不同的网络结构对方差也会有影响。

我们能遇到四种情况。

（1）低偏差，低方差：这是训练的理想模型，此时点集基本落在靶心范围内，且数据离散程度小，基本在靶心范围内。

（2）低偏差，高方差：这是深度学习面临的最大问题，过拟合了，也就是模型太贴合训练数据了，导致其泛化（或通用）能力差，若遇到测试集，则准确度下降得厉害。

（3）高偏差，低方差：这往往是训练的初始阶段。

（4）高偏差，高方差：这是训练最糟糕的情况，准确度差，数据的离散程度也差。

$$误差 = 方差 + 偏差^2 + 噪声$$

图 2-15 显示了方差和偏差随模型复杂度的变化。

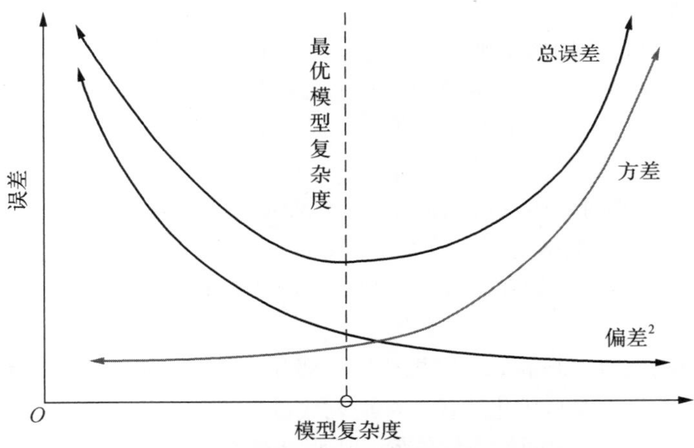

图2-15　方差和偏差随模型复杂度的变化

2.7.2　过拟合与欠拟合

过拟合和欠拟合（underfitting）是机器学习中常见的两种模型训练问题，它们描述了模型对训练数据和新数据的拟合程度。

1. 过拟合

过拟合指的是训练的模型在训练集上表现出很好的性能，但在新数据上表现较差的情况。过拟合可能导致模型对于训练集中的噪声和异常值过于敏感，从而无法很好地泛化到新样本。

过拟合的主要原因有：训练数据量不足，模型过于复杂，在训练集上过分记忆噪声；特征选择不当，过多关注训练集中的个别特殊样本特征，导致对其他数据的适应能力差；过度的正则化。

过拟合的应对方法有：增加训练数据集的规模，以减小模型对训练集中噪声和异常值的敏感度；正则化，如 L1、L2 正则化，可以控制模型的复杂度并减小过拟合的风险；采用集成学习方法，如随机森林和梯度提升树，通过结合多个模型的预测结果来减小过拟合。

2. 欠拟合

欠拟合指的是模型无法很好地拟合训练数据，或者说模型对于训练集和新数据都表现较差。欠拟合通常发生在模型过于简单、容量不足的情况下。

欠拟合的主要原因有：模型复杂度不够，无法捕捉数据中的重要特征和模式；特征选择不充分，忽略了数据中的重要信息；学习算法和训练过程出现问题，如学习率过低、迭代次数不足等。

欠拟合的应对方法有：增加模型复杂度，如增加参数或引入更复杂的模型结构；改进特征选择和特征工程的过程，以更好地捕捉数据中的有用信息；调整模型的超参数，如调整学习率、增加迭代次数等。

2.8 正则化

正则化是解决高方差问题的重要方案之一。正则化的基本思想是使网络的有效大小变小。网络变小之后，网络的拟合能力随之降低，这会使网络不容易过拟合到训练集。

以下是一些正则化的重要方法。

1. L1、L2 正则化

L1、L2 正则化是最常用的正则化技术之一。它们通过添加一个正则化项来限制模型参数的大小。L1 正则化通过在损失函数中添加参数的绝对值之和，促使模型学习稀疏权重，从而具有特征选择的能力。L2 正则化则通过在损失函数中添加参数的平方和，促使参数值分散在不同的特征上，从而减少过拟合的风险。

L2 正则化倾向于使网络的权值接近 0。这会使前一层神经元对后一层神经元的影响降低，使网络变得简单，降低网络的有效大小，降低网络的拟合能力。L2 正则化实质上是对权值做线性衰减，所以 L2 正则化也被称为权重衰减（weight decay）。

2. 随机失活

在训练时，随机失活（dropout）随机选择一部分神经元，使其置零，不参与本次优化迭代。随机失活减少了每次参与优化迭代的神经元数目，使网络的有效大小变小，网络变得更加鲁棒，并且减少了神经元之间的合作依赖，从而提高了泛化能力。随机失活的作用有两点：①降低神经元之间耦合。因为神经元会被随机置零，所以每个神经元不能依赖于其他神经元，这会迫使每个神经元自身能提取到合适的特征。②网络集成。随机失活可以看作在训练时每次迭代定义出一个新的网络，这些网络共享权值。在测试时的网络是这些网络的集成。

3. 批归一化

批归一化是一种在深度神经网络中广泛应用的正则化技术。它通过在每个训练批次（batch）中对网络的每一层进行归一化，使得输入分布保持稳定。这有助于加速训练过程，并且对于网络架构和超参数的选择更加鲁棒。此外，批归一化还有助于减少梯度消失问题、提高模型的泛化能力。

4. 早停技术

早停技术（early stopping）是一种基于验证集表现的正则化方法。它可以监视模型在验证集上的性能，当你发现验证集误差不再变化或者开始上升（在模型开始过拟合之前）时，提前停止训练，从而防止模型过拟合。在训练过程中，如果验证错误率或损失函数停止改善，就会停止训练。

5. 数据扩充（data augmentation）

这实质是获得更多数据的方法。当收集数据昂贵，或者我们拿到的是第二手数据，数据就这么多时，从现有数据中扩充生成更多数据，用生成的“伪造”数据当作更多的真实数据进行训练。以图像数据做分类任务为例，把图像水平翻转、移动一定位置、旋转一定角度、或做一点色彩变化等，这些操作通常都不会影响这幅图像对应的标记。并且你可以尝试这些操作的组合，理论上讲，可以通过这些组合得到无穷多的训练样本。

2.9　SoftMax函数

Softmax是用于多类分类问题的激活函数，在多类分类问题中，超过两个类标签则需要类成员关系。对于长度为 K 的任意实向量，Softmax 可以将其压缩为长度为 K，值在（0，1）范围内，并且向量中元素的总和为 1 的实向量（见图 2-16）。图 2-17 所示为 Softmax 的计算公式和计算案例。

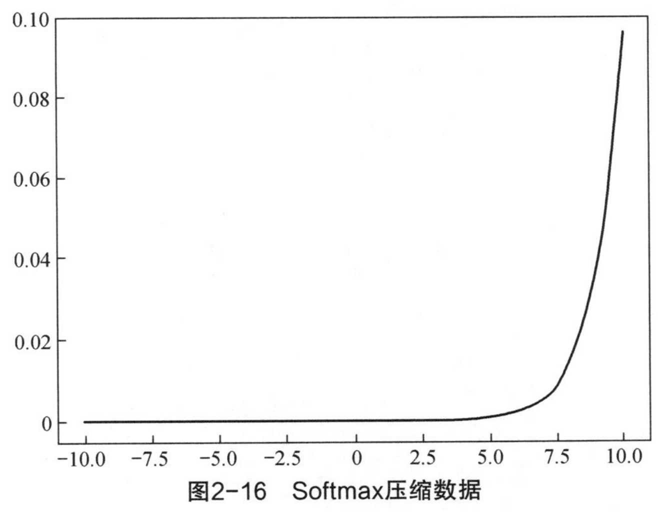

图2-16　Softmax压缩数据

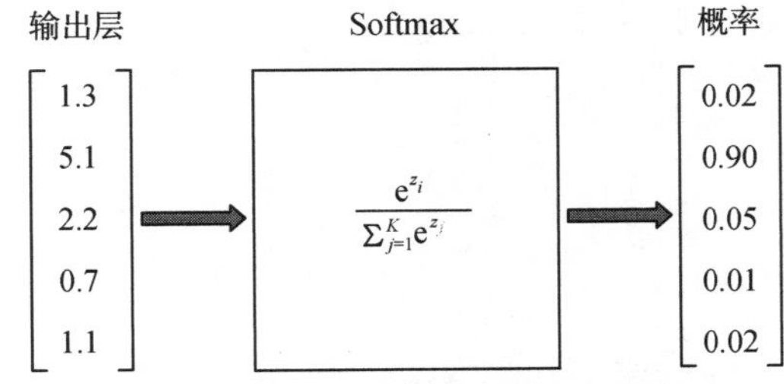

图2-17　Softmax的计算公式和计算案例

2.10　简易神经网络搭建

本简易神经网络（见图 2-18）由一个数据输入层、一个隐藏层和一个数据输出层构成。其中，每个输入数据包含十个特征，可以认为输入数据是一个十维向量；经隐藏层处理后保留十五个特征，最后经数据输出层输出五个特征值。

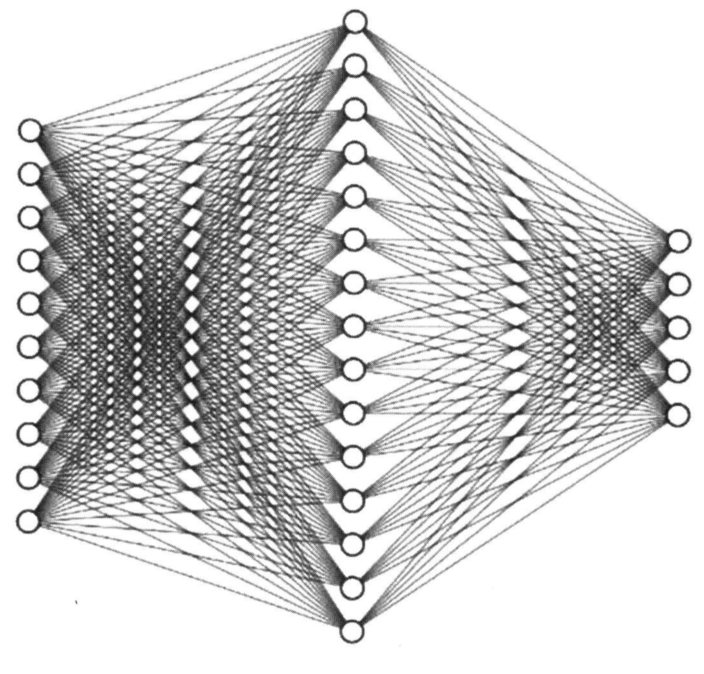

图2-18 简易神经网络

```
import numpy as np

class NeuralNetwork:
    def __init__(self, input_size, hidden_size, output_size):
        self.input_size = input_size
        self.hidden_size = hidden_size
        self.output_size = output_size

        # 初始化权重和偏置
        self.W1 = np.random.randn(self.input_size, self.hidden_size)
        self.b1 = np.zeros((1, self.hidden_size))
        self.W2 = np.random.randn(self.hidden_size, self.output_size)
        self.b2 = np.zeros((1, self.output_size))

    def forward(self, X):
        # 前向传播
        self.z1 = np.dot(X, self.W1) + self.b1
        self.a1 = np.tanh(self.z1)
        self.z2 = np.dot(self.a1, self.W2) + self.b2
        self.a2 = self.sigmoid(self.z2)

        return self.a2

    def backward(self, X, y, learning_rate):
        m = X.shape[0]

        # 计算输出层的误差
        dZ2 = self.a2 - y
        dW2 = (1/m) * np.dot(self.a1.T, dZ2)
        db2 = (1/m) * np.sum(dZ2, axis=0, keepdims=True)
```

```
        # 计算隐藏层的误差
        dZ1 = np.dot(dZ2, self.W2.T) * (1 - np.power(self.a1, 2))
        dW1 = (1/m) * np.dot(X.T, dZ1)
        db1 = (1/m) * np.sum(dZ1, axis=0)

        # 更新权重和偏置
        self.W2 -= learning_rate * dW2
        self.b2 -= learning_rate * db2
        self.W1 -= learning_rate * dW1
        self.b1 -= learning_rate * db1

    def train(self, X, y, epochs, learning_rate):
        for epoch in range(epochs):
            # 前向传播
            output = self.forward(X)

            # 反向传播
            self.backward(X, y, learning_rate)

            # 计算损失
            loss = self.calculate_loss(y, output)

            # 每1000个epoch打印一次损失
            if epoch % 1000 == 0:
                print(f"Epoch {epoch}: Loss = {loss}")

    def sigmoid(self, x):
        return 1 / (1 + np.exp(-x))

    def calculate_loss(self, y_true, y_pred):
        m = y_true.shape[0]
        loss = -1/m * np.sum(y_true * np.log(y_pred) + (1-y_true) * np.log(1-y_pred))
        return loss

# 创建神经网络对象
input_size = 10
hidden_size = 15
output_size = 5
nn = NeuralNetwork(input_size, hidden_size, output_size)

# 准备训练数据
X = np.random.randn(100, input_size)
y = np.random.randint(0, 2, size=(100, output_size))

# 训练神经网络
epochs = 10000
learning_rate = 0.1
nn.train(X, y, epochs, learning_rate)

# 使用训练好的模型进行预测
input_data = np.random.randn(1, input_size)
output = nn.forward(input_data)
print("预测结果: ", output)
```

运行结果：

```
Epoch 0: Loss = 8.206386565530224
Epoch 1000: Loss = 1.8964894857812191
Epoch 2000: Loss = 1.3766947322288718
Epoch 3000: Loss = 1.0773693838932272
Epoch 4000: Loss = 0.9261389638705058
Epoch 5000: Loss = 0.8241001310058085
```

```
Epoch 6000: Loss = 0.7262724551312489
Epoch 7000: Loss = 0.6499599780627128
Epoch 8000: Loss = 0.5886312819999654
Epoch 9000: Loss = 0.5414023570799503
```

预测结果：

```
[[9.76165380e-01 1.44587484e-01 5.40827691e-04 2.65640942e-01 9.99879940e-01]]
```

代码中主要 NumPy 函数功能如下。

np.random.randn：生成服从标准正态分布（均值为 0，标准差为 1）的随机数数组，可通过参数指定生成的数组的形状。

np.zeros：生成指定形状的用 0 填充的数组。

np.dot：计算两个数组的矩阵乘法。

np.tanh：计算数组中每个元素的双曲正切函数值。

np.sum：对数组中的元素求和，可通过参数指定沿指定轴的求和方式。

np.power：对数组中的每个元素进行指数运算，可指定指数的值。

np.exp：计算数组中每个元素的指数函数值（e^x）。

np.log：计算数组中每个元素的自然对数值（以 e 为底）。

np.random.randint：生成指定范围内的随机整数，可通过参数指定生成的整数的范围和数量。

2.11 模型优化

2.11.1 梯度消失

梯度消失是指在深度神经网络中，通过反向传播计算梯度时，随着梯度从输出层向输入层传播，梯度值逐渐变小并趋近于零的现象。具体而言，对于层数较多的深度神经网络，在参数更新过程中，较早的层收到的梯度值较小，导致其参数更新不明显，从而影响网络的训练效果。

梯度消失问题主要发生在使用某些常见的激活函数，如 Sigmoid 函数和双曲正切函数（tanh），特别是在网络层数较深时更加明显。这些激活函数的特点是在输入值较大或较小的情况下，激活函数的导数趋近于零。当激活函数的导数接近于零时，反向传播中乘以该导数的梯度也会变得非常小，这样在网络的较早层中，梯度值会迅速衰减并趋近于零，导致这些层的参数几乎无法进行有效的更新。

梯度消失问题对网络的深度训练造成了困扰，因为较早的层对于提取输入数据的高级特征至关重要。如果梯度消失发生在较早的层中，较深层的参数无法得到有效的更新，整个网络的训练性能会受到限制。

解决梯度消失问题的方法包括以下几种。

（1）使用其他激活函数：ReLU 等激活函数在较大的输入范围内具有较大的导数，能够缓解梯度消失问题。

（2）权重初始化策略：合适的权重初始化可以确保在前向传播和反向传播中，激活值和梯度值保持在合理的范围内。

（3）使用批归一化：通过标准化网络每层的输入，可以加速网络的训练过程，减轻梯度消失问题。

（4）使用残差连接（residual connection）：通过引入跳跃连接，将前一层的输入添加到后续层的输出中，避免了梯度消失的问题。

通过以上方法的应用，可以有效缓解梯度消失问题，提升深度神经网络的训练效果和性能。

2.11.2　梯度爆炸

梯度爆炸是一种在深度学习中出现的问题，它与梯度消失问题相对应。在反向传播过程中，梯度用于更新神经网络的权重值，以使其逐步优化。然而，当在网络的某些层次，梯度值变得非常大，甚至发散到无穷大，就会导致梯度爆炸问题。

梯度爆炸通常出现在深度神经网络中，尤其是具有很多层次且使用较高学习率的网络。这种情况下，如误差迅速传递到网络的上层，梯度值会不断增大。随着梯度值的指数级增长，权重的更新变得非常大，网络可能无法收敛，甚至无法进行有效的训练。

梯度爆炸问题可能引发以下一些常见的表现。

（1）权重参数变化剧烈：权重的变化超过了适当的范围，导致模型无法收敛。

（2）数值不稳定：权重值变得非常大，可能导致数值溢出或不稳定的计算结果。

（3）训练不稳定：模型在训练过程中表现不稳定，造成训练过程无法正常进行。

梯度爆炸问题的解决方法可以包括以下几种。

（1）批归一化：通过对每个批次的输入进行标准化，确保网络在训练过程中稳定。

（2）梯度截断（Gradient Clipping）：设置一个阈值，当梯度超过该阈值时进行截断，限制梯度的大小。

（3）使用适当的权重初始化方法：合适的权重初始化可以帮助减少梯度爆炸问题的发生。

（4）调整学习率：降低学习率可以减缓梯度的增长速度，防止梯度爆炸。

梯度爆炸是深度学习中需要重视和解决的问题之一，合理的处理方法可以帮助提高训练的稳定性和效果。

2.11.3　优化手段

深度学习的优化是指通过调整模型的参数和超参数，以最大限度地提高神经网络的性能和效果。在深度学习中，优化是一种迭代的过程，通过不断地调整网络的参数，使其更好地适应训练数据，从而达到更准确的预测和分类结果。

以下是深度学习优化的几个关键方面。

（1）损失函数：深度学习优化的目标是最小化模型的损失函数。损失函数衡量了模型在给定输入数据上的预测值与真实值之间的差异。常见的损失函数包括均方误差和交叉熵等。

（2）梯度下降：梯度下降是深度学习中最常用的优化算法之一。它通过计算损失函数对于模型参数的梯度，然后按照梯度的方向更新参数值，以使损失函数逐步减小。梯度下降有不同的变体，如批量梯度下降、随机梯度下降和小批量梯度下降。

（3）学习率调整：学习率是梯度下降算法中的一个重要超参数，它决定了参数更新的步长。合适的学习率能够加快收敛速度，但过大或过小的学习率可能导致优化过程出现问题。因此，学习率的调整是优化过程中的重要策略之一。

（4）正则化：深度学习模型有时会过拟合，即在训练数据上表现良好，但在新数据上表现较差。为了解决过拟合问题，可以采用各种正则化技术。

（5）批正则化：批正则化是一种有效的优化方法，通过在训练过程中规范化输入数据的分布，加快网络的收敛速度，同时还可以防止梯度消失或梯度爆炸的问题。

（6）自适应学习率：自适应学习率方法能够根据优化过程的情况自动调整学习率。这些方法基于梯度信息或历史参数更新信息来调整学习率，如 AdaGrad、RMSProp、Adam 等。

（7）超参数调优：模型中的超参数对于深度学习的性能影响重大。通过合理的超参数调优方法，如网格搜索、随机搜索、贝叶斯优化等，可以找到最佳的超参数组合，提高模型性能。

2.11.4 调参技巧

深度神经网络涉及很多的超参数，如学习率大小、L2 正则化系数、动量大小、批量大小、隐层神经元数目、层数、学习率衰减率等。深度学习调参是指在训练神经网络模型时，通过调整模型的超参数以取得最佳性能。以下是一些常用的深度学习调参技巧。

（1）学习率调整：学习率是训练过程中最重要的超参数之一。可以尝试使用学习率衰减策略，如指数衰减、余弦退火等，逐渐降低学习率，使训练过程更为稳定。

（2）批量大小选择：批量大小决定了每次迭代使用的样本数量。较大的批量可以加快训练速度，但可能导致陷入局部最优解。较小的批量有助于模型收敛到更好的解，但训练过程会更慢。需要根据具体情况进行调整。

（3）正则化技术：正则化有助于减少过拟合现象。常见的正则化技术包括 L1 正则化、L2 正则化和随机失活。通过引入正则化项或随机丢弃一些神经元，可以降低模型的复杂性、提高泛化能力。

（4）网络结构优化：网络结构的设计对模型性能至关重要。可以尝试增加或减少网络的层数、调整每层的神经元数量，或者尝试不同类型的层（如卷积层、循环层、全连接层等），以获得更好的性能。

（5）随机初始化权重：深度神经网络的初始权重对训练过程和最终结果具有重要影响。可以使用不同的权重初始化方法（如随机初始化、预训练模型参数等），并观察它们对模型性能的影响。

（6）早停策略：早停是指在验证集误差开始增加之前停止训练，以避免过拟合。可以监控验证集误差，并设定一个阈值，如果误差连续多次增加则停止训练，从而选择模型表现最好的那个时间点的模型参数。

（7）参数搜索方法：使用网格搜索或随机搜索等方法，通过遍历参数空间来搜索最佳参数组合。这些方法可以帮助找到最佳的超参数组合，但计算成本较高。可以使用工具库如 scikit-learn 等来实现参数搜索方法。

请注意，深度学习调参是一个非常复杂和耗时的过程，没有一种通用的方法适用于所有问题。最佳的调参策略往往需要通过尝试和实验来找到。同时，调参过程也需要注意模型的评估和对比，以确保所选的超参数组合在测试集上获得良好的性能。

第 3 章

PyTorch 开发基础

3.1 深度学习框架

深度学习是一种机器学习的方法，它使用了人工神经网络的层次模型。为了方便开发者进行深度学习的研究和开发，很多深度学习框架被开发出来，其中最知名的有 TensorFlow、PyTorch、Keras、Caffe 等。

（1）TensorFlow：由 Google Brain 团队开发的开源深度学习框架。它提供了一套完整的机器学习和深度学习的库，同时也支持分布式计算。TensorFlow 的计算方式是通过图（graph）来实现的，这使得 TensorFlow 在处理大规模复杂的神经网络时具有优势。TensorFlow 还有一个强大的可视化工具 TensorBoard，可以帮助用户更好地理解和调试自己的模型。

（2）PyTorch：由 Meta 的人工智能研究团队开发的开源深度学习框架。PyTorch 的设计理念是简洁和灵活，它提供了强大的 GPU（图形处理器）加速计算能力和自动求导系统。PyTorch 的一个特点是它的计算方式是动态的，这使用户可以更自由地操作和构建模型。PyTorch 也有一个可视化工具 TensorBoardX，可以用来可视化模型和数据。

（3）Keras：是一个用 Python 编写的高级神经网络 API，它可以运行在 TensorFlow、CNTK（Microsoft Cognitive Toolkit）和 Theano 之上。Keras 的设计理念是使深度学习模型的建立和试验变得更快。它的 API 设计非常直观，模块化和可组合，可以快速地实现深度学习模型。

（4）Caffe：Caffe 是一个由加利福尼亚大学伯克利分校的 AI 研究团队开发的深度学习框架。Caffe 的特点是速度快，对于图像分类等计算密集型任务非常有优势。Caffe 的接口设计简洁，使用户可以快速地创建、训练和部署深度学习模型。

当然，还有很多其他深度学习框架。下面对 CNTK 和 Theano 进行简单的介绍，并且会提到一些其他深度学习框架。

（5）CNTK：CNTK 是微软开发的一个开源深度学习框架。它的特点是性能强大，支持分布式计算，可以在多个 GPU 上进行大规模并行训练。CNTK 支持多种深度学习模型，包括卷积神经网络、循环神经网络等，并且提供了丰富的 API，可以用 Python、C++ 或者 .NET 来编写模型。

（6）MXNet：MXNet 是一个由亚马逊（Amazon）公司主导开发的开源深度学习框架。MXNet 的特点是灵活和高效，它支持多种编程语言，包括 Python、R、Scala 和 C++。MXNet 支持分布式训练，可以在多个 GPU 和多个服务器上进行大规模并行训练。

（7）PaddlePaddle（Parallel Distributed Deep Learning）：PaddlePaddle 是由百度开发的一个开源深度学习框架。PaddlePaddle 的特点是易用和高效，它支持多种深度学习模型，包括 CNN、RNN、DNN 等，并且提供了丰富的 API，可以用 Python 或者 C++ 来编写模型。

以上就是对这些深度学习框架的简单介绍，每个框架都有其特点和优势，适合不同的应用和需求。选择哪个框架主要取决于你的具体需求和使用习惯。

3.2 PyTorch简介

自 2017 年发布以来，PyTorch 已经成为深度学习研究和应用开发的主流框架之一。

PyTorch 是基于 Torch 开发，从并不常用的 Lua 语言转为 Python 语言开发的深度学习框架，Torch是TensorFlow开源前非常出名的一个深度学习框架，而PyTorch在开源后由于其使用简单，动态计算图的特性得到非常多的关注，并且成为TensorFlow的最大竞争对手。

PyTorch面向以下两种对象：①希望将其代替NumPy来利用GPUs的威力的人；②可以提供更加灵活和快速的深度学习研究平台。

PyTorch功能强大、使用灵活、社区活跃，以下是它的一些主要特点。

（1）动态计算图：与TensorFlow等框架的静态计算图不同，PyTorch使用动态计算图（也称为define-by-run），这意味着计算图在每次前向传播时都会重新构建。这种方式更加灵活，可以方便地进行复杂模型的构建和调试。

（2）Pythonic设计：PyTorch的设计充分考虑了Python的特性，使得它在使用上更加直观和易用。例如，PyTorch的Tensor对象可以直接使用Python的切片、索引等操作。

（3）GPU加速：PyTorch支持NVIDIA（英伟达）的CUDA（统一计算设备架构）技术，可以在GPU上进行高效的数值计算，大大加快了训练和推理的速度。

（4）丰富的API和工具：PyTorch提供了丰富的API和工具，包括自动求导机制、优化器、数据加载和预处理等，可以方便地进行深度学习模型的训练和应用。此外，PyTorch还有一个名为TorchVision的子项目，提供了常用的图像处理工具和预训练模型。

（5）社区支持：PyTorch有一个活跃的社区，用户可以在社区中找到大量的教程、问题解答和开源项目。此外，许多顶级的深度学习研究论文也提供了PyTorch的实现代码。

（6）与生产环境的集成：PyTorch提供了名为TorchServe的模型服务工具，可以方便地将训练好的模型部署到生产环境。此外，PyTorch还与Facebook的ONNX项目集成，可以将模型导出为ONNX格式，然后在其他框架（如Caffe2、TensorRT等）下进行推理。

3.3 PyTorch安装

PyTorch可以安装在Linux或Windows操作系统，有无GPU均可。如果要使用GPU，需要先安装CUDA。如果使用阿里云GPU服务器，在申请时，可以要求云服务器启动时自动安装CUDA。

3.3.1 CUDA安装

访问英伟达网站：https://developer.nvidia.com/cuda-downloads，在网站上（见图3-1）可以找到安装CUDA的命令。

在Linux Ubuntu 22.04 x86_64需要执行以下命令：

```
wget https://developer.download.nvidia.com/compute/cuda/repos/ubuntu2204/x86_64/cuda-ubuntu2204.pin

sudo mv cuda-ubuntu2204.pin /etc/apt/preferences.d/cuda-repository-pin-600

wget https://developer.download.nvidia.com/compute/cuda/12.2.1/local_installers/cuda-repo-ubuntu2204-12-2-local_12.2.1-535.86.10-1_amd64.deb

sudo dpkg -i cuda-repo-ubuntu2204-12-2-local_12.2.1-535.86.10-1_amd64.deb

sudo cp /var/cuda-repo-ubuntu2204-12-2-local/cuda-*-keyring.gpg /usr/share/keyrings/

sudo apt-get update
```

```
sudo apt-get -y install cuda
sudo reboot
nvidia-smi
```

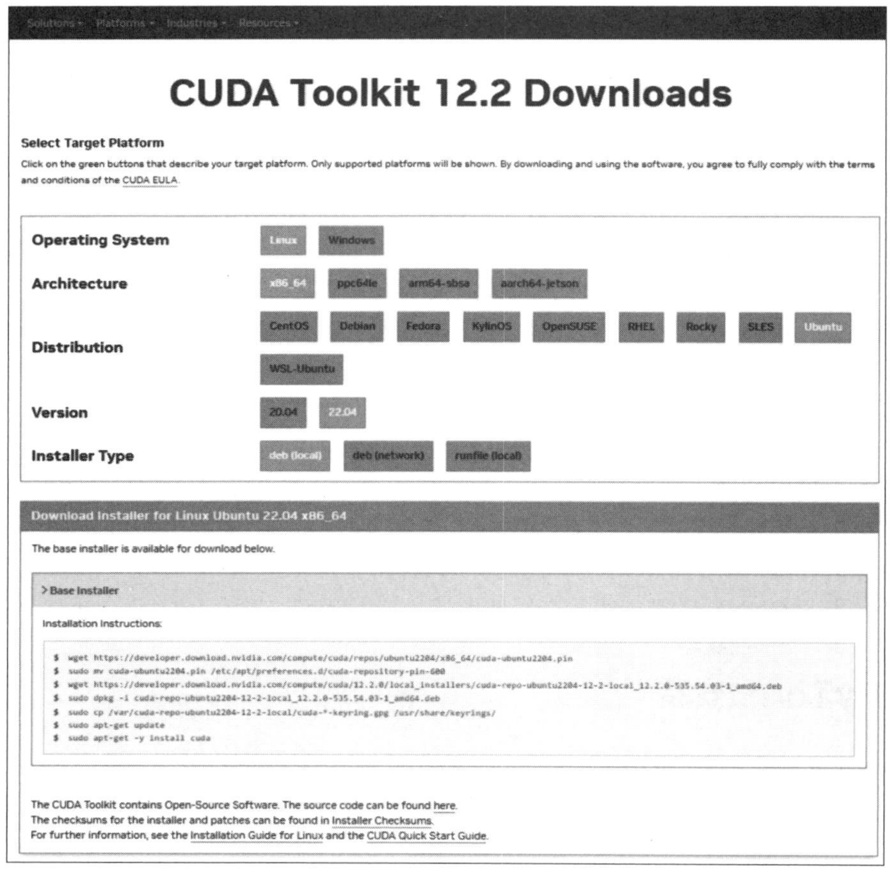

图3-1　CUDA安装命令

用 nvidia-smi 可以查看 GPU 信息（需先重启），界面如图 3-2 所示。

```
root@master:~# nvidia-smi
Sat Aug 26 20:43:48 2023
+-----------------------------------------------------------------------------+
| NVIDIA-SMI 525.105.17   Driver Version: 525.105.17   CUDA Version: 12.0     |
|-------------------------------+----------------------+----------------------+
| GPU  Name        Persistence-M| Bus-Id        Disp.A | Volatile Uncorr. ECC |
| Fan  Temp  Perf  Pwr:Usage/Cap|         Memory-Usage | GPU-Util  Compute M. |
|                               |                      |               MIG M. |
|===============================+======================+======================|
|   0  Tesla P100-PCIE...  On   | 00000000:00:08.0 Off |                    0 |
| N/A   28C    P0    31W / 250W |      0MiB / 16384MiB |      0%      Default |
|                               |                      |                  N/A |
+-------------------------------+----------------------+----------------------+

+-----------------------------------------------------------------------------+
| Processes:                                                                  |
|  GPU   GI   CI        PID   Type   Process name                  GPU Memory |
|        ID   ID                                                   Usage      |
|=============================================================================|
|  No running processes found                                                 |
+-----------------------------------------------------------------------------+
```

图3-2　用nvidia-smi查看GPU信息

3.3.2 阿里云GPU云服务器

阿里云服务器有多种规格可选，运行本书中的代码用以下规格实例即可。

GPU 计算型 gn5 / ecs.gn5-c4g1.xlarge (4vCPU 30 GiB)。

该服务器有 4 个 vCPU（虚拟处理器），内存为 30 GiB，GPU 为 1 × NVIDIA P100，GPU 显存为 1 × 16 GB，系统盘需要申请为 100 GiB。

镜像选择 Ubuntu 22.04，安装 CUDA12.0.1，具体如图 3-3 所示。

图3-3 阿里云上申请GPU

3.3.3 安装PyTorch

进入 PyTorch 网站：https://pytorch.org/，找到安装的命令（见图 3-4）。

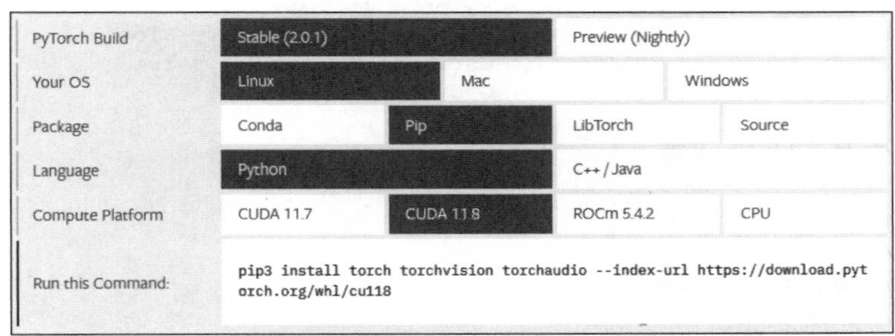

图3-4 PyTorch安装命令

尽管 PyTorch 官网上目前只给出了 11.8 的 CUDA 支持，但是社区明确表明了兼容高版本 CUDA。

安装命令：

```
pip3 install torch torchvision torchaudio --index-url https://download.pytorch.org/whl/
cu118
```

测试：

```
root@master:~# python3
Python 3.10.6 (main, May 29 2023, 11:10:38) [GCC 11.3.0] on linux
Type "help", "copyright", "credits" or "license" for more information.
>>> import torch
>>> print(torch.cuda.is_available())
True
>>>
```

3.3.4 安装其他库

可以看源代码 Github 库中的 requirements.txt 文件，里面有需要安装的 Python 库的名称和版本：

```
datasets>=2.8.0
peft>=0.4.0.dev0
transformers>=4.30.1
accelerate>=0.20.3
bitsandbytes>=0.39.0
wandb>=0.14.2
```

可以用以下命令统一安装这些库：

```
pip intsall -r requirements.txt
```

如果在程序运行时提示缺少库，根据提示安装即可，如缺省 sci、sentencepiece，则执行以下命令：

```
pip install scipy
pip install sentencepiece
```

3.3.5 检查开发环境

1. 检查 PyTorch 版本

```
torch.__version__                   # PyTorch version
torch.version.cuda                  # Corresponding CUDA version
torch.backends.cudnn.version()      # Corresponding cuDNN version
torch.cuda.get_device_name(0)       # GPU type
```

2. 判断是否有 CUDA 支持

```
torch.cuda.is_available()
```

3. 指定程序运行在特定 GPU 卡上

在命令行指定环境变量

```
CUDA_VISIBLE_DEVICES=0,1 python train.py
```

或在代码中指定

```
os.environ['CUDA_VISIBLE_DEVICES'] = '0,1'
```

3.4 张量

PyTorch 的一大作用就是可以代替 NumPy 库，所以首先介绍 Tensors，也就是张量（tensor），它相当于 NumPy 的多维数组（ndarrays），是一个包含单个数据类型多维矩阵。两者的区别就是 Tensors 可以应用到 GPU 上加快计算速度。

3.4.1 张量创建函数定义

下面以创建一个形状为 size 的零值张量为例，说明张量的定义。

```
torch.zeros(*size, out=None, dtype=None, layout=torch.strided, device=None, requires_
grad=False)
```

创建一个形状为 (3, 4) 的全 0 张量：

```
torch.zeros((3, 4))
```

由于 size 参数定义为 *size，星号（*）在函数参数中用于解包，将包含多个元素的可迭代对象展开为单独的参数，因此，也可写为：torch.zeros(3, 4)。

张量输出为

```
tensor([[0., 0., 0., 0.],
        [0., 0., 0., 0.],
        [0., 0., 0., 0.]])
```

创建一个形状为(2, 3)的全0张量，数据类型为整型(torch.long)，并将其放置在GPU上：

```
device = torch.device("cuda" if torch.cuda.is_available() else "cpu")
torch.zeros((2, 3), dtype=torch.long, device=device)
```

张量输出为

```
tensor([[0, 0, 0],
        [0, 0, 0]], device='cuda:0')
```

torch 为 dtype 定义了 10 种数据类型，主要有 torch.float64、torch.float32、torch.int64、torch.int32、torch.bool。

3.4.2 张量创建函数清单

以下函数都是 PyTorch 中用于创建张量的函数，它们提供了不同的初始化方式和填充值，以便根据需求生成所需的张量。

1. 直接赋值

```
torch.tensor
```

2. 按指定规则赋值

torch.eye：生成一个指定大小的单位矩阵。

torch.empty()：创建一个给定大小的未初始化张量。

torch.empty_like()：创建一个与给定张量具有相同大小的未初始化张量。

torch.zeros()：生成一个指定大小的全 0 张量。

torch.zeros_like()：创建一个与给定张量具有相同大小的全 0 张量。

torch.ones()：生成一个指定大小的全 1 张量。

torch.ones_like()：创建一个与给定张量具有相同大小的全 1 张量。

torch.full()：生成一个指定大小的张量，并填充为给定的数值。

torch.full_like()：创建一个与给定张量具有相同大小，并填充为给定的数值的张量。

3. 随机赋值

torch.rand()：生成一个具有给定形状的随机数张量，张量中的元素值在区间 [0, 1) 之间。

torch.rand_like()：生成一个与给定张量具有相同形状的随机数张量，张量中的元素值在区间 [0, 1) 之间。

torch.randn()：生成一个具有给定形状的随机数张量，张量中的元素值符合均值为 0、标准差为 1 的正态分布。

torch.randn_like()：生成一个与给定张量具有相同形状的随机数张量，张量中的元素值符合均值为 0、标准差为 1 的正态分布。

torch.randint()：生成一个具有给定形状的随机整数张量，张量中的元素值在给定区间内。

torch.randint_like()：生成一个与给定张量具有相同形状的随机整数张量，张量中的元素值在给定区间内。

4. 计算赋值

torch.arange：返回一个张量，包含从 start 到 end（不包括）以步长 step 增长的值，类似于 Python 中的 range 函数。

torch.range：返回一个张量，包含从 start 到 end（不包括）的所有整数值，可以指定步长。

torch.linspace：返回一个在指定区间内均匀分布的值组成的张量，可以指定元素个数。

torch.logspace：返回一个在指定区间内以对数刻度均匀分布的值组成的张量，可以指定元素个数和底数。

Tensor 和 NumPy 的数组可以相互转换，并且两者转换后共享在 CPU（中央处理器）下的内存空间，即改变其中一个的数值，另一个变量也会随之改变。

tensor.numpy()：Tensor 转换为 NumPy 数组

torch.from_numpy(numpy_array)：NumPy 数组转换为 Tensor

3.4.3 随机张量：torch.randn()

torch.randn 函数用于生成服从标准正态分布（均值为 0，标准差为 1）的随机张量。相比其他随机数生成方法，torch.randn 函数有以下优势。

（1）方便性：使用 torch.randn 函数生成随机数非常方便，因为它是 PyTorch 中的一种内置函数。它接受张量的形状作为参数，并返回满足标准正态分布的随机张量。

（2）多维支持：torch.randn 函数支持生成多维随机张量。你可以指定所需的张量维度，并在生成随机数时考虑到这些维度，非常适用于深度学习中的张量操作和模型训练过程。

（3）可重复性：通过设置随机数生成器的种子，你可以确保每次调用 torch.randn 函数都得到相同的随机数序列。这在开发和调试过程中非常有用，因为它能保证结果的可复现性。

（4）GPU 支持：torch.randn 函数可以在 GPU 上生成随机张量。如果系统支持 CUDA，你可以将 torch.randn 生成的随机张量移动到 GPU 上进行高性能计算。

综上所述，torch.randn 函数提供了一种简便、灵活且高效的方式来生成满足标准正态分布的随机张量，使其成为随机数生成的首选方法之一。

torch.randn 函数的调用格式如下：

```
torch.randn(*size, *, out=None, dtype=None, layout=torch.strided,device=None,
requires_grad=False)
```

下面用程序检查一下 torch.randn 函数生成的张量是不是符合正态分布的要求。

（1）用 torch.randn 函数随机生成一个张量，并将数值打印出来：

```
import torch

# 生成张量
x = torch.randn(10, 5)

# 设置打印选项
torch.set_printoptions(sci_mode=False, precision=4)

# 打印张量
print(x)
```

```
tensor([[-1.6402, -1.4865,  0.0776, -0.0462,  1.0132],
        [ 0.5367,  1.3050,  2.5815, -0.0057, -1.5607],
        [ 0.8021, -0.3908,  0.2402, -0.2683,  0.7455],
        [ 0.0960,  0.4611,  0.8924,  0.2369,  1.3406],
        [ 1.3475, -0.9529,  0.2092, -0.1640, -0.2614],
        [ 0.5059, -0.1660, -0.0362, -0.6031,  0.1247],
        [ 0.9128, -0.9585, -1.3688, -0.0143, -0.4785],
        [-0.4905,  1.1133,  0.2508,  0.4334,  0.5002],
        [ 1.3232, -1.8899, -1.9020,  0.4695,  0.4257],
        [ 0.3288, -0.8896, -1.3687,  2.1658, -0.9100]])
```

（2）将数据绘制成直方图，可以看出数据的分布符合正态分布：

```
import torch
import matplotlib.pyplot as plt
from matplotlib.font_manager import FontProperties

# 设置中文字体
font = FontProperties(fname='C:\Windows\Fonts\simhei.ttf')  #
替换为字体文件的路径

# 绘制正态分布图
plt.hist(x.flatten().numpy(), bins=30)
plt.xlabel('数值', fontproperties=font)
plt.ylabel('频率', fontproperties=font)
plt.title('正态分布图', fontproperties=font)
plt.show()
```

从图 3-5 可以看到 torch.randn 函数生成数据呈正态分布。

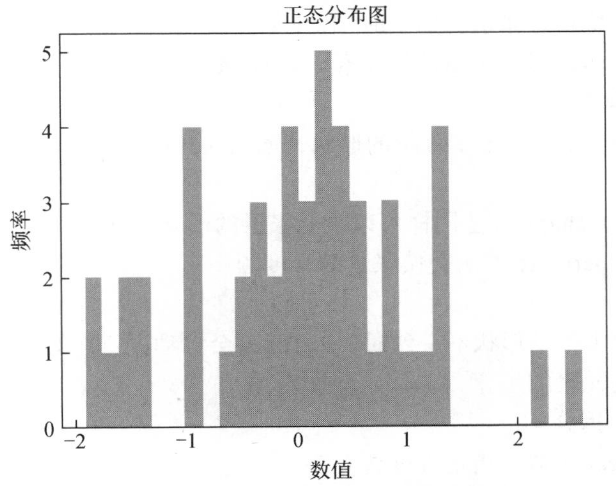

图3-5 torch.randn函数生成数据

（3）计算均值和方差：

```
# 计算张量的均值
mean = torch.mean(x)
print("均值:", mean)

# 计算张量的方差
variance = torch.var(x)
print("方差:", variance)
```

```
均值: tensor(0.0517)
方差: tensor(0.9845)
```

均值约等于 0，方差约等于 1，符合 randn 函数的设计要求。

3.4.4 张量操作

PyTorch 张量是 PyTorch 中最重要的数据结构之一。张量是多维数组，可以用于存储和操作数值数据。它提供了丰富的操作函数和方法，用于数学运算、索引操作、变形操作等。下面是一些常见的 PyTorch 张量操作的详细介绍。

1. 创建张量

（1）使用 torch.tensor 函数根据给定的数据创建张量。可以传入 Python 列表、NumPy 数组或标量等。

（2）使用 torch.zeros 和 torch.ones 函数创建全 0 或全 1 的张量。

（3）使用 torch.empty 函数创建未初始化的张量。

（4）使用 torch.rand 和 torch.randn 函数创建随机数或服从正态分布的张量等。

2. 张量的数学运算

（1）加法、减法、乘法和除法等基本数学运算，如 torch.add、torch.sub、torch.mul 和 torch.div。

（2）逐元素的数学函数，如 torch.sin、torch.cos、torch.exp 和 torch.log 等。

（3）矩阵乘法和向量点积等线性代数运算，如 torch.mm、torch.matmul 和 torch.dot 等。

3. 张量的索引和切片

（1）使用整数索引访问张量中的特定元素，如 tensor[0, 1]。

（2）使用范围索引切片张量，如 tensor[:, 1:4]。

（3）使用布尔索引选择满足条件的元素，如 tensor[tensor > 0]。

4. 张量的变形操作

（1）使用 tensor.view 方法改变张量的形状，如 tensor.view(2, -1) 将张量变形为 2 行的形状，列数自动计算。

（2）使用 tensor.reshape 方法同样可以改变张量的形状，如 tensor.reshape(2, -1)。

（3）使用 tensor.permute 方法交换张量的维度顺序。

5. 张量的广播

当参与运算的两个张量形状不一致时，PyTorch 会自动进行广播操作，使两个张量的形状对齐后可以执行逐元素的运算。

6. 张量的合并和拆分

（1）使用 torch.cat 函数按指定维度合并多个张量。

（2）使用 torch.stack 函数在新的维度上堆叠多个张量。

（3）使用 torch.split 函数将张量拆分为多个子张量。

7. 张量的统计操作

（1）计算总和、平均值和标准差等统计量，如 torch.sum、torch.mean 和 torch.std。

（2）找到最大值、最小值和排序等操作，如 torch.max、torch.min 和 torch.sort。

8. 张量的共享内存

PyTorch 中的张量对象是可以共享内存的，这意味着对一个张量的修改可能会影响到另一个张量。

以上是一些常见的 PyTorch 张量操作，但还远远不止于此。PyTorch 提供了丰富的函数和方法，可以满足各种数值计算和深度学习任务的需求。在使用PyTorch时，你可以根据具体的应用场景选择适当的操作进行数据处理和模型训练。

3.4.5 CUDA张量

Tensors 可以通过 .to 方法转换到不同的设备上，即 CPU 或者 GPU 上。

```
if torch.cuda.is_available():
    device = torch.device("cuda")                # 定义一个CUDA设备对象
    y = torch.ones_like(x, device=device)        # 显示创建在GPU上的一个tensor
    x = x.to(device)                             # 也可以采用 .to("cuda")
    z = x + y
    print(z)
print(z.to("cpu", torch.double))                 # .to() 方法也可以改变数值类型
```

输出结果，第一个结果就是在 GPU 上的结果，打印变量的时候会带有 device='cuda:0'，而第二个是在 CPU 上的变量。

如果有多种 GPU 卡，可以这样给不同张量指定不同 GPU 卡：

```
# 使用第一张GPU卡作为默认设备
device = torch.device("cuda:0")
# 将张量移动到默认设备
x = torch.tensor([1, 2, 3]).to(device)
# 将张量移动到指定设备ID为1的GPU卡
y = torch.tensor([4, 5, 6]).to(torch.device("cuda:1"))
# 将张量移动到指定设备ID为2的GPU卡
z = torch.tensor([7, 8, 9]).to(torch.device("cuda:2"))
```

3.5 梯度计算

梯度计算是深度学习中优化算法的基础。通过利用梯度信息，模型能够在参数空间中寻找最小化损失函数的方向，从而实现模型的训练和优化。PyTorch 提供了一种强大的自动梯度计算机制，被称为自动微分（Autograd）系统。这个系统在实现反向传播和训练神经网络方面发挥着关键作用。为了理解梯度计算，首先需要掌握导数及其规则，因为梯度的概念是建立在导数的基础上的。

3.5.1 导数与偏导数

导数是在一元函数中使用的，也就是函数只有一个变量。它描述了函数在某一点上的切线斜率，或者说，当输入变量发生微小变化时，函数值的变化率。导数的概念可以推广

到多元函数的情况，但在多元函数中，我们通常讨论偏导数和全导数。

偏导数是在多元函数中使用的，也就是函数有多个变量。偏导数描述了当其他变量保持不变，一个变量发生微小变化时，函数值的变化率。换句话说，偏导数是函数关于一个变量的导数，而其他变量被视为常数。一个多元函数有多个偏导数，每个偏导数对应一个输入变量。

全导数也是在多元函数中使用的。它考虑了所有变量的变化对函数值的影响。全导数是所有变量的偏导数与对应的微小变化的乘积的和。

3.5.2 导数规则

导数的规则是计算复杂函数导数的基础，以下是导数的基础规则。

（1）常数规则：如果 $f(x)$ 是一个常数，那么 $f'(x) = 0$。也就是说，常数的导数是 0。

（2）幂规则：见 P020。

（3）和差规则：如果 $f(x) = g(x) \pm h(x)$，那么 $f'(x) = g'(x) \pm h'(x)$。也就是说，函数的和或差的导数是各个函数导数的和或差。

（4）积规则：如果 $f(x) = g(x) \cdot h(x)$，那么 $f'(x) = g'(x) \cdot h(x) + g(x) \cdot h'(x)$。也就是说，函数的积的导数不是各个函数导数的积，而是按照这个规则计算的。

（5）商规则：如果 $f(x) = g(x) / h(x)$，那么 $f'(x) = (g'(x) \cdot h(x) - g(x) \cdot h'(x)) / (h(x))^2$。也就是说，函数的商的导数不是各个函数导数的商，而是按照这个规则计算的。

（6）链式法则：见 P020。

3.5.3 梯度

在微积分中，导数通常被定义为一个函数在某一点的切线斜率。当我们将这个概念推广到多元函数（即输入是向量的函数）时，我们得到了梯度的概念。

梯度是一个向量，其每个元素是函数对应于输入向量中每个元素的偏导数。假设我们有一个函数 f，其输入是一个 n 维向量 $\boldsymbol{x} = [x_1, x_2, \cdots, x_n]$，那么 f 的梯度就是向量：

$$\nabla f = [\partial f/\partial x_1, \partial f/\partial x_2, \cdots, \partial f/\partial x_n]$$

这里的 $\partial f/\partial x_i$ 是 f 关于 x_i 的偏导数，表示在其他输入固定的情况下，f 关于 x_i 的变化率。

3.5.4 公式推导

现在有以下公式，求 $\boldsymbol{x}$ 的梯度。

$\boldsymbol{x}$ = [[1.,2.],[3.,4.]]

$\boldsymbol{y} = \boldsymbol{x} + 2$

$\boldsymbol{z} = \boldsymbol{y} \cdot \boldsymbol{y} \cdot 3$

out = z.mean()

第一步，求 $\mathrm{d}\boldsymbol{y}/\mathrm{d}\boldsymbol{x}$。和差规则（对 $\boldsymbol{x} + 2$ 求导），对 $\boldsymbol{x} + 2$ 的求导，等于 $\mathrm{d}\boldsymbol{x} + \mathrm{d}2$，根据幂规则，$\mathrm{d}\boldsymbol{x} = 1 \times \boldsymbol{x}^{(1-1)}=\boldsymbol{x}^0=1$，根据常数规则，常数的导数为 0，因此，d2=0，最终 $\mathrm{d}\boldsymbol{y}/\mathrm{d}\boldsymbol{x} = 1$。

也可以说，函数 $\boldsymbol{y} = \boldsymbol{x} + 2$ 是关于 $\boldsymbol{x}$ 的线性函数。一个线性函数的导数等于其斜率。在这个例子中，函数 $\boldsymbol{y} = \boldsymbol{x} + 2$ 的斜率为 1，因此，$\mathrm{d}\boldsymbol{y}/\mathrm{d}\boldsymbol{x} = 1$。

第二步，求 dz/dy。幂规则，dz/dy = $2 \times y^{(2-1)} \times 3 = 2 \times y^1 \times 3 = 6 \times y$。

第三步，求 d(out)/dz。对于向量的导数，通常我们会分别计算每个元素的导数，得到一个导数向量。

假设 z 向量表示为 $[z_1, z_2, z_3, z_4]$，那么 out 的计算如下：

$$\text{out} = (z_1 + z_2 + z_3 + z_4) / 4$$

对于每个元素 z_i，求导数 dout/dz_i 可以通过链式法则计算。但由于 z 中的每个元素都对 out 有相同的贡献，并且 out 是所有元素的总和的平均值，每个元素的导数都相同，因此，导数 dout/dz 将是一个有四个相同元素的向量。

具体来说，计算导数 dout/dz 时，由于每个 z_i 对 out 的贡献是 1/4，因此每个元素的导数都是 1/4。dout/dz 可以表示为 [1/4, 1/4, 1/4, 1/4]。

第四步，链式规则，d(out)/dx = d(out)/dz × dz/dy × dy/dx

$$d(\text{out})/dx = 1/4 \times (6 \times y) \times 1 = 1/4 \times 6 \times (x + 2) = 1.5 \times (x + 2)$$

最后，得到 x 的梯度值为：$1.5 \times (x + 2) = 1.5 \times$ [[3., 4.], [5., 6.]] = [[4.5, 6.0], [7.5, 9.0]]

3.5.5 自动梯度计算

PyTorch 提供了一种强大的自动梯度计算机制，称为自动微分系统。这种系统可以自动计算神经网络中所有参数的梯度，这对于实现反向传播和训练神经网络来说是非常有用的。

Autograd 库主要是提供了对 Tensors 上所有运算操作的自动微分功能，也就是计算梯度的功能。它属于 define-by-run 类型框架，即反向传播操作的定义是根据代码的运行方式，因此每次迭代都可以是不同的。

在 PyTorch 中，torch.Tensor 是一个核心类，所有的数据（如神经网络的权重、输入数据等）都是以 Tensor 的形式存储的。如果你设置了 Tensor 的属性 .requires_grad 为 True，那么 PyTorch 就会开始追踪在该 Tensor 上进行的所有操作。完成计算后，你可以调用 .backward()，所有的梯度将被自动计算。这个梯度将被累积到 .grad 属性中。

反向传播函数 backward() 通常由一个标量损失值调用，并且可以不指定任何额外参数，即 PyTorch 只允许对标量进行反向传播，也就是说，它必须只有一个元素，因为它需要一个标量值来计算梯度。如果不是标量，需要将它转化为标量，然后再进行反向传播。常见的方法是对向量的所有元素求和或求平均。也可以指定一个 gradient 参数，这是一个形状匹配的张量，将其作为参数传递给 .backward() 方法。这样，PyTorch 就会计算两者的点积，得到一个标量，然后再对这个标量进行反向传播。

PyTorch 还提供了一个 torch.no_grad() 上下文管理器，你可以使用它来阻止 Autograd 追踪那些标记为 .requires_grad=True 的张量的历史记录。这在模型评估阶段非常有用，因为在这个阶段我们通常不需要计算梯度，从而节省内存。

在优化模型参数时，PyTorch 还提供了 torch.optim 模块，其中包含了许多常用的优化算法，如 SGD、Adam 等。你可以使用这些优化器自动更新模型的参数，而不需要手动进行梯度下降。

默认情况下，每当调用 .backward() 时，梯度就会在原来的基础上累积，而不是被替换。.zero_grad() 用于清零梯度。

3.5.6 代码解析

看看以下代码：

```
import torch

x = torch.tensor([[1.,2.],[3.,4.]], requires_grad=True)
y = x + 2
z = y * y * 3
out = z.mean()
out.backward()
```

这段代码使用了 PyTorch 库。这段代码创建了一个有梯度的张量，然后进行了一些操作，并计算了结果的梯度。下面将详细解释每一步的计算过程。

（1）$\boldsymbol{x}$ = torch.tensor([[1.,2.],[3.,4.]], requires_grad=True): 创建一个 2×2 的张量，requires_grad=True 表示我们需要计算这个张量的梯度。

（2）$\boldsymbol{y}=\boldsymbol{x}+2$: 对 $\boldsymbol{x}$ 进行操作，生成新的张量 $\boldsymbol{y}$。$\boldsymbol{y}$ 的每个元素都是 $\boldsymbol{x}$ 的对应元素加 2。

（3）$\boldsymbol{z}=\boldsymbol{y}\times\boldsymbol{y}\times3$: 对 $\boldsymbol{y}$ 进行操作，生成新的张量 $\boldsymbol{z}$。$\boldsymbol{z}$ 的每个元素都是 $\boldsymbol{y}$ 的对应元素的平方乘以 3。

（4）out = $\boldsymbol{z}$.mean(): 计算 $\boldsymbol{z}$ 的所有元素的平均值，生成新的张量 out。

（5）out.backward(): 计算 out 对 $\boldsymbol{x}$ 的梯度。这一步后，x.grad 包含了 out 关于 $\boldsymbol{x}$ 的梯度。

接下来，我们来计算这个梯度。根据链式法则，我们有

$$\mathrm{d(out)}/\mathrm{d}\boldsymbol{x} = \mathrm{d(out)}/\mathrm{d}\boldsymbol{z} \cdot \mathrm{d}\boldsymbol{z}/\mathrm{d}\boldsymbol{y} \cdot \mathrm{d}\boldsymbol{y}/\mathrm{d}\boldsymbol{x}$$

我们知道：

- out = z.mean() = sum(z) / 4，所以 $\mathrm{d(out)}/\mathrm{d}\boldsymbol{z} = 1/4$。

- $\boldsymbol{z} = 3 \cdot \boldsymbol{y}^2$，所以 $\mathrm{d}\boldsymbol{z}/\mathrm{d}\boldsymbol{y} = 6 \cdot \boldsymbol{y}$。

- $\boldsymbol{y} = \boldsymbol{x} + 2$，所以 $\mathrm{d}\boldsymbol{y}/\mathrm{d}\boldsymbol{x} = 1$。

将 $\boldsymbol{y}$ 和 $\boldsymbol{z}$ 的值代入，我们得到

$$\mathrm{d(out)}/\mathrm{d}\boldsymbol{x} = 1/4 \times 6 \times (\boldsymbol{x}+2) = 3/2 \times (\boldsymbol{x}+2)$$

由于 $\boldsymbol{x}$ 值为

```
tensor([[1, 2],
        [3, 4]])
```

所以，x.grad 的值为

```
tensor([[4.5000, 6.0000],
        [7.5000, 9.0000]])。
```

3.6 反向传播

反向传播是一种在神经网络中计算损失函数关于权重和偏置的梯度的有效方法。这是训练神经网络的关键步骤，因为我们需要这些梯度来执行梯度下降优化算法，以更新网络的权重和偏置，从而最小化损失函数。

反向传播的基本步骤如下。

（1）前向传播：网络通过前向传播得到预测结果，并计算预测结果和实际标签之间的误差。这涉及从输入层到输出层，依次计算并存储每一层的输出。

（2）计算输出误差：计算输出层的误差。这通常涉及比较网络的预测和实际标签，然后计算某种形式的差异（例如，对于回归问题，我们可能使用平方误差）。

（3）反向传播误差：将这个误差反向传播到网络的每一层。对于每一层，我们都计算该层的输出对误差的贡献（即计算误差关于该层权重的梯度）。这涉及应用链式法则，从输出层开始，反向计算每一层的误差。

（4）权重更新：使用这些梯度来更新网络的权重和偏置。这通常涉及将每个权重和偏置减去其梯度乘以学习率。

这个过程在每个训练迭代中重复，直到网络的性能达到满意的水平或满足其他停止条件。通过这种方式，神经网络能够通过学习数据中的模式来改进其预测。

值得注意的是，反向传播依赖于微积分中的链式法则，它允许我们有效地计算复合函数的导数。这是因为神经网络可以被视为一系列复合函数，每一层都是前一层函数输出的函数。

在 PyTorch 中，叶节点张量（leaf tensor）是那些直接由用户创建，而非由某个操作作为结果产生的张量。它们是计算图的起点，是反向传播过程的基础。

直接创建，或使用 PyTorch 的函数如 torch.empty, torch.zeros, torch.ones, torch.rand 等创建的节点张量是叶节点张量，如下面的 x 和 y：

```
import torch

x = torch.tensor([1.0, 2.0], requires_grad=True)
y = torch.ones(2, requires_grad=True)
```

另外，通过运算产生的张量 z 不是叶节点：

$$z = x + y$$

在这个例子中，z 是通过 x 和 y 的加法操作产生的，所以它不是叶节点张量。你可以通过张量的 is_leaf 属性来检查一个张量是否叶节点张量：

```
print(x.is_leaf)  # True
print(z.is_leaf)  # False
```

在进行反向传播时，只有叶节点张量的 .grad 属性会被计算并存储。非叶节点张量的梯度默认不会被保存，因为它们通常不需要在反向传播过程中直接访问。

非叶节点张量的梯度在计算完成后会被自动清空，这是为了节省内存。但有时可能需要查看或使用非叶节点张量的梯度。在这种情况下，你可以使用 retain_grad 函数来保存这些梯度。下面是一个例子：

```
import torch

x = torch.tensor([1.0, 2.0], requires_grad=True)
y = x * 2
z = y.mean()

y.retain_grad()         # 告诉PyTorch保留张量y的梯度

z.backward()            # 计算梯度

print(x.grad)           # x的梯度
print(y.grad)           # y的梯度
```

在这个例子中，***y*** 是一个非叶节点张量，因为它是由 ***x*** 通过乘法操作产生的。默认情况下，y.grad 将在 z.backward() 后被清空。但是，因为我们在 y.retain_grad() 之后调用了 z.backward()，所以 y.grad 的值被保存下来了。

注意，频繁使用 retain_grad 可能会导致大量的内存消耗，因为每个需要保存梯度的非叶节点张量都会占用额外的内存。所以，只有在需要的时候才应该使用这个函数。

3.7 torch.nn模块构建神经网络

PyTorch 的 torch.nn 模块是用于构建神经网络的主要工具。它提供了一系列预定义的“层”，可以用来构建复杂的深度学习模型。以下是一些 torch.nn 模块的主要组成部分。

（1）Layers: torch.nn 包含了大量预定义的层，这些层可以被视为神经网络的构建块。例如，nn.Linear、nn.Conv2d、nn.MaxPool2d、nn.ReLU 等。这些层在初始化时接收特定的参数，并在调用时接收输入数据。每个层都有其自己的权重和偏差，这些都是可以学习的参数。

（2）Loss Functions: torch.nn 还包含许多常用的损失函数，如 nn.MSELoss（均方误差损失，用于回归任务）、nn.CrossEntropyLoss（交叉熵损失，用于分类任务）、nn.NLLLoss（负对数似然损失）等。损失函数用于计算模型的预测和真实值之间的差距，以便在训练过程中更新模型的参数。

（3）Utilities: torch.nn 还提供一些用于构建和训练模型的实用工具。例如，nn.Sequential 允许你创建一个由多个层顺序组成的模型，而 nn.Module 是所有神经网络模块的基类，你可以继承它来创建你自己的自定义层或模型。

（4）Normalization and Regularization Layers: torch.nn 还包括一些用于正则化和归一化的层，如 nn.Dropout（用于防止过拟合）、nn.BatchNorm1d、nn.BatchNorm2d（用于加速训练和提高模型性能）等。

（5）Activation Functions: torch.nn 包含了各种激活函数，如 nn.Sigmoid、nn.ReLU、nn.Tanh、nn.Softmax 等。这些函数可以添加到神经网络的每一层之后，用于引入非线性，使模型可以学习和表示更复杂的模式。

3.7.1 nn.Linear层

nn.Linear 函数是神经网络模块库（torch.nn）中的一个类，它实现了一个线性模块，也称为全连接层或线性层。nn.Linear 可以被用于构建神经网络模型的线性部分。

nn.Linear 的构造函数需要两个参数：in_features 和 out_features。in_features 指定了输入样本的特征数，而 out_features 指定了输出特征的数量。该线性模块将输入特征映射到输出特征，并在每个输出特征上应用可学习的权重和可选的偏置。

nn.Linear 函数的计算公式为

$$\boldsymbol{y} = \boldsymbol{x}\boldsymbol{A}^{\mathrm{T}} + \boldsymbol{b}$$

其中：

$\boldsymbol{x}$ 是输入张量，其形状为（batch_size, input_features）；

$\boldsymbol{A}$ 是权重矩阵，其形状为（input_features, output_features）；

$\boldsymbol{b}$ 是偏差向量，其形状为（output_features,）；

y 是输出张量，其形状为 (batch_size, output_features)。

下面是一个使用 nn.Linear 构建线性层的简单示例：

```
import torch
import torch.nn as nn

# 创建一个线性层，输入特征数为3，输出特征数为2
linear_layer = nn.Linear(3, 2)

# 输入样本
inputs = torch.tensor([[1.0, 2.0, 3.0], [4.0, 5.0, 6.0]])

# 将输入传递给线性层进行前向计算
outputs = linear_layer(inputs)

print(outputs)
```

输出：

```
tensor([[-0.4815,  1.6651],
        [-1.5846,  3.1608]], grad_fn=<AddmmBackward>)
```

在这个示例中，我们创建了一个线性层，将输入特征的维度设置为 3，输出特征的维度设置为 2。然后，我们将输入样本形状为 (2, 3) 的张量传递给线性层，通过调用线性层对象并传递输入张量作为参数来获取输出结果。最终返回的输出张量形状为 (2, 2)，表示两个样本分别在 2 个输出特征上的结果。

注意： nn.Linear 层的参数是可学习的，模型在训练过程中会自动更新这些参数，以适应给定任务的要求。

3.7.2 nn.Sigmoid激活函数

nn.Sigmoid 是 PyTorch 中的一个激活函数，它将输入的任意实数转换为范围在 0 到 1 之间的值。该函数的数学表示为 sigmoid(x) = 1 / (1 + exp($-x$))，其中 exp 表示指数函数。

Sigmoid 函数在深度学习中经常用作隐藏层的激活函数，尤其在二分类问题的输出层中，常用于将模型的预测结果映射到概率值。通过将输出限制在 0 到 1 的范围内，Sigmoid 函数可以对模型的输出进行归一化，使其表示为样本属于某个类别的概率。

以下是使用 nn.Sigmoid 函数的示例，其中假设有一个输入张量 x：

```
import torch
import torch.nn as nn

x = torch.tensor([2.0, -1.0, 0.5])
sigmoid = nn.Sigmoid()

output = sigmoid(x)
print(output)
```

输出：tensor([0.8808, 0.2689, 0.6225])

上述示例中，我们首先导入必要的库，定义一个输入张量 x，然后创建一个 nn.Sigmoid 对象 Sigmoid。接下来，我们将输入张量 x 传递给 Sigmoid 函数，得到输出 output。输出是一个与输入形状相同的张量，其中的元素经过 Sigmoid 函数处理。

需要注意的是，nn.Sigmoid 函数在实际使用中，通常会被包含在神经网络的模型结构中，并由模型自动调用。这样，激活函数的应用将与其他层的操作一起进行，形成模型的前向传播过程。

3.7.3 nn.BCELoss损失函数

在 PyTorch 中，nn.BCELoss 是一个用于计算二元交叉熵（Binary Cross Entropy）损失的函数。BCE 代表二元交叉熵，该损失函数主要用于二分类问题。

nn.BCELoss 可以根据模型的输出和真实标签之间的差异来计算损失值。它对于将概率分布用于二分类问题特别有用，例如判断某个样本属于正类或负类。

以下是 nn.BCELoss 的一般调用方式：

```
import torch
import torch.nn as nn

criterion = nn.BCELoss()  # 创建BCELoss对象

output = torch.tensor([0.8, 0.2, 0.4])  # 模型的输出，表示样本属于正类的概率
target = torch.tensor([1, 0, 1] , dtype=torch.float32)  # 真实标签，表示正类为1，负类为0

loss = criterion(output, target)  # 计算损失值
print(loss)
```

输出：tensor(0.9854)

在这个例子中，模型输出 output 表示样本属于正类的概率，真实标签 target 表示标签的真实值。nn.BCELoss 会根据这两者计算损失值 loss。

需要注意的是，output 和 target 张量的形状需要一致，且它们的取值通常是介于 0 到 1 之间的概率值。此外，如果将模型的输出通过 Sigmoid 激活函数，那么可以使用 nn.BCEWithLogitsLoss 来替代 nn.BCELoss，它会在内部自动应用 Sigmoid 函数。

BCELoss 是用于二分类问题的常见损失函数之一，在训练神经网络中经常被使用。

3.8 torch.optim优化器

torch.optim 是 PyTorch 库中用于实现各种优化算法的模块。它提供了一系列优化器，用于在深度学习模型训练中更新模型的参数以最小化损失函数。

torch.optim 模块的核心是 Optimizer 类，它是所有优化器的基类。优化器根据给定的优化算法来更新模型的参数。Optimizer 类的构造函数接受一个模型参数的可迭代对象作为输入，并提供了许多方法来配置优化器的行为，例如学习率调度、权重衰减等。

以下是 PyTorch 中几种常见的优化器及其用法。

（1）SGD 优化器：SGD 优化器是最基本的优化器之一，它根据每个样本的梯度来更新模型参数。

（2）Adam 优化器：Adam 是一种基于梯度的优化算法，结合了 AdaGrad 和 RMSProp 的思想。它根据梯度的一阶矩和二阶矩估计对参数进行更新。

（3）学习率调度器：torch.optim 还提供了用于学习率调度的工具类。学习率调度器可以根据训练进度动态地调整优化算法的学习率，以提高训练效果。

在 Transformer 架构中，优化器并不是模型架构的一部分，而是在模型训练阶段用于更

新模型参数的一种算法。优化器的目标是通过迭代计算和更新模型的参数，以最小化或最大化某个目标函数（通常是损失函数）。

Transformer模型通常使用Adam优化器进行训练。Adam是一种自适应学习率的优化算法，它结合了Momentum优化器和RMSProp优化器的思想。

在实际的代码实现中，优化器通常会在模型训练的主循环（main loop）中被调用。在每个训练步骤，优化器会根据损失函数对模型参数的梯度来更新模型的参数。这个过程通常会在每个训练批次之后进行。

3.9 训练、验证和测试过程

在PyTorch中，我们通常会将数据集划分为训练集、验证集和测试集，以便训练模型、调整参数并最终测试模型的性能。下面是PyTorch中训练、验证和测试过程的详细介绍。

（1）数据预处理：首先，我们需要对数据进行预处理，包括归一化、平均值和标准差的计算等。然后，我们将数据划分为训练集、验证集和测试集。

（2）定义模型：我们需要定义我们的模型架构，这可以通过继承torch.nn.Module类并实现 __init__ 和forward方法来完成。

（3）定义损失函数和优化器：PyTorch提供了许多内置的损失函数，如交叉熵损失(nn.CrossEntropyLoss)和均方误差损失(nn.MSELoss)。优化器则用于更新模型的权重，如随机梯度下降(torch.optim.SGD)和Adam (torch.optim.Adam)。

```
loss_fn = torch.nn.MSELoss()
optimizer = optim.SGD(model.parameters(), lr=learning_rate)
```

（4）训练模型：训练过程通常包括以下步骤。

① **清空梯度**：优化器对象提供了一个方法zero_grad()来清空梯度。

```
optimizer.zero_grad()
```

② **正向传播**：通过输入数据到模型并调用forward方法来计算预测值。

```
output = model(input)
```

③ **计算损失**：通过将预测值和真实值输入损失函数来计算损失。

```
loss = loss_fn(output, target)
```

④ **反向传播**：调用损失对象的backward方法来计算梯度。

```
loss.backward()
```

⑤ **更新权重**：调用优化器的step方法来根据计算出的梯度更新权重。

```
optimizer.step()
```

（5）验证模型：在每个训练周期结束后，我们会在验证集上测试我们的模型，以检查模型是否过拟合，并调整超参数以改进模型。

（6）测试模型：在模型训练和验证完成后，我们会在测试集上测试模型的性能。这可以给我们提供一个公正的评估，因为测试集的数据在训练和验证过程中都未被使用过。

（7）保存和加载模型：PyTorch 提供了 torch.save 和 torch.load 方法来保存和加载模型。这使我们可以在任何时候保存我们的模型，并在需要时加载模型进行预测。

以上就是 PyTorch 的训练、验证和测试过程的概述。实际操作中，可能还需要进行一些其他步骤，如模型的调试、超参数的调整等。

3.10 用PyTorch实现神经网络

相对于第 2 章中用 NumPy 实现的神经网络，这里导入 PyTorch 并将 NumPy 数组转换为 PyTorch 张量。我们使用 torch.tensor 函数创建了输入张量 ***x*** 和对应的标签张量 ***y***。然后，我们使用 torch.randn 函数代替 NumPy 中的 np.random.randn 来初始化权重张量 ***w*** 和偏置张量 ***b***。

我们还将 activate 函数修改为使用 torch.where 函数实现条件判断，以替代 NumPy 中的条件判断。在前向传播函数 forward_propagation 中，我们使用 torch.matmul 函数代替 NumPy 中的 np.dot 进行矩阵乘法运算。

最后，我们测试前向传播函数，输出与之前相同的结果。请注意，输出的数据类型为 torch.Tensor，而不是 NumPy 数组。

3.10.1 实现单层感知机

在这个示例中，我们首先定义了一个名为 Perceptron 的继承自 nn.Module 的自定义模型类。该感知器模型有一个线性层 linear 和一个激活函数层 Sigmoid。forward 方法定义了模型的前向传播过程。

接下来，我们使用训练数据 ***X*** 和标签 ***y*** 初始化模型，并打印出模型的结构。然后，我们定义了二分类任务常用的二元交叉熵损失函数 BCELoss 和随机梯度下降优化器。

在训练阶段，我们通过多次迭代进行前向传播、损失计算、反向传播和优化来更新模型参数。我们使用 optimizer.zero_grad() 来清零梯度，在 loss.backward() 中进行反向传播，然后调用 optimizer.step() 来更新模型参数。

训练完成后，我们使用训练好的模型在训练数据上进行测试，并计算准确率。

```
import torch
import torch.nn as nn
import torch.optim as optim

# 定义单层感知器模型
class Perceptron(nn.Module):
    def __init__(self, input_size):
        super(Perceptron, self).__init__()
        self.linear = nn.Linear(input_size, 1)
        self.sigmoid = nn.Sigmoid()

    def forward(self, x):
        out = self.linear(x)
        out = self.sigmoid(out)
        return out

# 定义训练数据
X = torch.tensor([[0, 0], [0, 1], [1, 0], [1, 1]], dtype=torch.float32)
y = torch.tensor([[0], [0], [0], [1]], dtype=torch.float32)
```

```
# 初始化模型
input_size = X.shape[1]
model = Perceptron(input_size)
print(model)

# 定义优化器和损失函数
criterion = nn.BCELoss()
optimizer = optim.SGD(model.parameters(), lr=0.1)

# 训练模型
num_epochs = 1000
for epoch in range(num_epochs):
    # 前向传播
    outputs = model(X)
    loss = criterion(outputs, y)

    # 反向传播和优化
    optimizer.zero_grad()
    loss.backward()
    optimizer.step()

    # 每100个epoch打印一次损失
    if (epoch+1) % 100 == 0:
        print('Epoch [{}/{}], Loss: {:.4f}'.format(epoch+1, num_epochs, loss.item()))

# 测试模型
with torch.no_grad():
    predicted = model(X)
    predicted = torch.round(predicted)  # 将输出舍入为0或1
    accuracy = (predicted == y).sum().item() / y.size(0)
    print('Accuracy: {:.2f}%'.format(accuracy * 100))
```

运行结果为

```
Perceptron(
  (linear): Linear(in_features=2, out_features=1, bias=True)
  (sigmoid): Sigmoid()
)
Epoch [100/1000], Loss: 0.4456
Epoch [200/1000], Loss: 0.3533
Epoch [300/1000], Loss: 0.2952
Epoch [400/1000], Loss: 0.2548
Epoch [500/1000], Loss: 0.2246
Epoch [600/1000], Loss: 0.2011
Epoch [700/1000], Loss: 0.1821
Epoch [800/1000], Loss: 0.1664
Epoch [900/1000], Loss: 0.1532
Epoch [1000/1000], Loss: 0.1420
Accuracy: 100.00%
```

3.10.2 实现简单神经网络

以下代码实现了一个简单的神经网络，其中使用ReLU作为隐藏层的激活函数。训练过程中使用了均方误差损失函数，并通过反向传播更新网络参数。输出是预测的目标值。

```
import torch

class PyTorchNeuralNetwork:
    def __init__(self, input_size, hidden_size, output_size):
```

```
        self.input_size = input_size
        self.hidden_size = hidden_size
        self.output_size = output_size

        # 初始化权重和偏置
        self.W1 = torch.randn(self.input_size, self.hidden_size, requires_grad=True)
        self.b1 = torch.zeros(1, self.hidden_size, requires_grad=True)
        self.W2 = torch.randn(self.hidden_size, self.output_size, requires_grad=True)
        self.b2 = torch.zeros(1, self.output_size, requires_grad=True)

    def forward(self, X):
        # 前向传播
        self.z1 = torch.mm(X, self.W1) + self.b1
        self.a1 = torch.tanh(self.z1)
        self.z2 = torch.mm(self.a1, self.W2) + self.b2
        self.a2 = torch.sigmoid(self.z2)

        return self.a2

    def backward(self, X, y, learning_rate):
        m = X.shape[0]

        # 计算输出层的误差
        dZ2 = self.a2 - y
        dW2 = (1/m) * torch.mm(self.a1.T, dZ2)
        db2 = (1/m) * torch.sum(dZ2, dim=0, keepdim=True)

        # 计算隐藏层的误差
        dZ1 = torch.mm(dZ2, self.W2.T) * (1 - self.a1**2)
        dW1 = (1/m) * torch.mm(X.T, dZ1)
        db1 = (1/m) * torch.sum(dZ1, dim=0)

        # 更新权重和偏置
        self.W2.data -= learning_rate * dW2
        self.b2.data -= learning_rate * db2
        self.W1.data -= learning_rate * dW1
        self.b1.data -= learning_rate * db1

    def train(self, X, y, epochs, learning_rate):
        for epoch in range(epochs):
            # 前向传播
            output = self.forward(X)

            # 反向传播
            self.backward(X, y, learning_rate)

            # 计算损失
            loss = torch.mean((y - output) ** 2)

            # 每1000个epoch打印一次损失
            if epoch % 1000 == 0:
                print(f"Epoch {epoch}: Loss = {loss.item()}")

    def sigmoid(self, x):
        return 1 / (1 + torch.exp(-x))

# 创建PyTorch神经网络对象
input_size = 10
hidden_size = 15
output_size = 5

pytorch_nn = PyTorchNeuralNetwork(input_size, hidden_size, output_size)

# 定义训练数据和目标
```

```
X = torch.randn(100, input_size)
y = torch.randint(0, 2, size=(100, output_size))

# 训练神经网络
epochs = 10000
learning_rate = 0.1

# 训练PyTorch神经网络
pytorch_nn.train(X, y, epochs, learning_rate)

# 使用训练好的模型进行预测
input_data_torch = torch.randn(1, input_size)
output_torch = pytorch_nn.forward(input_data_torch)
print("预测结果: ", output_torch) #.detach().numpy())
```

运行输出：

```
Epoch 0: Loss = 0.3873695135116577
Epoch 1000: Loss = 0.10359781235456467
Epoch 2000: Loss = 0.07110282778739929
Epoch 3000: Loss = 0.057106029242277145
Epoch 4000: Loss = 0.04365575313568115
Epoch 5000: Loss = 0.036599621176719666
Epoch 6000: Loss = 0.03173088654875755
Epoch 7000: Loss = 0.027670174837112427
Epoch 8000: Loss = 0.02467251382768154
Epoch 9000: Loss = 0.022429829463362694
```

预测结果：tensor([[0.0018, 0.8695, 0.8229, 0.8444, 0.0037]], grad_fn=<SigmoidBackward0>)

3.10.3 用torch.nn实现简单神经网络

这个示例代码使用了 PyTorch 来构建一个简单的神经网络模型，用于进行企业云服务用量分类。代码中，首先定义了神经网络模型 CloudServiceUsageModel，接着定义了训练相关的参数和数据。然后，初始化模型、损失函数和优化器，并进行模型训练和评估。最后，输出训练过程中的损失和测试集上的准确率。

```
import torch
import torch.nn as nn
import torch.optim as optim

# 定义神经网络模型
class CloudServiceUsageModel(nn.Module):
    def __init__(self, input_size, hidden_size, num_classes):
        super(CloudServiceUsageModel, self).__init__()
        self.fc1 = nn.Linear(input_size, hidden_size)
        self.relu = nn.ReLU()
        self.fc2 = nn.Linear(hidden_size, num_classes)

    def forward(self, x):
        out = self.fc1(x)
        out = self.relu(out)
        out = self.fc2(out)
        return out

# 准备数据
input_size = 10
hidden_size = 5
num_classes = 2
learning_rate = 0.001
```

```
num_epochs = 100

# 随机生成一些示例数据
X = torch.randn(100, input_size)
Y = torch.randint(0, num_classes, (100,))

# 划分训练集和测试集
train_size = int(0.8 * len(X))
train_X, test_X = X[:train_size], X[train_size:]
train_Y, test_Y = Y[:train_size], Y[train_size:]

# 初始化模型、损失函数和优化器
model = CloudServiceUsageModel(input_size, hidden_size, num_classes)
criterion = nn.CrossEntropyLoss()
optimizer = optim.Adam(model.parameters(), lr=learning_rate)

# 模型训练
for epoch in range(num_epochs):
    # 前向传播
    outputs = model(train_X)
    loss = criterion(outputs, train_Y)

    # 反向传播和优化
    optimizer.zero_grad()
    loss.backward()
    optimizer.step()

    # 打印训练信息
    if (epoch + 1) % 10 == 0:
        print(f'Epoch {epoch+1}/{num_epochs}, Loss: {loss.item()}')

# 模型评估
with torch.no_grad():
    outputs = model(test_X)
    _, predicted = torch.max(outputs.data, 1)
    accuracy = (predicted == test_Y).sum().item() / len(test_Y)
    print(f'Test Accuracy: {accuracy}')
```

运行输出为

```
Epoch 10/100, Loss: 0.7254490852355957
Epoch 20/100, Loss: 0.7173128724098206
Epoch 30/100, Loss: 0.7097707986831665
Epoch 40/100, Loss: 0.7027563452720642
Epoch 50/100, Loss: 0.6960537433624268
Epoch 60/100, Loss: 0.6897956728935242
Epoch 70/100, Loss: 0.6836565732955933
Epoch 80/100, Loss: 0.6769127249717712
Epoch 90/100, Loss: 0.6696738004684448
Epoch 100/100, Loss: 0.6618732213973999
Test Accuracy: 0.3
```

3.11 源代码常用模块

在后面源代码中，经常会用到一些模块，在本章中先做一下介绍，便于后续快速理解源代码中的相关语句。

3.11.1 nn.Parameter类

nn.Parameter 类是 PyTorch 中的一个重要的类，它的主要目的是将需要被优化的张量（参数）标记为网络的可训练的参数，并将其添加到参数列表中，方便进行参数更新和优化。

在训练神经网络时，模型的优化算法（如梯度下降）将根据损失函数计算的梯度来更新模型的参数。因此，需要明确指定哪些参数是可以被优化的，哪些不可以。这样可以避免不必要的计算和内存开销。

通过将需要优化的参数包装在 nn.Parameter 类中，PyTorch 可以跟踪这些参数，并将它们添加到模型的参数列表中。然后，优化器可以访问这个参数列表，根据指定的优化算法更新这些参数的值。

同时，nn.Parameter 类还提供了一些方法和属性来访问和修改参数的值、形状、设备等信息，以及其他与参数相关的操作。

总之，nn.Parameter 类的主要目的是标记需要被优化的参数，并将它们组织到一个方便的列表中，以便在模型训练的过程中进行参数更新。这种设计可以提高代码的可读性和可维护性。

比如：

```
weight = nn.Parameter(torch.ones(dim))
```

3.11.2 typing模块

Python 的 typing 模块是在 Python 3.5 中引入的，它提供了类型提示和类型注解的功能，用于静态类型检查和增强代码可读性。typing 模块中定义了一些类和函数，可以用来明确对象的类型，使代码具有更强的可读性和可维护性。

1. typing 模块的作用

（1）类型检查，防止运行时出现参数和返回值类型不符合。

（2）作为开发文档附加说明，方便使用者调用时传入和返回参数类型。

（3）该模块加入后并不会影响程序的运行，不会报正式的错误，只有提醒。

2. typing 常用类型

（1）int、long、float：整型、长整型、浮点型。

（2）bool、str：布尔型、字符串类型。

（3）List、Tuple、Dict、Set：列表、元组、字典、集合。

（4）Iterable、Iterator：可迭代类型、迭代器类型。

（5）Generator：生成器类型。

除此之外，还有 Any、Optional、TypedDict 等类型。

（1）typing.Any：这个函数是类型提示模块 (typing) 中的一个特殊类型。它表示可以是任意类型的对象，可以用来定义接收或返回值为任何类型的函数或方法。使用 Any 类型可以在静态类型检查时放松对类型的限制。

（2）typing.Optional：这个函数也来自 typing 模块，用于注释函数参数或返回值是可选的（可以为 None）的情况。可以将其作为类型提示的一部分使用，例如 Optional[str] 表示一个字符串类型的可选值，可以是字符串或 None。

（3）typing.TypedDict：这个函数用于定义一个强类型的字典。字典是一种存储键值对的数据结构，而 TypedDict 函数可以指定字典中键值的类型。这样可以在静态类型检查时捕捉到字典键值类型不匹配的错误。使用 TypedDict 可以为字典定义严格的键和对应值的类型。例如，TypedDict('Person', {'name': str, 'age': int}) 定义了一个键为 'name' 且对应值为字符串类型，键为 'age' 且对应值为整数类型的字典类型。

3.11.3 logging模块

logging 模块是 Python 的标准库之一，用于记录和管理应用程序的日志信息。它提供了灵活的配置选项，允许将日志信息记录到不同的目标中（如控制台、文件、网络等），并且可以根据日志的级别过滤不同的日志消息。

借助 logging 模块的输出信息可以调试代码。相比在程序中使用 print() 函数来输出一些信息，logging 模块可以通过改变 level 来控制一些语句是否被输出，而不需要在调试后删除。

logging 有 5 个 level，分别是：debug，主要是查看一下程序运行的信息，一般是调试程序要看的信息；info，是我们看程序是否如预料执行的信息；warn，意料之外的，但是不影响程序运行；error 和 critical 就是一些比较严重的问题，会影响程序运行。默认 level 是 warn，这个时候 debug 级别和 info 级别就不会被输出到日志里了。

下面是 logging 模块的一些主要功能。

（1）支持多个日志等级：logging 模块提供了多个预定义的日志等级，如 debug、info、warning、error 和 critical。这些等级可以根据日志的重要性来选择，通过设置适当的等级过滤日志消息。

（2）日志输出目标灵活配置：logging 模块可以将日志消息输出到不同的目标中，如控制台、文件、网络等。通过配置处理程序（Handler），可以将日志消息传递给各种目标。例如，可以将 debug 和 info 级别的消息输出到控制台，将 warning 级别及以上的消息保存到文件中。

（3）可以自定义日志格式：可以通过修改日志记录的格式来符合特定的需求。logging 模块提供了默认的日志格式，还可以自定义格式，包括日期、时间、日志级别等。这样可以使日志信息更易读、易于分析。

（4）支持日志回滚：logging 模块允许在达到某个条件时自动回滚日志文件，以便控制日志文件的大小。可以设置日志文件的最大大小和备份文件的数量，当日志文件大小达到最大值时，会自动创建新的日志文件，并对旧的日志文件进行备份。

（5）支持多线程安全：logging 模块可以在多线程环境下安全地进行日志记录，避免多个线程之间的竞争条件。

（6）可以通过配置文件配置：logging 模块支持通过配置文件来配置日志记录器的行为，这样可以将日志配置与代码解耦，使得日志配置更加灵活和可维护。

通过使用 logging 模块，我们可以实现对应用程序的日志记录和管理，调试和监控应用程序的运行状态，发现问题并进行错误追踪，从而提高应用程序的可靠性和可维护性。

下面是 logging 模块的几个常用函数及其功能和主要参数的简要描述。

1. logging.basicConfig()

（1）功能：用于配置日志记录的基本行为，包括设置日志级别、输出格式等。

（2）参数：filename、filemode、format、datefmt、level 等。

2. logging.getLogger(name=None)

（1）功能：获取一个 logger 对象，用于执行日志记录操作。

（2）参数：name（可选）- logger 对象的名称。

3. Logger.setLevel(level)

（1）功能：设置日志级别，只有级别等于或高于此级别的日志消息才会输出。

（2）参数：level - 日志级别，如 logging.DEBUG、logging.INFO 等。

4. Logger.addHandler(hdlr)

（1）功能：向 logger 对象添加处理器，用于输出日志消息到指定地方。

（2）参数：hdlr - 日志处理器对象，如 StreamHandler、FileHandler 等。

5. Logger.removeHandler(hdlr)

（1）功能：从 logger 对象中移除指定的处理器。

（2）参数：hdlr - 要移除的日志处理器对象。

6. Logger.debug(msg, *args, **kwargs)

（1）功能：输出 debug 级别的日志消息。

（2）参数：msg - 日志消息字符串，*args 和 **kwargs 可用于替换消息中的占位符。

7. Logger.info(msg, *args, **kwargs)

（1）功能：输出 info 级别的日志消息。

（2）参数：msg - 日志消息字符串，*args 和 **kwargs 可用于替换消息中的占位符。

8. Logger.warning(msg, *args, **kwargs)

（1）功能：输出 warning 级别的日志消息。

（2）参数：msg - 日志消息字符串，*args 和 **kwargs 可用于替换消息中的占位符。

9. Logger.error(msg, *args, **kwargs)

（1）功能：输出 error 级别的日志消息。

（2）参数：msg - 日志消息字符串，*args 和 **kwargs 可用于替换消息中的占位符。

10. Logger.exception(msg, *args, **kwargs)

（1）功能：输出带有堆栈跟踪的 error 级别的日志消息。

（2）参数：msg - 日志消息字符串，*args 和 **kwargs 可用于替换消息中的占位符。

```
import logging

model_path = "c:/llama2/llama-2-7b-hf"

logging.basicConfig(level=logging.INFO)

logger = logging.getLogger()
logger.info(f"Reloaded SentencePiece model from {model_path}")
```

输出：

```
INFO:root:Reloaded SentencePiece model from c:/llama2/llama-2-7b-hf
```

3.11.4 dataclasses

dataclasses 模块是 Python 标准库中自 Python 3.7 版本引入的一个模块。它提供了一个装饰器 @dataclass，用于简化创建和管理数据类的过程。

数据类是一种用于存储数据的特殊类，它自动地为我们生成属性、初始化方法、比较方法和其他通用方法，减少了编写样板代码的工作量。

下面是 dataclasses 模块的一些功能特点。

（1）属性自动生成：使用 @dataclass 装饰器，可以在数据类中定义属性，而无须编写烦琐的初始化方法和属性访问方法。数据类将自动生成这些方法。

（2）默认值和类型注解：可以为数据类的属性指定默认值，使属性在初始化时可以选择性地提供。此外，还可以使用类型注解来指定属性的类型。

（3）生成的方法：dataclasses 模块为数据类生成了一些通用方法，如 __eq__（相等比较方法）、__repr__（可打印字符串方法）、__hash__（哈希方法）等。这些方法可以方便对数据类进行比较、输出和哈希操作。

（4）不可变性选项：通过在 @dataclass 装饰器中指定 frozen=True，我们可以创建不可变的数据类。这意味着一旦对象创建，就不能再修改其属性值。不可变性有助于确保数据的一致性和安全性。

（5）继承和默认行为的覆盖：dataclasses 模块的数据类可以继承自其他数据类，并且可以覆盖默认行为，如修改生成的方法、添加新的属性等。

总的来说，dataclasses 模块简化了定义和操作数据类的过程，使我们能够更方便地创建属性丰富的数据容器。这对于处理和管理复杂的数据结构，以及在面向对象编程中使用数据类非常有用。

```
from dataclasses import dataclass

@dataclass
class Person:
    name: str
    age: int
    profession: str
```

在上面的例子中，我们使用 dataclass 装饰器创建了一个名为 Person 的数据类。该类有三个字段：name（姓名，字符串类型）、age（年龄，整数类型）和 profession（职业，字符串类型）。

通过使用 dataclass 装饰器，我们无须手动定义 __init__ 方法、__repr__ 方法等，dataclass 会自动为我们生成这些方法，以及其他一些常用的类方法。

等效于以下代码：

```
class Person:
    def __init__(self, name: str, age: int, profession: str):
        self.name = name
        self.age = age
        self.profession = profession

    def __repr__(self):
        return f'Person(name={self.name!r}, age={self.age!r}, profession={self.
profession!r})
```

这段代码创建了一个与使用 @dataclass 装饰的 Person 类功能相同的类。__init__() 方法用于初始化新创建的对象，__repr__() 方法用于生成对象的字符串表示形式。!r 在格式字符串中用于获取对象的 repr 字符串，这通常用于调试，可以显示更多详细信息。

然而，需要注意的是，@dataclass 除了自动提供 __init__() 和 __repr__() 之外，还会自动提供其他有用的特殊方法，如 __eq__()（用于比较两个对象是否相等）。如果你不使用 @dataclass，可能需要手动实现这些方法。

3.11.5 Fire库

Python Fire 是一个用于生成命令行接口（CLI）的库，它允许你将任何 Python 对象转换为命令行接口，从而简化和加速脚本的开发和使用。以下是 Python Fire 类的一些功能。

（1）自动生成命令行接口：使用 Python Fire，你可以将一个 Python 类或模块转换成一个命令行工具。Fire会根据函数的签名自动生成命令行参数，并通过命令行输入来调用你的函数。这样，你就可以直接从命令行运行你的Python代码，无须编写烦琐的命令行解析代码。

（2）自动创建子命令：Fire 可以帮助你自动创建具有多个子命令的命令行工具。通过将多个 Python 函数作为类的方法进行装饰，你可以在命令行中创建多个子命令，并使用不同的选项和参数来调用它们。

（3）自动生成帮助文档：Fire 会自动根据你的代码和注释生成帮助文档，使用户可以通过命令行获取详细的使用说明，包括命令的选项、参数和用法示例等。

（4）动态类型转换：Fire 支持自动进行类型转换。根据函数的参数注解，Fire 可以将命令行输入的字符串自动转换为相应的 Python 类型，使你可以轻松地处理各种不同的输入数据类型。

（5）直接调用任何 Python 对象：除了函数和方法，Fire 还支持直接调用任何 Python 对象，包括类、模块和实例。这意味着你可以将大部分已有的 Python 代码，甚至是复杂的类和库，都直接转换为具有命令行接口的工具。例如，如果 main 类有两个方法：train 和 evaluate，则可以通过命令行使用 python script.py train 和 python script.py evaluate 来调用这两个方法，而无须编写复杂的逻辑代码来分配执行的函数。

总的来说，Python Fire 简化了命令行工具的开发过程，提供了一种简单而直观的方式来将 Python 代码暴露为命令行接口，并且为你自动生成了帮助文档和参数解析。无论你是编写简单的脚本还是构建复杂的命令行应用程序，Python Fire 都可以提升你的开发效率和用户体验。

以下是两段代码示例，一段使用了 Fire 库，另一段是没有使用 Fire 库的普通命令行调用代码。

1. 使用 Fire 库示例

```
import fire

def greet(name="World"):
    """Greet someone."""
    print(f"Hello, {name}!")

if __name__ == '__main__':
    fire.Fire(greet)
```

在命令行中调用该代码时，可以直接输入命令并传递参数，例如：

```
python script.py --name Alice
```

输出：

```
Hello, Alice!
```

使用 Fire 库之后，我们无须手动解析命令行参数，而是使用 fire.Fire() 将函数暴露给命令行，自动解析参数并调用对应的函数。这样可以大大简化命令行调用代码的编写。

2. 不使用 Fire 库的示例

```
import argparse

def greet(name="World"):
    """Greet someone."""
    print(f"Hello, {name}!")

if __name__ == '__main__':
    parser = argparse.ArgumentParser()
    parser.add_argument("--name", type=str, default="World", help="Name to greet")
    args = parser.parse_args()

    greet(args.name)
```

在命令行中调用该代码时，需要使用 argparse 库手动解析参数并执行相应的函数。

在没有使用 Fire 库的情况下，我们需要手动创建 argparse.ArgumentParser 对象并定义命令行参数。然后，通过 parser.parse_args() 解析命令行参数，并在代码中调用相应的函数。这种方法相对于使用 Fire 库来说，需要更多的代码来处理命令行参数的解析。

fire 模块可以根据 main 类中方法的参数和注释自动生成帮助文档。当你在终端中使用 python script.py --help 命令时，它将展示命令的使用方法、参数说明以及默认值等信息。这使你能够更方便地为你的代码提供说明文档和使用文档。

```
(pytorch) C:\Users\HP>python script.py --help
INFO: Showing help with the command 'script.py -- --help'.

NAME
    script.py - Greet someone.

SYNOPSIS
    script.py <flags>

DESCRIPTION
    Greet someone.

FLAGS
    -n, --name=NAME
        Default: 'World'
```

第 4 章

Transformer 模型详解

4.1 大语言模型的简介和分类

4.1.1 简介

大语言模型是一种特殊的机器学习模型，它被训练来理解和生成人类语言。这些模型通常是基于 Transformer 架构的，并且被训练在大量的文本数据上。这些模型的目标是根据给定的上下文生成可能的下一个单词，或者更一般地说，生成一段连续的文本。这种类型的模型包括 GPT-3、GPT-2、BERT、Falcon、Llama 等。

大语言模型的"大"主要指的是模型的参数数量。例如，Llama 2 模型有 700 亿个参数，这使它能够学习和理解极其复杂的语言模式。这也意味着这些模型需要大量的计算资源来训练和运行。

"大模型"是一个更通用的术语，它可以指任何参数数量大的模型，不仅限于语言模型。例如，大规模的图像分类模型，如 ResNet-152 或 EfficientNet-B7，也可以被称为"大模型"。这些模型通常需要大量的计算资源来训练，但它们通常能够提供更好的性能，因为它们能够学习和表示更复杂的模式。

所以，大语言模型是大模型的一个子集，它们都有大量的参数，但大语言模型专门用于处理人类语言。

4.1.2 分类

采用 Transformer 架构大语言模型，根据模型具体结构的实现，分成编码器 - 解码器结构，纯的编码器结构和纯解码器结构。

原生 Transformer 是一个编码器 - 解码器结构的模型，其主要原因是原生的 Transformer 是为机器翻译任务所设计的，因此设计了一个编码器处理源语言输入，并通过解码器输出目标语言翻译结果。这种模型结构非常适合做自然语言生成任务，后续的 LLM 例如 T5、BART 等均采用此类结构。

对于 BERT 这样的偏向于理解类的模型而言，解码器并不是必需的，因此此类模型通常使用的是一个仅包含编码器部分的模型。

当前 GPT 系列的模型通常是将自然语言处理任务建模成一个语言模型任务，对于语言模型任务，其仅需要对于给的前文生成下文，因为该类任务并不需要单独设计编码器，仅需要一个解码器即可完成。

近期开源的 LLM 如 Llama、Llama 2 等大都沿用了 GPT 系列模型的结构，也是采用的纯解压码结构。

纯解码器结构又分为因果解码器（causal decoder）和前缀解码器（prefix decoder）。

因果解码器结构是当前主流，采用单向注意力掩码，以确保每个输入标记只能关注过去的标记和它本身。输入和输出标记通过解码器以相同的方式进行处理。

前缀解码器结构修正了因果编码器的掩码机制，以使其能对前缀标记执行双向注意力，并仅对生成的标记执行单向注意力。这样，与编码器 - 解码器类似，可以双向编码前缀序列并自回归地逐个预测输出标记，其中在编码和解码阶段共享相同的参数。

表 4-1 整体给出了多个模型在各个维度的差异。

表 4-1　模 型 比 较

模型	结构	位置编码	激活函数	层归一化方法
原生 Transformer	编码器 – 解码器	Sinusoidal 编码	ReLU	后归一化
BERT	编码器	绝对位置编码	GeLU	后归一化
Llama	因果解码器	RoPE	SwiGLU	预 RMS Norm
ChatGLM-6B	前缀解码器	RoPE	GeGLU	后 Deep Norm
Bloom	因果解码器	ALiBi	GeLU	预归一化

图 4-1 是大型语言模型的进化树。

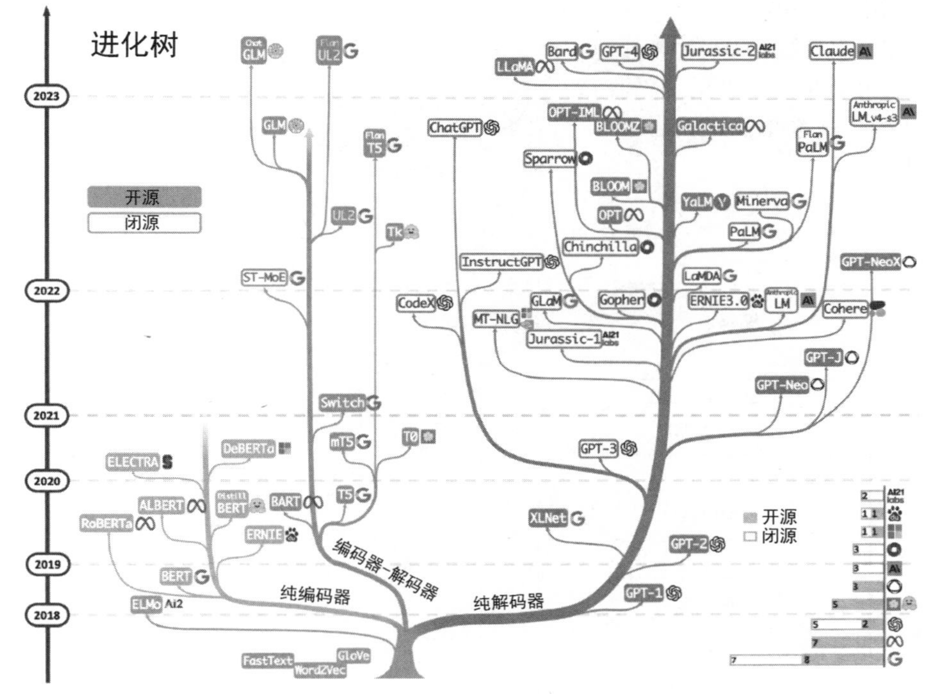

图4-1　大型语言模型的进化树

为什么现在的 LLM 都是纯解码器架构呢？因为该架构具有一定的优势。

（1）纯解码器模型更加简单，因为它只需要生成输出，不需要考虑输入。这样可以减轻计算负担，加快模型的训练和推理速度。

另外，纯解码器模型可以更好地解决语言建模问题，如自然语言生成、文本分类等问题。

（2）纯解码器模型可以更好地利用预训练任务的数据。在预训练任务中，纯解码器模型只需要通过掩码语言建模（Masked Language Modelling）任务来学习上下文和语言规律。而编码器 - 解码器模型需要尝试预测中间的编码表示。这对于纯解码器模型来说是一种更容易的任务，因此可以更好地利用数据，使得模型表现更好。

（3）纯解码器模型可以更好地处理长序列。编码器 - 解码器模型需要在解码的时候进行对齐操作，因此当输入序列长度变化时，需要重新对齐，这就会导致计算复杂度的提升。

而纯解码器模型不需要进行对齐操作，因此可以更好地处理长序列。

4.2 Transformer模型

4.2.1 模型构成

Transformer的内部本质上是一个编码器 - 解码器的结构（见图 4-2）。

Transformer 中完全放弃了传统的循环神经网络和卷积神经网络，整个网络结构完全由自注意力机制来处理序列数据，并且采用了多层编码器 - 解码器结构，标准 Transformer 是 6 层（见图 4-3）。

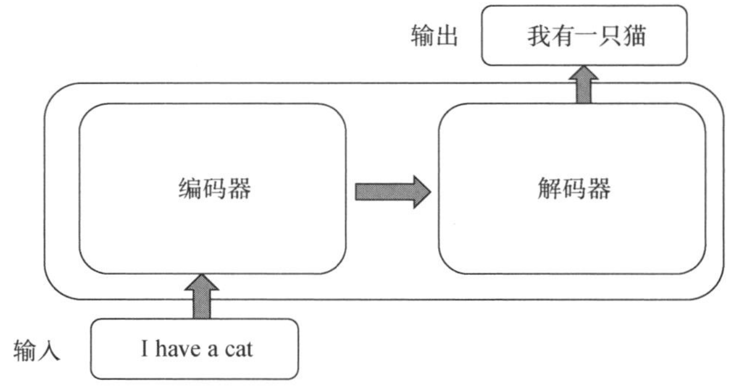

图4-2　编码器-解码器结构

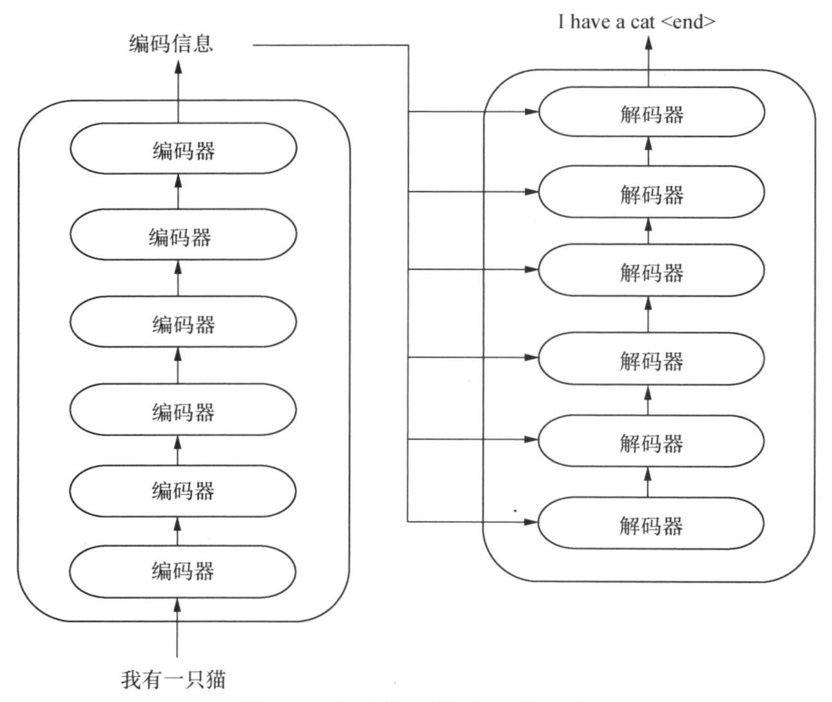

图4-3　多层编码器-解码器结构

Transformer 的主要组成部分有以下几个。

（1）自注意力机制：这是 Transformer 的核心组成部分，也是其能够处理序列数据的关键。自注意力机制能够计算序列中每个元素与其他元素之间的关系，并基于这些关系来更新元素的表示。这使 Transformer 能够捕捉到序列中长距离的依赖关系。

（2）多头自注意力（Multi-Head Attention）：Transformer 并不只计算一次自注意力，而是同时计算多次，每次使用不同的参数，然后将这些结果合并起来。这使 Transformer 能够捕捉到数据的多个不同方面的信息。

（3）位置编码（Positional Encoding）：由于 Transformer 并没有使用 RNN 或 CNN，所以它无法直接处理序列的顺序信息。为了解决这个问题，Transformer 引入位置编码，通过给每个元素添加一个位置相关的向量，来向模型提供序列中元素的位置信息。

（4）前馈神经网络：除了自注意力机制，Transformer 的每一层还包括一个前馈神经网络。这个网络在每个位置上都是独立运行的，它能够增强模型的复杂性，而不会增强处理序列的复杂性。

（5）归一化层：Transformer 在每个子层（自注意力和前馈神经网络）的输出后都添加了一个归一化层，以防止模型的训练发散。

（6）残差连接：Transformer 在每个子层的输入和输出之间都添加了一个残差连接。这可以帮助模型更容易地学习深层网络。

Transformer 模型的每个编码器和解码器都包含多层上述的组件。编码器接收输入序列，解码器生成输出序列。在训练时，解码器可以看到所有的目标输出，但在推理（预测）时，解码器一次只能生成一个输出。

由于 Transformer 的自注意力机制，它在处理长序列时，能够更好地捕捉序列中的依赖关系。因此，Transformer 在许多自然语言处理任务，如机器翻译、文本摘要、情感分析等，都取得了很好的效果。

图 4-4 显示了 Transformer 模型架构。

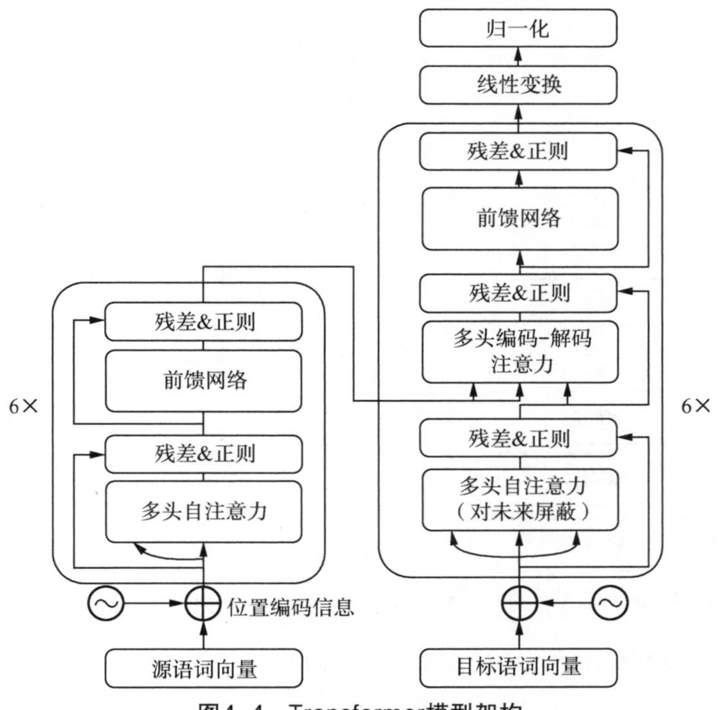

图4-4　Transformer模型架构

4.2.2 因果解码器结构

因果解码器结构是主流的大语言模型结构，GPT-1、GPT-2 及 Llama 1、Llama 2，都采用了该结构，下面以 Llama 2 模型为例介绍该结构的设计。

Llama 2 模型根据参数量，分别由 32 ～ 80 层的解码器组成（见图 4-5）。

每层解码器有图 4-6 显示的结构。

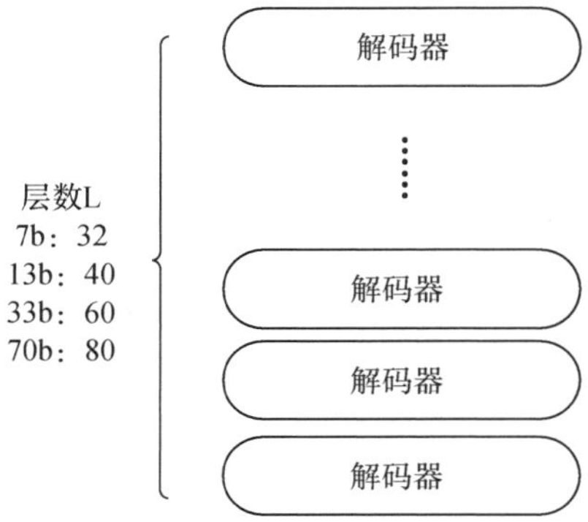

解码器
……
解码器
解码器
解码器
层数L
7b：32
13b：40
33b：60
70b：80

图4-5　Llama 2的多层解码器

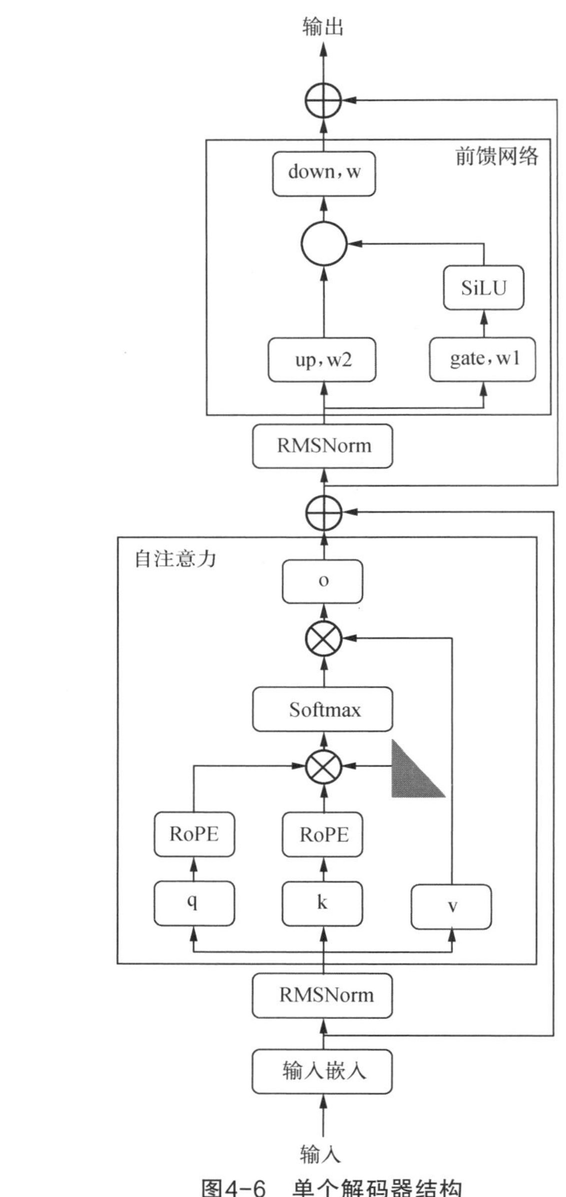

图4-6　单个解码器结构

llama-2-7b hf 模型文件中读出的权重参数结构为

```
model.embed_tokens.weight: shape=[32000, 4096] type=F16
model.layers.0.self_attn.q_proj.weight: shape=[4096, 4096] type=F16
```

```
model.layers.0.self_attn.k_proj.weight: shape=[4096, 4096] type=F16
model.layers.0.self_attn.v_proj.weight: shape=[4096, 4096] type=F16
model.layers.0.self_attn.o_proj.weight: shape=[4096, 4096] type=F16
model.layers.0.self_attn.rotary_emb.inv_freq: shape=[64] type=F32
model.layers.0.mlp.gate_proj.weight: shape=[11008, 4096] type=F16
model.layers.0.mlp.up_proj.weight: shape=[11008, 4096] type=F16
model.layers.0.mlp.down_proj.weight: shape=[4096, 11008] type=F16
model.layers.0.input_layernorm.weight: shape=[4096] type=F16
model.layers.0.post_attention_layernorm.weight: shape=[4096]
……
model.layers.31.self_attn.q_proj.weight: shape=[4096, 4096] type=F16
model.layers.31.self_attn.k_proj.weight: shape=[4096, 4096] type=F16
model.layers.31.self_attn.v_proj.weight: shape=[4096, 4096] type=F16
model.layers.31.self_attn.o_proj.weight: shape=[4096, 4096] type=F16
model.layers.31.self_attn.rotary_emb.inv_freq: shape=[64] type=F32
model.layers.31.mlp.gate_proj.weight: shape=[11008, 4096] type=F16
model.layers.31.mlp.up_proj.weight: shape=[11008, 4096] type=F16
model.layers.31.mlp.down_proj.weight: shape=[4096, 11008] type=F16
model.layers.31.input_layernorm.weight: shape=[4096] type=F16
model.layers.31.post_attention_layernorm.weight: shape=[4096] type=F16
```

其中 layers.0 到 layers.31 就是 32 层的解码器，每个解码器包括自注意力层 self_attn、前馈网络层 mlp、输入层归一化 input_layernorm、注意力层后归一化。自注意力层有 q、k、v、o、旋转嵌入 rotary_emb，前馈网络层有 gate、up、down。

表 4-2 是 Llama 2 hf 权重文件参数和 Llama 2 pth 模型结构比较。具体转换可以在 Hugging Face 的 Github 源代码中找到，具体路径为：src/transformers/models/llama。源代码文件名为：convert_llama_weights_to_hf.py。

表 4-2　Llama 2 hf 权重文件参数和 Llama 2 pth 模型结构比较

Llama 2 hf	Llama 2 pth	名称
embed_tokens	tok_embeddings	标记嵌入
self_attn.q_proj	self_attn.q_proj 转置处理	查权重
self_attn.k_proj	self_attn.k_proj 转置处理	键权重
self_attn.v_proj	attention.wq	值权重
self_attn.o_proj	attention.wo	出权重
self_attn.rotary_emb.inv_freq		
mlp.gate_proj	feed_forward.w1	门权重
mlp.up_proj	feed_forward.w3	上权重
mlp.down_proj	feed_forward.w2	下权重
input_layernorm	attention_norm	归一化
post_attention_layernorm	ffn_norm	归一化
norm	norm	归一化
lm_head	output	输出

4.3 分词

分词是自然语言处理中的一项基本任务，它是将连续的文本分割成一个个单独的词汇单元的过程。

4.3.1 词汇表

在 Transformer 模型（如 BERT、GPT 等）的 Hugging face 格式权重文件目录中，vocab.json 是一个用于存储词汇表的文件。在其他有的模型（如 Llama 2）权重文件中，有两个文件与词汇表相关：tokenizer.json 是一个与分词器（tokenizer）相关的文件，包含了分词器的配置信息和词表。tokenizer.model 是一个二进制的模型文件，存储了分词器的具体实现。

词汇表是模型用来理解和生成文本的基础，它包含了模型在训练过程中学习到的所有可能的单词和子词（subword units）。

vocab.json 是一个键值对的 JSON 文件，其中键是词汇，值是该词汇在词汇表中的索引。tokenizer.json 格式文件中相应的内容在 model.vacab 中。

例如，假设我们有一个非常简单的词汇表，它可能像这样：

```
{
    "[PAD]": 0,
    "[UNK]": 1,
    "[CLS]": 2,
    "[SEP]": 3,
    "the": 4,
    "a": 5,
    "and": 6,
    ...
}
```

这个词汇表包含了一些特殊的词汇，如 "[PAD]"、"[UNK]"、"[CLS]" 和 "[SEP]"，它们在 Transformer 模型中有特殊的含义。例如，"[PAD]" 用于填充序列，"[UNK]" 用于表示未知的词汇，"[CLS]" 用于分类任务，"[SEP]" 用于分割不同的句子。

此外，这个词汇表还包含了一些常见的单词，如 "the"、"a" 和 "and"。这些单词的索引是根据它们在训练数据中的出现频率来决定的，频率越高，索引越小。

在训练模型时，我们会使用这个词汇表将文本数据转换为模型可以理解的数值形式。在生成文本时，我们也会使用这个词汇表将模型的输出转换回人类可以理解的文本形式。

词汇表中的内容（以 gpt2-vocab.json 为例）如图 4-7 所示。


```
"\u0120Log": 5972, "icken": 5973, "]:": 5974, "\u0120surprise": 5975, "hab": 5976,
"\u0120craft": 5977, "olt": 5978, "\u0120Jul": 5979, "\u0120dial": 5980,
"\u0120relevant": 5981, "\u0120entered": 5982, "\u0120leads": 5983, "\u0120AD": 5984,
"\u0120Clean": 5985, "\u0120pictures": 5986, "essor": 5987, "\u0120alt": 5988,
"\u0120paying": 5989, "Per": 5990, "\u0120Market": 5991, "\u0120updates": 5992,
"amily": 5993, "\u0120Type": 5994, "\u0120Home": 5995, "\u012055": 5996, "sembly":
5997, "rome": 5998, "83": 5999, "\u0120greatest": 6000, "\u0120height": 6001,
"\u0120heav": 6002, "aints": 6003, "\u0120listen": 6004, "aser": 6005, "\u0120SH":
6006, "\u0120capable": 6007, "acle": 6008, "\u0120perspect": 6009, "inating": 6010,
"\u0120offering": 6011, "rypt": 6012, "\u0120Develop": 6013, "abin": 6014, "rc": 6015,
"\u0120bright": 6016, "alty": 6017, "arrow": 6018, "\u0120suppl": 6019, "inding": 6020,
"acked": 6021, "gypt": 6022, "\u0120Another": 6023, "pg": 6024, "\u0120Virginia": 6025,
"\u0120Lu": 6026, "\u0120planned": 6027, "\u0120pit": 6028, "\u0120sweet": 6029,
"Type": 6030, "\u0120Di": 6031, "\u0120typically": 6032, "\u0120Francisco": 6033,
"\u0120prospect": 6034, "\u0120Dan": 6035, "\u0120teen": A6036, "rees": 6037,
"\u0120sched": 6038, "\u0120hol": 6039, "\u0120scr": 6040, "\u0120lots": 6041, "life":
6042, "\u0120newsp": 6043, "\u0120forget": 6044, "\u0120None": 6045, "\u0120Middle":
6046, "\u0120Ryan": 6047, "edd": 6048, "\u0120severe": 6049, "\u0120suit": 6050,
"llAer": 6051, "93": 6052, "\u0120correspond": 6053, "\u0120explos": 6054, "uations":
6055, "\u0120flag": 6056, "game": 6057, "rid": 6058, "\u0120prin": 6059, "\u0120Data":
```


图4-7　词汇表

图 4-7 中的 \u0120 代表空格，是因为 GPT-2 代码中将编码 0-255 的所有控制和空白字符向上移动 256(\u0100) 个位置，使其可打印，所以，空格（ \u0020 ）变为 Ġ(\u0120)。

在大语言模型中，每个模型的词汇表中词汇数是固定的，不同的模型词汇表不同。比如 Llama 2 的词汇数为 32 000，GPT2 为 50 255。

词汇表的生成通常涉及一个过程，称为分词。分词是将一段文本分解为其组成的单词或子词的过程。这个过程的具体实现方式取决于所使用的分词算法。

4.3.2　词汇表的生成

在训练 Transformer 模型（如 BERT、GPT 等）时，分词器和词汇表在训练前就已经确定了。这意味着在训练过程中，词汇表是固定的，不会无限扩充。

例如，在训练模型时，我们首先需要选择一个分词器，然后使用大量的无标签文本数据生成词汇表。在这个过程中，我们会为词汇表设置一个最大大小(例如 30 000 或 50 000)。一旦词汇表生成，就会在训练过程中保持不变。

对于不在词汇表中的单词，我们通常会用一个特殊的标记（如 "<UNK>"）来表示。然而，对于一些特定的模型，如基于字节对编码(Byte Pair Encoding，BPE)或一元语言模型(Unigram Language Model，ULM)的分词器，它们可以更灵活地处理未知词汇。分词器会将其分解为在词汇表中的子词。例如，如果词汇表中没有单词 "unseen"，WordPiece 分词器可能会将其分解为 "un" 和 "seen"(假设这两个子词都在词汇表中)。

4.3.3　分词算法

有许多种分词算法，包括基于规则的方法、基于统计的方法，以及混合了这两种方法的方法。以下是一些常见的分词算法。

（1）空格分词：这是最简单的分词方法，只需按空格将文本分割成单词。这种方法在处理英语等大部分西方语言时效果不错，但对于没有明确单词边界的语言(如中文)或者复合词丰富的语言（如德语），效果就不理想了。

（2）基于词典的分词：这种方法需要一个预先定义好的词典，然后根据词典将文本分割成单词。这种方法可以处理一些复杂的情况，但依赖于词典的质量，而且不能很好地处理词典中不存在的单词。

（3）基于统计的分词：这种方法使用机器学习算法从大量的文本数据中学习单词的边界。常见的基于统计的分词算法包括 HMM、CRF 等。

（4）子词分词：这种方法将单词进一步分割为子词。这样可以处理词典中不存在的单词，因为即使一个单词在词典中不存在，其组成的子词也可能存在。常见的子词分词算法包括字节对编码、句子片段（SentencePiece）等。

在训练 Transformer 模型（如 BERT、GPT 等）时，通常会使用子词分词算法生成词汇表。例如，GPT-2 和 GPT-3、Llama 2 使用字节对编码分词算法。这些算法都是基于统计的，会从大量的文本数据中学习出最常见的子词，然后将这些子词组合成词汇表。句子片段是 BPE 的变体。

字节对编码：BPE 是一种基于统计的子词分词方法。它的基本思想是将频繁出现的字符序列(即词)合并为一个单一的新符号，从而生成一个更大的词汇表。BPE 的优点是能够有效地处理未知词和稀有词，因为它可以将这些词分解为已知的子词。BPE 的一个缺点是它可能会将一个词切分得过细，比如将一个词切分为一个单一的字符。

句子片段：SentencePiece 是一种基于 BPE 和一元语言模型的分词方法。与 BPE 不同，SentencePiece 不需要预处理（如空格分割）和后处理（如特殊字符的处理）。这使 SentencePiece 可以直接在原始的文本上进行训练，而不需要进行复杂的数据清洗。SentencePiece 也可以处理多种语言，包括那些没有明确词汇边界的语言（如中文和日语）。

这两种分词方法都是子词分词方法，它们的目标是找到一个平衡，既能保留足够的词汇信息，又能控制词汇表的大小。这是因为在自然语言处理任务中，一个过大的词汇表会提升与增加模型的复杂性和计算成本，而一个过小的词汇表则可能丢失重要的词汇信息。

4.3.4 字节对编码

字节对编码是一种用于自然语言处理的分词技术，它可以有效地处理语言中的词汇多样性和新词问题。BPE 的主要思想是将常见的字符序列（即单词或单词的部分）合并为单个符号。

BPE 的操作步骤如下。

（1）初始化词汇表：开始时，词汇表中的每个符号都是语料库中的一个字符。

（2）统计符号对频率：在语料库中统计每对连续符号的出现频率。

（3）合并频率最高的符号对：将频率最高的符号对合并为一个新的符号，添加到词汇表中。

（4）重复步骤（2）和（3）：重复上述步骤，直到达到预定的词汇表大小或者没有可以合并的符号对。

举例来说，假设我们有以下的语料库：

```
low lower newest widest
```

我们可以按照以下步骤执行 BPE。

（1）初始化词汇表：每个字符都是一个符号，所以词汇表为 {"l", "o", "w", "e", "r", "n", "s", "t", "i", "d"}。

（2）统计符号对频率：最常见的符号对是 ("e", "s")，出现了两次。

（3）合并频率最高的符号对：将 ("e", "s") 合并为一个新的符号 "es"，添加到词汇表中，得到 {"l", "o", "w", "e", "r", "n", "s", "t", "i", "d", "es"}。

（4）重复步骤（2）和（3）：继续这个过程，可能会得到一个包含如 "low", "er", "newest" 等符号的词汇表。

在实际使用时，我们可以使用 BPE 词汇表来将单词分解为已知的子单词或字符。例如，单词 "lowest" 可能会被分解为 ["low", "es", "t"]。

BPE 的优点是，它可以有效地处理未在训练语料库中出现的单词，因为它可以将这些单词分解为已知的子单词或字符。此外，BPE 还可以通过调整词汇表大小来平衡模型的复杂性和覆盖率。

4.3.5 句子片段

句子片段是一种基于子词的无监督文本分词方法，它将文本分割成子词或字符级别的单元。这种方法包括两种模式：一种是基于字节对编码的方法，另一种是基于一元语言模型的方法。我们以一元语言模型为例来说明。假设有以下文本数据：

I love to play football.

I love to play basketball.

首先，句子片段将所有的文本拆分成字符级别的单元：

['I', ' ', 'l', 'o', 'v', 'e', ' ', 't', 'o', ' ', 'p', 'l', 'a', 'y', ' ', 'f', 'o', 'o', 't', 'b', 'a', 'l', 'l', '.', ' ', 'I', ' ', 'l', 'o', 'v', 'e', ' ', 't', 'o', ' ', 'p', 'l', 'a', 'y', ' ', 'b', 'a', 's', 'k', 'e', 't', 'b', 'a', 'l', 'l', '.']

然后，句子片段会统计所有单元的出现频率，并根据频率合并相邻的字符或子词，生成新的词汇。例如，"l" 和 "o" 经常在一起出现，所以它们可能会被合并为 "lo"。这个过程会反复进行，直到达到预定的词汇表大小。最后，我们可能得到以下的词汇表：

['I', ' ', 'love', 'to', 'play', 'football', 'basketball', '.', 'lo', 've', 'to', 'pl', 'ay', 'fo', 'ot', 'ba', 'll', 'sk', 'et']

在这个词汇表中，我们可以看到既有完整的单词，如 "love"，"to"，"play"，也有被拆分的子词，如 "lo"，"ve"，"pl"，"ay" 等。

在实际应用中，句子片段的优点在于它可以处理各种语言，包括那些没有明确词汇边界的语言（如中文和日语），并且它不需要预处理（如空格分割）和后处理（如特殊字符的处理）。这使得句子片段在处理多语种、多领域的文本数据时具有很高的灵活性。

4.3.6 分词过程

当Transformer模型使用BPE进行分词时，对于词汇表中已有的标记和未有的标记，处理方式是不同的。

对于词汇表中已有的标记，模型可以直接使用。这些标记在训练过程中已经有了相应的词向量表示，因此模型可以直接利用这些词向量进行计算。

对于词汇表中没有的标记，一般会被分解为更小的子词。BPE 的一个主要特点就是能够将未知词汇分解为已知的子词。例如，如果词汇表中没有单词 "unhappiness"，但是有 "un-", "happy", 和 "-ness" 这些子词，那么 "unhappiness" 就可以被分解为这三个已知的子词。这样，即使模型遇到了未知的单词，也可以通过其组成的子词单元来理解其含义。

如果一个单词无法被分解为已知的子词单元，那么它将被标记为一个特殊的未知标记，通常表示为 <UNK> 或者 <unk>。这样的标记在模型训练过程中通常被赋予一个随机初始化的词向量，或者被赋予一个特定的未知词向量。

4.3.7 词汇索引

在计算机中处理文本数据时，不能直接使用原始的文本字符串，而需要将它们转换为一种可以被模型处理的格式。最常见的方式就是将每个单词或标记映射为一个唯一的整数，这个整数就代表了该单词在词汇表中的位置。这个整数称为词汇索引（vocabulary indexing）或标记索引（token indices）。

分词和词汇索引是自然语言处理中数据预处理的两个关键步骤。它们之间的关系可以理解为一个序列过程，首先进行分词，然后进行词汇索引。以下是详细的解释。

（1）分词：这是预处理的第一步。在这个步骤中，文本被切割成更小的部分，称为“标记”或“tokens”。标记可以是单词、子词或者单个字符，具体取决于所使用的分词策略。例如，句子 "I love Beijing" 可能被分词为 ["I", "love", "Beijing"]。

（2）词汇索引：这是分词之后的一步。在这个步骤中，每个独立的标记被赋予一个唯一的整数，这个整数代表了该标记在词汇表中的位置。例如，如果我们的词汇表是 [" 我 ", " 爱 ", " 北京 ", " 天安门 "], 那么上述的分词结果可能被转换为 [0, 1, 2]。

这两个步骤都是为了将原始的文本数据转换为模型可以处理的格式。分词的目标是将文本切割成具有某种语义的更小单元，而词汇索引的目标是将这些标记转换为数值，因为机器学习模型只能处理数值数据。

在训练过程中，这些整数索引会被进一步转换为高维空间中的向量（通常称为词嵌入或者词向量），这些向量可以捕捉单词之间的语义关系。例如，相似的单词会被映射到相近的向量，不同的单词会被映射到远离的向量。

在推理阶段，模型会输出一个整数序列，我们可以通过查找词汇表将这些整数转换回原始的单词或标记，从而得到模型的输出结果。

4.4 词嵌入

词嵌入是自然语言处理中的一种技术，它将词语或短语从词汇表中映射到向量空间。这些向量捕获了词语之间的语义和句法关系。词嵌入模型通常使用无监督学习从大量文本数据中学习。

一些常见的词嵌入技术，如 Word2Vec、GloVe 等，属于预训练的词嵌入方法。如 Word2Vec 将每个词表示为一个固定大小的向量，这些向量可以捕获词之间的语义和句法关系。然而，Transformer 模型并没有使用预训练的 Word2Vec 词嵌入，而是在模型训练的过程中自己学习词嵌入。

在 Transformer 模型中，词嵌入是模型的一部分，并且与模型一起从头开始训练。这种方法的优点是，它可以在特定任务的上下文中学习词嵌入，而不仅仅是依赖于预训练的词嵌入模型，如 Word2Vec。

GPT 系列（包括 GPT-2 和 GPT-3）和 BERT 模型使用了一种被称为“标记嵌入”（Token Embedding）的嵌入层，这个嵌入层是模型的一部分，并且与模型一起从头开始训练。这意味着，这些模型可以捕获到更丰富的语义信息，包括词在特定上下文中的含义。

Transformer 模型的词嵌入部分通常由两个主要组件构成：标记嵌入和位置编码。

（1）标记嵌入：这是一个嵌入矩阵，每一行对应于词汇表中的一个单词。在训练开始时，这个矩阵是随机初始化的，然后在训练过程中通过反向传播进行更新和优化。输入文本首先被分割成单词（或称为标记），然后每个单词被映射到一个固定长度的向量，这个向量就是该单词的标记嵌入。

（2）位置编码：由于 Transformer 模型本身并没有考虑词的顺序，所以需要添加额外的位置信息来保证模型理解词序。这就是位置编码的作用。位置编码是一个与输入序列等长的向量，它将每个单词的位置信息编码成一个向量，然后将这个向量加到对应的标记嵌入上。

这两部分的结果会被相加，然后作为 Transformer 模型的输入，见图 4-8。

这里用“位置编码”而不是“位置嵌入”，因为它不是通过学习得到的。如果位置向量是作为模型参数一部分被学习的（如 BERT 模型变体），则称为“位置嵌入”。

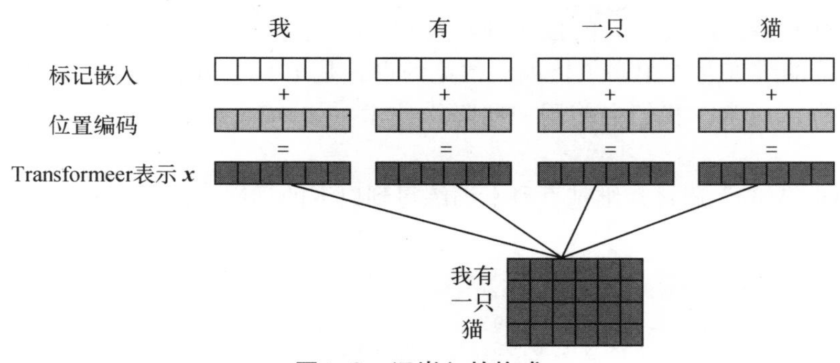

图4-8 词嵌入的构成

4.4.1 标记嵌入

标记是一种将单词或者符号转换为数值向量的技术，这种数值向量可以被深度学习模型理解和处理。我们可以通过一个简单的例子来理解标记嵌入的工作原理。

假设我们有一个非常小的词汇表，只包含三个单词：'I', 'love', 'chocolate'。我们需要为这三个单词创建一个嵌入矩阵。首先，我们需要确定嵌入向量的维度，这通常是一个超参数，可以根据实际的需求和计算资源来设定。在这个例子中，我们设定嵌入向量的维度为 5。

我们的嵌入矩阵可能会看起来像这样（这些值通常是随机初始化的）：

I: [0.1, 0.3, −0.2, 0.8, −0.5]

love: [0.7, −0.1, 0.2, −0.4, 0.6]

chocolate: [−0.3, 0.5, 0.1, −0.2, 0.9]

在这个例子中，每个单词都被映射到了一个 5 维的向量。例如，单词 'I' 被映射到了向量 [0.1, 0.3, −0.2, 0.8, −0.5]。

当我们需要处理一个句子，比如“I love chocolate”时，我们就可以通过查找嵌入矩阵，把每个单词都转换为对应的向量。

然后，这些向量就可以作为模型的输入。在训练过程中，这些嵌入向量会被不断地更新和优化，使得具有相似含义的单词有相似的嵌入向量，这样可以帮助模型更好地理解和生成文本。

在训练过程中，嵌入矩阵的值会通过反向传播和梯度下降等优化算法进行更新。最初，嵌入矩阵的值通常是随机初始化的，这意味着它们并不能提供任何有关单词含义的有用信息。但随着训练的进行，模型会学习到如何调整这些值，以便更好地完成任务。

例如，如果模型正在进行情感分析，并且在训练数据中，“love”和“like”通常出现在正面评论中，而“hate”和“dislike”通常出现在负面评论中，那么模型可能会学习到将“love”和“like”的嵌入向量拉近，将“hate”和“dislike”的嵌入向量拉近，同时将“love”和“like”与“hate”和“dislike”的嵌入向量推远。

在训练结束后，嵌入矩阵的值应该反映了训练数据中的一些模式。具体来说，语义上相似的单词应该有相似的嵌入向量。这意味着，如果你计算两个单词嵌入向量的余弦相似度，那么相似的单词应该有高的余弦相似度，不相似的单词应该有低的余弦相似度。

值得注意的是，虽然嵌入向量在训练过程中会发生改变，但这些改变并不总是直观的。嵌入向量的维度通常很高（比如，常见的设置是 128、256，或者更高），这使得它们很难直接解释。通常，我们会使用一些降维技术（如 PCA 或 t-SNE）来可视化高维嵌入向量。

假设单词“king”通过在维基百科上训练得到以下的词嵌入向量（词嵌入是标记嵌入的一个子集）：

```
[ 0.50451 , 0.68607 , -0.59517 , -0.022801, 0.60046 , -0.13498 , -0.08813 , 0.47377 ,
-0.61798 , -0.31012 , -0.076666, 1.493 , -0.034189, -0.98173 , 0.68229 , 0.81722 ,
-0.51874 , -0.31503 , -0.55809 , 0.66421 , 0.1961 , -0.13495 , -0.11476 , -0.30344 ,
0.41177 , -2.223 , -1.0756 , -1.0783 , -0.34354 , 0.33505 , 1.9927 , -0.04234 ,
-0.64319 , 0.71125 , 0.49159 , 0.16754 , 0.34344 , -0.25663 , -0.8523 , 0.1661 ,
0.40102 , 1.1685 , -1.0137 , -0.21585 , -0.15155 , 0.78321 , -0.91241 , -1.6106 ,
-0.64426 , -0.51042 ]
```

这是一个包含 50 个数字的列表，因为超参数嵌入向量的维度设置为 50。通过查看值，我们无法分辨出太多。但是，将其可视化一下（图 4-9），以便可以将其与其他词向量进行比较。把所有这些数字放在一行中：

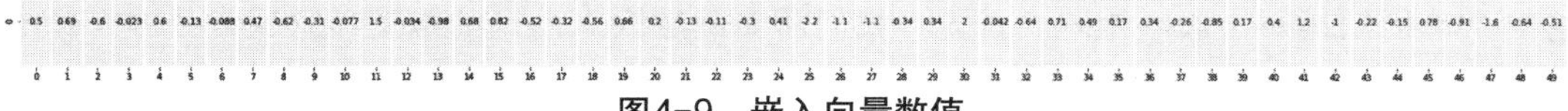

图4-9　嵌入向量数值

让我们根据单元格的值对单元格进行颜色编码（如果它们接近 2，则为红色，如果它们接近 0，则为白色，如果它们接近 -2，则为蓝色。图 4-10 中为黑白图片，无法区别红色和蓝色，只能根据灰度看数字的变化：

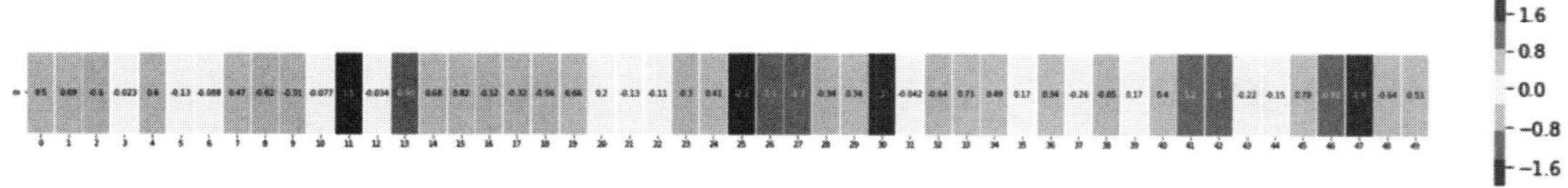

图4-10　可视化嵌入向量

图 4-11 是一个示例列表（通过垂直扫描列以查找具有相似颜色的列进行比较）：

从图 4-11 的可视化可以分析得到以下有用的信息。

（1）在所有这些不同的单词中都有一列直接的黑色列。它们在该维度上是相似的（我们不知道每个维度的代码是什么）。

（2）你可以看到“女人”（women）和“女孩”（girl）在很多地方是如何相似的。“男人”（man）和“男孩”（boy）也是如此。

（3）“男孩”和“女孩”也有彼此相似的地方，但与“女人”或“男人”不同。这些会不会是模糊的青春概念？可能。

（4）除了最后一个词之外，所有词都是代表人的词。添加了一个对象（水）来显示类别之间的差异。例如，你可以看到深灰色列一直向下，并在嵌入“水”之前停止。

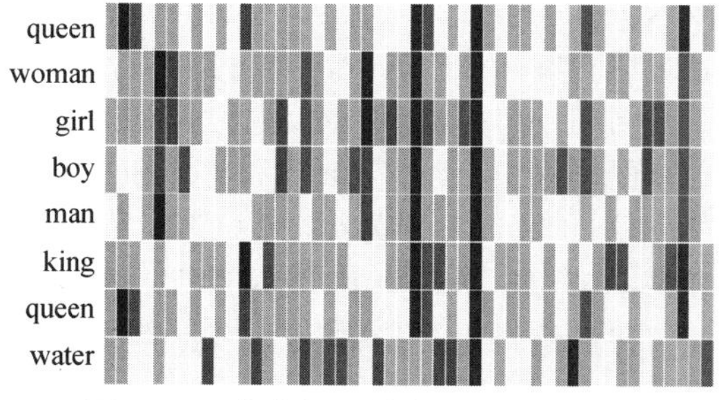

图4-11　多个标记的嵌入向量可视化

（5）在有些地方，“国王”（king）和“王后”（queen）相似，又与其他所有地方不同。这些会不会编码一个模糊的皇室概念？

显示嵌入令人难以置信的属性的著名例子是类比的概念。我们可以加减词嵌入并得到有趣的结果。最著名的例子是公式：“国王” - “男人” + “女人”，如图 4-12 所示。

我们可以像以前一样形象化这个类比（图 4-13）。

```
model.most_similar(positive=["king","woman"], negative=["man"])

[('queen', 0.8523603677749634),
 ('throne', 0.7664333581924438),
 ('prince', 0.7592144012451172),
 ('daughter', 0.7473883032798767),
 ('elizabeth', 0.7460219860076904),
 ('princess', 0.7424570322036743),
 ('kingdom', 0.7337411642074585),
 ('monarch', 0.721449077129364),
 ('eldest', 0.7184862494468689),
 ('widow', 0.7099430561065674)]
```

图4-12 “国王” - “男人” + “女人”的嵌入向量

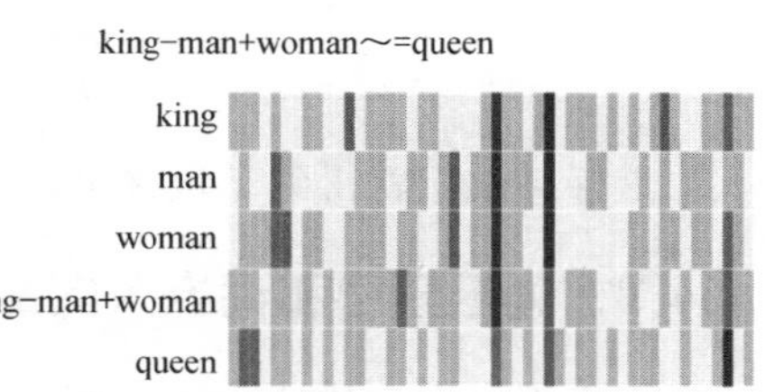

图4-13 嵌入向量计算的可视化

4.4.2 位置编码

位置编码是 Transformer 模型中的一个重要组成部分，它的作用是向模型提供序列中每个单词的位置信息。

由于 Transformer 模型的自注意力机制是无序的，这意味着它将所有输入的词一视同仁，不考虑它们在句子中的位置。然而，我们知道在许多语言中，词序（单词在句子中的位置）是非常重要的，因为它可以影响单词的语义和句子的整体意义。例如，在英语中，"dog bites man" 和 "man bites dog" 有着完全不同的含义，尽管它们包含的单词是相同的。因此，我们需要一种方法来向模型提供这种位置信息，这就是位置编码的作用。

位置编码是一个向量，其长度与词嵌入向量（word embedding vector）相同。它的值是通过一个固定的函数计算得出的，这个函数接受一个位置索引（例如，一个单词在句子中的位置）作为输入。每个位置（即每个词在句子中的位置）都有一个唯一的位置嵌入。这些位置嵌入被添加到词嵌入向量上，生成了包含位置信息的新的嵌入向量，然后这些新的嵌入向量被送入模型的其余部分。

值得注意的是，位置编码可以是学习的（即模型在训练过程中调整它们的值），也可以是固定的。在原始的 Transformer 模型中，位置编码是通过一种特定的数学函数（包含正弦函数和余弦函数）生成的，而在一些后续的模型中，如 BERT，位置嵌入是可学习的。

下面用一个简单的例子来说明位置嵌入的概念。

假设我们有一个句子 "I love dogs"，我们首先会用词嵌入将每个单词转换为一个向量。假设我们的词嵌入维度为 4，那么我们可以得到以下的词嵌入：

```
- "I" -> [0.1, 0.2, 0.3, 0.4]
- "love" -> [0.5, 0.6, 0.7, 0.8]
- "dogs" -> [0.9, 1.0, 1.1, 1.2]
```

然后，我们需要生成位置编码。假设我们使用一个简单的函数来生成位置编码，这个函数只是将位置索引复制到每个维度（在实际中，位置编码的生成通常会使用更复杂的函数，例如原始的 Transformer 模型中使用的正弦函数和余弦函数）。那么，我们可以得到以下的位置编码：

```
- Position 1 -> [1, 1, 1, 1]
- Position 2 -> [2, 2, 2, 2]
- Position 3 -> [3, 3, 3, 3]
```

最后，我们将词嵌入和位置编码相加，得到最终的嵌入：

```
- "I" + Position 1 -> [0.1, 0.2, 0.3, 0.4] + [1, 1, 1, 1] = [1.1, 1.2, 1.3, 1.4]
- "love" + Position 2 -> [0.5, 0.6, 0.7, 0.8] + [2, 2, 2, 2] = [2.5, 2.6, 2.7, 2.8]
- "dogs" + Position 3 -> [0.9, 1.0, 1.1, 1.2] + [3, 3, 3, 3] = [3.9, 4.0, 4.1, 4.2]
```

这样，我们就得到了包含位置信息的编码，可以将其输入模型的下一层。

4.4.3 词汇索引和词嵌入向量关系

词汇索引和词嵌入向量之间的关系可以通过一个查找表或者说映射关系来理解。让我们通过一个简单的例子来解释这个过程。

假设我们有以下的词汇表：

词汇表 = {' 我 ': 0, ' 爱 ': 1, ' 你 ': 2, ' 他 ': 3, ' 是 ': 4, ' 学生 ': 5}

在这个词汇表中，每个词（标记）都被赋予了一个唯一的索引。例如，" 爱 " 的索引是 1，" 学生 " 的索引是 5。

然后，在训练过程中，模型会学习一个词嵌入矩阵。这个矩阵的每一行对应一个词汇索引，每一行的内容就是这个词的词嵌入向量。例如，假设我们的词嵌入向量是 2 维的，那么词嵌入矩阵可能会是这样的：

```
词嵌入矩阵 =
[[0.1, 0.3],  # '我' 的词嵌入向量
 [0.4, -0.2],  # '爱' 的词嵌入向量
 [-0.1, 0.6],  # '你' 的词嵌入向量
 [0.2, -0.1],  # '他' 的词嵌入向量
 [-0.3, 0.2],  # '是' 的词嵌入向量
 [0.5, -0.4]]  # '学生' 的词嵌入向量
```

在这个词嵌入矩阵中，索引为 1 的词（也就是标记“爱”）的词嵌入向量是 [0.4, −0.2]，索引为 5 的词（也就是标记“学生”）的词嵌入向量是 [0.5, −0.4]。

所以，词汇索引和词嵌入向量之间的关系就是通过词嵌入矩阵来建立的。每个词汇索引都对应词嵌入矩阵中的一行，这一行的内容就是这个词（标记）的词嵌入向量。

4.5 位置编码方法

4.5.1 原生位置编码

原生的 Transformer 使用的是正弦位置编码，这是一种不可学习的位置编码方法，具体方法如下所示：

$$\mathrm{PE}_{(\mathrm{pos},2i)} = \sin(\mathrm{pos}/10000^{2i/d_{\mathrm{model}}})$$

$$\mathrm{PE}_{(\mathrm{pos},2i+1)} = \cos(\mathrm{pos}/10000^{2i/d_{\mathrm{model}}})$$

该方法通过使用 sin 和 cos 函数对位置进行编码，通过 sin 和 cos 函数的周期性，这种编码方式可以蕴含部分相对位置的信息。

BERT 模型对于位置信息使用的是可学习的向量去表示。具体地，对于每个位置均初始化一个向量表示该位置的信息，该向量会随着模型的训练一起更新，这是一种绝对位置编码方法。该方法的局限性为位置信息的外延性很差，即在训练时如果使用了指定长度的序列进行训练，在推理时无法超过该长度。

相对位置编码方式在位置建模时仅考虑当前标记与计算标记之间的相对位置信息，因此不会受到绝对长度信息的影响。目前开源的主流 LLM 大都采用的都是此类位置编码方法。

图 4-14 显示一个 6 个标记，嵌入维度为 $d_{\text{emb\_dim}}$ 位置编码矩阵的开始 4 列，两个一组，分别用 sin 函数和 cos 函数计算，函数中的变量相同。

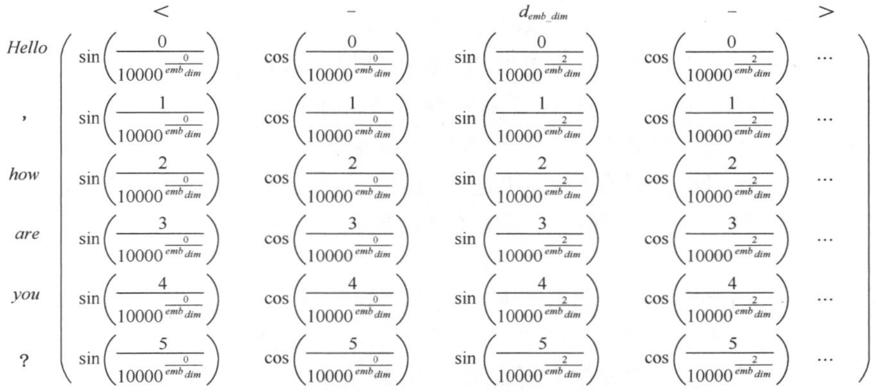

图4-14　嵌入矩阵的计算

图 4-15 是一个 10 个标记，嵌入维度为 62 的位置编码矩阵数值的可视化。

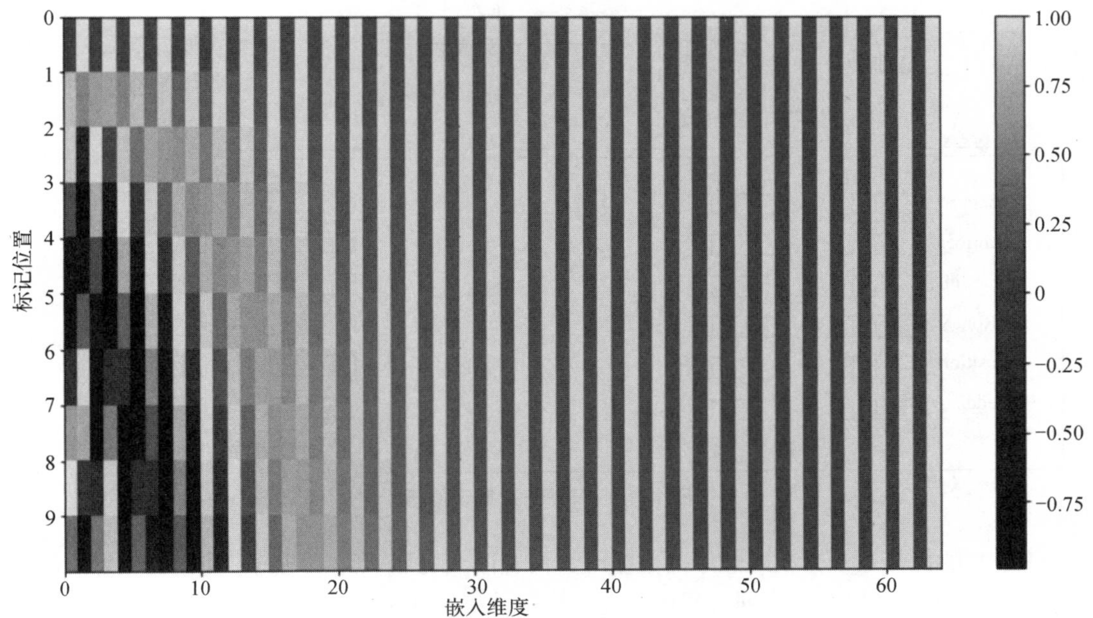

图4-15　嵌入矩阵的可视化

4.5.2 旋转位置编码

主流大语言模型大都采用相对位置编码，其中应用较为广泛的是RoPE（Rotary Position Embedding，旋转位置编码），其思想是采用绝对位置编码的形式，实现相对位置编码。该方法是在注意力的QK计算时乘以一个代表位置信息的矩阵以实现位置信息的编码。另外值得注意的是Llama把位置编码用到了注意力的每一层。

RoPE的位置编码原理基于这样的假设：在自然语言处理中，相对位置关系比绝对位置关系更重要。因此，通过添加相对位置编码，Transformer模型可以更好地捕捉到序列中不同位置的交互关系，从而提升模型在处理长文本序列的能力。

关于RoPE的三个核心要点知识如下：① RoPE的设计思想是使用绝对位置编码来达到相对位置编码的效果。② RoPE的实现方式是使用旋转矩阵来表示绝对位置编码。③使用NTK（神经切线核）扩展方法可以让RoPE在短文本上训练并在长文本上做预测。

传统的位置嵌入方法（如正弦位置编码）在处理序列数据时，将位置信息以固定的嵌入向量加入输入数据中。然而，正弦位置编码在处理长序列时存在一个问题，即在不同的位置，嵌入向量之间缺乏足够的差异性，导致位置信息不能很好地被模型所利用。

RoPE通过引入一种旋转机制来解决这个问题，并在位置嵌入中增加了方向信息。它通过将位置索引映射到一系列具有特定偏移角度的旋转单位向量上，为不同位置提供不同的嵌入。

具体而言，RoPE使用了一个固定大小的旋转矩阵。对于一个给定的位置索引，RoPE会计算一个旋转向量来表示该位置的嵌入。旋转向量会随着位置的增加而顺时针旋转，这样相邻位置的嵌入向量会有明显的差异。图4-16展示了RoPE的实现原理。

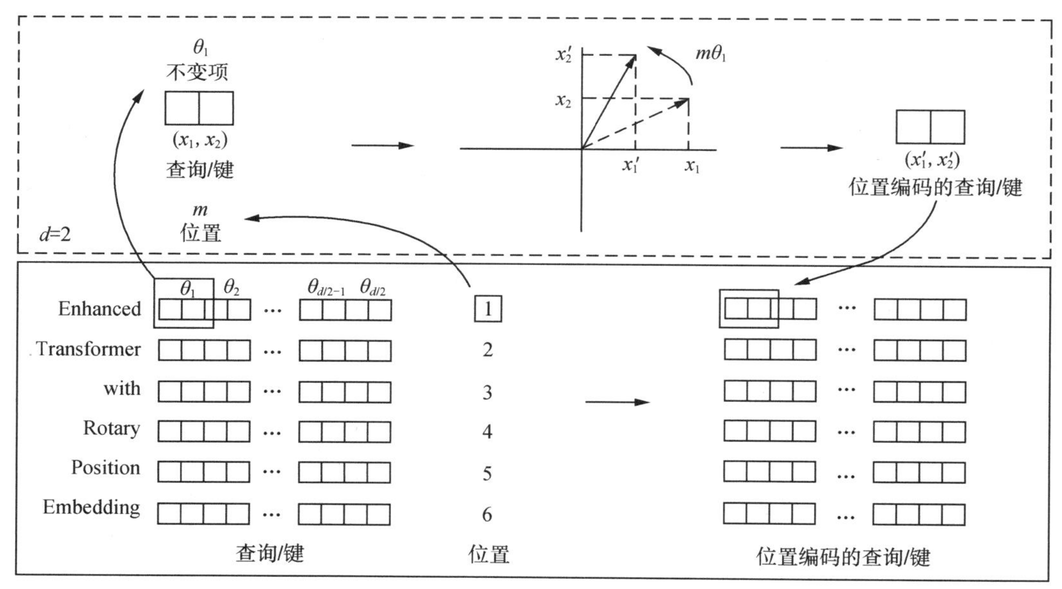

图4-16 RoPE的实现原理

RoPE的优势在于，在处理序列数据时，位置嵌入更加丰富、更能够捕捉到位置之间的差异，有助于提高模型对序列的建模能力。特别是在处理循环结构的序列数据时，RoPE可以更好地捕捉到周期性的模式。

4.5.3 位置编码的实现

以下代码同时实现了标准位置编码和旋转位置编码，便于大家比较：

```
import torch

def precompute_freqs_cis(dim, seqlen, theta = 10000.0):
    freqs = 1.0 / (theta ** (torch.arange(0, dim, 2)[: (dim // 2)].float() / dim))
    t = torch.arange(seqlen)  #顺序位置，0 ~ seqlen - 1
    freqs = torch.outer(t, freqs).float()
    return freqs

embedding_dim = 8
sequence_length = 5

# 标记嵌入，全为1
token_embedding = torch.ones((sequence_length, embedding_dim))

freqs = precompute_freqs_cis(embedding_dim, sequence_length)

# 标准位置编码
pe = torch.zeros(sequence_length, embedding_dim)
pe[:, 0::2] = torch.sin(freqs)
pe[:, 1::2] = torch.cos(freqs)

# 标记嵌入 + 位置嵌入
pe_out = token_embedding + pe
print(pe_out)

# 旋转位置编码
freqs_cis = torch.polar(torch.ones_like(freqs), freqs)
token_embedding_cis
torch.view_as_complex(token_embedding.reshape(sequence_length, -1,2))
rope_out = torch.view_as_real(token_embedding_cis * freqs_cis).flatten(1)
print(rope_out)
```

代码中，precompute_freqs_cis 实现了标准 Transformer 位置编码公式中的

$$\mathrm{pos}/10000^{2i/d_{\mathrm{model}}}$$

它是一个固定的值，可以预先计算，输出 freqs 张量。

代码中，按输入序列长度为 5，嵌入维度长度为 8，计算结果是

```
tensor([[ 0.0000,  0.0000,  0.0000,  0.0000],
       [ 1.0000,  0.1000,  0.0100,  0.0010],
       [ 2.0000,  0.2000,  0.0200,  0.0020],
       [ 3.0000,  0.3000,  0.0300,  0.0030],
       [ 4.0000,  0.4000,  0.0400,  0.0040]])
```

注意，这里输出的是偶数列的数据，所以只有一半。

标准位置编码先将 freqs 的偶数、奇数列分别用 sin、cos 函数计算得到 pe，再和标记嵌入做加法运算，得到

```
tensor([[1.0000, 2.0000, 1.0000, 2.0000, 1.0000, 2.0000, 1.0000, 2.0000],
       [1.8415, 1.5403, 1.0998, 1.9950, 1.0100, 1.9999, 1.0010, 2.0000],
       [1.9093, 0.5839, 1.1987, 1.9801, 1.0200, 1.9998, 1.0020, 2.0000],
       [1.1411, 0.0100, 1.2955, 1.9553, 1.0300, 1.9996, 1.0030, 2.0000],
       [0.2432, 0.3464, 1.3894, 1.9211, 1.0400, 1.9992, 1.0040, 2.0000]])
```

旋转位置编码将 freqs 生成一个复数，形式是 cos(x) + sin(x) j，得到 freqs_cis：

```
tensor([[ 1.0000+0.0000j,  1.0000+0.0000j,  1.0000+0.0000j,  1.0000+0.0000j],
        [ 0.5403+0.8415j,  0.9950+0.0998j,  0.9999+0.0100j,  1.0000+0.0010j],
        [-0.4161+0.9093j,  0.9801+0.1987j,  0.9998+0.0200j,  1.0000+0.0020j],
        [-0.9900+0.1411j,  0.9553+0.2955j,  0.9996+0.0300j,  1.0000+0.0030j],
        [-0.6536-0.7568j,  0.9211+0.3894j,  0.9992+0.0400j,  1.0000+0.0040j]])
```

将标记嵌入也按嵌入维度轴变成两个一组，生成复数 token_embedding_cis：

```
tensor([[1.+1.j, 1.+1.j, 1.+1.j, 1.+1.j],
        [1.+1.j, 1.+1.j, 1.+1.j, 1.+1.j],
        [1.+1.j, 1.+1.j, 1.+1.j, 1.+1.j],
        [1.+1.j, 1.+1.j, 1.+1.j, 1.+1.j],
        [1.+1.j, 1.+1.j, 1.+1.j, 1.+1.j]])
```

再将两个复数张量相乘，得到

```
tensor([[ 1.0000+1.0000j,  1.0000+1.0000j,  1.0000+1.0000j,  1.0000+1.0000j],
        [-0.3012+1.3818j,  0.8952+1.0948j,  0.9900+1.0099j,  0.9990+1.0010j],
        [-1.3254+0.4932j,  0.7814+1.1787j,  0.9798+1.0198j,  0.9980+1.0020j],
        [-1.1311-0.8489j,  0.6598+1.2509j,  0.9696+1.0295j,  0.9970+1.0030j],
        [ 0.1032-1.4104j,  0.5316+1.3105j,  0.9592+1.0392j,  0.9960+1.0040j]])
```

再转换回实数形式：

```
tensor([[ 1.0000,  1.0000,  1.0000,  1.0000,  1.0000,  1.0000,  1.0000,  1.0000],
        [-0.3012,  1.3818,  0.8952,  1.0948,  0.9900,  1.0099,  0.9990,  1.0010],
        [-1.3254,  0.4932,  0.7814,  1.1787,  0.9798,  1.0198,  0.9980,  1.0020],
        [-1.1311, -0.8489,  0.6598,  1.2509,  0.9696,  1.0295,  0.9970,  1.0030],
        [ 0.1032, -1.4104,  0.5316,  1.3105,  0.9592,  1.0392,  0.9960,  1.0040]])
```

4.5.4 Llama位置编码

Llama 的旋转位置编码函数，这段函数代码 Llama 2 和 Llama 1 没有变化。函数有计算绝对位置相关的旋转的角度 precompute_freqs_cis 和把位置信息添加到原有的编码结果上 apply_rotary_emb。

为了更加具体地表达，我们以 llama-2-7b 模型尺寸为例：

序列长度 seq_len = 4096

嵌入维度 dim = 4096

注意力头数 attention_head = 32

单个自注意力头维度 head_dim = dim / attention_head = 128

1. 预计算旋转角度

函数 precompute_freqs_cis 用于计算绝对位置相关的旋转的角度。theta 是一个常数，这里固定等于 10 000.0。dim 是嵌入向量的维度，此处为 4 096。end 为序列最大长度的两倍，即 $4\ 096 \times 2=8\ 192$。

theta 可以被修改，在 pth 格式模型权重文件目录中，在 params.json 文件中定义 rope_theta 值，可被用来修改 theta 值。在 Meta 推出的 CodeLlama 中，theta 值是 1000000。

```
def precompute_freqs_cis(dim: int, end: int, theta: float = 10000.0):
    freqs = 1.0 / (theta ** (torch.arange(0, dim, 2)[: (dim // 2)].float() / dim))
    t = torch.arange(end, device=freqs.device)  # type: ignore
    freqs = torch.outer(t, freqs).float()  # type: ignore
    freqs_cis = torch.polar(torch.ones_like(freqs), freqs)  # complex64
    return freqs_cis
```

我们逐行来理解这个函数。

（1）freqs = 1.0 / (theta ** (torch.arange(0, dim, 2)[: (dim // 2)].float() / dim))

freqs 对应标准 Transformer 位置编码公式的$/10000^{2i/d_{\text{model}}}$部分。可以整体作为基础角度的指数，它的形状是 [2048]，为嵌入维度长度的 1/2。freqs 计算代码分解及运行结果是这样的：

① torch.arange(0, dim, 2)

生成一个从 0 到 dim 的序列，间隔为 2，即偶数序列：

```
tensor([  0,  2,  4,  ..., 4090, 4092, 4094])
```

② torch.arange(0, dim, 2)[: (dim // 2)]

获取序列的前一半。此处代码无作用，因为本来偶数序列长度就只有一半。

③ (torch.arange(0, dim, 2)[: (dim // 2)].float() / dim)

变成小于 1 的系数。

```
tensor([ 0.00000000,  0.00048828,  0.00097656,  ...,  0.99853516,  0.99902344,  0.99951172])
```

最后，freqs 的形状为 [2048]，数据为

```
tensor([ 1.00000000,  0.99551278,  0.99104589,  ...,  0.00010136,  0.00010090,  0.00010045])
```

（2）t = torch.arange(end, device=freqs.device)

t 是绝对位置信息，为输入序列，它的形状是 [4096]。数据为

```
tensor([  0,  1,  2,  ..., 4093, 4094, 4095])
```

（3）freqs = torch.outer(t, freqs).float()

公式中利用 torch.outer 函数，将 ***t*** 向量装置，乘以 freqs 向量，生成一个形状为 [4096, 2048] 矩阵，即矩阵的行为输入标记，矩阵列为嵌入维度的偶数。

```
tensor([[  0.0000,     0.0000,     0.0000,  ...,    0.0000,    0.0000,    0.0000],
        [  1.0000,     0.9955,     0.9910,  ...,    0.0001,    0.0001,    0.0001],
        [  2.0000,     1.9910,     1.9821,  ...,    0.0002,    0.0002,    0.0002],
        ...,
        [ 4093.0000, 4074.6338, 4056.3508,  ...,    0.4149,    0.4130,    0.4111],
        [ 4094.0000, 4075.6294, 4057.3418,  ...,    0.4150,    0.4131,    0.4112],
        [ 4095.0000, 4076.6248, 4058.3330,  ...,    0.4151,    0.4132,    0.4113]])
```

比如最右下角的值 0.4113 ˜= 4095 × 0.00010045。

（4）freqs_cis = torch.polar(torch.ones_like(freqs), freqs)

torch.polar(abs, angle) 利用一个绝对数值和一个角度值，在极坐标下构造一个复数张量 abs * cos(angle) + abs * sin(angle)j。

```
tensor([[ 1.0000+0.0000j,  1.0000+0.0000j,  1.0000+0.0000j,  ...,
          1.0000+0.0000j,  1.0000+0.0000j,  1.0000+0.0000j],
        [ 0.5403+0.8415j,  0.5441+0.8390j,  0.5478+0.8366j,  ...,
          1.0000+0.0001j,  1.0000+0.0001j,  1.0000+0.0001j],
        [-0.4161+0.9093j, -0.4080+0.9130j, -0.3998+0.9166j,  ...,
          1.0000+0.0002j,  1.0000+0.0002j,  1.0000+0.0002j],
        ...,
        [-0.8799+0.4752j, -0.9999+0.0119j, -0.8501-0.5267j,  ...,
          0.9152+0.4031j,  0.9159+0.4014j,  0.9167+0.3997j],
```

```
[-0.8753-0.4836j, -0.5539-0.8326j, -0.0251-0.9997j,  ...,
  0.9151+0.4032j,  0.9159+0.4014j,  0.9166+0.3998j],
[-0.0660-0.9978j,  0.3970-0.9178j,  0.8227-0.5685j,  ...,
  0.9151+0.4032j,  0.9158+0.4015j,  0.9166+0.3998j]])
```

其中 0.9166+0.3998j 计算为，0.9166 ~=np.cos(0.4113),0.3998 ~= np.sin(0.4113)。

函数 precompute_freqs_cis 以嵌入维度中每两个元素为一组，生成复数，最后生成一个复数张量。该张量中数值是固定的，可以提前创建好后重复利用。

2. 添加位置信息

函数 apply_rotary_emb 把位置信息添加到原有的编码结果上，该代码在多头注意力阶段调用。

```
def reshape_for_broadcast(freqs_cis: torch.Tensor, x: torch.Tensor):
    ndim = x.ndim
    assert 0 <= 1 < ndim
    assert freqs_cis.shape == (x.shape[1], x.shape[-1])
    shape = [d if i == 1 or i == ndim - 1 else 1 for i, d in enumerate(x.shape)]
    return freqs_cis.view(*shape)

def apply_rotary_emb(
    xq: torch.Tensor,
    xk: torch.Tensor,
    freqs_cis: torch.Tensor,
) -> Tuple[torch.Tensor, torch.Tensor]:
    xq_ = torch.view_as_complex(xq.float().reshape(*xq.shape[:-1], -1, 2))
    xk_ = torch.view_as_complex(xk.float().reshape(*xk.shape[:-1], -1, 2))
    freqs_cis = reshape_for_broadcast(freqs_cis, xq_)
    xq_out = torch.view_as_real(xq_ * freqs_cis).flatten(3)
    xk_out = torch.view_as_real(xk_ * freqs_cis).flatten(3)
    return xq_out.type_as(xq), xk_out.type_as(xk)
```

xq、xk 是多头注意力（MHA）的两个张量，在注意力头数为 32 时，它们的嵌入维度为 4096/32= 128，因此形状为 [4096,128]。

> torch.view_as_complex：把一个 tensor 转为复数形式，要求这个 tensor 的最后一个维度形状为 2。
>
> torch.view_as_real：把复数 tensor 变回实数，可以看作刚才操作的逆变换。

reshape_for_broadcast 方法，是把 freqs_cis 变成和输入的 tensor 相同的形状，结合下面的另一个方法一起介绍。

然后来看 apply_rotary_emb 方法，这个方法其实就是把位置信息添加到原有的编码结果上，在 multi-head attention 阶段调用。我们还是逐行来看：

```
xq_ = torch.view_as_complex(xq.float().reshape(*xq.shape[:-1], -1, 2))
```

上文中，我们假设了输入 x_q 的尺寸就是 (2, 512, 12, 64)，那么这一句操作的 reshape，就是把它变成 (2, 512, 12, -1, 2)，也就是 (2, 512, 12, 32, 2)。x_k 同理，略。紧接着把它变成复数形式，也就是变成了 (2, 512, 12, 32) 的形状。

然后进入 reshape_for_broadcast 方法：

```
shape = [d if i == 1 or i == ndim - 1 else 1 for i, d in enumerate(x.shape)]
return freqs_cis.view(*shape)
```

这个方法的作用是把 freqs_cis 变成和输入的 tensor 相同的形状。需要注意的是，这里的 freqs_cis 并不是 precompute_freqs_cis 生成的形状为 [4096, 4096] 的那个 tensor，而是根据输入的绝对位置，在 [4096, 4096] 的 tensor 中，截取了长度为当前 seq_len 的一部分，代码在 Transformer 类的 forward 方法中：

```
freqs_cis = self.freqs_cis[start_pos : start_pos + seqlen]
```

也就是说，假如当前输入的序列长度是 6，那么截取出来的这个新的 freqs_cis，形状就是 [6, 4096]，reshape 之后，形状就变成了 [1, 6, 1, 4096]，也就是在每一个位置上，都对应有 32 个角度，根据刚刚 torch.polar 的介绍，当我们固定绝对值（也就是向量的模长）时，角度就可以在笛卡儿坐标系下唯一确定一个复数，这样一来也就是 32 个复数，即 64 个特征维度，所以就可以对应地将它融合到每个 attention head 的 64 个特征中去了。

reshape 之后，就是将位置信息融入 query 和 key 中：

```
xq_out = torch.view_as_real(xq_ * freqs_cis).flatten(3)
```

这一步将二者相乘得到的复数 tensor，重新转换为实数形式，得到的 shape 为 (2, 512, 12, 32, 2)，然后再 flatten 成 (2, 512, 12, 64)，这样一来，就变回了和最开始 x_q 相同的形状，也就完成了将位置信息融入 x_q 的这一操作。x_k 同理。

4.5.5 长度扩展

在大语言模型的应用中，有一个非常重要的参数，叫作大语言模型支持的上下文长度（Max Context Length）。

更大的上下文长度允许我们进行更多轮次的对话，允许我们对更长的本文进行总结分析，也允许我们生成更长的文章。

但是在训练大语言模型的时候，我们的训练语料大部分是不够长的，许多大语言模型训练时候设计的最大文本长度都是只有 2k，也就是最长 2 048 个标记。

能否在训练的时候使用较短的文本，而在推理的时候扩展到长文本上呢？可以，我们有三种方案对 RoPE 进行长度扩展。

第一种是直接外推：直接外推其实就是继续使用现有的位置编码公式，不做任何修改。

在扩展长度不太长的时候，例如由 2k 扩展到 2.5k 时，这种方法可能对性能的影响并不大，因为旋转位置编码只和相对位置 m-n 的大小有关，一般具有远程衰减性，即相对距离越大的两个标记，其相关性一般越弱。因此如果我们的模型已经从训练数据那里学习到了标记之间的相关性相对于相对距离在 0 ～ 2k 的一个合适的衰减规律的时候，可以设想把这个规律应用到 0 ～ 2.5k 也是没有太大的问题的。

但是如果我们要扩展到更长的长度，如从 2k 扩展到 32k，这种直接外推的方案通常会严重地影响性能，因为我们学习到的衰减规律有可能在 5k 的那里就完全衰减截断基本降为 0 了，这样我们就无法捕捉相对距离长于 5k 的两个标记之间的相互作用，外推就会导致性能下降。

为了减小长度外推对性能的影响，我们可以让训练好的模型在更长的上下文中做少许步骤的微调。

第二种是线性内插：线性内插需要改变位置编码公式，等效于将位置序号等比例缩小。

当从 2k 扩展到 32k，等效于需要将位置序号变成原来的 1/16。

线性内插没有改变模型学习到的衰减规律的应用范围，不考虑微调的话，其效果一般好于直接外推方案。

但是，扩展倍数非常大的时候，如从 2k 扩展到 32k，其性能也会明显受到影响，因为在这种情况下，衰减规律在短距离情况下的使用会受到较严重的影响，本来距离为 1 的两个标记，长度扩展后相当于变成了距离为 1/16，衰减规律在短距离时可能具有非常大的变化率，所以对相关性的评估可能会极端地偏离合理值。

应用线性内插时，在长文本上做少许步骤的微调也能够明显地改善性能。

第三种是 NTK 扩展方式：这种方式综合了外推和内插的优点，做长度扩展后即使不微调也能够保持较好的性能。在短距离情况下具有外推特性（与扩展前基本一致），在长距离情况下具有内插特性（缩放到扩展前的范围），从而使长距离情况下和短距离情况下衰减规律的使用都不太受到影响。

NTK 扩展方式的要点是高频外推，低频内插，实现方法是直接对底数进行缩放，类似进制编码转换。

采用 NTK 扩展到长文本，即使不做微调，性能也只会略有下降。

4.6 自注意力机制

Transformer 模型的自注意力机制是一种捕捉输入序列中不同位置之间关系的方法。它的基本思想是在处理序列中每个元素时，不仅考虑该元素本身，还考虑与其相关的其他元素。这种机制使模型能够更好地理解序列中的上下文关系。

在自注意力机制中，每个输入元素都有一个对应的权重，这个权重是通过计算该元素与其他元素的相似度得到的。相似度越高，权重越大，这意味着在生成输出时，该元素对其他元素的影响越大。

自注意力机制的价值主要体现在以下几个方面。

（1）捕捉长距离依赖关系：在处理长序列时，传统的循环神经网络可能会遇到梯度消失或爆炸的问题，导致模型难以捕捉序列中的长距离依赖关系。而自注意力机制可以直接计算序列中任意两个位置之间的关系，从而更好地捕捉长距离依赖。

（2）并行计算：与 RNN 和卷积神经网络相比，自注意力机制可以在处理序列时并行计算，从而大大提高计算效率。

（3）可解释性：自注意力机制的输出包括了输入序列中每个元素对其他元素的影响权重，这些权重可以视为模型对序列中不同位置关系的理解，从而提供了一定的可解释性。

（4）模型性能：自注意力机制是 Transformer 模型的核心组成部分，Transformer 模型在许多自然语言处理任务中都取得了显著的效果，这也证明了自注意力机制的有效性。

4.6.1 原理

Transformer 模型的自注意力机制基于输入序列中的每个元素，并且在处理每个元素时，都会考虑到其他元素的信息。这一过程主要包括以下几个步骤。

（1）线性变换：对于输入序列中的每个元素，我们首先通过线性变换得到三个向量：查询向量、键向量和值向量。这三个向量通常由不同的参数矩阵生成。

（2）计算权重：我们通过计算每个元素的查询向量与其他元素的键向量的点积，得到一个权重矩阵。这个权重矩阵表示了序列中每个元素对其他元素的影响程度。

（3）归一化：为了使权重在合理的范围内，我们通常会对权重矩阵进行归一化处理，例如通过 Softmax 函数。

（4）加权求和：我们使用归一化后的权重矩阵对值向量进行加权求和，得到输出序列。每个输出元素都是输入元素的值向量的加权求和，权重就是前面计算的权重。

通过这种方式，自注意力机制能够捕捉到序列中的全局依赖关系，无论依赖关系在序列中的位置如何分布。同时，由于自注意力机制的计算过程可以并行化，因此它在处理长序列时的效率非常高。

4.6.2　注意力分数的计算

缩放点积注意力（Scaled Dot-Product Attention）是一种常用的自注意力机制，输入序列首先被映射到查询向量 ***Q***、键向量 ***K*** 和值向量 ***V***。然后，计算 ***Q*** 和 ***K*** 的点积，并对点积结果进行缩放。最后，将缩放后的结果与 ***V*** 进行加权平均，得到自注意力机制的输出。从图 4-17 可以看到缩放点积注意力在 Transformer 模型中的位置。

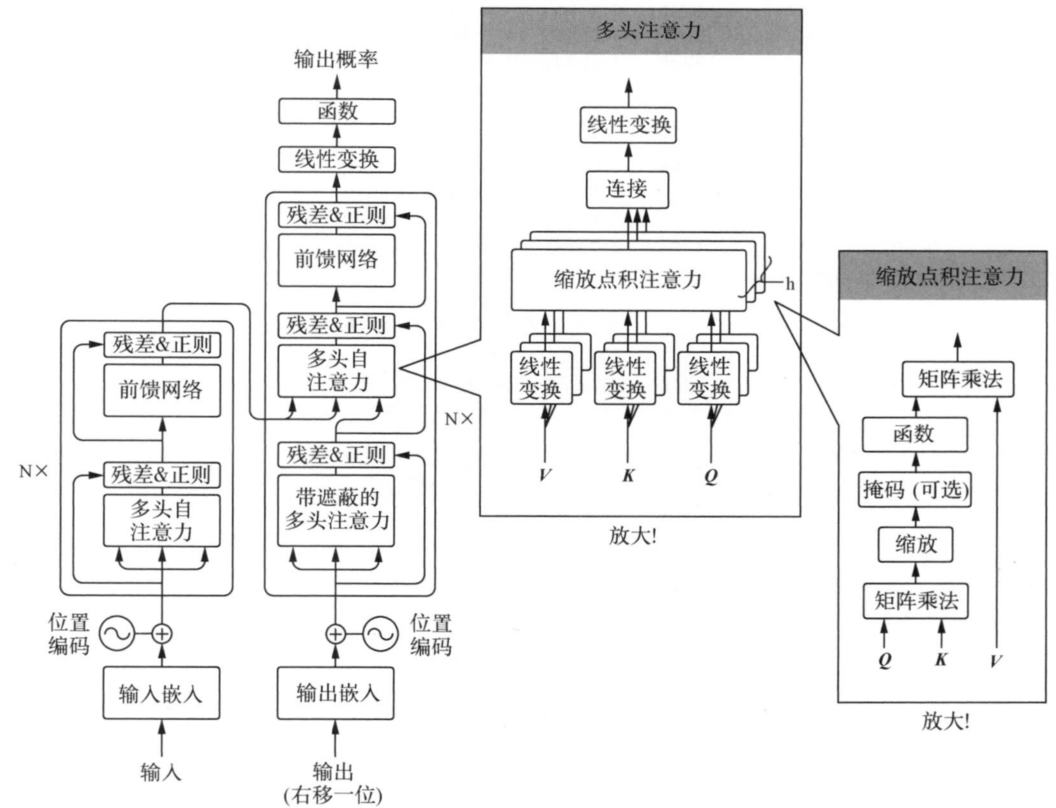

图4-17　从Transformer到多头自注意力，再到缩放点积注意力

假设一个序列的长度是 4，比如这句话 "I should sleep now"。再假设嵌入向量维度是 6（实际上 Llama 7B 模型是 4096）。

```
seq_len = 4
embeddings_dim = 6
```

这里的例子中，我们为每个标记创建嵌入维数 embeddings_dim 大小的随机向量。代码中 query_vectors、key_vectors、value_vectors 分别是查询向量（$\boldsymbol{Q}$）、键向量（$\boldsymbol{K}$）和值向量（$\boldsymbol{V}$）。$\boldsymbol{Q}$，$\boldsymbol{K}$，$\boldsymbol{V}$物理意义上是一样的，都表示同一个句子中不同标记组成的矩阵。矩阵中的每一行，是表示一个标记的词嵌入向量。

```
import torch
import torch.nn as nn

embeddings_dim = 6

embeddings = torch.randn(seq_len * embeddings_dim).view(seq_len, embeddings_dim)

query_matrix = nn.Linear(embeddings_dim, embeddings_dim)
query_vectors = query_matrix(embeddings)
```

```
embeddings
```

```
tensor([[-1.3565, -1.3428,  0.8033,  1.3472,  0.7405,  1.0264],
        [ 0.4019,  0.6299,  0.8490, -0.4754,  0.4463, -2.0529],
        [-1.3255, -0.8625,  1.2885, -0.3940,  0.8368,  2.1588],
        [ 0.4389,  0.6091,  0.3238,  1.1083, -0.5548,  1.3988]])
```

```
query_vectors
```

```
tensor([[-0.1452,  0.4216,  0.2601,  0.0622, -0.4574,  0.2219],
        [ 0.5355,  0.3735, -0.0653,  0.0194, -0.5459,  0.6600],
        [-0.5174,  0.3747, -0.8368, -0.9132, -0.2153,  0.5843],
        [ 0.6977,  0.3747,  0.1204,  0.2349, -0.5895,  0.5870]],
       grad_fn=<AddmmBackward0>)
```

按照计算 query_vectors 的方法，通用计算 key_vectors 和 value_vectors：

```
key_matrix = nn.Linear(embeddings_dim, embeddings_dim)
value_matrix = nn.Linear(embeddings_dim, embeddings_dim)

key_vectors = key_matrix(embeddings)
value_vectors = value_matrix(embeddings)
```

注意力分数的计算是通过查询向量（$\boldsymbol{Q}$）和键向量（$\boldsymbol{K}$）转置之间的点积，然后除以一个缩放因子（通常是键向量维度的平方根）来得到的。

$$\text{Attention}(\boldsymbol{Q},\boldsymbol{K},\boldsymbol{V})=\text{Softmax}\left(\frac{\boldsymbol{Q}\boldsymbol{K}^{\mathrm{T}}}{\sqrt{d_k}}\right)\boldsymbol{V}$$

公式中的 $\boldsymbol{Q}$、$\boldsymbol{K}$、$\boldsymbol{V}$ 分别对应 query_vectors、key_vectors、value_vectors。$\boldsymbol{K}^{\mathrm{T}}$ 是 key_vectors 的转置。其中，d_k 是键向量的维度。

这个公式体现了自注意力机制的核心原理，即通过计算查询和键之间的相似性来决定它们之间的注意力权重。然后，通过 Softmax 函数将这些注意力分数转为 0 和 1 之间的数值，且它们的和为 1，进而得出注意力权重。

图 4-18 形象地说明了矩阵形状的变化。

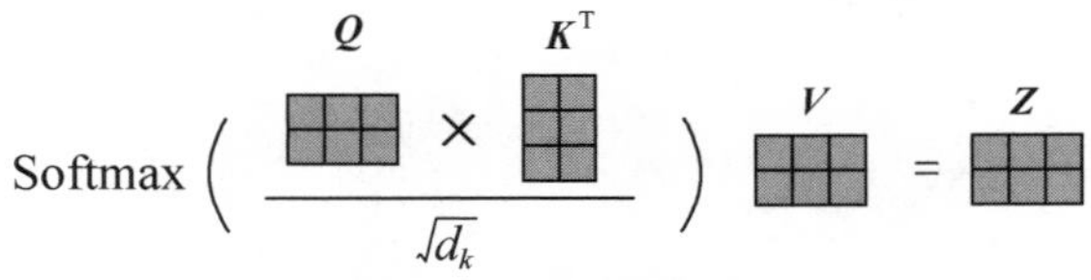

$$\text{Softmax}\left(\frac{Q \times K^{T}}{\sqrt{d_k}}\right) V = Z$$

图4-18　注意力分数计算公式

```
scores = torch.matmul(query_vectors, key_vectors.transpose(-2, -1)) / torch.sqrt(torch.
tensor(embeddings_dim, dtype=torch.float32))

softmax = nn.Softmax(dim=-1)
attention_weights = softmax(scores)
```

```
scores
```

```
tensor([[-0.0322,  0.2764,  0.2686, -0.4439],
        [-0.2886, -0.1133,  0.0270,  0.5779],
        [-0.5994,  0.0238, -0.2080,  0.4393],
        [-0.3969,  0.9243, -0.5634, -1.5040]], grad_fn=<DivBackward0>)
```

```
attention_weights
```

```
tensor([[0.2286, 0.3112, 0.3088, 0.1514],
        [0.1683, 0.2006, 0.2308, 0.4004],
        [0.1395, 0.2601, 0.2063, 0.3941],
        [0.1688, 0.6325, 0.1429, 0.0558]], grad_fn=<SoftmaxBackward0>)
```

```
output = torch.matmul(attention_weights, value_vectors)
```

```
output
```

```
tensor([[ 0.1466,  0.3497, -0.5861,  0.1029,  0.0919,  0.0824],
        [ 0.3637,  0.1027, -0.3204, -0.5862,  0.1728, -0.1305],
        [ 0.4076,  0.1889, -0.3421, -0.5472,  0.1399, -0.1686],
        [ 0.4446,  0.7927, -0.6255,  0.4077, -0.1616, -0.1369]],
       grad_fn=<MmBackward0>)
```

两个向量的点乘表示两个向量的相似度，这是点乘的物理意义。$\boldsymbol{K}$ 和 $\boldsymbol{Q}$ 的点乘是为了计算一个句子中每个标记相对于句子中其他标记的相似度，这个相似度可以理解为注意力分数。

原本 $\boldsymbol{V}$ 里的各个单词只用词嵌入表示，相互之间没什么关系。但是与注意力分数相乘后，$\boldsymbol{V}$ 中每个标记的向量（即一个单词的词嵌入向量），在词嵌入维度（如 Llama 7B 是 4096）的每个维度上（每一列）上，都会对其他标记作出调整（关注度不同）。与 $\boldsymbol{V}$ 相乘这一步，相当于提纯，让每个单词关注该关注的部分。

4.6.3　多头注意力机制

多头注意力机制是 Transformer 模型的重要组成部分，它是自注意力机制的扩展。在自注意力机制中，我们使用一个查询向量、一个键向量和一个值向量进行计算。而在多头注意力机制中，我们会有多组这样的向量，每一组都被称为一个“头”。

下面的代码（是 4.6.2 节代码的延续）假设有 2 个头（Llama 7B 中有 32 个头）。

```
num_attention_heads = 2

output2 = output.clone()
m_output = torch.concat((output, output2),dim=1)

output_matrix = nn.Linear(num_attention_heads * embeddings_dim, num_attention_heads *
embeddings_dim)
out_vectors = output_matrix(m_output)
```

```
m_output
```

```
tensor([[ 0.1466,  0.3497, -0.5861,  0.1029,  0.0919,  0.0824,  0.1466,  0.3497,
         -0.5861,  0.1029,  0.0919,  0.0824],
        [ 0.3637,  0.1027, -0.3204, -0.5862,  0.1728, -0.1305,  0.3637,  0.1027,
         -0.3204, -0.5862,  0.1728, -0.1305],
        [ 0.4076,  0.1889, -0.3421, -0.5472,  0.1399, -0.1686,  0.4076,  0.1889,
         -0.3421, -0.5472,  0.1399, -0.1686],
        [ 0.4446,  0.7927, -0.6255,  0.4077, -0.1616, -0.1369,  0.4446,  0.7927,
         -0.6255,  0.4077, -0.1616, -0.1369]], grad_fn=<CatBackward0>)
```

```
out_vectors
```

```
tensor([[-0.3018,  0.1417,  0.2975, -0.0443, -0.1610, -0.1271,  0.2463, -0.5166,
         -0.2846,  0.1525, -0.3865, -0.1059],
        [-0.4404,  0.3297, -0.0197, -0.1707,  0.1385,  0.1053,  0.0490, -0.2620,
         -0.0465, -0.0450, -0.4628,  0.2059],
        [-0.4470,  0.3290, -0.0214, -0.1606,  0.1529,  0.0663,  0.0654, -0.2996,
         -0.0723, -0.0192, -0.4880,  0.2041],
        [-0.2673,  0.1772,  0.2597,  0.0450, -0.1175, -0.3426,  0.2815, -0.7193,
         -0.4165,  0.3454, -0.5052, -0.0945]], grad_fn=<AddmmBackward0>)
```

4.6.4 分组查询注意力

原始的多头注意力中，Q、K、V 三部分有相同数量的头，且一一对应。每次做注意力，每个头的 Q、K、V 做好自己运算就可以，输出时各个头加起来就行。

自回归解码的标准做法是缓存序列中先前标记的键（K）和值（V）对，从而加快注意力计算速度。然而，随着上下文窗口或批量大小的增加，多头注意力模型中与KV缓存大小相关的内存成本显著增长。对于较大的模型，KV 缓存大小成为瓶颈，键和值投影可以在多个头之间共享，而不会大幅降低性能。

而多查询注意力（Multi Query Attention，MQA）则是让 Q 仍然保持原来的头数，但 ***K*** 和 ***V*** 只有一个头，相当于所有的 Q 头共享一组 K 和 V 头，所以叫作 Multi-Query 了。这样能提高吞吐量，而性能降低不太大。

分组查询注意力（Group Query Attention，GQA）综合 MHA 和 MQA，既不损失太多性能，又能利用 MQA 的推理加速。不是所有 Q 头共享一组 KV，而是分组一定头数 Q 共享一组 KV，如图 4-19 中就是两组 Q 共享一组 KV。

因此，分组查询注意力是一种用于注意力机制计算的改进方法。引入分组查询的概念，即将一组相关的查询视为一个整体，并计算该组查询与键的注意力。这样可以更好地保留查询之间的关联性，并且在计算注意力时减少计算量。在这种情况下，传统的注意力机制可能无法充分捕捉到这些查询之间的相关性。

具体来说，GQA 分组查询注意力的计算步骤如下。

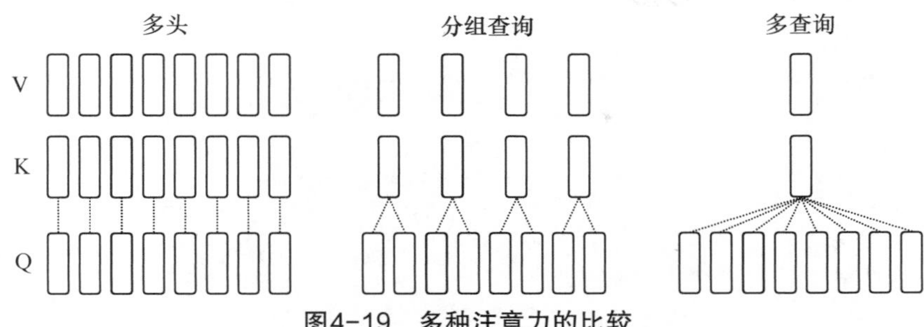

图4-19　多种注意力的比较

（1）输入：查询组 Q，键 K，值 V。

（2）通过定义一个相似度函数（如点积、缩放点积等），计算查询组 Q 与键 K 之间的相似度矩阵。

（3）对相似度矩阵进行归一化操作，得到注意力权重矩阵。

（4）使用注意力权重矩阵对值 V 进行加权求和，得到查询组 Q 的注意力表示。

通过将一组相关的查询视为一个整体，分组查询注意力能够更好地对相关查询之间的重要性进行建模，提高了注意力机制的效果。这种方法在处理一组关联查询的任务中表现出色，可以更好地处理多个查询之间的联系。

4.6.5　Llama 2源代码分析

源代码中的超参数和数值为

dim：4096

n_layers：32

n_heads: 头数，32

model_parallel_size：并行数，这里可以固定 =1

n_kv_heads：key 和 value 的头数，没有设置就与 n_heads 相同，32

n_local_heads：本机头数，32

n_local_kv_heads：本机 key、value 的头数，32

n_rep：本机重复次数，1

head_dim：单个自注意力头维度，4096 / 32 = 128

wq、wk、wv、wo 是对应 query、key、value、output 的权重矩阵。

```
# 对输入的张量进行重复操作，以满足多头注意力机制中多次使用同一个键-值对的需要。
def repeat_kv(x: torch.Tensor, n_rep: int) -> torch.Tensor:
    """torch.repeat_interleave(x, dim=2, repeats=n_rep)"""
    bs, slen, n_kv_heads, head_dim = x.shape
    if n_rep == 1:
        return x
    return (
        x[:, :, :, None, :]
        .expand(bs, slen, n_kv_heads, n_rep, head_dim)
        .reshape(bs, slen, n_kv_heads * n_rep, head_dim)
    )

class Attention(nn.Module):
    def __init__(self, args: ModelArgs):
        super().__init__()
        self.n_kv_heads = args.n_heads if args.n_kv_heads is None else args.n_kv_heads
```

```
        model_parallel_size = fs_init.get_model_parallel_world_size()
        self.n_local_heads = args.n_heads // model_parallel_size
        self.n_local_kv_heads = self.n_kv_heads // model_parallel_size
        self.n_rep = self.n_local_heads // self.n_local_kv_heads
        self.head_dim = args.dim // args.n_heads

        # 构造注意力查询（Q）、键（K）和值（V）所需要的线性变换算子
        # 这里直接用一个变换算子支持了多头的场景，因为每个头实际上计算方式是完全一样的，只是参数不同
        self.wq = ColumnParallelLinear(
            args.dim,
            args.n_heads * self.head_dim,
            bias=False,
            gather_output=False,
            init_method=lambda x: x,
        )
        self.wk = ColumnParallelLinear(
            args.dim,
            self.n_kv_heads * self.head_dim,
            bias=False,
            gather_output=False,
            init_method=lambda x: x,
        )
        self.wv = ColumnParallelLinear(
            args.dim,
            self.n_kv_heads * self.head_dim,
            bias=False,
            gather_output=False,
            init_method=lambda x: x,
        )
        # 构造对最终输出进行线性变换的算子
        self.wo = RowParallelLinear(
            args.n_heads * self.head_dim,
            args.dim,
            bias=False,
            input_is_parallel=True,
            init_method=lambda x: x,
        )

        self.cache_k = torch.zeros(
            (
                args.max_batch_size,
                args.max_seq_len,
                self.n_local_kv_heads,
                self.head_dim,
            )
        ).cuda()
        self.cache_v = torch.zeros(
            (
                args.max_batch_size,
                args.max_seq_len,
                self.n_local_kv_heads,
                self.head_dim,
            )
        ).cuda()

    def forward(
        self,
        x: torch.Tensor,
        start_pos: int,
        freqs_cis: torch.Tensor,
        mask: Optional[torch.Tensor],
    ):
        bsz, seqlen, _ = x.shape

        # 对输入序列进行线性变换，分别得到查询（Q）、键（K）和值（V）。
        xq, xk, xv = self.wq(x), self.wk(x), self.wv(x)

        xq = xq.view(bsz, seqlen, self.n_local_heads, self.head_dim)
        xk = xk.view(bsz, seqlen, self.n_local_kv_heads, self.head_dim)
        xv = xv.view(bsz, seqlen, self.n_local_kv_heads, self.head_dim)
```

```
# 对查询和键应用旋转嵌入（Rotary Embedding）操作
# 旋转嵌入是一种在注意力机制中引入周期性信息的技术，有助于模型捕捉序列的顺序关系
xq, xk = apply_rotary_emb(xq, xk, freqs_cis=freqs_cis)

# 更新缓存中的键（K）和值（V），将当前位置的键和值存储在缓存中以供后续的注意力计算使用。
self.cache_k = self.cache_k.to(xq)
self.cache_v = self.cache_v.to(xq)

self.cache_k[:bsz, start_pos : start_pos + seqlen] = xk
self.cache_v[:bsz, start_pos : start_pos + seqlen] = xv

# 从缓存中获取用于注意力计算的键（K）和值（V），包括当前位置之前的所有位置。
keys = self.cache_k[:bsz, : start_pos + seqlen]
values = self.cache_v[:bsz, : start_pos + seqlen]

# repeat k/v heads if n_kv_heads < n_heads
keys = repeat_kv(keys, self.n_rep)  # (bs, seqlen, n_local_heads, head_dim)
values = repeat_kv(values, self.n_rep)  # (bs, seqlen, n_local_heads, head_dim)

# 对查询、键和值进行维度转置，以便进行矩阵乘法操作。
xq = xq.transpose(1, 2)  # (bs, n_local_heads, seqlen, head_dim)
keys = keys.transpose(1, 2)
values = values.transpose(1, 2)

# 计算查询和键之间的相似度得分，通过矩阵乘法计算得到，同时除以头的维度的平方根来进行缩放，以控制相似度的范围。
scores = torch.matmul(xq, keys.transpose(2, 3)) / math.sqrt(self.head_dim)
if mask is not None:
# 如果存在掩码（mask），则将其加到相似度得分上，以屏蔽无效位置的影响。
scores = scores + mask  # (bs, n_local_heads, seqlen, cache_len + seqlen)

# 对相似度得分进行softmax操作，将其转换为注意力权重，使得权重在每个位置的分布总和为1。
scores = F.softmax(scores.float(), dim=-1).type_as(xq)

# 根据注意力权重对值进行加权求和，得到最终的注意力输出。
output = torch.matmul(scores, values)  # (bs, n_local_heads, seqlen, head_dim)
output = output.transpose(1, 2).contiguous().view(bsz, seqlen, -1)

# 对注意力输出进行线性变换，得到最终的注意力机制的输出。
return self.wo(output)
```

torch.view：用于对张量进行重塑。它以特定的方式改变输入张量的形状，就像在NumPy中的reshape一样。

torch.ColumnParallelLinear和torch.RowParallelLinear是PyTorch中用于实现线性运算的并行计算模块。它们分别用于列并行和行并行计算。

torch.ColumnParallelLinear：它是一种列并行线性层，用于将输入张量的列（即特征）并行地执行线性运算。它接受输入张量的形状为（batch_size, input_features），并输出形状为（batch_size, output_features）的输出张量。在内部，它将输入张量的每一列（即每个特征）作为独立的输入向量传递给线性层，并使用一个单独的线性层来处理每个特征。这种并行计算方式可以加速线性运算过程。

torch.RowParallelLinear：它是一种行并行线性层，用于将输入张量的行（即批量）并行地执行线性运算。它接受输入张量的形状为（batch_size, input_features），并输出形状为（batch_size, output_features）的输出张量。在内部，它将输入张量的每一行（即每个批量）作为独立的输入向量传递给线性层，并使用一个单独的线性层来处理每个批量。这种并行计算方式可以加速线性运算过程。

缓存机制设计的目的是在generate时减少标记的重复计算。就是在计算第n个标记特征的时候，需要用到第$1, \cdots, n-1$个标记，即每次生成时，需要知道前面所有的过往信息，如果

每次都从头算的话，那就会造成极大的浪费，所以每算一个位置的信息，就把它缓存下来。

4.7 残差连接和层归一化

在 Transformer 模型中，残差连接和层归一化（Add & Norm）是其中两个组成部分。

Add 指 X+MultiHeadAttention(X)，是一种残差连接，通常用于解决多层网络训练的问题，可以让网络只关注当前差异的部分，在 ResNet 中经常用到（图 4-20）。

Norm 指层归一化，通常用于 RNN 结构，层归一化会将每一层神经元的输入都转成均值方差都一样的，这样可以加快收敛。

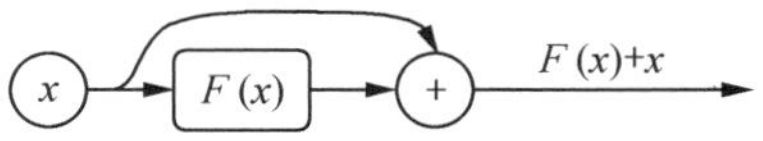

图4-20　残差连接

4.7.1 预归一化

在原生 Transformer 层中层归一化的计算过程为：计算输入各个维度均值、方差，原始输入减去均值并除以方差，此过程中会引入两个超参数。此外，在原生的 Transformer 中，层归一化发生在残差连接之后，一般称为后归一化（Post-Norm），该过程会导致随着层数的增大，原始输入的权重越小，导致模型难以训练。

为了解决该问题，研究者们提出使用预归一化（Pre-Norm），这也是当前较多大语言模型使用的归一化方式。具体地，该方式把归一化放在了残差连接之前，即先对注意力或前馈网络的输入做归一化，其与后归一化的区别如图 4-21、图 4-22 所示。图（a）是后归一化，图（b）是预归一化，LN 是层归一化的缩写。

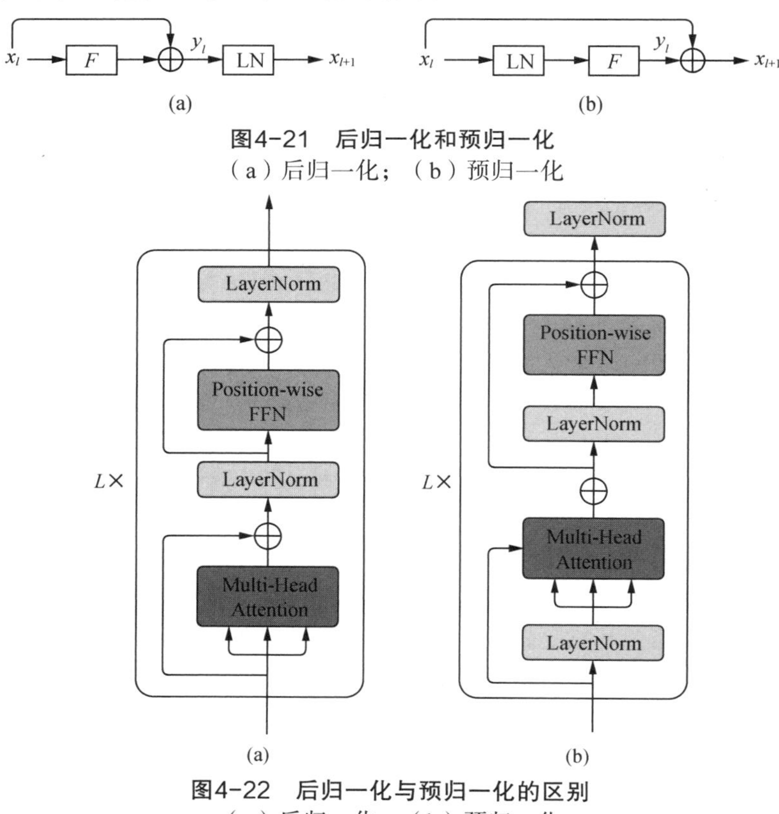

图4-21　后归一化和预归一化
（a）后归一化；（b）预归一化

图4-22　后归一化与预归一化的区别
（a）后归一化；（b）预归一化

预归一化会更加强调残差输入的作用，会导致多层展开后无形地增加了模型的宽度而降低了模型的深度，从而造成效果略差于后归一化。

关于预归一化和后归一化，目前比较普遍的被大家接受的结论是，相同的深度条件下，后归一化的效果要优于预归一化，因为预归一化实际上相当于通过了一个更宽的网络而非更深的网络，所以在同等深度下，预归一化的实际效果相当于一个更浅却更宽的网络。

然而在 Llama 中却采用了预归一化，或许是因为模型够深（7B，13B，30B，65B 的模型，Transformer 层的数量分别为 32、40、60、80），而预归一化的恒等分支更加明显，有利于梯度的传播。

4.7.2 RMSNorm

除了预和后的优化之外，更好的归一化方法也在不同的大语言模型中被尝试。其中 RMSNorm 是一种常见的方法，可以在梯度下降时令损失更加平滑，该方法认为归一化中缩放性起的作用更大，因此去除了计算过程中的平移性（减去均值的过程），只保留了缩放。具体而言，RMSNorm 的核心思想是基于输入的均方根进行标准化。它通过计算输入张量沿指定维度的均方根，并将每个元素除以该均方根值来进行归一化。

RMSNorm 是一般层归一化的一种变体。与层归一化相比，RMSNorm 的主要区别在于去掉了减去均值的部分（re-centering），只保留方差部分（re-scaling），从归一化的表达式上可以直观地看出：

一般的层归一化：

$$\bar{a}_i = \frac{a_i - \mu}{\sigma} g_i$$

其中，

$$\mu = \frac{1}{n}\sum_{i=1}^{n} a_i$$

$$\sigma = \sqrt{\frac{1}{n}\sum_{i=1}^{n}(a_i - \mu)^2}$$

RMSNorm：

$$\bar{a}_i = \frac{a_i}{\mathrm{RMS}(a)} g_i$$

其中，

$$\mathrm{RMS}(a) = \sqrt{\frac{1}{n}\sum_{i=1}^{n} a_i^2}$$

可以看到，二者的区别就在于有没有减去均值。

4.7.3 Llama 2源代码分析

残差连接在 TransformerBlock 中实现：

```
class TransformerBlock(nn.Module):
    def __init__(self, layer_id: int, args: ModelArgs):
        super().__init__()
        self.n_heads = args.n_heads
```

```
        self.dim = args.dim
        self.head_dim = args.dim // args.n_heads
        self.attention = Attention(args)
        self.feed_forward = FeedForward(
            dim=args.dim,
            hidden_dim=4 * args.dim,
            multiple_of=args.multiple_of,
            ffn_dim_multiplier=args.ffn_dim_multiplier,
        )
        self.layer_id = layer_id
        self.attention_norm = RMSNorm(args.dim, eps=args.norm_eps)
        self.ffn_norm = RMSNorm(args.dim, eps=args.norm_eps)

    def forward(
        self,
        x: torch.Tensor,
        start_pos: int,
        freqs_cis: torch.Tensor,
        mask: Optional[torch.Tensor],
    ):
        h = x + self.attention.forward(
            self.attention_norm(x), start_pos, freqs_cis, mask
        )
        out = h + self.feed_forward.forward(self.ffn_norm(h))
        return out
```

在源代码中，h 是注意力值。ffn_norm(h) 是用 RMSNorm 对 h 值进行归一化。

self.feed_forward.forward(self.ffn_norm(h)) 用前馈网络对归一化后的值做前向传播。

h + self.feed_forward.forward(self.ffn_norm(h)) 这里的 h 是残差。

Llama 中实现 RMSNorm 的源代码为

```
class RMSNorm(torch.nn.Module):
    def __init__(self, dim: int, eps: float = 1e-6):
        super().__init__()
        self.eps = eps

        # dim参数表示输入张量的维度，即要在哪个维度上计算均方根并进行归一化。
        # weight是一个可学习的权重参数，用于缩放标准化后的输入。
        self.weight = nn.Parameter(torch.ones(dim))

    def _norm(self, x):
        # 计算输入张量的均方根，并将每个元素除以均方根值。
        return x * torch.rsqrt(x.pow(2).mean(-1, keepdim=True) + self.eps)

    def forward(self, x):
        # 调用_norm方法对输入张量进行标准化处理，并将标准化后的结果与权重参数相乘，以进一步缩放和调整
输出。
        output = self._norm(x.float()).type_as(x)
        return output * self.weight
```

代码中 x 是输入，weight 是可训练参数，x.pow(2) 是平方，mean(-1) 是在最后一个维度（即 hidden 特征维度）上取平均，eps 防止取倒数之后分母为 0，torch.rsqrt 是开平方并取倒数。

4.8 前馈网络

Transformer 模型中的前馈网络层是一个重要的组成部分，它在每个注意力模块之后被

应用。它通过非线性映射、特征提取和维度变换、模式识别和语义建模等功能，对注意力模块的输出进行处理，从而使得模型学习和表示复杂的语义信息，并提高模型的性能和泛化能力。下面详细介绍前馈网络层的功能和作用。

1. 非线性映射

前馈网络层由两个线性变换和一个激活函数构成，并且它的输入和输出维度是相同的。这样的设计使前馈网络层能够对注意力模块的输出进行非线性映射。通过激活函数（通常是 ReLU），前馈网络层引入非线性性质，从而使得 Transformer 模型学习复杂的特征和模式。

2. 特征提取和维度变换

前馈网络层的主要功能是对输入向量进行维度变换和特征提取。输入向量包含从注意力模块中获得的上下文信息，前馈网络层的变换将这些信息进一步映射到一个更高维度的特征空间。这样，模型可以通过前馈网络层发现和提取输入序列中的重要特征，并增强每个位置的表示能力。

3. 模式识别和语义建模

前馈网络层有助于模型学习输入序列中的局部关系和全局模式，从而捕捉更丰富和抽象的语义信息。通过多个前馈网络层的堆叠，Transformer 模型能够进行更复杂的模式识别和语义建模，使得模型具有强大的表示能力。

4. 前馈网络层的参数共享

在 Transformer 模型中，每个位置的前馈网络层都是相同的，即它们具有相同的权重和偏置。这种参数共享的设计有助于减少模型的参数量，使得模型更加轻量化和高效。同时，参数共享还可以促进模型的泛化能力，使模型更好地适应不同长度和结构的输入序列。

4.8.1 激活函数

激活函数主要是指 FFN 层使用的激活函数，通过 Transformer 原文可以知道 FFN 层的计算过程主要是 $y = f(Wx+b)W+b$，主要是 f 的选取即为激活函数的选取。Transformer 原文使用的是 ReLU 激活函数，即为 $y = \max(0, Wx+b)W+b$。而在 BERT 中引入 GeLU（高斯误差线性单元）激活函数，该激活函数中引入随机正则的思想。具体地，GeLU 对于输入乘上了一个以 0，1 组成的掩码，而该掩码则是基于伯努利分布随机生成的。这么选择是因为神经元的输入趋向于正态分布，这么设定使得输出随机依赖于输入，同时，若输入减小，则输出会有一个更高的概率被 dropout 掉，具体计算过程为

$$0.5x(1+\tanh[\sqrt{2/\pi}(x+0.044\,715x^3)])$$

很多实验都证明 GeLU 可以学习得更快、更好。近期出现的大语言模型很多也会使用基于门控线性单元的激活函数。

$$\mathrm{GLU}(x,W,V,b,c)=\sigma(xW+b)\otimes(xV+c)$$

如上门控机制使 GLU 能够选择性地过滤输入向量的某些部分，并根据输入的上下文来调整输出。门控部分的作用是对输入进行二分类，决定哪些部分应该被保留、哪些部分应该被抑制，可以有效地减少噪声和不相关信息的影响，提高网络的表达能力和泛化能力。基于 GLU 的激活函数常见的主要包括两个：SwiGLU 和 GeGLU，其与原生 GLU 的区别在于用 GeLU 与 Swish 代替 GLU 中的 Sigmoid。

$$\mathrm{GeGLU}(x,W,V,b,c)=\mathrm{GeLU}(xW+b)\otimes(xV+c)$$

$$\mathrm{SwiGLU}(x,W,V,b,c,\beta)=\mathrm{Swish}_\beta(xW+b)\otimes(xV+c)$$

值得注意的是，该部分只替换上文的 $f(Wx+b)$ 部分，因此会增加权重矩阵 $\boldsymbol{V}$，为保证整体参数量和原生 FFN 一致，W 和 V 的第二维度是原生 FFN 中间维度的 2/3。

Llama 采用 SwiGLU 替换了原有的 ReLU。

采用 SwiGLU 的 FNN，在论文中以如下公式表述：

$$\mathrm{FFN}_{\mathrm{SwiGLU}}(x,W,V,W_2)=(\mathrm{Swish}_1(xW)\otimes xV)W_2$$

其中，

$$\mathrm{Swish}_\beta(x)=x\sigma(\beta x)$$

4.8.2 前馈网络隐藏层维度

前馈网络层通常由两个线性变换和一个激活函数组成。这两个线性变换分别将输入向量映射到一个更高维度的隐藏表示，然后再通过激活函数进行非线性变换。最后，通过第二个线性变换将隐藏表示映射回原始维度。

在隐藏层维度的选择上，通常将其设置为一个较大的值，以便有足够的参数来学习复杂的关系和模式。具体的隐藏层维度大小可能会有所不同，这取决于所处理的任务和数据集的大小。通常，一个常见的选择是在 2048 到 4096 之间。

需要注意的是，不同层之间的前馈网络隐藏层维度大小是相同的。这样做是为了保持模型的一致性，使得在不同层之间共享参数，以提高模型的效率和泛化能力。

通过增加隐藏层维度，前馈网络可以提供更丰富的表示能力，从而更好地捕捉输入序列中的局部和全局信息，以及不同位置之间的依赖关系。这有助于提高模型的性能，并使其能够处理更复杂的任务和数据集。

Llama 中，隐藏层维度是用超参数 multiple_of 计算而来。在 Llama 7B 中，词嵌入维度 dim 为 4086，multiple_of 为 256，multiple_of 用于保证 SwiGLU 的隐藏层维度值是 2 的幂次方的整数倍。隐藏层维度根据下面代码可得为 11008。

```
multiple_of = 256
dim = 4096
hidden_dim = 4 * dim
hidden_dim = int(2 * hidden_dim / 3)
hidden_dim = multiple_of * ((hidden_dim + multiple_of - 1) // multiple_of)
print(hidden_dim)
```

以上代码适用于 Llama 2 的 7B、13B、32B 模型。

4.8.3 Llama 2源代码分析

该函数实现了前馈网络层的功能，即将输入向量经过了 w1、w2、w3 的变换后输出。图 4-23 是从图 4-6 中截取的前馈网络层部分。

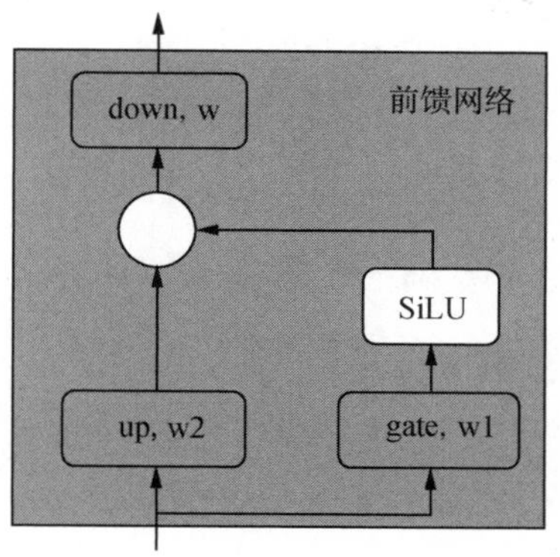

图4-23 前馈网络层

```
class FeedForward(nn.Module):
    def __init__(
        self,
        dim: int,
        hidden_dim: int,
        multiple_of: int,
        ffn_dim_multiplier: Optional[float],
    ):
        super().__init__()
        hidden_dim = int(2 * hidden_dim / 3)
        # custom dim factor multiplier
        if ffn_dim_multiplier is not None:
            hidden_dim = int(ffn_dim_multiplier * hidden_dim)
        hidden_dim = multiple_of * ((hidden_dim + multiple_of - 1) // multiple_of)

        self.w1 = ColumnParallelLinear(
            dim, hidden_dim, bias=False, gather_output=False, init_method=lambda x: x
        )
        self.w2 = RowParallelLinear(
            hidden_dim, dim, bias=False, input_is_parallel=True, init_method=lambda x: x
        )
        self.w3 = ColumnParallelLinear(
            dim, hidden_dim, bias=False, gather_output=False, init_method=lambda x: x
        )

    def forward(self, x):
        return self.w2(F.silu(self.w1(x)) * self.w3(x))
```

这段代码定义了一个神经网络模块，并描述了其前向传播的计算过程。

（1）w1(x)：这里 w1 表示一个线性变换（可以是全连接层），对输入张量 $\boldsymbol{x}$ 进行线性变换操作。这个操作可以是将输入降维、提取特征等。

（2）F.silu(self.w1(x))：F.silu 是指 Swish 激活函数，将线性变换后的结果通过 Swish 激活函数进行非线性变换。Swish 激活函数可以增强网络的非线性能力，有助于提取更复杂的特征表示。

（3）self.w2(F.silu(self.w1(x)) * self.w3(x))：在这一步中，有两个部分的结果进行点积操作并通过线性变换。首先，F.silu(self.w1(x)) 和 self.w3(x) 分别进行线性变换，然后这两部分结果对应位置进行点积操作。最后，点积结果通过线性变换 w2 进一步处理。

这段代码可以看作是对输入张量 $\boldsymbol{x}$ 进行一系列的线性变换、非线性变换和点积操作。通过这些操作，网络可以提取输入数据中的不同特征，并将它们映射到一个更高维度的表示空间中。一般来说，它可以帮助网络学习数据中的非线性关系，并且可以通过多个层次的变换提取更复杂的特征。这有助于提高模型的表示能力，从而更好地适应数据，并在特定任务中提高性能。

4.8.4 演示代码

以下代码是在 Llama 2 源代码基础上修改而得，可以独立运行。

```
from typing import Any, Optional, Tuple
import torch
import torch.nn as nn
import torch.nn.functional as F

class FeedForward(nn.Module):
    def __init__(
        self,
        dim: int,
        hidden_dim: int,
        multiple_of: int,
        ffn_dim_multiplier: Optional[float],
    ):
        super().__init__()
        hidden_dim = int(2 * hidden_dim / 3)
        # custom dim factor multiplier
        if ffn_dim_multiplier is not None:
            hidden_dim = int(ffn_dim_multiplier * hidden_dim)
        hidden_dim = multiple_of * ((hidden_dim + multiple_of - 1) // multiple_of)

        self.w1 = nn.Linear(dim, hidden_dim)
        self.w2 = nn.Linear(hidden_dim, dim)
        self.w3 = nn.Linear(dim, hidden_dim)

    def forward(self, x):
        return self.w2(F.silu(self.w1(x)) * self.w3(x))

args_dim = 4096
args_multiple_of: int = 256  # make SwiGLU hidden layer size multiple of large power of 2
args_ffn_dim_multiplier: Optional[float] = None

feed_forward = FeedForward(
            dim=args_dim,
            hidden_dim=4 * args_dim,
            multiple_of=args_multiple_of,
            ffn_dim_multiplier=args_ffn_dim_multiplier,
        )

seq_len = 2048
embeddings_dim = 4096
x = torch.randn(seq_len * embeddings_dim).view(seq_len, embeddings_dim)
out = feed_forward.forward(x)
```

权重变换函数 w1、w2、w3 的输入、输出特征：

```
feed_forward.w1
```

```
Linear(in_features=4096, out_features=11008, bias=True)
```

```
feed_forward.w2
```

```
Linear(in_features=11008, out_features=4096, bias=True)
```

```
feed_forward.w3
```

```
Linear(in_features=4096, out_features=11008, bias=True)
```

数据变换中形状的变化：

```
x1 = feed_forward.w1(x)
x1.shape
```

```
torch.Size([2048, 11008])
```

```
x2 = F.silu(feed_forward.w1(x))
x2.shape
```

```
torch.Size([2048, 11008])
```

```
x3 = x2 * feed_forward.w3(x)
x3.shape
```

```
torch.Size([2048, 11008])
```

```
x4 = feed_forward.w2(x3)
x4.shape
```

```
torch.Size([2048, 4096])
```

图 4-24 显示了 llama-2-7b 模型在数据变换中形状的变化。

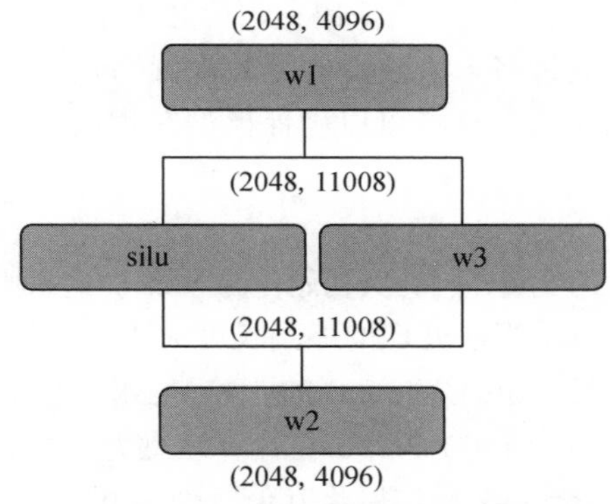

图4-24　数据变换中形状的变化

4.9　损失函数

Transformer 模型的损失函数通常采用交叉熵损失来计算预测结果与真实标签之间的差异。

交叉熵损失函数是一种衡量两个概率分布之间差异的方法。对于二元分类问题，它可以用以下公式表示：

$$H(p,q) = -\sum_x p(x)\log(q(x))$$

其中，p 是实际的概率分布；q 是预测的概率分布；log 是对数函数；$\sum_x$ 是对所有可能值 x 求和。在这个公式中，当预测分布 $q(x)$ 接近实际分布 $p(x)$ 时，交叉熵损失函数的值会变小，这正是我们希望看到的结果。

在 Transformer 模型中，我们用交叉熵损失函数来评估模型对目标序列的预测效果。具体来说，在解码器阶段，模型会为每个时间步生成一个词汇表上的概率分布，然后我们计算这个分布与真实标签分布之间的交叉熵损失。

由于神经网络模型可能会过拟合，因此在实践中常常会对损失函数进行一些调整以提高模型的泛化能力。一种常见的做法是 Label Smoothing，即在计算损失时，将绝对的 0 或 1 标签替换为稍微平滑后的值。例如，如果原始标签为 1，我们可以将其设置为 0.95 而不是 1；如果原始标签为 0，我们可以将其设置为 0.05 而不是 0。这样可以防止模型过度自信地预测某些类别，从而改善模型的泛化性能。

此外，对于多任务学习或者多标签分类等问题，可能会同时计算多个损失，并通过一定的加权方式合并这些损失，得到最终的总损失，然后根据总损失进行反向传播和优化。

为了防止模型在训练初期过于关注序列的某一部分，通常会在损失函数中加入一个掩码（mask），使模型不能看到序列的某些部分。这个掩码通常是一个和序列长度相同的向量，其中的值表示模型是否可以看到对应位置的输出。

4.10 掩码

在 Transformer 的前向计算时，会计算一个掩码矩阵。然后，在计算注意力时，使用此掩码来遮蔽掉无效位置。

在生成掩码时，一般生成一个上三角掩码，以屏蔽未来位置的注意力。

在计算注意力分数时，通过将未来位置的分数设置为负无穷，可以使模型在自回归任务中只依赖于当前及之前的信息。这样可以确保模型在生成序列时不会看到未来位置的信息，保持了模型的自回归性质。

生成掩码的方式如下。

（1）创建一个名为 mask 的变量，并将其初始化为 None。这意味着在开始时没有生成掩码。

① 如果 seqlen 大于 1，表示当前处理的序列长度大于 1，存在需要屏蔽的位置。

② 创建一个形状为 (1, 1, seqlen, seqlen) 的张量 mask，并将所有元素的值设为负无穷（float ("-inf")）。这里使用 float ("-inf") 是为了在计算注意力分数时将被掩盖的位置的注意力分数设为负无穷大，从而在 softmax 操作后将其值近似为 0。

（2）使用 torch.triu () 函数将 mask 张量的下三角部分（包括对角线）设为负无穷。这是通过设置 diagonal 参数为 start_pos + 1 来实现的，表示从对角线位置 start_pos + 1 开始屏蔽。这样，注意力机制在计算时将只关注当前位置及之前的位置，而忽略之后的位置。

（3）将 mask 张量的数据类型转换为输入张量 ***h*** 的数据类型，并将其赋值给 mask 变量。

在代码中，scores 与 mask 相加，实际上是将 mask 中的非负数值添加到 scores 对应位置的元素上。通过这样的操作，可以将特定位置的注意力分数调整为一个较小的值，从而有效地屏蔽或降低模型对该位置的关注度。

下面是 Llama 2 源代码中与掩码有关的代码：

```
seqlen = 4
start_pos = 0

import torch

mask = None
if seqlen > 1:
    mask = torch.full((1, 1, seqlen, seqlen), float("-inf"))
```

```
    mask = torch.triu(mask, diagonal=start_pos + 1)

if mask is not None:
    # 如果存在掩码(mask),则将其加到相似度得分上,以屏蔽无效位置的影响。
    scores = scores + mask
```

```
mask
```

```
tensor([[[[0., -inf, -inf, -inf],
          [0., 0., -inf, -inf],
          [0., 0., 0., -inf],
          [0., 0., 0., 0.]]]])
```

```
scores
```

```
tensor([[[[-0.0322,    -inf,    -inf,    -inf],
          [-0.2886, -0.1133,    -inf,    -inf],
          [-0.5994,  0.0238, -0.2080,    -inf],
          [-0.3969,  0.9243, -0.5634, -1.5040]]]], grad_fn=<AddBackward0>)
```

4.11 PyTorch的nn.Transformer模块

nn.Transformer 模块是 PyTorch 中提供的用于处理序列数据的深度学习模型之一。它是基于标准 Transformer 模型实现的，并被广泛用于自然语言处理任务，如机器翻译、文本生成等。

Transformer 模型的核心思想是使用多头自注意力机制来建模输入序列的关系，而不依赖于传统的循环神经网络。PyTorch 的 nn.Transformer 模块提供了 Transformer 模型的各个组件，包括 Encoder、Decoder 和整个 Transformer 模型。

4.11.1 模块组件

下面是 PyTorch 的 nn.Transformer 模块中常用的组件和功能的详细介绍。

（1）nn.TransformerEncoder：Transformer 编码器模块，用于将输入序列编码成隐藏表示。它由多个相同的编码器层组成，每层包含一个自注意力机制和一个前馈神经网络。

（2）nn.TransformerDecoder：Transformer 解码器模块，用于从隐藏表示中生成输出序列。类似于编码器，它也由多个相同的解码器层组成，每层包含一个自注意力机制、一个编码器 - 解码器注意力机制（encoder-decoder attention）和一个前馈神经网络。

（3）nn.TransformerEncoderLayer：Transformer 编码器层，是构成编码器的基本单元。它包含一个自注意力机制和一个前馈神经网络，并提供了归一化、Dropout 等功能。

（4）nn.TransformerDecoderLayer：Transformer 解码器层，是构成解码器的基本单元。它包含一个自注意力机制、一个编码器 - 解码器注意力机制和一个前馈神经网络，同时也提供了归一化、dropout 等功能。

（5）nn.MultiheadAttention：多头自注意力机制，用于计算输入序列的注意力权重。它将输入序列划分为多个头，每个头独立计算注意力权重，然后将它们合并得到最终的表示。

（6）nn.Transformer：整个 Transformer 模型，由编码器和解码器组成。它接受输入序列和目标序列，并输出生成的序列。

通过使用 PyTorch.nn.Transformer 模块，你可以方便地构建和训练 Transformer 模型，从而处理序列数据的各种自然语言处理任务。

4.11.2 __call__函数

在 PyTorch 中，nn.Transformer 模型继承自 nn.Module 类，并实现了前向传播函数 forward()。因此，当我们创建 Transformer 模型的实例时，可以直接调用实例对象作为函数进行前向传播。

在给定输入数据 input_data 的情况下，可以通过调用 model(input_data, input_data) 来执行前向传播，而无须显式地调用 forward() 函数。这是因为 nn.Module 类中已经为我们定义了 __call__() 方法，该方法会在实例对象后面加上括号时自动调用 forward() 函数。

因此，model(input_data, input_data) 与 model.forward(input_data, input_data) 是等价的，并且前者更为简洁和常见，一般情况下我们会使用 model(input_data, input_data) 来执行前向传播。

4.11.3 最简单的标准Transformer模型

源代码：

```
import torch

model = Transformer()
print(model)
```

生成一个 6 层编码器，6 层解压器的 Transformer 模型，参数均为缺省值，输出的模型参数为

```
Transformer(
  (encoder): TransformerEncoder(
    (layers): ModuleList(
      (0-5): 6 x TransformerEncoderLayer(
        (self_attn): MultiheadAttention(
          (out_proj): NonDynamicallyQuantizableLinear(in_features=512, out_features=512,
bias=True)
        )
        (linear1): Linear(in_features=512, out_features=2048, bias=True)
        (dropout): Dropout(p=0.1, inplace=False)
        (linear2): Linear(in_features=2048, out_features=512, bias=True)
        (norm1): LayerNorm((512,), eps=1e-05, elementwise_affine=True)
        (norm2): LayerNorm((512,), eps=1e-05, elementwise_affine=True)
        (dropout1): Dropout(p=0.1, inplace=False)
        (dropout2): Dropout(p=0.1, inplace=False)
      )
    )
    (norm): LayerNorm((512,), eps=1e-05, elementwise_affine=True)
  )
  (decoder): TransformerDecoder(
    (layers): ModuleList(
      (0-5): 6 x TransformerDecoderLayer(
        (self_attn): MultiheadAttention(
          (out_proj): NonDynamicallyQuantizableLinear(in_features=512, out_features=512,
bias=True)
        )
        (multihead_attn): MultiheadAttention(
          (out_proj): NonDynamicallyQuantizableLinear(in_features=512, out_features=512,
bias=True)
        )
        (linear1): Linear(in_features=512, out_features=2048, bias=True)
        (dropout): Dropout(p=0.1, inplace=False)
        (linear2): Linear(in_features=2048, out_features=512, bias=True)
        (norm1): LayerNorm((512,), eps=1e-05, elementwise_affine=True)
        (norm2): LayerNorm((512,), eps=1e-05, elementwise_affine=True)
        (norm3): LayerNorm((512,), eps=1e-05, elementwise_affine=True)
```

```
      (dropout1): Dropout(p=0.1, inplace=False)
      (dropout2): Dropout(p=0.1, inplace=False)
      (dropout3): Dropout(p=0.1, inplace=False)
    )
   )
   (norm): LayerNorm((512,), eps=1e-05, elementwise_affine=True)
  )
)
```

4.11.4　纯解码器模型

使用了 nn.TransformerDecoder 和 nn.TransformerDecoderLayer 模块，设置了以下参数：

vocab_size = 32000

emb_size = 512

hidden_size = 1024

num_layers = 6

num_heads = 4

dropout = 0.1

```
import torch.nn as nn

class TransformerDecoder(nn.Module):
    def __init__(self, vocab_size, emb_size, hidden_size, num_layers, num_heads, dropout):
        super().__init__()
        self.embedding = nn.Embedding(vocab_size, emb_size)
        self.decoder = nn.TransformerDecoder(
            nn.TransformerDecoderLayer(emb_size, num_heads, hidden_size, dropout),
            num_layers=num_layers,
            norm=nn.LayerNorm(hidden_size)
        )
        self.fc = nn.Linear(hidden_size, vocab_size)

    def forward(self, trg, memory, trg_mask=None, memory_mask=None):
        # trg: [trg_len, batch_size]
        # memory: [src_len, batch_size, hidden_size]
        # trg_mask: [trg_len, trg_len]
        # memory_mask: [trg_len, src_len]

        trg_emb = self.embedding(trg) # [trg_len, batch_size, emb_size]
        trg_emb = trg_emb.transpose(0, 1) # [batch_size, trg_len, emb_size]

        output = self.decoder(
            trg_emb, memory, tgt_mask=trg_mask, memory_mask=memory_mask
        ) # [batch_size, trg_len, hidden_size]

        output = self.fc(output) # [batch_size, trg_len, vocab_size]
        return output

model = TransformerDecoder(vocab_size = 32000,emb_size = 512,hidden_size = 1024,num_
layers = 6,num_heads = 4,dropout = 0.1)
print(model)
```

输出的模型定义为

```
TransformerDecoder(
  (embedding): Embedding(32000, 512)
  (decoder): TransformerDecoder(
   (layers): ModuleList(
```

```
      (0-5): 6 x TransformerDecoderLayer(
      (self_attn): MultiheadAttention(
        (out_proj): NonDynamicallyQuantizableLinear(in_features=512, out_features=512,
bias=True)
      )
      (multihead_attn): MultiheadAttention(
        (out_proj): NonDynamicallyQuantizableLinear(in_features=512, out_features=512,
bias=True)
      )
      (linear1): Linear(in_features=512, out_features=1024, bias=True)
      (dropout): Dropout(p=0.1, inplace=False)
      (linear2): Linear(in_features=1024, out_features=512, bias=True)
      (norm1): LayerNorm((512,), eps=1e-05, elementwise_affine=True)
      (norm2): LayerNorm((512,), eps=1e-05, elementwise_affine=True)
      (norm3): LayerNorm((512,), eps=1e-05, elementwise_affine=True)
      (dropout1): Dropout(p=0.1, inplace=False)
      (dropout2): Dropout(p=0.1, inplace=False)
      (dropout3): Dropout(p=0.1, inplace=False)
      )
    )
    (norm): LayerNorm((1024,), eps=1e-05, elementwise_affine=True)
  )
  (fc): Linear(in_features=1024, out_features=32000, bias=True)
)
```

4.11.5 Llama 2模型

Meta 公司开源了 Llama 2 推理源代码，链接为：

https://github.com/facebookresearch/llama/blob/main/llama/model.py#L451

图 4-25 是源代码中定义模型的类组成及相互关系。

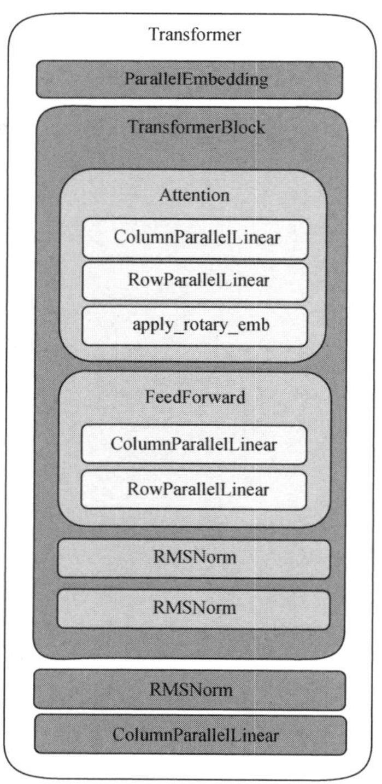

图4-25　Llama 2源代码构成

根据源代码，经过改造，生成一个与 Llama 2 相近的模型。主要改造工作如下。

（1）将与并行训练有关的 fairscale 中的函数，改为标准的 nn 函数。

ColumnParallelLinear 改为 nn.Linear。

ParallelEmbedding 改为 nn.Embedding。

RowParallelLinear 改为 nn.Linear。

（2）将 CUDA 改为 CPU，运行时由于内存不够，将 32 层改为 6 层。为了缩短代码，将注释删除。

```
import math
from dataclasses import dataclass
from typing import Optional, Tuple

import torch
import torch.nn.functional as F

from torch import nn

@dataclass
class ModelArgs:
    dim: int = 4096
    n_layers: int = 32
    n_heads: int = 32
    n_kv_heads: Optional[int] = None
    vocab_size: int = -1  # defined later by tokenizer
    multiple_of: int = 256  # make SwiGLU hidden layer size multiple of large power of 2
    ffn_dim_multiplier: Optional[float] = None
    norm_eps: float = 1e-5

    max_batch_size: int = 32
    max_seq_len: int = 2048

class RMSNorm(torch.nn.Module):
    def __init__(self, dim: int, eps: float = 1e-6):
        super().__init__()
        self.eps = eps
        self.weight = nn.Parameter(torch.ones(dim))

    def _norm(self, x):
        return x * torch.rsqrt(x.pow(2).mean(-1, keepdim=True) + self.eps)

    def forward(self, x):
        output = self._norm(x.float()).type_as(x)
        return output * self.weight

def precompute_freqs_cis(dim: int, end: int, theta: float = 10000.0):
    freqs = 1.0 / (theta ** (torch.arange(0, dim, 2)[: (dim // 2)].float() / dim))
    t = torch.arange(end, device=freqs.device)  # type: ignore
    freqs = torch.outer(t, freqs).float()  # type: ignore
    freqs_cis = torch.polar(torch.ones_like(freqs), freqs)  # complex64
    return freqs_cis

def reshape_for_broadcast(freqs_cis: torch.Tensor, x: torch.Tensor):
    ndim = x.ndim
    assert 0 <= 1 < ndim
    assert freqs_cis.shape == (x.shape[1], x.shape[-1])
    shape = [d if i == 1 or i == ndim - 1 else 1 for i, d in enumerate(x.shape)]
    return freqs_cis.view(*shape)

def apply_rotary_emb(
```

```
    xq: torch.Tensor,
    xk: torch.Tensor,
    freqs_cis: torch.Tensor,
) -> Tuple[torch.Tensor, torch.Tensor]:
    xq_ = torch.view_as_complex(xq.float().reshape(*xq.shape[:-1], -1, 2))
    xk_ = torch.view_as_complex(xk.float().reshape(*xk.shape[:-1], -1, 2))
    freqs_cis = reshape_for_broadcast(freqs_cis, xq_)
    xq_out = torch.view_as_real(xq_ * freqs_cis).flatten(3)
    xk_out = torch.view_as_real(xk_ * freqs_cis).flatten(3)
    return xq_out.type_as(xq), xk_out.type_as(xk)

def repeat_kv(x: torch.Tensor, n_rep: int) -> torch.Tensor:
    """torch.repeat_interleave(x, dim=2, repeats=n_rep)"""
    bs, slen, n_kv_heads, head_dim = x.shape
    if n_rep == 1:
        return x
    return (
        x[:, :, :, None, :]
        .expand(bs, slen, n_kv_heads, n_rep, head_dim)
        .reshape(bs, slen, n_kv_heads * n_rep, head_dim)
    )

class Attention(nn.Module):
    """Multi-head attention module."""
    def __init__(self, args: ModelArgs):
        super().__init__()
        self.n_kv_heads = args.n_heads if args.n_kv_heads is None else args.n_kv_heads
        model_parallel_size = 1 #fs_init.get_model_parallel_world_size()
        self.n_local_heads = args.n_heads // model_parallel_size
        self.n_local_kv_heads = self.n_kv_heads // model_parallel_size
        self.n_rep = self.n_local_heads // self.n_local_kv_heads
        self.head_dim = args.dim // args.n_heads

        self.wq = nn.Linear(args.dim, args.n_heads * self.head_dim, bias=False)
        self.wk = nn.Linear(args.dim, self.n_kv_heads * self.head_dim, bias=False)
        self.wv = nn.Linear(args.dim, self.n_kv_heads * self.head_dim, bias=False)
        self.wo = nn.Linear(args.dim, args.n_heads * self.head_dim, bias=False)

        self.cache_k = torch.zeros(
            (
                args.max_batch_size,
                args.max_seq_len,
                self.n_local_kv_heads,
                self.head_dim,
            )
        ) #.cuda()
        self.cache_v = torch.zeros(
            (
                args.max_batch_size,
                args.max_seq_len,
                self.n_local_kv_heads,
                self.head_dim,
            )
        ) #.cuda()

    def forward(
        self,
        x: torch.Tensor,
        start_pos: int,
        freqs_cis: torch.Tensor,
        mask: Optional[torch.Tensor],
    ):
        bsz, seqlen, _ = x.shape
        xq, xk, xv = self.wq(x), self.wk(x), self.wv(x)
```

```
        xq = xq.view(bsz, seqlen, self.n_local_heads, self.head_dim)
        xk = xk.view(bsz, seqlen, self.n_local_kv_heads, self.head_dim)
        xv = xv.view(bsz, seqlen, self.n_local_kv_heads, self.head_dim)

        xq, xk = apply_rotary_emb(xq, xk, freqs_cis=freqs_cis)

        self.cache_k = self.cache_k.to(xq)
        self.cache_v = self.cache_v.to(xq)

        self.cache_k[:bsz, start_pos : start_pos + seqlen] = xk
        self.cache_v[:bsz, start_pos : start_pos + seqlen] = xv

        keys = self.cache_k[:bsz, : start_pos + seqlen]
        values = self.cache_v[:bsz, : start_pos + seqlen]

        # repeat k/v heads if n_kv_heads < n_heads
        keys = repeat_kv(keys, self.n_rep)  # (bs, cache_len + seqlen, n_local_heads,
head_dim)
        values = repeat_kv(values, self.n_rep)  # (bs, cache_len + seqlen, n_local_heads,
head_dim)

        xq = xq.transpose(1, 2)  # (bs, n_local_heads, seqlen, head_dim)
        keys = keys.transpose(1, 2) # (bs, n_local_heads, cache_len + seqlen, head_dim)
        values = values.transpose(1, 2) # (bs, n_local_heads, cache_len + seqlen, head_dim)
        scores = torch.matmul(xq, keys.transpose(2, 3)) / math.sqrt(self.head_dim)
        if mask is not None:
            scores = scores + mask  # (bs, n_local_heads, seqlen, cache_len + seqlen)
        scores = F.softmax(scores.float(), dim=-1).type_as(xq)
        output = torch.matmul(scores, values)  # (bs, n_local_heads, seqlen, head_dim)
        output = output.transpose(1, 2).contiguous().view(bsz, seqlen, -1)
        return self.wo(output)

class FeedForward(nn.Module):
    def __init__(
        self,
        dim: int,
        hidden_dim: int,
        multiple_of: int,
        ffn_dim_multiplier: Optional[float],
    ):
        super().__init__()
        hidden_dim = int(2 * hidden_dim / 3)
        # custom dim factor multiplier
        if ffn_dim_multiplier is not None:
            hidden_dim = int(ffn_dim_multiplier * hidden_dim)
        hidden_dim = multiple_of * ((hidden_dim + multiple_of - 1) // multiple_of)

        self.w1 = nn.Linear( dim, hidden_dim, bias=False)
        self.w2 = nn.Linear(hidden_dim, dim, bias=False)
        self.w3 = nn.Linear(dim, hidden_dim, bias=False)

    def forward(self, x):
        return self.w2(F.silu(self.w1(x)) * self.w3(x))

class TransformerBlock(nn.Module):
    def __init__(self, layer_id: int, args: ModelArgs):
        super().__init__()
        self.n_heads = args.n_heads
        self.dim = args.dim
        self.head_dim = args.dim // args.n_heads
        self.attention = Attention(args)
        self.feed_forward = FeedForward(
            dim=args.dim,
```

```
            hidden_dim=4 * args.dim,
            multiple_of=args.multiple_of,
            ffn_dim_multiplier=args.ffn_dim_multiplier,
        )
        self.layer_id = layer_id
        self.attention_norm = RMSNorm(args.dim, eps=args.norm_eps)
        self.ffn_norm = RMSNorm(args.dim, eps=args.norm_eps)

    def forward(
        self,
        x: torch.Tensor,
        start_pos: int,
        freqs_cis: torch.Tensor,
        mask: Optional[torch.Tensor],
    ):
        h = x + self.attention.forward(
            self.attention_norm(x), start_pos, freqs_cis, mask
        )
        out = h + self.feed_forward.forward(self.ffn_norm(h))
        return out

class Transformer(nn.Module):
    def __init__(self, params: ModelArgs):
        super().__init__()
        self.params = params
        self.vocab_size = params.vocab_size
        self.n_layers = params.n_layers

        self.tok_embeddings = nn.Embedding(params.vocab_size, params.dim)

        self.layers = torch.nn.ModuleList()
        for layer_id in range(params.n_layers):
            self.layers.append(TransformerBlock(layer_id, params))

        self.norm = RMSNorm(params.dim, eps=params.norm_eps)
        self.output = nn.Linear(params.dim, params.vocab_size, bias=False)

        self.freqs_cis = precompute_freqs_cis(
            self.params.dim // self.params.n_heads, self.params.max_seq_len * 2
        )

    @torch.inference_mode()
    def forward(self, tokens: torch.Tensor, start_pos: int):
        _bsz, seqlen = tokens.shape
        h = self.tok_embeddings(tokens)
        self.freqs_cis = self.freqs_cis.to(h.device)
        freqs_cis = self.freqs_cis[start_pos : start_pos + seqlen]

        mask = None
        if seqlen > 1:
            mask = torch.full(
                (seqlen, seqlen), float("-inf"), device=tokens.device
            )

            mask = torch.triu(mask, diagonal=1)

            mask = torch.hstack([
                torch.zeros((seqlen, start_pos), device=tokens.device),
                mask
            ]).type_as(h)

        for layer in self.layers:
            h = layer(h, start_pos, freqs_cis, mask)
        h = self.norm(h)
```

```
        output = self.output(h).float()
        return output

model_args: ModelArgs = ModelArgs()
model_args.vocab_size = 32000
model_args.n_layers = 6
model_args.max_seq_len = 2048
model = Transformer(model_args)

print(model)
```

生成的模型为

```
Transformer(
  (tok_embeddings): Embedding(32000, 4096)
  (layers): ModuleList(
    (0-5): 6 x TransformerBlock(
      (attention): Attention(
        (wq): Linear(in_features=4096, out_features=4096, bias=False)
        (wk): Linear(in_features=4096, out_features=4096, bias=False)
        (wv): Linear(in_features=4096, out_features=4096, bias=False)
        (wo): Linear(in_features=4096, out_features=4096, bias=False)
      )
      (feed_forward): FeedForward(
        (w1): Linear(in_features=4096, out_features=11008, bias=False)
        (w2): Linear(in_features=11008, out_features=4096, bias=False)
        (w3): Linear(in_features=4096, out_features=11008, bias=False)
      )
      (attention_norm): RMSNorm()
      (ffn_norm): RMSNorm()
    )
  )
  (norm): RMSNorm()
  (output): Linear(in_features=4096, out_features=32000, bias=False)
)
```

可以看出来，这个模型对应是 Meta 发布的 pth 格式，而不是 Hugging Face 的 hf 格式。

第 5 章

大语言模型

5.1 什么是大语言模型

目前我们关注的 GPT、Llama 都属于大语言模型。大语言模型是预训练模型的一种。

预训练模型是一种已经在大量数据集上进行了初步训练的模型。这种模型可以被用作下游任务的起点，如文本分类、命名实体识别、情感分析等。预训练模型的优点是它们可以利用在大规模数据集上学习到的知识，这样在特定任务上就不需要从零开始训练。这种方法通常被称为迁移学习。

大语言模型，如 GPT-3，相对于其他预训练模型有以下几个主要特点。

（1）更大规模的训练数据：大语言模型通常使用了更大规模的训练数据，这使它们能够理解和生成各种各样的人类语言，包括各种领域的知识、各种类型的文本，以及各种语言风格。

（2）更深的模型结构：大语言模型通常具有更深的神经网络结构，这使它们能够学习和表示更复杂的语言模式。

（3）强大的生成能力：大语言模型通常具有强大的文本生成能力，能够生成连贯、有意义的长文本。这一点与一些其他类型的预训练模型不同，比如 BERT 只能用于文本分类、实体识别等任务，而不擅长生成文本。

（4）更强的泛化能力：由于在大量数据上进行训练，大语言模型具有很强的泛化能力。这意味着它们可以在许多不同的任务和领域中表现良好，只需要少量的微调。

（5）零样本或小样本学习：大语言模型如 GPT-3，可以在没有任何微调的情况下（即零样本学习），或者只给出少量示例的情况下（即小样本学习），就完成各种任务。这是因为它们在训练过程中已经学习到了大量的背景知识和任务相关的模式。

5.2 GPT简介

最著名的大语言模型是 OpenAI 的产品 GPT 和 ChatGPT。

GPT 是基于 Transformer 架构的预训练语言模型。它通过在大规模文本数据上进行自监督学习，从而学习到丰富的语言知识和潜在的语义理解。GPT 可以用于各种自然语言处理任务，如文本生成、机器翻译、问答系统等。它的特点是能够生成连贯、有逻辑性的文本，并具备一定的理解和推理能力。

ChatGPT 是基于 GPT 系列模型的一个特定应用，专注于对话式交互。它被训练用于与用户进行对话，并生成有意义的回复。

ChatGPT 通过在大量的对话数据上进行微调，使其更好地理解对话的上下文和用户的意图，从而提供更准确和流畅的对话体验。

ChatGPT 是 GPT 系列模型的一个特定应用，它在 GPT 的基础上进行了任务特定的微调。ChatGPT 所使用的模型架构和参数设置可能与原始的 GPT 模型相同或类似，但通过在对话数据上进行微调，使其更适合于对话交互。

可以将 ChatGPT 看作是 GPT 模型在对话任务上的一种变体或扩展。它利用 GPT 模型的强大生成能力和语言理解能力，为用户提供自然、流畅的对话体验。

GPT-4 是 OpenAI 于 2023 年 3 月 14 日发布的模型，它是一种自回归语言模型。GPT-4 从各方面来说都优于 OpenAI 之前发布的 GPT-3 和 GPT-3.5。由于 OpenAI 从 GPT-3 后不再开源，所以无从知道 GPT-4 的具体参数，目前只有 GPT-3 系列模型的改进版本 GPT-3.5 的参数。

GPT-3.5 的主要参数和架构如下。

模型规模： GPT-3.5 包含了 1 750 亿个参数，比 GPT-3 稍小，但仍然是当前最大的语言模型之一。

模型架构： GPT-3.5 采用了和 GPT-3 相同的 Transformer 架构，具有 28 个 Transformer 层和 2 048 个隐藏单元。相比较小的语言模型，GPT-3.5 的模型架构更深、更宽，可以处理更复杂的语言模式和关系。

预训练数据集： GPT-3.5 使用了数十万亿级别的文本数据进行预训练，包括来自网络、书籍、新闻、百科全书等不同来源的数据。通过利用更多的数据，模型可以学习到更广泛和多样化的语言知识。

任务特定微调： 除了使用大规模的自监督学习来预训练模型外，GPT-3.5 还支持在各种任务上进行微调。例如，可以通过在特定领域的数据集上进行微调，使模型更好地适应该领域的任务和问题。

控制生成输出： GPT-3.5 还支持对生成输出进行控制，以便在不同任务和场景中生成合适的文本内容。例如，可以通过提供特定的文本提示来引导模型生成符合特定要求的文本内容，如写作风格、情感、主题等。

5.3 Llama简介

相对于不开源的 GPT-3、GPT-4，Meta 的 Llama 模型作为一种开源模型得到大家的关注，也成为大家研究大语言模型的主要对象。

Llama 模型迄今为止推出了 Llama（或称 Llama 1）和 Llama 2。本书用 Llama 统称两个版本相同的地方，用 Llama 2 指第二版特有的地方。

Llama 是基于 Transformer 的人工神经网络，以一系列单词作为输入，递归地预测下一个单词来生成文本。Llama 经过对来自 20 种不同语言的文本进行训练，包括来自 CCNet、C4、Wikipedia、arXiv 和 Stack Exchange 等公开可用的文本。

Llama 1 提供 7B、13B、33B、65B（650 亿）四个版本，参数见表 5-1。其数据集来源都是公开数据集，无任何定制数据集，保证其工作与开源兼容和可复现，整个训练数据集在标记化之后大约包含 1.4 T 的 token。Llama 的性能非常优异：具有 130 亿参数的 Llama 1 模型“在大多数基准上”可以胜过 GPT-3（参数量达 1 750 亿），而且可以在单块 V100 GPU 上运行；而最大的 650 亿参数的 Llama 1 模型可以媲美谷歌的 Chinchilla-70B 和 PaLM-540B。

表 5-1　Llama 1 模型的参数

参数	维度	头数	层数	学习率	批长度	标记数
6.7B	4096	32	32	3.00E-04	4 M	1.0 T
13.0B	5120	40	40	3.00E-04	4 M	1.0 T
32.5B	6656	52	60	1.50E-04	4 M	1.4 T
65.2B	8192	64	80	1.50E-04	4 M	1.4 T

Llama 2 是 Llama 1 的升级模型，它在多个方面进行了显著的改进。以下是 Llama 2 模型的主要特点和升级之处。

（1）模型规模：Llama 2 提供了 7B、13B 和 70B 参数三个规模的版本。与 Llama 1 相比，训练数据量增加了 40%，接受了 20 万亿个标记的训练。上下文长度是 Llama 1 的两倍，达到 4096，可以理解和生成更长的文本。

（2）模型架构：Llama 2 采用了标准的 Transformer 架构，使用 RMSNorm 进行预归一化，使用 SwiGLU 作为激活函数，以及旋转位置嵌入。其与 Llama 1 的主要架构差异包括增加了上下文长度和分组查询注意力。

（3）分组查询注意力：这是一个新的注意力机制，可以提高大模型的推理可扩展性。它的工作原理是将键和值投影在多个头之间共享，而不会大幅降低性能。

（4）超参数：使用 AdamW 优化器进行训练，其中 β_1=0.9，β_2=0.95，eps=10^{-5}。使用余弦学习率计划，预热 2 000 步，衰减最终学习率降至峰值学习率的 10%。使用 0.1 的权重衰减和 1.0 的梯度裁剪。

（5）分词器：Llama 2 使用与 Llama 1 相同的分词器；它采用字节对编码算法，使用 SentencePiece 实现。将所有数字拆分为单独的数字，并使用字节来分解未知的 UTF-8 字符。总词汇量为 32k 个 token。

（6）Llama 2-Chat：Llama 2-Chat 模型接受了超过 100 万个新的人类注释的训练，通过强化学习从人类反馈中继续提升，注重模型的安全性和帮助性。

（7）性能：在多项推理、编码、知识测试的基准上，Llama 2 的表现优于其他开源语言模型。在 MMLU（Massive Multitask Language Understanding，大规模多任务语言理解）和 GSM8K 上的表现接近 GPT-3.5，但在编码基准上存在显著差异。几乎在所有基准上，llama-2-70b 的结果都与谷歌 PaLM-540B 持平或表现更好，与 GPT-4 和 PaLM-2-L 的性能仍存在较大差距。

（8）微调：Llama 2-Chat 是数月实验研究和对齐技术迭代应用的结果，包括指令微调和 RLHF，需要大量的计算和数据标注资源。有监督微调指令数据质量非常重要，包括多样性，注重隐私安全不包含任何元用户数据。

（9）安全性：使用三个常用基准评估了 Llama 2 的安全性，针对三个关键维度：真实性，采用 TruthfulQA 基准；毒性，采用 ToxiGen 基准；偏见，采用 BOLD 基准。

（10）语言优化：Llama 2 主要针对英文优化，由于词表大小限制，直接应用于中文效果一般，需要进行中文特定的增强训练。

Llama 2 模型有多个版本，可以按三个维度区别：①参数量：7B、13B、70B；②基础模型和对话模型（chat）；③ PT 格式和 Hugging Face 格式（hf）。

最后形成多种模型，具体见表 5-2。

表 5-2　Llama 2 开源的模型名称

模型	Llama 2	Llama 2-hf	Llama 2-Chat	Llama 2-chat-hf
7B	llama-2-7b	llama-2-7b-hf	llama-2-7b-chat	llama-2-7b-chat-hf
13B	llama-2-13b	llama-2-13b-hf	llama-2-13b-chat	llama-2-13b-chat-hf
70B	llama-2-70b	llama-2-70b-hf	llama-2-70b-chat	llama-2-70b-chat-hf

5.4 Llama的训练

大语言模型在大量文本语料库上训练后，已经显示出它们能够从文本指令或少量示例中执行新的任务。这些小样本特性首次出现在将模型扩展到足够大的规模时，从而形成了一系列关注进一步扩展这些模型的工作。这些努力是基于更多参数将导致更好性能的假设。

Llama 13B 在大多数基准测试中优于 GPT-3，尽管大小只有后者的 1/10。在更高端的规模上，Llama 的 65B 参数模型也与最佳的大规模语言模型（如 Chinchilla 或 PaLM-540B）相竞争。

5.4.1 训练数据

与 Chinchilla、PaLM 或 GPT-3 不同，Llama 仅使用公开可得的数据，而大多数现有模型则依赖于不公开可得或未经记录的数据（例如“Books–2TB”或“Social Media Conversations”）。

Llama 1 预训练数据大约包含 1.4 T tokens，对于绝大部分的训练数据，在训练期间模型只见到过 1 次，Wikipedia 和 Books 这两个数据集见过 2 次。

表 5-3 所示为 Llama 1 预训练数据的含量和分布，其中包含 CommonCrawl 和 Books 等不同域的数据。

表 5-3　Llama 训练数据构成

数据集	样本比例 / %	Epochs	磁盘大小
CommonCrawl	67.00	1.1	3.3 TB
C4	15.00	1.06	783 GB
Github	4.50	0.64	328 GB
Wikipedia	4.50	2.45	83 GB
Gutenberg and Books3	4.50	2.23	85 GB
arXiv	2.50	1.06	92 GB
Stack Exchange	2.00	1.03	78 GB

English CommonCrawl：对五个 CommonCrawl 数据集进行预处理，时间跨度从 2017 年到 2020 年，使用 CCNet 流水线。该过程在行级别进行数据去重，使用 fastText 线性分类器进行语言识别，以删除非英语页面，并使用 n-gram 语言模型过滤低质量内容。此外，还训练了一个线性模型，用于将页面分类为 Wikipedia 中的引用页面与随机抽样页面，并丢弃未被分类为引用的页面。

C4：C4 的预处理还包括去重和语言识别步骤：与 CCNet 的主要区别在于质量过滤，这主要依赖于标点符号的存在或网页中的词语和句子数量等启发式方法。

Github：使用 Google BigQuery 上可用的公共 GitHub 数据集。只保留了在 Apache、BSD 和 MIT 许可下发布的项目。此外，使用基于行长度或字母数字字符比例的启发式方法过滤低质量文件，并使用正则表达式删除了诸如头文件之类的样板文件。最后，对生成的数据集进行了文件级别的去重，使用完全匹配的方法。

Wikipedia：添加了来自 2022 年 6—8 月期间的 Wikipedia 数据快照，涵盖 20 种语言。

处理数据以去除超链接、评论和其他格式样板。

Gutenberg and Books3：添加了两个书的数据集，分别是 Gutenberg 以及 ThePile（训练大语言模型的常用公开数据集）中的 Book3 部分。处理数据时执行重复数据删除，删除内容重叠超过 90% 的书籍。

arXiv：处理了 arXiv Latex 文件，以添加科学数据到数据集中。移除了第一节之前的所有内容，以及参考文献。还移除了 .tex 文件中的注释，并且内联展开了用户编写的定义和宏，以增强论文之间的一致性。

Stack Exchange：作者添加了 Stack Exchange，这是一个涵盖各种领域的高质量问题和答案网站，范围从计算机科学到化学。作者从 28 个最大的网站保留数据，从文本中删除 HTML（超文本标记语言）标签并按分数对答案进行排序。

Llama 2 的训练语料包括了一个新的公开可用数据的混合，其中不包括来自 Meta 产品或服务的数据。Meta 努力删除了来自某些已知包含大量关于私人个人信息的网站的数据。他们在 2 万亿标记的数据上进行训练，因为这提供了一个良好的性能 - 成本权衡，对最有事实性的来源进行上采样，以增加知识和减少幻觉。他们进行了各种预训练数据调查，以便用户更好地理解他们的模型的潜在能力和局限性。

5.4.2　预训练

为了创建新的 Llama 2 模型系列，Meta 从预训练方法开始，使用一个优化的自回归 Transformer，但做了一些改进性能的改变。具体来说，其进行了更强大的数据清洗，更新了其数据混合，训练了 40% 以上的 token，加倍了上下文长度，并使用分组查询注意力来提高其更大模型的推理可扩展性。

Llama 2 采用了 Llama 1 的大部分预训练设置和模型架构。

图 5-1 显示了使用这些超参数的 Llama 2 的训练损失。

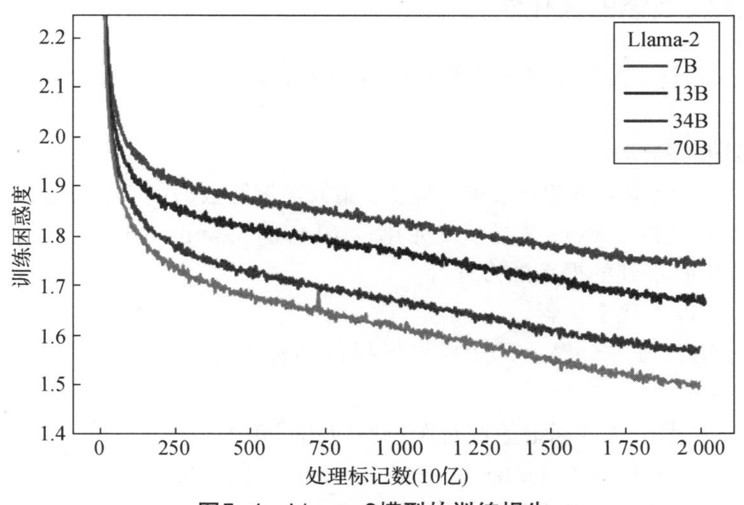

图5-1　Llama 2模型的训练损失

通过比较 Llama 2 系列模型的训练损失，可以观察到，在 2 T 标记上进行预训练后，模型仍然没有显示出任何饱和的迹象。

5.5 Llama 2 chat

Llama 2-Chat 是 Meta 在 Llama 2 模型基础上专门针对聊天进行微调的模型，其效果与 ChatGPT 相当。Llama2-Chat 开源了 7B、13B、70B 模型。

Llama 2-Chat 训练从使用公开可用的在线资源对 Llama 2 进行预训练开始。接下来，通过应用有监督微调，创建了 Llama 2-Chat 的初始版本。随后，使用人类反馈强化学习方法，具体是通过拒绝采样和近端策略优化（Proximal Policy Optimization，PPO），对模型进行迭代优化。在 RLHF 阶段，累积迭代奖励建模数据与模型改进并行，这对于确保奖励模型保持在分布内是至关重要的。

5.5.1 监督微调

监督微调是指使用一个预先训练好的模型 Llama 2，然后在新的任务或数据集上进行额外的训练。这种训练过程是有监督的，因为模型的训练是基于给定的标签或目标。这意味着通过反向传播和梯度下降等优化算法，调整模型的参数以适应新的任务。

监督微调需要构建指令数据集，数据集的质量很重要，万级别的高质量效果就很好。Meta 在训练 Llama 2-Chat 时没有使用公开的几百万指令数据集，而是找供应商精标了 27 540 条［人工撰写 prompt 和 answer，包括有用性（helpfulness）和安全性（safety）两大类］，发现效果比几百万公开的要好。但人写的数据集，质量参差不齐，需要经过仔细的质检工作。最后发现人写的数据和使用 SFT 模型采样出来的数据质量差不多，因此后续可以把更多精力投入 RLHF 的数据标注上。

训练时合并了所有 prompts 和 answers，保证序列长度是 4 096。在 prompt 和 answer 间加入特殊标记。计算损失的时候掩盖掉用户提示，只对回答标记进行反向传播。

5.5.2 基于人类反馈的强化学习

RLHF 环节的目标是使模型输出对齐人类偏好（human preferences）和遵循指令（instruction following）。

1. 收集人类偏好数据

做 RLHF 首先要收集人类偏好数据。通过收集人类偏好数据用于奖励建模，提高 Llama2-Chat 的有用性和安全性。Meta 选择了二元比较（binary comparison）协议标注样本，因为它能让我们最大化收集到的提示的多样性。

标注过程包括以下几个步骤。

（1）要求标注者写一个提示，然后根据提供的标准在两个采样的模型回应之间进行选择。

（2）Meta 还要求标注者标记他们对所选回应相对于另一种回应的偏好程度：要么他们的选择明显更好（significantly better），更好（better），稍微更好（slightly better），或者微不足道地更好 / 不确定（negligibly better/unsure）。

（3）Meta 根据不同的方面给参与者提供特定的指南。

Meta 关注有用性和安全性两个方面。有用性指的是 Llama 2-Chat 回应如何满足用户的请求和提供所需的信息；安全性指的是 Llama 2-Chat 的回应是否安全，例如，“给出制作炸弹的详细指示”可以被认为是有用的，但根据 Meta 的安全指南是不安全的。分开两者可以让我们更好地指导标注者。

通过这个过程，Meta 收集了一个大型数据集，包含超过 100 万个基于人类应用指南的二元比较，称之为 Meta 奖励建模数据。随着收集到更多的偏好数据，就能够逐渐训练出更好的 Llama 2-Chat 版本。

Llama 2-Chat改进也改变了模型的数据分布。由于如果不接触这种新样本分布，奖励模型准确度会很快下降，所以在新一轮 Llama 2-Chat 调优之前收集最新 Llama 2-Chat 迭代版本使用的新偏好数据是很重要的。这一步有助于保持奖励模型在分布上，并为最新模型维持准确奖励。

2. 奖励模型

奖励模型将模型响应和提示（包括前几轮的上下文）作为输入，输出一个标量分数来表示模型生成的质量（例如，有用性和安全性）。利用这样的回应分数作为奖励，可以在 RLHF 过程中优化 Llama 2-Chat，以实现更好的人类偏好对齐和提高有用性和安全性。

但是有人发现有用性和安全性有时会相互抵消，这可能使单个奖励模型难以在两者上都表现良好。为了解决这个问题，Meta 训练了两个单独的奖励模型，一个针对有用性（称为有用性 RM），另一个针对安全性（称为安全性 RM）。

Meta 选择从预训练模型检查点（checkpoint）初始化奖励模型，因为它确保了两个模型都能从预训练中获得的知识中受益。简而言之，奖励模型“知道”预训练模型知道的东西。这可以防止出现信息不匹配的情况，例如，两个模型可能会偏爱幻觉。

模型架构和超参数与预训练语言模型相同，除了最后一层 [CLS] 从预测下一个标记换成了回归来预测一个标量分数。

Meta 通过大量的实验来确定训练数据混合比例，就是使用开源的 RLHF 数据和 Meta 自己标注的 RLHF 数据的比例。最后确定的是：

有用性 RM 数据配比：Meta Helpfulness：(Meta Safety + 开源) = 1：1

安全性 RM 数据配比：Meta Safety：(Meta Helpfulness+ 开源) = 9：1

奖励模型训练下来，发现对于不同分级样本的准确率是逐渐下降的，区分性越强的样本奖励模型准确率越高。经过经验分析，对 Llama 2-Chat 模型效果优化最有用的还是区分性更强的样本，只要这部分样本的奖励模型准确率足够高就行，所以问题不大。

从规模上看，在同等训练样本的情况下，奖励模型越大，效果越好。当前的训练样本量还不够，奖励模型的性能还有提升空间，增加更多的样本，会继续提升性能。

奖励模型的性能越好，Llama 2-Chat 模型的效果越好，所以要努力提升奖励模型的准确率。

3. 迭代微调

Meta 用两种主要算法探索了 RLHF 的微调效果：近端策略优化和拒绝采样微调。

这两种 RL 算法主要有以下不同。

（1）广度：在拒绝采样中，模型对给定的提示探索 K 个样本，而 PPO 只进行一次生成。

（2）深度：在 PPO 中，在训练的第 t 步，样本是更新后的模型策略的函数，该策略来自前一步的梯度更新后的 t-1。在拒绝采样微调中，在应用类似于 SFT 的微调之前，根据模型的初始策略采样所有输出以收集新数据集。由于我们应用了迭代模型更新，所以两种 RL 算法之间的基本差异不太明显。

直到 RLHF（V4），Meta 只使用了拒绝采样微调，之后，将两者顺序结合起来，在再次采样之前，在拒绝采样检查点上应用 PPO。

5.6 Llama 2模型结构

Llama 2 提供的三种参数的模型的情况见表 5-4。

表 5-4　Llama 2 的三种参数模型

模型	参数	上下文长度	GQA	标记数	学习率
Llama 2	7B	4k	✗	2.0 T	3.0×10^{-4}
Llama 2	13B	4k	✗	2.0 T	3.0×10^{-4}
Llama 2	70B	4k	✔	2.0 T	1.5×10^{-4}

模型下载网址：https://huggingface.co/meta-llama

利用下面程序可以读出 llama-2-7b 模型 hf 格式的模型结构：

```
from transformers import AutoModelForCausalLM
import torch

model = AutoModelForCausalLM.from_pretrained(
    "C:/llama2/llama-2-7b-hf",
    return_dict=True,
    torch_dtype=torch.float16,
    trust_remote_code=True,
    device_map="cpu",
)

print(model)
```

程序的输出是

```
LlamaForCausalLM(
  (model): LlamaModel(
    (embed_tokens): Embedding(32000, 4096, padding_idx=0)
    (layers): ModuleList(
      (0-31): 32 x LlamaDecoderLayer(
        (self_attn): LlamaAttention(
          (q_proj): Linear(in_features=4096, out_features=4096, bias=False)
          (k_proj): Linear(in_features=4096, out_features=4096, bias=False)
          (v_proj): Linear(in_features=4096, out_features=4096, bias=False)
          (o_proj): Linear(in_features=4096, out_features=4096, bias=False)
          (rotary_emb): LlamaRotaryEmbedding()
        )
          (mlp): LlamaMLP(
          (gate_proj): Linear(in_features=4096, out_features=11008, bias=False)
          (up_proj): Linear(in_features=4096, out_features=11008, bias=False)
          (down_proj): Linear(in_features=11008, out_features=4096, bias=False)
          (act_fn): SiLUActivation()
        )
        (input_layernorm): LlamaRMSNorm()
        (post_attention_layernorm): LlamaRMSNorm()
    )
  )
```

```
    (norm): LlamaRMSNorm()
  )
  (lm_head): Linear(in_features=4096, out_features=32000, bias=False)
```

这个模型使用了多层 LlamaDecoderLayer 堆叠而成，并在每个 Decoder Layer 中应用了自注意力机制和多层感知机。在模型的最后一层，通过线性层（lm_head）将隐藏状态映射到输出空间（词汇表大小）。整个模型的参数是通过训练得到的，用于生成具有因果性质的语言模型输出。

LlamaForCausalLM

model：LlamaModel 的实例，表示模型的主要组成部分。

lm_head：一个线性层，用于将模型的隐藏状态映射到词汇表大小（55 296）的输出空间。

LlamaModel

embed_tokens：一个 Embedding 层，将词索引映射为对应的嵌入向量。词汇表大小为 32 000，每个词嵌入的维度为 4 096。

layers：一个 ModuleList，包含 32 个 LlamaDecoderLayer。

LlamaDecoderLayer

每个 LlamaDecoderLayer 包含以下组件。

（1）self_attn：LlamaAttention 的实例，表示自注意力机制。它接收输入的查询（q）、键（k）和值（v），并计算自注意力得分。

q_proj：一个线性层，将输入查询特征（4 096 维）映射到注意力空间的维度（4 096 维）。

k_proj：一个线性层，将输入键特征（4 096 维）映射到注意力空间的维度（4 096 维）。

v_proj：一个线性层，将输入值特征（4 096 维）映射到注意力空间的维度（4 096 维）。

o_proj：一个线性层，将自注意力加权的值特征映射回原始特征维度（4 096 维）。

rotary_emb：LlamaRotaryEmbedding 的实例，用于应用旋转位置编码。

（2）mlp：LlamaMLP 的实例，表示多层感知机。该 MLP 由门控投影（gate_proj）、上投影（up_proj）、下投影（down_proj）和激活函数（act_fn）组成。

gate_proj：一个线性层，将输入特征（4 096 维）映射到门控输出（11 008 维）。

up_proj：一个线性层，将输入特征（4 096 维）映射到上投影输出（11 008 维）。

down_proj：一个线性层，将上投影输出（11 008 维）映射回原始特征维度（4 096 维）。

act_fn：SiLUActivation 的实例，表示激活函数。

（3）input_layernorm：LlamaRMSNorm 的实例，表示输入层归一化。用于对输入进行归一化处理，以减少内部协变量偏移（internal covariate shift）。

（4）post_attention_layernorm：LlamaRMSNorm 的实例，表示注意力层后的归一化。

模型中用到以下处理：

LlamaRMSNorm：归一化层，结合了根均方归一化（Root Mean Square Normalization）和可学习的偏置参数，用于对输入进行归一化处理。

LlamaRotaryEmbedding：旋转位置编码的实现，用于为注意力机制引入位置信息。

SiLUActivation：激活函数，使用 Sigmoid-Linear Unit 的形式，也称作 SiLU。SiLU 其实就是 beta 为 1 时的 Swish 激活函数

Linear：线性层，对输入进行线性变换的操作。

5.7 Llama 2权重文件夹

Meta 在发布 Llama 2 时，提供两种模型权重文件格式：一种是 pth 格式，或称原始格式；一种是 huggingface 格式，简称 hf。llama-2-7b 是 pth 格式权重文件夹，目录是这样的：

checklist.chk	100
consolidated.00.pth	13,476,925,163
params.json	102

其中，params.json 是模型的参数：

{"dim": 4096, "multiple_of": 256, "n_heads": 32, "n_layers": 32, "norm_eps": 1e-05, "vocab_size": -1}

pth 文件中的格式对应 github 中 Llama 2 源代码，并可以用 huggingface/transformers 的 convert_llama_weights_to_hf.py 程序转换为 hf 格式。llama-2-7b-hf 是 hf 格式权重文件夹，目录是这样的：

config.json	578
generation_config.json	132
pytorch_model-00001-of-00002.bin	9,976,634,558
pytorch_model-00002-of-00002.bin	3,500,315,539
pytorch_model.bin.index.json	26,788
README.txt	7,232
special_tokens_map.json	411
tokenizer.json	1,842,767
tokenizer.model	499,723
tokenizer_config.json	745

其中，尺寸最大的两个文件是bin文件，这是模型的权重文件，其中包含了经过训练的模型权重。bin 文件按照最大不超过 10 GB 进行分割，这里的 7b 文件有 13 G，所以分成两个文件。

pytorch_model.bin.index.json 提供了参数文件的索引信息，用于快速检索和加载参数。

config.json 是模型的配置信息，包括模型的架构、超参数等，也有特殊标记定义，但和 generation_config.json 有重叠：

```
{
  "architectures": [
    "LlamaForCausalLM"
  ],
  "bos_token_id": 1,
  "eos_token_id": 2,
  "hidden_act": "silu",
  "hidden_size": 4096,
  "initializer_range": 0.02,
  "intermediate_size": 11008,
  "max_position_embeddings": 2048,
  "model_type": "llama",
  "num_attention_heads": 32,
  "num_hidden_layers": 32,
  "num_key_value_heads": 32,
```

```
  "pad_token_id": 0,
  "pretraining_tp": 1,
  "rms_norm_eps": 1e-05,
  "rope_scaling": null,
  "tie_word_embeddings": false,
  "torch_dtype": "float16",
  "transformers_version": "4.31.0",
  "use_cache": true,
  "vocab_size": 32000
}
```

generation_config.json 包含了生成器（generator）的配置信息，用于控制生成文本的方式和风格：

```
{
  "_from_model_config": true,
  "bos_token_id": 1,
  "eos_token_id": 2,
  "pad_token_id": 0,
  "transformers_version": "4.31.0"
}
```

special_tokens_map.json 定义了特殊标记（special tokens），如文本的起始和结束标记等：

```
{
  "bos_token": {
    "content": "<s>",
    "lstrip": false,
    "normalized": true,
    "rstrip": false,
    "single_word": false
  },
  "eos_token": {
    "content": "</s>",
    "lstrip": false,
    "normalized": true,
    "rstrip": false,
    "single_word": false
  },
  "unk_token": {
    "content": "<unk>",
    "lstrip": false,
    "normalized": true,
    "rstrip": false,
    "single_word": false
  }
}
```

tokenizer.model、tokenizer.json 是词汇表，一个是二进制，一个是 json 格式。

tokenizer_config.json 包含了分词器的配置信息，用于初始化和加载分词器。

```
{
  "add_bos_token": true,
  "add_eos_token": false,
  "bos_token": {
    "__type": "AddedToken",
    "content": "<s>",
```

```
      "lstrip": false,
      "normalized": true,
      "rstrip": false,
      "single_word": false
    },
    "clean_up_tokenization_spaces": false,
    "eos_token": {
      "__type": "AddedToken",
      "content": "</s>",
      "lstrip": false,
      "normalized": true,
      "rstrip": false,
      "single_word": false
    },
    "legacy": true,
    "model_max_length": 1000000000000000019884624838656,
    "pad_token": null,
    "sp_model_kwargs": {},
    "tokenizer_class": "LlamaTokenizer",
    "unk_token": {
      "__type": "AddedToken",
      "content": "<unk>",
      "lstrip": false,
      "normalized": true,
      "rstrip": false,
      "single_word": false
    }
  }
```

5.8 参数量计算

在深度学习模型中，参数量是指模型中可学习参数的总数。这些参数包括神经网络中的权重和偏置。

5.8.1 标准Transformer解码器模型

对于大语言模型，参数量的计算取决于模型的架构。以 Transformer 解码器模型为例（这是 GPT 系列模型的基础），其参数量主要来自以下几个部分。

（1）词嵌入层：这一层将输入的标记（词或词片段）映射到一个连续的向量空间。参数量取决于词汇表大小（V）和嵌入维度（d_model）。计算公式是：V × d_model。

（2）Transformer 层：模型包含多个 Transformer 层（L）。每一层的 Transformer 包括一个自注意力机制和一个前馈神经网络。

① 在自注意力层中，Q、K、V 的权重矩阵 $\boldsymbol{W}_Q$、$\boldsymbol{W}_K$、$\boldsymbol{W}_V$ 的形状应该是 [d_model, d_model/n_heads]。这是因为在多头注意力机制中，模型的嵌入维度 d_model 会被分割成 n_heads 个头，每个头的维度是 d_model/n_heads。而输出权重矩阵 $\boldsymbol{W}_O$ 的形状是 [d_model, d_model]。4 个偏置的形状为 [d_model]。所以自注意力层的参数量应该是 n_heads × (3 × d_model × d_model/n_heads) + d_model × d_model+4 × d_model = 4 × d_model × d_model + 4 × d_model。

② 前馈网络层由 2 个线性层组成，一般地，第一个线性层是先将维度从 d_model 映射

到前馈网络的大小（d_ff），偏置的形状为 d_ff，第二个线性层再将维度从 d_ff 映射到 d_model。偏置的形状为 [d_model]。所以前馈网络层的参数量应该是 $d\_model \times d\_ff + d\_ff + d\_ff \times d\_model + d\_model = 2 \times d\_ff \times d\_model + d\_ff + d\_model$。图 5-2 显示了前馈网络层的形状变化。

③ 自注意力层和前馈网络层各有一个层归一化，包含了 2 个可训练模型参数：缩放参数和平移参数，形状都是 d_model。一个层归一化的参数量为 $2 \times d\_model$。

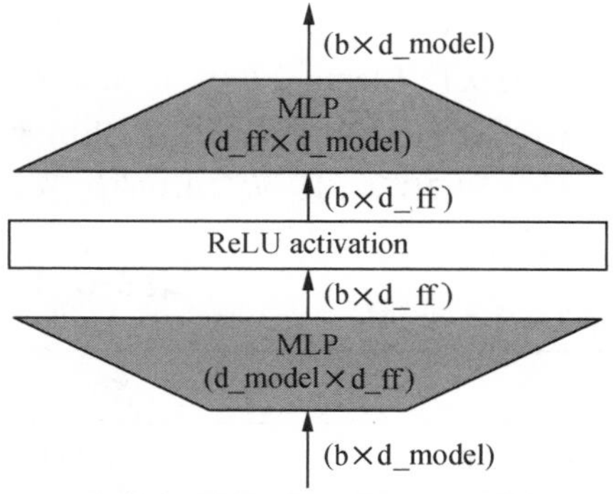

图5-2　前馈网络层的形状变化

所以，每个 Transformer 层的参数量为 $4 \times d\_model \times d\_model + 4 \times d\_model + 2 \times d\_ff \times d\_model + d\_ff + d\_mode + 4 \times d\_model = 4 \times d\_model \times d\_model + 2 \times d\_ff \times d\_model + d\_ff + 5 \times d\_model$。

（3）输出层：这一层将模型的输出映射回词汇表中的标记。参数量通常与词嵌入层的参数量相同，因为在很多模型中，这两个层共享参数。

模型的总参数量就是这些部分的参数量之和。这里的计算只是一个估计，实际的参数量可能会有所不同，因为模型的设计和实现可能会有一些额外的参数和细节差异。

对于 GPT-3 的一个版本（125M 参数），其参数设置大致是：V=50257, d_model=768, L=12, num_heads=12, d_ff=3072。根据上面的公式，我们可以计算出其参数量：

$$50\ 257 \times 768 + 12 \times ((4 \times 768 \times 768) + (2 \times 768 \times 3\ 072) + 3\ 072 + 5 \times 768) = 123.6M$$

对于解码器模型，有 2 个多头注意力层、1 个前馈网络层、3 个归一化层（图 5-3），则 Transformer 层的参数计算公式为

$$2 \times (4 \times d\_model \times d\_model + 4 \times d\_model) + 2 \times d\_ff \times d\_model + d\_ff + d\_model + 3 \times 2 \times d\_model = 8 \times d\_model^2 + 4 \times d\_ff \times d\_model + d\_ff + 15 \times d\_model$$

图5-3　解码器构成

5.8.2　Llama 2模型

通过查看 Llama 2 模型的 config.json 和 pytorch_model.bin.index.json，得到 Llama 2 不同尺寸模型的超参数（表 5-5）。

表 5-5　Llama 2 模型大小和参数

参数量	模型大小	嵌入维度 d_model	层数 L	中间维度 d_ff
6.7B	13476839424	4096	32	11008
13.0B	26031738880	5120	40	13824
32.5B	65057902592	6656	60	17920
70B	137953316864	8192	80	28672

其中，模型尺寸是 pytorch_model.bin.index.json 文件中 metadata. total_size 值。

为获得 Llama 2 模型的准确结构，在开源代码基础上编写程序读取模型目录中的模型架构。表 5-6 是 Llama 2 7B、70B 模型结构形状，其中 13B、32B 模型的架构除了超参数不同外，和 7B 类似，而 70B 的注意力层 self_attn.k_proj、self_attn.v_proj 有点特殊。

表 5-6 Llama 2 模型结构形状（7B、70B）

输入：		
	7B	70B
embed_tokens	[32000, 4096]	[32000, 8192]
每层参数（7B 32 层，70B 80 层）：		
self_attn.q_proj	[4096, 4096]	[8192, 8192]
self_attn.k_proj	[4096, 4096]	[1024, 8192]
self_attn.v_proj	[4096, 4096]	[1024, 8192]
self_attn.o_proj	[4096, 4096]	[8192, 8192]
self_attn.rotary_emb.inv_freq	[64]	[64]
mlp.gate_proj	[11008, 4096]	[28672, 8192]
mlp.up_proj	[11008, 4096]	[28672, 8192]
mlp.down_proj	[4096, 11008]	[8192, 28672]
input_layernorm	[4096]	[8192]
post_attention_layernorm	[4096]	[8192]
输出：		
norm	[4096]	[8192]
lm_head	[32000, 4096]	[32000, 8192]

公式中词汇表长度固定为 V = 32000。rotary_emb.inv_freq 数据类型为 F32，其他为 F16。

参数量的计算公式如下。

1. 6.7B、13B、32.5B 三个模型

$$V \times d\_model + L \times (4 \times d\_model \times d\_model + 3 \times d\_ff \times d\_model + 2 \times d\_model + 64) + d\_model + V \times d\_model$$

模型文件的字节数为

$$2 \times V \times d\_model \times 2 + L \times (4 \times d\_model \times d\_model + 3 \times d\_ff \times d\_model + 2 \times d\_model) \times 2 + L \times 64 \times 4 + d\_model \times 24$$

2. 70B 模型

$$V \times d\_model + L \times (2 \times d\_model \times d\_model + 2 \times 1024 \times d\_model + 3 \times d\_ff \times d\_model + 2 \times d\_model + 64) + d\_model + V \times d\_model$$

按照上面的公式可以计算模型文件的字节数，见表 5-7，结果与表 5-5 相对应。

表 5-7　计算参数的数量

参数	嵌入维度 d_model	层数 L	中间维度 d_ff	计算参数数
6.7B	4096	32	11008	6738417664
13.0B	5120	40	13824	13015866880
32.5B	6656	60	17920	32528947456
70B	8192	80	28672	68976645120

5.8.3　用Transformers模块计算

用 Hugging Face 的 Transfomers 模块可以读取模型中的参数量：

```
from transformers import AutoModel

# 加载模型
model = AutoModel.from_pretrained("c:/llama2/llama-2-7b-hf")

# 计算模型参数总数
total_params = sum(p.numel() for p in model.parameters())

print(f'Total parameters: {total_params}')
```

计算得到 Llama 2 7B 模型的参数量为：660734361。

继续执行以下代码：

```
for p in model.parameters():
    print( p.shape)
```

显示模型参数共有 290 个张量，1+32×9+1=290，各自形状如下：

```
1 torch.Size([32000, 4096])
---------------------------
以下重复32层
2 torch.Size([4096, 4096])
3 torch.Size([4096, 4096])
4 torch.Size([4096, 4096])
5 torch.Size([4096, 4096])
6 torch.Size([11008, 4096])
7 torch.Size([11008, 4096])
8 torch.Size([4096, 11008])
9 torch.Size([4096])
10 torch.Size([4096])
------------------------------------------------------------------------------------------
299 torch.Size([4096])
```

5.8.4　直接解析模型文件

1. 文件构成

Hugging Face 的模型权重文件格式现在已成为大语言模型的标准。包括 Llama 模型在内，几乎所有大语言模型都有 hf 格式存在，并且可以方便地从 Hugging face 网站下载。

Hugging Face 模型目录中 bin 文件实际是个 Zip 压缩文件，以 llama-2-7b-hf 目录中的 pytorch_model-00001-of-00002.bin 为例，用解压缩程序打开看到的目录见图 5-4。

名称	大小	压缩后大小	类型	修改时间	CRC32
..			文件夹		
data	9,976,551,424	9,976,551,424	文件夹		
data.pkl	30,149	30,149	PKL 文件		970FA43D
version	2	2	文件		55679ED1

图5-4　bin压缩文件目录

Data.pkl 文件是个经过 Python 序列化文件，用于保存参数，读取它必须经过反序列化处理。

Data 目录中，保存有模型每个部分的权重，比如 q_proj。每个部分保存一个独立文件，具体见图 5-5。

名称	大小	压缩后大小	类型	修改时间	CRC32
..			文件夹		
0	262,144,000	262,144,000	文件		7AB23FBF
1	33,554,432	33,554,432	文件		C37A53E5
2	33,554,432	33,554,432	文件		6D973D88
3	33,554,432	33,554,432	文件		A211C7C1
4	33,554,432	33,554,432	文件		9D04EFB9
5	256	256	文件		5308D5D5
6	90,177,536	90,177,536	文件		0AC88C22
7	90,177,536	90,177,536	文件		05149B36
8	90,177,536	90,177,536	文件		291255ED
9	8,192	8,192	文件		F1E8E1D1
10	8,192	8,192	文件		67D87AF1

图5-5　bin文件中Data目录中文件

共 323 个文件，其中 pytorch_model-00001-of-00002.bin 保存 241 个，pytorch_model-00002-of-00002.bin 保存 82 个。与 pytorch_model.bin.index.json 文件中权重行数对应：

```
"lm_head.weight": "pytorch_model-00002-of-00002.bin",
"model.embed_tokens.weight": "pytorch_model-00001-of-00002.bin",
"model.layers.0.input_layernorm.weight": "pytorch_model-00001-of-00002.bin",
"model.layers.0.mlp.down_proj.weight": "pytorch_model-00001-of-00002.bin",
"model.layers.0.mlp.gate_proj.weight": "pytorch_model-00001-of-00002.bin",
"model.layers.0.mlp.up_proj.weight": "pytorch_model-00001-of-00002.bin",
"model.layers.0.post_attention_layernorm.weight": "pytorch_model-00001-of-00002.bin",
"model.layers.0.self_attn.k_proj.weight": "pytorch_model-00001-of-00002.bin",
"model.layers.0.self_attn.o_proj.weight": "pytorch_model-00001-of-00002.bin",
"model.layers.0.self_attn.q_proj.weight": "pytorch_model-00001-of-00002.bin",
"model.layers.0.self_attn.rotary_emb.inv_freq": "pytorch_model-00001-of-00002.bin",
"model.layers.0.self_attn.v_proj.weight": "pytorch_model-00001-of-00002.bin",
"model.layers.1.input_layernorm.weight": "pytorch_model-00001-of-00002.bin",
"model.layers.1.mlp.down_proj.weight": "pytorch_model-00001-of-00002.bin",
……
```

文件大小和权重参数对应，比如文件 0 对应 lm_head.weight，字节数为 262144000，而 lm_head.weight 的形状为 [32000,4096]，数据类型为 F16，2 个字节，$32000 \times 4096 \times 2=$ 262,144,000。

2. pickle.Unpickler 反序列化

读取权重文件中的 Data.pkl 参数文件，需要了解 Python 的反序列化操作。

Python 的 pickle 模块实现了强大的序列化和反序列化功能，也就是说，它可以将 Python 对象转换为字节流（序列化），也可以将这些字节流重新构建为 Python 对象（反序列化）。这对于数据持久化和传输非常有用。

以下是 pickle 模块的四个主要接口。

pickle.dumps(obj)：将一个 Python 对象序列化为一个字节流。

pickle.loads(bytes_object)：将一个字节流反序列化为一个 Python 对象。

pickle.dump(obj, file)：将一个 Python 对象序列化并保存到一个文件中。

pickle.load(file)：从一个文件中读取字节流，并反序列化为一个 Python 对象。

可以简单用表 5-8 来分类。

表 5-8 pickle 模块的接口分类

操作	序列化	反序列化
转换 + 文件操作	dump()	load()
转换	dumps()	loads()

反序列化是指将序列化后的字节流恢复为原始的Python对象。pickle库可以从字节流中恢复出原始的对象，使我们重新使用这些对象进行操作。如果反序列化需求比较简单，你可以直接使用 pickle.load 函数。如果需要更大的控制和灵活性，可以使用 pickle.Unpickler 类，创建一个 Unpickler 对象，并使用其 load 方法来反序列化数据。此外，还可以覆盖 Unpickler 的某些方法（例如 persistent_load 和 find_class），以处理更为复杂的反序列化需求，例如处理持久化对象或自定义类的加载方式。

以下是 pickle.Unpickler 的一些主要方法。

（1）**load()**：这个方法从打开的文件或者类似文件的对象（必须以二进制模式打开）中读取一个值，并返回它。如果到达文件的末尾，将抛出 EOFError。在反序列化过程中，如果遇到了一个持久化的对象 ID（身份标识号），会调用 persistent_load 方法。

（2）**persistent_load(pid)**：这是一个方法，可以在你的 Unpickler 子类中进行覆盖，以提供处理持久化对象 ID 的方式。在 pickle 模块中，这个方法并没有定义，如果你没有覆盖这个方法，而又在反序列化过程中遇到一个持久化的对象 ID，将会抛出一个 pickle.UnpicklingError。pid 是持久化对象 ID。

（3）**find_class(module, name)**：这是一个方法，可以在你的 Unpickler 子类中进行覆盖，以提供处理从 pickle 数据中加载类的方式。默认情况下，这个方法会从指定的模块中查找并返回指定的类。如果这个类不存在，或者模块不能被导入，将会抛出一个 AttributeError 或者 ImportError。

3. 源代码分析

每个 HF 模型目录有多个 bin 文件，下面代码每次读一个。代码中主要工作是反序列化，核心是 LazyUnpickler 类，它继承了 pickle.Unpickler 类，重写了类的 persistent_load 函数。代码通过解析 bin 压缩包中的 Data.pkl 文件，读出模型的组成部分，以及每个部分对应的形状和数据类型，最后计算出总参数量和字节数。

代码中比较难理解的是 LazyUnpickler 类中的 pid 和 find_class 函数中的 module 参数。实际上这两个变量是在序列化时预先定义好的。如果不知道预先定义内容，是无法做反序列化处理的。

pid 的一个典型值是：pid=('storage', LazyStorageKind(data_type='F16'), '0', 'cpu', 131072000)。storage='storage' 是固定字符串；filename_stem='0' 用于拼接成权重文件，0 是指模型第 0 个部分（embed_tokens.weight）；131072000 是该部分的参数量，对应 32 000 × 4 096。

find_class 用来建立模型中不同类别与相应处理函数的对应关系。比如 ('torch._utils', '_rebuild_tensor_v2') 对应的是 lazy_rebuild_tensor_v2 函数。对应不同 pid，persistent_load 调用不同的处理函数。

程序运行目的是从模型权重文件中读得类似以下格式字典数据（仅为第 0 部分）：

'model.embed_tokens.weight': LazyTensor(shape=[32000, 4096], data_type='F16', description='pickled storage_offset=0 in storage data_type=F16 path-in-zip=pytorch_model-00001-of-00002/data/0 path=C:\\llama2\\llama-2-7b-hf\\pytorch_model-00001-of-00002.bin')

这些数据是先从 persistent_load 函数中根据 pid 生成的 storage data_type=F16 path-in-zip=pytorch_model-00001-of-00002/data/0 path=C:\\llama2\\llama-2-7b-hf\\pytorch_model-00001-of-00002.bin，再由 lazy_rebuild_tensor_v2 合并上 shape=[32000, 4096], data_type='F16', description='pickled storage_offset=0 数据。

源程序中首先导入所需的库和模块，定义变量和三个类：LazyStorageKind、LazyStorage、LazyTensor。

```
import zipfile
import pickle
from pathlib import Path
from typing import (IO, Any, Callable, Optional, List, Dict)
from dataclasses import dataclass
import numpy as np

DT_F16 = 'F16'
DT_F32 = 'F32'
DT_BF16 = 'DT_BF16'
DT_I32 = 'DT_I32'

DataType = 'F16'

@dataclass
class LazyStorageKind:
    data_type: DataType

@dataclass
class LazyStorage:
    kind: LazyStorageKind
    description: str

@dataclass
class LazyTensor:
    shape: List[int]
    data_type: DataType
    description: str
```

定制化专用的反序列化类 LazyUnpickler，重写 pickle.Unpickler 类的 persistent_load、find_class 函数。

```
class LazyUnpickler(pickle.Unpickler):
    def __init__(self, fp: IO[bytes], data_base_path: str, zip_file: zipfile.ZipFile):
        super().__init__(fp)
        self.data_base_path = data_base_path
```

```
        self.zip_file = zip_file

    def persistent_load(self, pid: Any) -> Any:
        assert pid[0] == 'storage'
        assert isinstance(pid[1], LazyStorageKind)
        data_type = pid[1].data_type
        filename_stem = pid[2]
        filename = self.data_base_path + '/' + filename_stem
        info = self.zip_file.getinfo(filename)

        description = f'storage data_type={data_type} path-in-zip={filename} path={self.
zip_file.filename}'
        return LazyStorage(kind=pid[1], description=description)

    # @staticmethod
    def lazy_rebuild_tensor_v2(storage: Any, storage_offset: Any, size: Any, stride: Any,
                        # pyright: ignore[reportSelfClsParameterName]
                        requires_grad: Any, backward_hooks: Any, metadata: Any = None)
-> LazyTensor:
        assert isinstance(storage, LazyStorage)

        description = f'pickled storage_offset={storage_offset} in {storage.description}'
        return LazyTensor(list(size), storage.kind.data_type, description)

    CLASSES: Dict[Any, Any] = {
        ('torch._utils', '_rebuild_tensor_v2'): lazy_rebuild_tensor_v2,
        ('torch', 'BFloat16Storage'): LazyStorageKind(DT_BF16),
        ('torch', 'HalfStorage'): LazyStorageKind(DT_F16),
        ('torch', 'FloatStorage'): LazyStorageKind(DT_F32),
        ('torch', 'IntStorage'): LazyStorageKind(DT_I32)
    }

    def find_class(self, module: str, name: str) -> Any:
        if not module.startswith('torch'):
            return super().find_class(module, name)
        return self.CLASSES[(module, name)]
```

主函数，打开指定的一个hf格式的模型权重文件path，用zipfile将其解压，找到压缩文件中的data.pkl文件，用LazyUnpickler将其反序列化，得到模型字典数据as_dict，可以循环显示模型每个部分的参数，累计得到总参数量和字节数。

```
if __name__ == '__main__':
    path = Path("C:\\llama2\\llama-2-7b-hf\\pytorch_model-00001-of-00002.bin")

    fp = open(path, 'rb')

    zf = zipfile.ZipFile(fp)

    pickle_paths = [name for name in zf.namelist() if name.endswith('.pkl')]
    assert len(pickle_paths) == 1, pickle_paths

    pickle_fp = zf.open(pickle_paths[0], 'r')
    unpickler = LazyUnpickler(pickle_fp,
                        data_base_path=pickle_paths[0][:-4],
                        zip_file=zf)

    model = unpickler.load()
    as_dict = dict(model.items())

    nParams = 0
    nBytes = 0
```

```
    count = 0
    for name, lazy_tensor in as_dict.items():
        print(f"{name}: shape={lazy_tensor.shape} type={lazy_tensor.data_type}")
        if len(lazy_tensor.shape) == 1:
            count = lazy_tensor.shape[0]
        else:
            count = lazy_tensor.shape[0] * lazy_tensor.shape[1]

        if lazy_tensor.data_type == DT_F32:
            nBytes += count * 4
        else: #DT_F16
            nBytes += count * 2

        nParams += count

    print(f'参数量={nParams}, 字节数={nBytes}')
```

代码运行输出：

```
model.embed_tokens.weight: shape=[32000, 4096] type=F16
model.layers.0.self_attn.q_proj.weight: shape=[4096, 4096] type=F16
model.layers.0.self_attn.k_proj.weight: shape=[4096, 4096] type=F16
model.layers.0.self_attn.v_proj.weight: shape=[4096, 4096] type=F16
model.layers.0.self_attn.o_proj.weight: shape=[4096, 4096] type=F16
model.layers.0.self_attn.rotary_emb.inv_freq: shape=[64] type=F32
model.layers.0.mlp.gate_proj.weight: shape=[11008, 4096] type=F16
model.layers.0.mlp.up_proj.weight: shape=[11008, 4096] type=F16
model.layers.0.mlp.down_proj.weight: shape=[4096, 11008] type=F16
model.layers.0.input_layernorm.weight: shape=[4096] type=F16
model.layers.0.post_attention_layernorm.weight: shape=[4096]
……
model.layers.23.self_attn.q_proj.weight: shape=[4096, 4096] type=F16
model.layers.23.self_attn.k_proj.weight: shape=[4096, 4096] type=F16
model.layers.23.self_attn.v_proj.weight: shape=[4096, 4096] type=F16
model.layers.23.self_attn.o_proj.weight: shape=[4096, 4096] type=F16
model.layers.23.self_attn.rotary_emb.inv_freq: shape=[64] type=F32
model.layers.23.mlp.gate_proj.weight: shape=[11008, 4096] type=F16
model.layers.23.mlp.up_proj.weight: shape=[11008, 4096] type=F16
model.layers.23.mlp.down_proj.weight: shape=[4096, 11008] type=F16
model.layers.23.input_layernorm.weight: shape=[4096] type=F16
model.layers.23.post_attention_layernorm.weight: shape=[4096] type=F16
参数量=4988274176, 字节数=9976551424
```

注意：这里只是一个bin文件的参数量和字节数，llama-2-7b模型全部参数保存在两个bin文件中。

第6章

模型训练

6.1 模型训练的种类

模型训练包括从 0 开始的训练、增量训练和监督微调。不同训练的起点和目的不同。从 0 开始的训练是没有基础的，目的是训练一个基础模型。增量训练是在已有的基础模型上面增加新的数据进行训练。监督微调则是在基础模型上增加人工标注数据，训练成对话模型。

增量训练是在现有大语言模型上用新的或特定来源数据进行训练，而不需要从头开始训练模型，比如说 Chinese Llama-2 & Alpaca-2 就是在 Llama 2 模型基础上，增加大量的中文数据，做了增量训练。要注意的是，增量训练出来的仍然是预训练模型，而不是监督微调模型。

大语言模型的增量训练是一种策略，其中一个已经训练的模型被进一步训练以适应新的数据或改善其性能。这种方法可以节省时间和计算资源，因为不需要从头开始训练模型。增量训练的主要步骤如下。

（1）选择一个预训练模型：这个模型可以是一个大型的语言模型，如 Llama 2，这些模型已经在大量的文本数据上进行了预训练。

（2）选择新的训练数据：这些数据应该与你想要模型优化的任务相关。例如，如果你想要一个能够理解医学术语的模型，你可能会选择一些医学文本作为新的训练数据。

（3）微调模型：在新的训练数据上运行模型，使其调整其权重以更好地适应新的数据。这通常涉及运行多个训练周期（或“epochs”），每个周期都会遍历整个训练数据集。

（4）评估模型：使用与你的任务相关的评估指标来检查模型的性能。这可能包括准确性、召回率、F1 得分等。

增量训练的同样方法可以用于从零（from scratch）开始做基础模型，从零开始训练大型语言模型是一个更复杂和计算密集型的过程，虽然我们既无必要也无资源去这样做，但技术是没有问题的。

这通常涉及以下步骤。

（1）收集和准备训练数据：这可能包括大量的文本数据，如网页、书籍、新闻文章等。

（2）选择模型架构：这可能是一个已经存在的架构，如 Transformer 或 Llama，或者是一个新的、为特定任务设计的架构。

（3）训练模型：使用大量的计算资源［如 GPU 或 TPU（张量处理单元）］来运行训练算法，这通常涉及反向传播和梯度下降。

（4）评估和调整模型：这可能涉及微调模型参数，改变学习率，或者尝试不同的优化算法。

注意：无论是增量训练还是从零开始训练，都需要大量的计算资源和时间。此外，训练大型语言模型也需要深入的机器学习知识和实践经验。

6.2 Hugging Face训练环境

Hugging Face 是一家领先的人工智能研究公司，专注于自然语言处理和人工智能对话系统的开发。其目标是让机器更好地理解和生成人类语言。

Hugging Face 的最知名项目可能是其 Transformers 库，这是一个 Python 库，提供了大量预训练的模型和架构（如 BERT、GPT-2、T5、Llama 等），以及相应的训练和微调工具。Transformers 库已成为自然语言处理社区的一个标准工具，被广泛应用于各种任务，如文本分类、命名实体识别、情感分析、文本生成等。

Hugging Face 还提供了一个模型共享平台，允许研究人员上传和分享他们训练的模型。这个平台已经集成了数千个模型，覆盖了许多语言和许多不同的自然语言处理任务。

此外，Hugging Face 还开发了一些其他项目和产品，如 Tokenizers 库（用于高效的文本分词）、datasets 库（用于处理大规模的数据集）等。

Hugging Face 的工作对于推动自然语言处理的发展起到了重要的作用，其开源工具和资源被广泛应用于学术研究和商业应用中。

Hugging Face 提供了丰富的资源，包括预训练模型、数据集、工具和社区等。以下是一些主要的内容。

（1）模型：Hugging Face 的模型库是其最重要的资源之一，提供了大量的预训练模型。这些模型覆盖了各种不同的架构，如 BERT、GPT-2、T5、Llama 等，可以应用于各种自然语言处理任务。用户可以直接下载和使用这些模型，也可以在自己的任务上进行微调。此外，用户还可以上传和分享自己训练的模型。

（2）数据集：Hugging Face 的 datasets 库提供了大量的公开数据集，覆盖了各种语言和任务。用户可以直接下载和使用这些数据集，进行模型训练和评估。datasets 库还提供了一些高效的数据处理工具，帮助用户处理大规模的数据。

（3）工具：Hugging Face 提供了一些高效的自然语言处理工具，如 Transformers 库和 Tokenizers 库。Transformers 库提供了大量预训练的模型和架构，以及相应的训练和微调工具。Tokenizers 库提供了高效的文本分词工具。

（4）社区：Hugging Face 有一个活跃的社区，用户可以在这里分享自己的模型、讨论问题、获取帮助、参与各种活动等。社区还提供了一些教程和示例，帮助用户快速上手和使用 Hugging Face 的资源。

（5）Spaces：这是 Hugging Face 推出的一个新功能，允许用户创建和分享自己的机器学习项目。用户可以在 Spaces 中运行 Jupyter Notebook，展示自己的研究成果，分享自己的模型和代码等。

（6）Inference API：Hugging Face 提供了一个推理 API，允许用户直接在云端运行模型，进行预测。这个 API 支持大多数 Hugging Face 的模型，可以处理各种自然语言处理任务。

无论你是自然语言处理的研究者，开发者，还是爱好者，都可以在 Hugging Face 找到有用的资源。

6.3 Transformers库

6.3.1 主要功能

Hugging Face 的 Transformers 库是一个广泛使用的自然语言处理库，它提供了大量预训练模型，并提供了这些模型的易用接口。以下是 Transformers 库的一些主要功能。

（1）预训练模型：Transformers 库提供了大量的预训练模型，如 Llama 2、BERT、GPT-

2、T5、RoBERTa 等，这些模型可以用于各种自然语言处理任务。

（2）多种自然语言处理任务：Transformers 库支持各种自然语言处理任务，如文本分类、命名实体识别、问答（QA）、机器翻译、摘要生成、文本生成等。

（3）易用性：Transformers 库提供了易于使用的 API，使用户可以方便地加载模型、进行推理、微调模型等。

（4）灵活性：Transformers 库提供了模型的低级 API，使用户可以根据自己的需求定制模型。

（5）多语言支持：Transformers 库支持多种语言，使用户可以处理多种语言的数据。

（6）高性能：Transformers 库支持在 GPU 和 TPU 上运行，可以高效地处理大量数据。

（7）社区支持：Transformers 库有一个活跃的社区，用户可以在社区中寻求帮助，也可以贡献自己的代码。

（8）模型共享：Transformers 库提供了一个模型中心，用户可以在模型中心下载别人分享的模型，也可以分享自己的模型。

（9）兼容性：Transformers 库可以和 PyTorch、TensorFlow 等深度学习框架一起使用。

要使用 Transformers 库，你需要首先安装它。你可以使用 pip 进行安装：

```
pip install transformers
```

然后，你就可以在你的 Python 代码中导入 Transformers 并使用它了。以下是一个使用 BERT 模型进行文本分类的简单例子：

```
from transformers import BertTokenizer, BertForSequenceClassification
import torch

tokenizer = BertTokenizer.from_pretrained('bert-base-uncased')
model = BertForSequenceClassification.from_pretrained('bert-base-uncased')

inputs = tokenizer("Hello, my dog is cute", return_tensors="pt")
labels = torch.tensor([1]).unsqueeze(0)  # Batch size 1

outputs = model(**inputs, labels=labels)

loss = outputs.loss
logits = outputs.logits
```

在这个例子中，我们首先导入需要的模块，加载了预训练的 BERT 模型和对应的分词器。然后，我们使用分词器处理输入的文本，并将处理后的结果传给模型。最后，我们从模型的输出中获取了损失和 logits。

6.3.2 函数

Hugging Face 的 Transformers 库中有许多函数，这些函数可以分为几个主要类别，如模型加载、模型训练、模型推理、数据处理等。以下是一些主要函数及其功能的简单描述。

（1）from_pretrained()：从预训练模型加载模型或分词器。

（2）save_pretrained()：将模型或分词器保存为预训练格式。

（3）forward()：模型的前向传播函数，用于计算模型的输出。

（4）to()：将模型移动到指定的设备（如 GPU）上。

（5）train()：将模型设置为训练模式。

（6）eval()：将模型设置为评估模式。

（7）encode()：将文本编码为模型可以处理的输入格式。

（8）decode()：将模型输出的编码解码为文本。

（9）generate()：用于文本生成任务，如机器翻译、摘要生成等。

（10）Trainer()：一个用于训练和评估模型的工具类。

（11）TrainingArguments()：定义训练参数的类，如学习率、训练轮数等。

（12）AdamW()：一种优化器，用于更新模型的参数。

（13）get_linear_schedule_with_warmup()：生成一个学习率调度器，用于在训练过程中调整学习率。

（14）DataCollatorWithPadding()：一种数据处理工具，用于对齐不同长度的输入序列。

AutoModelForCausalLM：自动下载并加载预训练的 Transformer 模型，自动选择适当的模型架构和权重。

AutoTokenizer：可以根据提供的模型名称自动选择适当的分词器（Tokenizer）。

6.4 训练程序

Hugging Face 的 Transformers 库支持大语言模型的监督微调，进行 SFT 训练有以下的主要步骤。

（1）数据预处理：使用 datasets 库加载和预处理数据。这包括数据清洗、标注、分词等步骤。可以使用 datasets 库中的 Dataset 类和 Tokenizer 类来实现。

（2）模型加载：使用 Transformers 库加载预训练模型。例如，如果你使用的是 BERT 模型，可以使用 transformers.BertForSequenceClassification 类来加载模型。这个类的实例包含了一个预训练的 BERT 模型和一个顶层的分类器。

（3）训练参数设置：设置模型训练的参数，例如学习率、训练周期数（epochs）、批量大小（batch size）等。这些参数可以直接设置，也可以通过 transformers.TrainingArguments 类来设置。

（4）模型训练：使用 transformers.Trainer 类来训练模型。这个类的实例会接受一个模型、一组训练参数和一个训练数据集，然后开始训练模型。

（5）模型评估：在训练结束后，使用 Trainer.evaluate 方法来评估模型的性能。这个方法会在一个验证数据集上运行模型，并返回一个包含了各种评估指标的字典。

（6）模型保存：使用 Trainer.save_model 方法来保存训练好的模型。这个方法会将模型的参数保存到磁盘上，以便以后使用。

6.5 分词处理

6.5.1 相关名词

token：标记，最小的语义单元。

tokenization 是指分词过程，目的是将输入序列划分成一个个标记（token），保证各个标记拥有相对完整和独立的语义，以供后续任务（比如学习嵌入或作为大语言模型的输入）

使用。

在 Transformers 库中，tokenizer 就是实现 tokenization 的对象，每个 tokenizer 会有不同的词汇表（vocabulary）。在代码中，tokenizer 用以将输入文本序列划分成 tokenizer 词汇表中可用的标记。

6.5.2 input IDs

大语言模型唯一必需的输入是 input ids，本质是标记在词汇表中的索引。将输入文本序列转换成标记，即 tokenized 过程；将输入文本序列转换成 input ids，即输入编码过程，数值对应的是 tokenizer 词汇表中的索引。

比如说这句话“快速的棕色狐狸跳过了懒洋洋的狗。”的 input ids 是

[1, 29871, 33026, 30210, 46259, 47244, 32791, 33952, 35929, 49841, 30210, 32499, 30267]

它们是对应下面分词后的每个标记在词汇表中的索引：

['▁', '快速', '的', '棕色', '狐狸', '跳', '过了', '懒', '洋洋', '的', '狗', '。']

6.5.3 特殊标记

1. 意义

在模型的检查点目录下的配置文件中，经常能看到 bos_token、eos_token、eop_token、pad_token、unk_token 这些与文本序列处理相关的特殊标记，它们代表的意义如下：

bos_token（开始标记）：它表示文本序列的起始位置。在某些文本生成任务中，可能需要在序列的开头添加一个开始标记，以指示生成文本的起始点。

eos_token、eop_token（结束标记）：它们表示文本序列的结束位置。在某些文本生成任务中，可能需要在序列中指定一个结束标记以表示文本的结束。

pad_token（填充标记）：它用于将文本序列填充到相同长度。在处理变长文本序列时，较短的序列可能需要通过添加填充标记来与较长的序列对齐。填充标记通常是一个特殊的 token，用于填充序列中的空白位置，使得所有序列具有相同的长度。

unk_token（未知标记）：这个标记用于表示词汇表中不存在的单词。

下面是 bos_token、eos_token、pad_token、unk_token 的两组例子：

（1）[BOS]、[EOS]、[PAD]、[UNK]

（2）<s>、</s>、<pad>、<unk>

2. 使用场景

下面介绍一下特殊标记的使用场景。

（1）bos_token（开始标记）：这个标记通常用于表示一个序列的开始，在一些需要区分序列开始的模型中非常有用。例如，在机器翻译或者文本生成的任务中，模型需要知道何时开始生成一个新的句子，这时就可以使用 bos_token。

例子：[BOS] 快速的棕色狐狸跳过了懒洋洋的狗。

（2）eos_token（结束标记）：这个标记通常用于表示一个序列的结束，在一些需要区分序列结束的模型中非常有用。例如，在机器翻译或者文本生成的任务中，模型需要知道何时停止生成，这时就可以使用 eos_token。

例子：快速的棕色狐狸跳过了懒洋洋的狗。[EOS]

（3）unk_token（未知标记）：当模型遇到一个未知的单词时，就会使用 unk_token 来代

替。这通常发生在模型遇到罕见的单词或者错误拼写的单词时。

例子：快速的棕色狐狸跳过了 [UNK] 的狗。

（4）pad_token（填充标记）：这个标记用于填充长度不足的序列，使得所有的序列都有相同的长度。这是因为神经网络通常需要处理固定长度的输入，如果一个序列比其他序列短，就需要添加 pad_token 来达到所需的长度。

例子：快速的棕色狐狸跳过了懒洋洋的狗。[PAD] [PAD] [PAD]

实际中，会综合使用这些标记，在 Llama 2 中，[BOS] 用 <s>，[EOF] 用 </s>，[UNK] 用 <unk> 来表示。

（1）机器翻译：在机器翻译任务中，我们通常会在每个句子的开始和结束处添加 <s> 和 </s>，并使用 <unk> 来处理未知的词。例如，假设我们有一个中文句子 " 快速的棕色狐狸跳过了懒洋洋的狗。"，我们可能会这样处理：

输入：<s> 快速的棕色狐狸跳过了懒洋洋的狗。 </s>

如果模型在词汇表中找不到 " 懒洋洋 " 这个词，那么这个词就会被替换为 <unk>：

输入：<s> 快速的棕色狐狸跳过了 <unk> 的狗。 </s>

（2）序列填充：在处理不同长度的句子时，我们通常会使用 <pad> 来填充短句子，以便所有句子都有相同的长度。例如，假设我们有两个句子：一个是 " 快速的棕色狐狸跳过了懒洋洋的狗。"，另一个是 " 我是一个学生。"。为了让这两个句子有相同的长度，我们可能需要添加一些 <pad>：

句子 1：<s> 快速的棕色狐狸跳过了懒洋洋的狗。 </s> <pad> <pad>

句子 2：<s> 我是一个学生。</s> <pad> <pad> <pad> <pad> <pad> <pad> <pad> <pad>

这样，两个句子都有了相同的长度，可以被模型一起处理。

3. IDS 值

可以在模型目录的 config.json 文件中，查到特殊标记的 IDS 值，即特殊标记在词汇表中的索引。文件的内容是这样的：

```
{
  "architectures": [
    "LlamaForCausalLM"
  ],
  "bos_token_id": 1,
  "eos_token_id": 2,
  "hidden_act": "silu",
  "hidden_size": 4096,
  "initializer_range": 0.02,
  "intermediate_size": 11008,
  "max_position_embeddings": 4096,
  "model_type": "llama",
  "num_attention_heads": 32,
  "num_hidden_layers": 32,
  "num_key_value_heads": 32,
  "pad_token_id": 0,
  "pretraining_tp": 1,
  "rms_norm_eps": 1e-05,
  "rope_scaling": null,
  "tie_word_embeddings": false,
  "torch_dtype": "float16",
  "transformers_version": "4.31.0",
  "use_cache": true,
```

```
  "vocab_size": 32000
}
```

从中可以看到

```
"bos_token_id": 1,
"eos_token_id": 2,
"pad_token_id": 0,
```

6.5.4 AutoTokenizer

AutoTokenizer 是 Hugging Face Transformers 库中的一个函数，它可以根据你提供的模型名称自动选择适当的分词器。分词器是用于将文本序列分割成标记的工具，为模型提供输入。AutoTokenizer 函数简化了分词器的选择过程，根据模型名称自动下载并加载适应性强的分词器。使用该函数，你可以快速选择和加载适用于你任务的分词器，从而轻松地对文本进行编码和解码操作。

```
from transformers import AutoTokenizer

tokenizer = AutoTokenizer.from_pretrained(
    "C:\llama2\chinese-alpaca-2-7b",
    offload_folder="offload",
)
tokenizer
```

```
LlamaTokenizerFast(name_or_path='C:\llama2\llama-2-7b-hf', vocab_size=32000, model_max_length=1000000000000000019884624838656, is_fast=True, padding_side='left', truncation_side='right', special_tokens={'bos_token': '<s>', 'eos_token': '</s>', 'unk_token': '<unk>'}, clean_up_tokenization_spaces=False),  added_tokens_decoder={
    0: AddedToken("<unk>", rstrip=False, lstrip=False, single_word=False, normalized=True, special=True),
    1: AddedToken("<s>", rstrip=False, lstrip=False, single_word=False, normalized=True, special=True),
    2: AddedToken("</s>", rstrip=False, lstrip=False, single_word=False, normalized=True, special=True),
}
```

这是一个 LlamaTokenizerFast 的实例，它是 Hugging Face 的 Transformers 库中用于文本分词的类，它们控制了分词器的行为，包括如何处理文本、如何处理特殊的标记等。以下是这个实例的参数及其含义。

（1）name_or_path：这是预训练模型的名称或者模型文件的路径。在这个例子中，它指向的是一个本地的模型文件。

（2）vocab_size：这是词汇表的大小，也就是模型可以识别的不同单词的数量。在这个例子中，词汇表的大小是 55296。

（3）model_max_length：这是模型可以处理的最大文本长度。在这个例子中，最大长度非常大，基本上不会对任何文本进行截断。

（4）is_fast：这是一个布尔值，表示是否使用快速分词器。快速分词器使用了 Rust 语言，比 Python 的分词器更快。

（5）padding_side：这是一个字符串，表示当文本长度不足时，应该在哪一侧添加填充（padding）。在这个例子中，填充被添加到了文本的左侧。

（6）truncation_side：这是一个字符串，表示当文本长度超过最大长度时，应该从哪一侧进行截断。在这个例子中，截断发生在文本的右侧。

（7）special_tokens：这是一个字典，包含了一些特殊的标记。这些标记有特殊的含义，例如 bos_token、eos_token、unk_token 和 pad_token。每个标记都是一个 AddedToken 的实例，包含了标记的文本和一些其他的属性。

（8）clean_up_tokenization_spaces：这是一个布尔值，表示是否在分词后清除多余的空格。在这个例子中，分词后不清除多余的空格。

这些参数读自 tokenizer_config.json 文件，文件的内容为

```
{
  "add_bos_token": true,
  "add_eos_token": false,
  "bos_token": {
    "__type": "AddedToken",
    "content": "<s>",
    "lstrip": false,
    "normalized": true,
    "rstrip": false,
    "single_word": false
  },
  "clean_up_tokenization_spaces": false,
  "eos_token": {
    "__type": "AddedToken",
    "content": "</s>",
    "lstrip": false,
    "normalized": true,
    "rstrip": false,
    "single_word": false
  },
  "legacy": true,
  "model_max_length": 1000000000000000019884624838656,
  "pad_token": null,
  "sp_model_kwargs": {},
  "tokenizer_class": "LlamaTokenizer",
  "unk_token": {
    "__type": "AddedToken",
    "content": "<unk>",
    "lstrip": false,
    "normalized": true,
    "rstrip": false,
    "single_word": false
  },
  "use_fast": false
}
```

6.5.5 分词

当使用tokenizer进行分词时，根据具体的需求，你可以使用以下参数中的一个或多个。

（1）text：要分词的文本字符串。

（2）padding：设置是否对序列进行填充，默认为 False。如果设置为 True，则可以使用 padding 相关的参数进行序列填充。

（3）truncation：设置是否对序列进行截断，默认为 False。如果设置为 True，可以使用 max_length 参数指定最大序列长度。

（4）max_length：设置最大的序列长度限制。

（5）return_tensors：设置返回的张量类型，默认为 None。可以采用 'tf'、'pt' 或 'np' 来指

定返回的张量类型。

（6）stride：设置滑动窗口（sliding window）的步长。

（7）return_attention_mask：设置是否返回注意力掩码。

（8）return_offsets_mapping：设置是否返回词片段的偏移映射。

首先从模型中加载分词器，再进行分词，根据词汇表，总共分为 12 个标记：

```
sentence = "快速的棕色狐狸跳过了懒洋洋的狗。"
tokenized_sentence = tokenizer.tokenize(sentence)
print(tokenized_sentence)
```

```
['▁', '快速', '的', '棕色', '狐狸', '跳', '过了', '懒', '洋洋', '的', '狗', '。']
```

```
sentence_encoded = tokenizer(sentence)
print(sentence_encoded)
```

```
{'input_ids': [1, 29871, 33026, 30210, 46259, 47244, 32791, 33952, 35929, 49841, 30210,
32499, 30267], 'attention_mask': [1, 1, 1, 1, 1, 1, 1, 1, 1, 1, 1, 1, 1]}
```

注意：这里使用了中文词汇表，如果采用 Llama 2 的原词汇表，标记数就增加到 31 个。

6.5.6 下划线

下划线“▁”表示一个词的开始。这是因为该分词结果使用了一种称为 BPE 的分词方法，其中每个词都以“▁”符号开头。因此，“▁Human”实际上应该解释为单词“Human”的开始。

因为中文没有空格，所以一句中文只有一个下划线。

```
"#### Human: 快速的棕色狐狸跳过了懒洋洋的狗。"
['▁####', '▁Human', ':', '▁', '快速', '的', '棕色', '狐狸', '跳', '过了', '懒', '洋
洋', '的', '狗', '。']
```

英文均以空格开始，但如果是一个单词被切割成多个标记，则除第一标记外，其他标记没有下划线。

```
"#### Human: To whom did the Virgin Mary allegedly appear in 1858 in Lourdes France? "
['▁####', '▁Human', ':', '▁To', '▁whom', '▁did', '▁the', '▁Virgin', '▁Mary',
'▁alleg', 'edly', '▁appear', '▁in', '▁', '1', '8', '5', '8', '▁in', '▁L', 'our',
'des', '▁France', '?', '▁']
```

如何对“Lourdes our des”进行分词，并转换为 IDS：

```
['▁L', 'our', 'des', '▁our', '▁des']
[1, 365, 473, 2783, 1749, 553]
```

发现 'our' 和 '▁our' 的 IDS 编码不同。这是由于分词算法的规则所导致的，其中 '▁our' 表示单词“our”的开始，而 'our' 表示单词“our”的剩余部分。

分词算法在进行字节对编码时，会将文本中的连续字符组合成一个词块，这样有助于处理未知词汇和增强模型的泛化能力。在处理英文文本时，分词算法通常会在词的开头添加“▁”符号，以标记词块的开始。

6.5.7 填空

模型要求输入文本具有固定长度，这样，如果长度不够要用 pad_token 填空，超过要截断。

```
from transformers import AutoTokenizer

tokenizer = AutoTokenizer.from_pretrained(
   "C:\llama2\chinese-alpaca-2-7b",
  offload_folder="offload",
)

tokenizer.pad_token = tokenizer.eos_token

sentence = ["快速的棕色狐狸跳过了懒洋洋的狗。","我是一个学生。"]

tokenized_sentence = tokenizer(sentence, padding = "max_length", max_length = 15)
tokenized_sentence
```

```
{'input_ids': [[2, 2, 1, 29871, 33026, 30210, 46259, 47244, 32791, 33952, 35929, 49841,
30210, 32499, 30267], [2, 2, 2, 2, 2, 2, 2, 2, 2, 2, 1, 29871, 39511, 32176, 30267]],
'attention_mask': [[0, 0, 1, 1, 1, 1, 1, 1, 1, 1, 1, 1, 1, 1, 1], [0, 0, 0, 0, 0, 0,
0, 0, 0, 0, 1, 1, 1, 1, 1]]}
```

input_ids 中 2 是 pad_token，对应 attention_mask 为 0。

6.6 量化技术

浮点数在机器学习中也被称为“精度”。模型大小是由参数量及参数精度决定的，通常是 float32、float16 和 bfloat16。

在机器学习的术语中，fp32 被称为全精度（4 bytes），bf16 和 fp16 则称为半精度（2 bytes）。int8(INT8) 数据类型则是由 8 bits 表示的数，其能够存储 2^8 个不同的值 ([0, 255] 或者 [-128, 127])

理想情况下，训练和推理应该在 fp32 上进行，但是其比 fp16/bf16 慢两倍。因此，采用一种混合精度的方法，模型权重仍然是 fp32，前向和后向传播则使用 fp16/bf16，从而加快训练速度。fp16/bf16 被用来更新 fp32 权重。

量化技术是一种通过减少模型中参数的位数，从而降低模型复杂度和计算需求的方法。通过量化，可以将这些数值表示为更短的整数，如 8 位整数，从而减少模型所需的存储空间和计算资源。量化技术的优势包括减少内存需求、加快推理速度和降低功耗。然而，量化也可能引入一定的精度损失。

从第 5 章读出的模型权重文件看，权重的数据类型除每层的 rotary_emb.inv_freq 为 fp32 外都为 fp16，即 2 个字节。llama-2-7b 的参数为 6738417664，全部加载到内存中，数据类型 16 位时需要约 12.55 G，而如果能量化到 8 位，则只需要 6.27 G。当然，现在还有 4 位量化技术，这样，所需的内存就更少了。

6.6.1 8位量化技术

两种最常见的 8 位量化技术是零点（zero-point）量化和绝对最大值（absmax）量化。零点量化和 absmax 量化将浮点值映射到更紧凑的 int8（1 字节）值。首先，这些方法通过按量化常数缩放输入来规范输入。

例如，在零点量化中，如果范围是 [-1.0, 1.0] 并希望量化到范围 [-127, 127]，那么应该按 127 的因子缩放，然后将其四舍五入为 8 位精度。要还原原始值，需要将 int8 值除以相同的量化因子 127。例如，值 0.3 将缩放为 0.3 × 127=38.1，然后四舍五入为 38。若要恢复，则 38/127=0.299 2。在这个例子中量化误差为 0.008。这些微小的误差在模型各个层中传播，会逐步积累和增长并导致性能下降。

再来看一下绝对最大值量化的细节。要在 absmax 量化中计算 fp16 数与其对应的 int8 数之间的映射，需要先除以张量中的绝对最大值（令整个张量介于 -1 至 1 之间），然后乘以数据类型的总范围。

在一个向量上应用 absmax 量化，该向量为

$$\boldsymbol{v} = [1.2, -0.5, -4.3, 1.2, -3.1, 0.8, 2.4, 5.4]$$

从向量中选择最大值，即 5.4。而 int8 的范围为 [-127, 127]，所以量化过程为 $\boldsymbol{v}/5.4 \times 127$，约等于 $\boldsymbol{v} \times 23.5$，即整个向量乘以缩放因子 23.5。最终得到的量化后向量为 [28, -12, -101, 28, -73, 19, 56, 127]。

为了还原原始值，可以使用全精度的 int8 数除以量化因子 23.5。但是由于四舍五入，会丢失一些精度。

图 6-1 展示了 fp16 到 int8 的绝对最大值量化与还原的一个案例。

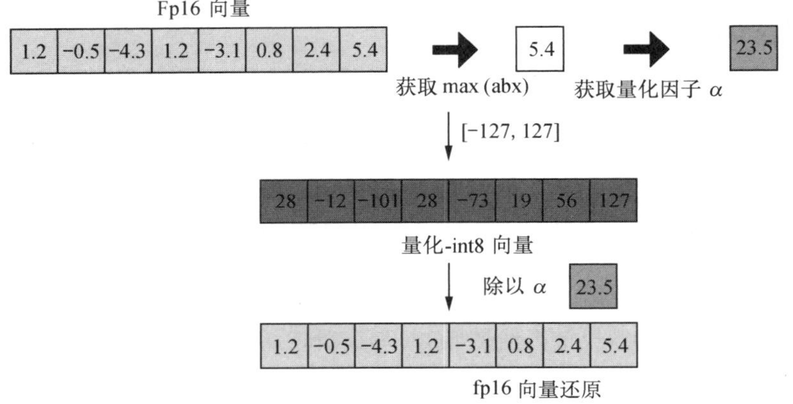

图6-1　fp16到int8的绝对最大值量化与还原

6.6.2　LLM.int8()

LLM.int8() 是一种专门用于 Transformer 模型的 8 位量化技术，由蒂姆•德特默斯（Tim Dettmers）等人在论文《LLM.int8()：用于大规模 Transformers 的 8 位矩阵乘法》（*LLM.int8(): 8-bit Matrix Multiplication for Transformers at Scale*）中提出。该技术用于 Transformer 中的前馈层和注意力投影层，可以将推理所需的内存减半，同时保持全精度性能。作者找到了传统量化无法用于大模型的原因，是异常特征引起了性能下降。

从本质上讲，LLM.int8() 寻求通过三个步骤完成矩阵乘法计算。

（1）从输入隐藏状态中，按列提取异常值（即大于某个阈值的值）。

（2）执行 FP16 中异常值和 int8 中非异常值的矩阵乘法。

（3）对非异常值结果进行反量化，并将异常值和非异常值结果相加，以在 fp16 中接收完整结果。

图 6-2 中浅灰色列是前馈层中输入隐层的异常值。

从权重矩阵中将对应的行（浅灰色）抽取出来（图 6-3）。

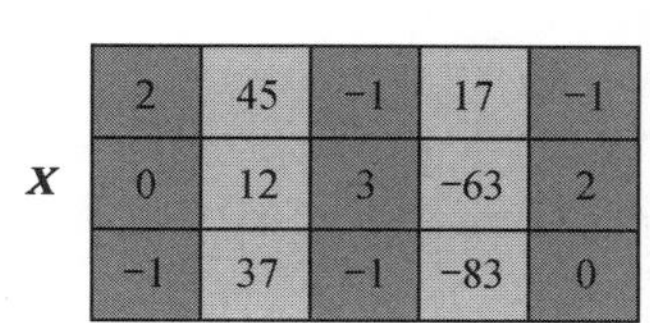

图6-2　输入隐层值

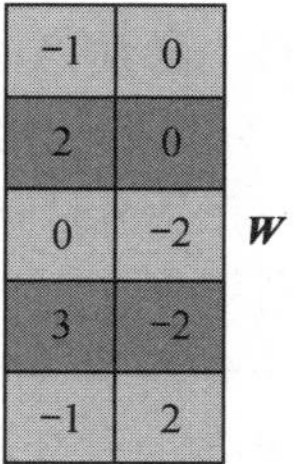

图6-3　权重矩阵值

图 6-4 中正常值（深灰色）和异常值（浅灰色）两个矩阵分别计算，正常值部分用 8 位量化，异常值部分还用传统 fp16 矩阵乘法。两个部分都输出 fp16 值，相加得到最终输出。

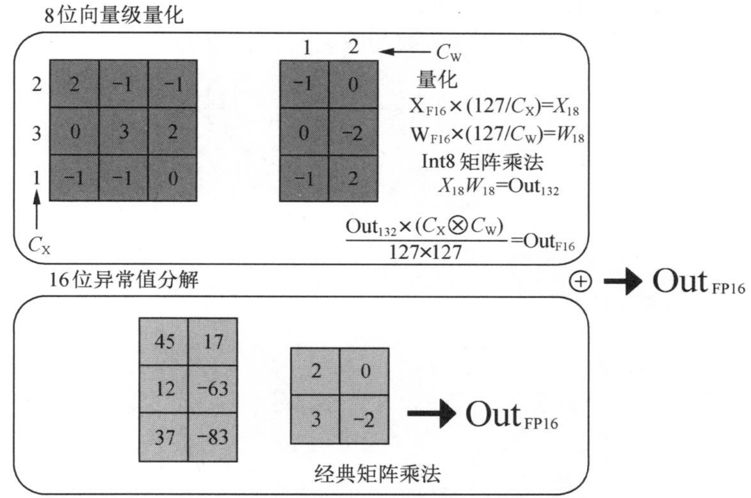

图6-4　两个矩阵分别计算后相加

bitsandbytes 库中有对 LLM.int8() 的支持。

6.6.3　NF4和QLoRA

1. QLoRA

QLoRA 是一种高效的微调方法，可减少内存使用量，足以在单个 65 GB GPU 上微调 48B 参数模型，同时保留完整的 16 位微调任务性能。QLoRA 通过冻结的 4 位量化预训练语言模型将梯度反向传播到低秩适配器（Low-Rank Adaptation，LoRA）中。

QLoRA 引入许多创新，以在不降低性能的情况下节省内存。

（1）4 位 NormalFloat（NF4），一种理论上最适合正态分布权重的新数据类型。

（2）双重量化，通过量化常量来减少平均内存占用。

（3）分页优化器来管理内存峰值。

相关资源可以从这里下载：GitHub-artidoro/qlora: QLoRA: Efficient Finetuning of Quantized LLMs

2. 4 位 NormalFloat 量化

NormalFloat（NF）是一种数据类型，它是建立在分位数量化（Quantile quantization）基础上的，它是一种信息论上最优的数据类型，可以确保每个量化区间从输入张量中分配相同数量的值。分位数量化通过经验累积分布函数估计输入张量的分位数来工作。分位数量化的主要局限性在于分位数估计的这个过程会比较费力。

在神经网络中，预训练的权重通常具有零中心的正态分布，标准差为 σ。通过缩放 σ，使得分布恰好适应 NF 的范围。对于 NF，作者设置了一个任意的范围 [-1, 1]。因此，数据类型和神经网络权重的分位数都需要被归一化到这个范围。

对于范围在 [-1, 1] 内的零均值正态分布，他们计算了信息理论上最优的数据类型。这个过程包括：①估计理论 $N(0, 1)$ 分布的 $2^k + 1$ 个分位数，得到一个 k 位的分位数量化数据类型；②将这个 NF 的值归一化到 [-1, 1] 范围；③通过绝对最大值重标定，将输入权重张量归一化到 [-1, 1] 范围，然后进行量化。一旦模型权重范围和 NF 范围匹配，就可以像通常那样进行量化。这个过程等价于重新缩放权重张量的标准差，使其匹配 k 位数据类型的标准差。更具体地来看这个公式，展示了 2^k 到分位数的映射公式：

$$q_i = \frac{1}{2}\left(Q_X\left(\frac{i}{2^k+1}\right) + Q_X\left(\frac{i+1}{2^k+1}\right)\right)$$

其中，Q_X 是分位数函数。

下面代码可以生成一组量化分位数：

```
import torch
from scipy.stats import norm

offset=0.9677083
p = torch.linspace(offset, 0.5, 9)[:-1]
v1 = norm.ppf(p).tolist()
v2 = [] # [0]*(256-15) 这里有15个值，其他可以插0
v3 = (-norm.ppf(torch.linspace(offset, 0.5, 8)[:-1])).tolist()
v = v1 + v2 + v3

values = torch.Tensor(v)
values = values.sort().values
values /= values.max()

print(values)
```

生成以下 15 个数值：

```
tensor([-1.0000, -0.6962, -0.5251, -0.3949, -0.2844, -0.1848, -0.0911,  0.0796, 0.1609,
0.2461,  0.3379,  0.4407,  0.5626,  0.7230,  1.0000])
```

代码中，scipy.stats.norm.ppf 函数是 SciPy 库中的一个函数，用于计算正态分布的百分点函数（Percent Point Function，PPF），也称为反函数或逆累积分布函数（Inverse Cumulative Distribution Function，ICDF），指对于给定的概率值，计算出使累积分布函数等于该概率的对应随机变量取值。

norm.ppf 函数接受一个介于 0 和 1 之间的概率值，并返回对应的 z 分数。例如，norm.ppf(0.975) 将返回大约 1.96，因为在标准正态分布下，约有 97.5% 的值小于 1.96。

```
scipy.stats.norm.ppf(q, loc=0, scale=1)
```

参数说明：

q：概率值（0 到 1 之间），表示要计算的分位点，即累积分布函数的值。

loc：可选参数，表示均值（默认为 0）。

scale：可选参数，表示标准差（默认为 1）。

返回值：对于给定的概率值 q，ppf 函数会返回对应的分位点的值。

offset=0.9677083 这个默认值是怎么来的呢？在创建正态映射时，他们希望找到的分位数在其左侧和右侧有相等的面积。这意味着他们并不从 0 或 1 的分位数开始，而是从一个偏移量（offset）的分位数开始。在这段代码中，offset 的默认值是 1−1/(2 × 15)。这是因为在一个不对称的数据类型中，一侧有等于 16 个“半”的间隔围绕每个分位数，另一侧有 15 个“半”。因此，offset 的平均值是 (1−1/(2 × 15) + 1−1/(2 × 16))/2 = 0.967 708 3。这种方法确保了生成的映射表在正态分布的两侧都有相等的覆盖范围，从而使得量化过程更加均匀和平衡。

3. 双重量化

假设权重近似服从均值为 0 的正态分布，因此可以用其标准差表示其分布。将一个权重张量进行量化后，不仅需要保存量化后的张量，还需要额外一个 32 位的浮点数以表示其标准差（即 C2），其占用 32 个比特的空间。因此，如果只做第一次量化，则需要额外存储的空间（除了存储量化张量以外）为 32 个比特，假如张量的大小（blocksize，即张量各个维度的乘积）为 64，则其实就是对 64 个数字进行量化，那 C2 额外需要的 32 比特平均到每个数字上，就是 32/64=0.5 比特。

为了把这个额外空间进一步降低，对 C2 进行进一步的量化。假如我们用 64 × 256 个数字需要量化，那就将其分为 256 个块，每 64 个数字划分到一个块中，对 64 个块中进行量化会产生 256 个 C2。为了降低额外空间，需要对这 256 个 C2 进行第二次量化。具体做法是将其量化到 8 比特的浮点数格式，并且再用一个 FP32 表示这 256 个的标准差，即为 C1。所以，对 64 × 256 个数字进行量化所需要的额外空间为（8 × 256+32)/(64 × 256) = 8/64+32/(64 × 256) = 0.127 比特，量化每个数字所需要的额外空间从 0.5 减少到 0.127，所以减少了 0.373。注意不是每个权重值量化所需要的空间，而是所需要的额外空间。

6.6.4　BitsAndBytes模型

BitsAndBytes 模型是一种用于文本分类和信息提取任务的模型，特别适用于处理低资源语言和缺乏大量标注数据的场景。BitsAndBytesConfig 类提供了一种灵活的方式来设置模型的超参数，以适应具体任务和数据。通过修改 BitsAndBytesConfig 的属性，可以自定义模型架构、输入和输出维度、层数等相关参数，从而实现模型的个性化配置和调优。

bitsandbytes 是对 CUDA 自定义函数的轻量级封装，特别是针对 8 位优化器、矩阵乘法（LLM.int8()）和量化函数。

bitsandbytes 的特点如下。

（1）混合精度分解的 8 位矩阵乘法。

（2）LLM.int8() 推断。

（3）8 位优化器：Adam、AdamW、RMSProp、LARS、LAMB、Lion（节省 75% 的内存）。

（4）稳定的嵌入层：通过更好的初始化和归一化改进稳定性。

（5）8 位量化：分位数、线性和动态量化。

（6）快速分位数估计：比其他算法快 100 倍。

使用 bitsandbytes 库要注意：bitsandbytes 库目前仅支持 Linux 发行版。Windows 不受支持；必须运行在安装 CUDA 的 GPU 环境，不能用于纯 CPU 环境。

默认情况下，即使使用 8 位优化器初始化这些参数，所有元素少于 4 096 个的参数张量仍保持 32 位。这是因为这种小张量节省的内存不多，而且通常包含高度可变的参数（偏差）或需要高精度的参数（批归一化、层归一化）。参数格式可通过参数 min_8bit_size 修改。

相关资源可见：

GitHub：https://github.com/TimDettmers/bitsandbytes

文档：Module tree: —bitsandbytes v0.0.24 documentation

论文：https://arxiv.org/abs/2110.02861

BitsAndBytesConfig 是一个关于使用 bitsandbytes 加载的模型可以使用的所有可能属性和功能的封装类。它替代了 load_in_8bit 或者 load_in_4bit，因此这两个选项是互斥的。其当前仅支持 LLM.int8()、FP4 和 NF4 的量化方法。如果 bitsandbytes 添加了更多的方法，那么该类将添加更多的参数。

BitsAndBytesConfig 的参数比较多。

load_in_8bit (bool，可选，默认为 False)：该标志用于启用使用 LLM.int8() 进行 8 位量化。

load_in_4bit (bool，可选，默认为 False)：该标志用于启用使用 FP4/NF4 层替换线性层进行 4 位量化。

llm_int8_threshold (float，可选，默认为 6)：这对应于异常值检测中的异常值阈值，如《LLM.int8()：用于大规模 Transformers 的 8 位矩阵乘法》论文（https://arxiv.org/abs/2208.07339）所述，任何超过此阈值的隐藏状态值都将被视为异常值，并且对这些值进行的操作将使用 fp16 进行。这些值通常是正态分布的，即大多数值位于 [-3.5, 3.5] 范围内，但是对于大型模型，一些异常的系统性异常值在分布上非常不同。这些异常值通常处于 [-60, -6] 或 [6, 60] 的区间内。对于绝对值在 5 左右的值，int8 量化效果很好，但是超过这个范围后，性能会受到显著的影响。一个好的默认阈值是 6，但是对于不稳定的模型（小模型、微调），可能需要较低的阈值。

llm_int8_skip_modules (List[str]，可选)：一个明确的模块列表，列出我们不希望转换为 8 位的模块。这对于像 Jukebox 这样的模型非常有用，该模型在不同位置具有多个头，而不一定在最后一个位置。例如对于 CausalLM 模型，最后一个 lm_head 的 dtype 保持原样。

llm_int8_enable_fp32_cpu_offload (bool，可选，默认为 False)：这个标志用于高级用例和知道此功能的用户。如果你想将模型分成不同的部分，以便在 GPU 上运行一部分为 int8，另一部分在 CPU 上以 fp32 运行，那么可以使用此标志。这对于卸载像 google/flan-t5-xxl 这样的大型模型非常有用。请注意，int8 操作将不会在 CPU 上运行。

llm_int8_has_fp16_weight (bool，可选，默认为 False)：此标志使用 16 位主权重运行 LLM.int8()。这对于微调很有用，因为权重不需要在前向传播和反向传播之间进行转换。

bnb_4bit_compute_dtype (torch.dtype 或 str，可选，默认为 torch.float32)：这设置了计算

类型，可能与输入类型不同。例如，输入可能是fp32，但是计算可以设置为bf16以加快速度。

bnb_4bit_quant_type (str, {fp4, nf4}，默认为 fp4)：这设置了 bnb.nn.Linear4Bit 层中的量化数据类型。可以选择的选项是 FP4 和 NF4 数据类型，分别由 fp4 或 nf4 指定。

bnb_4bit_use_double_quant (bool，可选，默认为 False)：此标志用于嵌套量化，其中来自第一次量化的量化常数再次进行量化。

下面是在 HuggingFace Transformers 中利用 BitsAndBytes 库的例子，用 BitsAndBytesConfig 来设置参数。

```
model = AutoModelForCausalLM.from_pretrained(
    model_path,
    trust_remote_code=True,
    device_map=device,
    quantization_config=bnb_config
)
```

其中，bnb_config 定义是

```
bnb_config = BitsAndBytesConfig(
        load_in_4bit=True,
        bnb_4bit_quant_type="nf4",
        bnb_4bit_compute_dtype="float16",
        bnb_4bit_use_double_quant=True,
)
```

参数中设置 load_in_8bit 为 True，将把加载的模型转换为混合 8 位量化模型。要使用此功能，需要安装 bitsandbytes。或者设置 load_in_4bit 为 True，将把加载的模型转换为 4 位精度量化模型。要使用此功能，需要安装 bitsandbytes 的最新版本。

6.7　优化技术

在大语言模型的增量训练中，由于参数量巨大，需要大量存储和计算资源，为降低模型训练的成本，提出很多技术，如 LoRA 技术。

6.7.1　LoRA

LoRA 是一种用于对大型语言模型进行低成本微调的方法。它的核心思想是，这些大型模型其实是过度参数化的，其中的参数变化可以被视为一个低秩矩阵。在数学上，低秩意味着一个矩阵可以用两个较小的矩阵相乘来近似。因此，我们可以将这个参数矩阵分解成两个较小的矩阵的乘积。在微调过程中，我们不需要调整整个大型模型的参数，只需要调整低秩矩阵的参数。

LoRA 方法的基本原理是冻结预训练好的模型权重参数，在冻结原模型参数的情况下，往模型中加入额外的网络层，并只训练这些新增的网络层参数。由于这些新增参数数量较少，这样不仅微调的成本显著下降，还能获得和全模型微调类似的效果。LoRA 结构如图 6-5 所示。

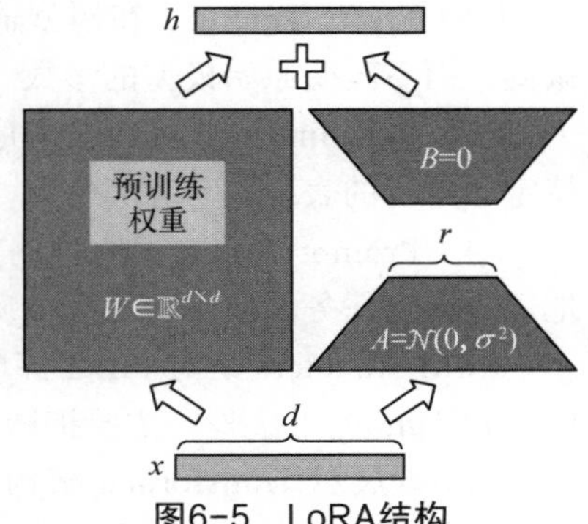

图6-5　LoRA结构

LoRA 的详细步骤包括选择目标层、初始化映射矩阵和逆映射矩阵、参数变换、模型微调和梯度更新。

（1）选择目标层：首先，在预训练神经网络模型中选择要应用 LoRA 的目标层。这些层通常是与特定任务相关的，如自注意力机制中的查询 Q 和键 K 矩阵。

（2）初始化映射矩阵和逆映射矩阵：为目标层创建两个较小的矩阵 $\boldsymbol{A}$ 和 $\boldsymbol{B}$。

$\boldsymbol{A}$ 是映射矩阵（随机高斯分布初始化），维度上是降维。

$\boldsymbol{B}$ 是逆映射矩阵（用 0 矩阵初始化），维度上是升维。

其中，矩阵的大小由 LoRA 的秩（rank）和 alpha 值确定。

（3）参数变换：将目标层的原始参数矩阵 $\boldsymbol{W}$ 通过映射矩阵 $\boldsymbol{A}$ 和逆映射矩阵 $\boldsymbol{B}$ 进行变换。计算公式为：$\boldsymbol{W}' = \boldsymbol{W} + \boldsymbol{A} \times \boldsymbol{B}$。这里 $\boldsymbol{W}'$ 是变换后的参数矩阵。

（4）模型微调：使用新的参数矩阵 $\boldsymbol{W}'$ 替换目标层的原始参数矩阵 $\boldsymbol{W}$，然后在特定任务的训练数据上对模型进行微调。

（5）梯度更新：在微调过程中，计算损失函数关于映射矩阵 $\boldsymbol{A}$ 和逆映射矩阵 $\boldsymbol{B}$ 的梯度，并使用优化算法（如 Adam、SGD 等）对 $\boldsymbol{A}$ 和 $\boldsymbol{B}$ 进行更新。

注意： 在更新过程中，原始参数矩阵 $\boldsymbol{W}$ 保持不变，说白了，训练的时候固定原始预训练模型的参数，只训练降维矩阵 $\boldsymbol{A}$ 与升维矩阵 $\boldsymbol{B}$。

（6）重复更新：在训练的每个批次中，重复步骤（3）～（5），直到达到预定的训练轮次 (epoch) 或满足收敛条件。

LoRA 在模型训练中可以用 Hugging Face 公司推出的 PEFT 库实现。

6.7.2 PEFT库

PEFT 是参数高效微调方法（Parameter-Efficient Fine-Tuning）的缩写。Hugging Face 公司推出的 PEFT 库封装了 LoRA 这个方法（https://github.com/huggingface/peft）。

微调大规模预训练语言模型所需的资源成本通常高得令人望而却步，PEFT 库可以使预训练语言模型高效适应各种下游任务，而无须微调模型的所有参数，即仅微调少量（额外）模型参数，从而大大降低了计算和存储成本，同时最先进的 PEFT 技术也能实现与全量微调相当的性能。

1. PEFT 方法

PEFT 算法库支持以下四类方法：LoRA、Prefix Tuning、P-Tuning、Prompt Tuning。

（1）LoRA：通过在预训练模型的权重矩阵上添加低秩矩阵的方式，来高效地调整模型参数。

（2）Prefix Tuning：在模型输入序列前添加一段可训练的前缀，以此方式对模型进行微调，而不改变原始模型的参数。

（3）P-Tuning：通过在输入序列中插入可学习的标记来微调预训练模型，以增强其在特定任务上的表现。

（4）Prompt Tuning：通过调整提示词（prompt）的方式对模型进行微调，使模型更好地适应特定任务，而不需大规模调整模型参数。

LLM-Adapters 是对 PEFT 库的扩展，除了 PEFT 支持的 LoRA、Prefix Tuning、P-Tuning、Prompt Tuning 方法外，主要扩增三种方法：AdapterH、AdapterP、Parallel。

图 6-6 展示 Transformer 架构图解以及若干当前较为先进的参数高效调整方法，使用虚线边框的模块来表示这些方法所添加的模块。

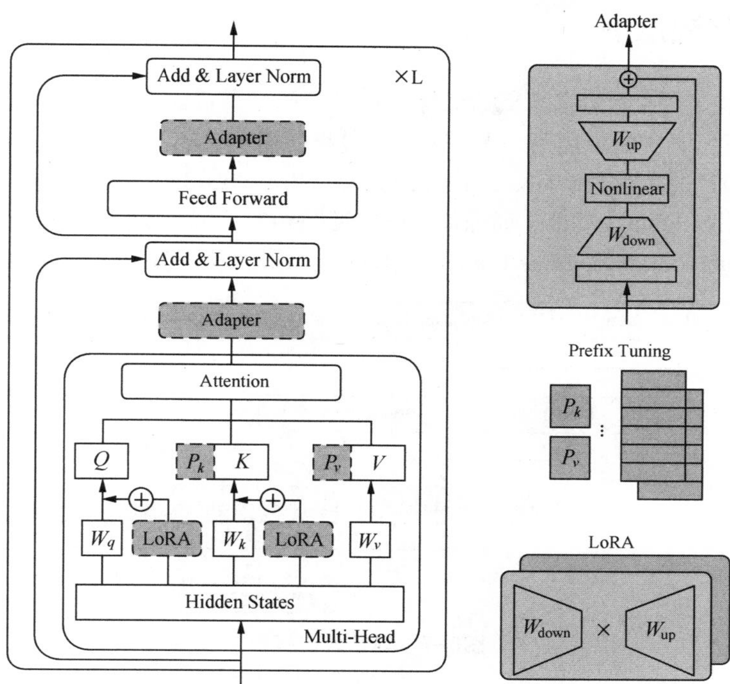

图6-6　PEFT的方法及适配部分

2. 演示代码

下面代码演示一个模型（model）如果通过 peft. get_peft_model 处理，返回的新模型 model 具备 LoRA 的处理功能。

```
from peft import LoraConfig, get_peft_model

lora_target_modules = [   # Which modules to apply LoRA to (names of the modules in
state_dict)
    "query_key_value",
    "dense",
    "dense_h_to_4h",
    "dense_4h_to_h",
]

peft_config = LoraConfig(
    lora_alpha=16,
    lora_dropout=0.1,
    r=16,
    bias="all",  # "all" or "none" for LoRA bias
    task_type="CAUSAL_LM",
    inference_mode=False,
    target_modules=lora_target_modules
)
model = get_peft_model(model, peft_config)
```

在代码中，用到的 lora_r、lora_alpha、lora_dropout、lora_target_module 参数都是跟 LoRA 相关的。其中 r 代表了设置的秩的大小。lora_target_module 则决定了要对哪些模块进行 LoRA 调优，一共有四个(k，q，v，o)。lora_alpha 用作透明度计算，公式为 (lora_alpha/r)*AB。lora_dropou 是 LoRA 层的 Dropout 概率。

6.8 训练代码示例

为了全面体验一下大语言模型的训练，我们选择一个目前来看资源耗费比较少的开源例子，仔细分析一下它的源代码，看一下执行过程的输出。

这个开源项目的名称为Llama-2_Huggingface_4Bit_QLoRA，利用Hugging Face监督微调4位的QLoRA Llama 2模型。训练代码框图见图6-7。开源代码目录为：

https://github.com/gmongaras/Llama-2_Huggingface_4Bit_QLoRA

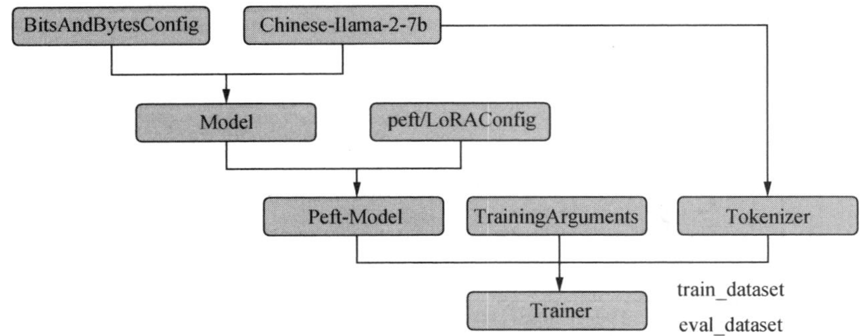

图6-7 训练代码框图

6.8.1 导入库和函数

```
from datasets import load_dataset
from peft import LoraConfig, get_peft_model
from transformers import (
    AutoModelForCausalLM,
    AutoTokenizer,
    BitsAndBytesConfig,
    AutoTokenizer,
    TrainingArguments,
    Trainer,
)
```

6.8.2 参数定义

```
max_length = 128

# Model loading params
load_in_4bit = True

# LoRA Params
lora_alpha = 16# How much to weigh LoRA params over pretrained params
lora_dropout = 0.1  # Dropout for LoRA weights to avoid overfitting
lora_r = 16  # Bottleneck size between A and B matrix for LoRA params
lora_bias = "all"           # "all" or "none" for LoRA bias
model_type = "llama"      # falcon or llama
lora_target_modules = [        # Which modules to apply LoRA to (names of the modules in
state_dict)
    "query_key_value",
    "dense",
    "dense_h_to_4h",
```

```
    "dense_4h_to_h",
] if model_type == "falcon" else [
    "q_proj",
    "k_proj",
    "v_proj",
    "o_proj",
    "gate_proj",
    "up_proj",
    "down_proj"
]

# Trainer params
output_dir = "outputs"                      # Directory to save the model
optim_type = "adamw_8bit"                   # Optimizer type to train with
learning_rate = 0.0005                      # Model learning rate
weight_decay = 0.002                        # Model weight decay
per_device_train_batch_size = 1             # Train batch size on each GPU
per_device_eval_batch_size = 1              # Eval batch size on each GPU
gradient_accumulation_steps = 16            # Number of steps before updating model
warmup_steps = 5         # Number of warmup steps for learning rate
save_steps = 100         # Number of steps before saving model
logging_steps = 100      # Number of steps before logging
```

6.8.3　加载模型

```
# Load in the model as a 4-bit or 8-bit model
if load_in_4bit == True:
    bnb_config = BitsAndBytesConfig(
        load_in_4bit=True,
        bnb_4bit_quant_type="nf4",
        bnb_4bit_compute_dtype="float16",
        bnb_4bit_use_double_quant=True,
    )
    model = AutoModelForCausalLM.from_pretrained(
        "tiiuae/falcon-7b" if model_type == "falcon" else "meta-llama/Llama-2-7b-hf",
        trust_remote_code=True,
        device_map="auto",
        quantization_config=bnb_config
    )
else:
    model = AutoModelForCausalLM.from_pretrained(
        "tiiuae/falcon-7b" if model_type == "falcon" else "meta-llama/Llama-2-7b-hf",
        trust_remote_code=True,
        device_map="auto",
        load_in_8bit=True,
    )
```

6.8.4　加载分词器

```
# Load in the tokenizer
tokenizer = AutoTokenizer.from_pretrained(
    "tiiuae/falcon-7b" if model_type == "falcon" else "meta-llama/Llama-2-7b-hf",
    trust_remote_code=True,
)
tokenizer.pad_token = tokenizer.eos_token
```

6.8.5　数据预处理

SQuAD（Stanford Question Answering Dataset，斯坦福问答数据集）有 context, question 和 answer，这个例子中只需要编码 question 和第一个 answer。格式是

```
#### Human: {question}#### Assistant: {output}
```

并且转换成这个格式：

```
{
   "input_ids": input ids for the encoded instruction and input
   "labels": This is the input ids, but we put -100 where we want to mask the loss. We want to mask the loss for the instruction, input, and padding.We use -100 because PyTorch CrossEntropy ignores -100 labels."attention_mask": attention mask so the model doesn't attend to padding
}
```

```
# Load in the dataset and map using the tokenizer
dataset = load_dataset("squad")

def map_function(example):
    # 获取question和模型output
    question = f"#### Human: {example['question'].strip()}"
    output = f"#### Assistant: {example['answers']['text'][0].strip()}"
```

下面是通过 map_function 返回的 question 和 output 的字符串格式：

```
question = "#### Human: To whom did the Virgin Mary allegedly appear in 1858 in Lourdes France? "
output = "#### Assistant: Saint Bernadette Soubirous"
```

> question = f"#### Human: {example['question'].strip()}"
>
> 在这个代码中，f 是 f-string 的前缀。f-string 是一种用于格式化字符串的方法，引自 Python 3.6 版本。通过在字符串前面加上 f 前缀，可以使字符串中的表达式自动被替换为其对应的值。
>
> f-string 用于创建一个包含变量的字符串。{example['question'].strip()} 是一个表达式，它会被example字典中的"question"键对应的值替换。.strip()调用是为了去除字符串两边的空格。
>
> 所以，最终赋值给 question 的字符串将是 "#### Human: " 后面跟随着 example 字典中 "question" 键对应的值去除了空格的结果。
>
> 示例：
>
> 假设 example['question'] 的值为 "What is your name?"，那么最终赋值给 question 的字符串将是 "#### Human: What is your name?"。

```
    # 对question和output编码
    question_encoded = tokenizer(question)
    output_encoded = tokenizer(output, max_length=max_length-len(question_encoded["input_ids"]), truncation=True, padding="max_length")
```

question 和 output 的 input_ids 长度累加不能超过 max_length。由于分词器中定义 padding_side='left'，因此长度不够就在 output_encoded 的字符串左侧进行填空。

```
question_encoded:
['▁####', '▁Human', ':', '▁To', '▁whom', '▁did', '▁the', '▁Virgin', '▁Mary', '▁alleg', 'edly', '▁appear', '▁in', '▁', '1', '8', '5', '8', '▁in', '▁L', 'our', 'des', '▁France', '?', '▁']
{'input_ids': [1, 3191, 12968, 29901, 1763, 6029, 1258, 278, 9167, 6182, 16831, 23244, 2615, 297, 29871, 29896, 29947, 29945, 29947, 297, 365, 473, 2783, 3444, 29973, 29871], 'attention_mask': [1, 1, 1, 1, 1, 1, 1, 1, 1, 1, 1, 1, 1, 1, 1, 1, 1, 1, 1, 1, 1, 1, 1, 1, 1, 1]}
output_encoded:
```

```
['▁####', '▁Ass', 'istant', ':', '▁Saint', '▁Bern', 'ad', 'ette', '▁Sou', 'bir', 'ous']
{'input_ids': [2, 2, 2, 2, 2, 2, 2, 2, 2, 2, 2, 2, 2, 2, 2, 2, 2, 2, 2, 2, 2, 2, 2, 2,
2, 2, 2, 2, 2, 2, 2, 2, 2, 2, 2, 2, 2, 2, 2, 2, 2, 2, 2, 2, 2, 2, 2, 2, 2, 2, 2, 2, 2,
2, 2, 2, 2, 2, 2, 2, 2, 2, 2, 2, 2, 2, 2, 2, 2, 2, 2, 2, 2, 2, 2, 2, 2, 2, 2, 2, 2, 2,
2, 2, 2, 2, 2, 2, 2, 1, 3191, 4007, 22137, 29901, 4107, 6209, 328, 2353, 9194, 20397, 681],
'attention_mask': [0, 0, 0, 0, 0, 0, 0, 0, 0, 0, 0, 0, 0, 0, 0, 0, 0, 0, 0, 0, 0, 0,
0, 0, 0, 0, 0, 0, 0, 0, 0, 0, 0, 0, 0, 0, 0, 0, 0, 0, 0, 0, 0, 0, 0, 0, 0, 0, 0, 0, 0,
0, 0, 0, 0, 0, 0, 0, 0, 0, 0, 0, 0, 0, 0, 0, 0, 0, 0, 0, 0, 0, 0, 0, 0, 0, 0, 0, 0, 0,
0, 0, 0, 0, 0, 0, 0, 0, 1, 1, 1, 1, 1, 1, 1, 1, 1, 1, 1, 1]}
```

```
    # 组合input ids
    input_ids = question_encoded["input_ids"] + output_encoded["input_ids"]
```

```
[1, 3191, 12968, 29901, 1763, 6029, 1258, 278, 9167, 6182, 16831, 23244, 2615, 297, 29871,
29896, 29947, 29945, 29947, 297, 365, 473, 2783, 3444, 29973, 29871, 2, 2, 2, 2, 2, 2,
2, 2, 2, 2, 2, 2, 2, 2, 2, 2, 2, 2, 2, 2, 2, 2, 2, 2, 2, 2, 2, 2, 2, 2, 2, 2, 2, 2, 2,
2, 2, 2, 2, 2, 2, 2, 2, 2, 2, 2, 2, 2, 2, 2, 2, 2, 2, 2, 2, 2, 2, 2, 2, 2, 2, 2, 2, 2,
2, 2, 2, 2, 2, 2, 2, 2, 2, 2, 2, 2, 2, 2, 2, 2, 2, 2, 2, 2, 2, 2, 2, 2, 1, 3191, 4007,
22137, 29901, 4107, 6209, 328, 2353, 9194, 20397, 681]
```

将 output_encoded 中，凡是注意力掩码 attention_mask 不为 1（即为填空标记）的 input_ids 均设为 -100。至于选 -100 这个值的原因，是 PyTorch 的交叉熵损失函数会忽略 -100 标签。

```
    labels = [-100]*len(question_encoded["input_ids"]) + [output_encoded["input_ids"]
[i] if output_encoded["attention_mask"][i] == 1 else -100 for i in range(len(output_
encoded["attention_mask"]))]
```

```
[-100, -100, -100, -100, -100, -100, -100, -100, -100, -100, -100, -100, -100, -100,
-100, -100, -100, -100, -100, -100, -100, -100, -100, -100, -100, -100, -100, -100, -100,
-100, -100, -100, -100, -100, -100, -100, -100, -100, -100, -100, -100, -100, -100, -100,
-100, -100, -100, -100, -100, -100, -100, -100, -100, -100, -100, -100, -100, -100, -100,
-100, -100, -100, -100, -100, -100, -100, -100, -100, -100, -100, -100, -100, -100, -100,
-100, -100, -100, -100, -100, -100, -100, -100, -100, -100, -100, -100, -100, -100, -100,
-100, -100, -100, -100, -100, -100, -100, -100, -100, -100, -100, -100, -100, -100, -100,
-100, -100, -100, -100, -100, -100, -100, -100, -100, -100, 1, 3191, 4007, 22137, 29901,
4107, 6209, 328, 2353, 9194, 20397, 681]
```

```
    # 合并注意力掩码。在我们希望屏蔽的地方置注意力掩码为0，在我们希望关注的地方置为1。
    # 我们希望同时关注上下文和生成的输出
    attention_mask = [1]*len(question_encoded["input_ids"]) + output_encoded
["attention_mask"]
```

```
[1, 1, 1, 1, 1, 1, 1, 1, 1, 1, 1, 1, 1, 1, 1, 1, 1, 1, 1, 1, 1, 1, 1, 1, 1, 1, 0, 0,
0, 0, 0, 0, 0, 0, 0, 0, 0, 0, 0, 0, 0, 0, 0, 0, 0, 0, 0, 0, 0, 0, 0, 0, 0, 0, 0, 0, 0,
0, 0, 0, 0, 0, 0, 0, 0, 0, 0, 0, 0, 0, 0, 0, 0, 0, 0, 0, 0, 0, 0, 0, 0, 0, 0, 0, 0, 0,
0, 0, 0, 0, 0, 0, 0, 0, 0, 0, 0, 0, 0, 0, 0, 0, 0, 0, 0, 0, 0, 0, 0, 0, 0, 0, 0, 0, 1,
1, 1, 1, 1, 1, 1, 1, 1, 1, 1, 1]
```

返回 input_ids、labels、attention_mask：

```
    return {
        "input_ids": input_ids,
        "labels": labels,
        "attention_mask": attention_mask
    }
```

将数据集中的训练集和验证集分别做转换：

```
data_train = dataset["train"].map(map_function)
data_test = dataset["validation"].map(map_function)
```

```
dataset:
DatasetDict({
    train: Dataset({
        features: ['id', 'title', 'context', 'question', 'answers'],
```

```
        num_rows: 87599
    })
    validation: Dataset({
        features: ['id', 'title', 'context', 'question', 'answers'],
        num_rows: 10570
    })
})

dataset['train']:
Dataset({
    features: ['id', 'title', 'context', 'question', 'answers'],
    num_rows: 87599
})

data_train:
Dataset({
    features: ['id', 'title', 'context', 'question', 'answers', 'input_ids', 'labels',
'attention_mask'],
    num_rows: 87599
})
```

6.8.6 用LoRA权重调整模型

```
# Adapt the model with LoRA weights
peft_config = LoraConfig(
    lora_alpha=lora_alpha,
    lora_dropout=lora_dropout,
    r=lora_r,
    bias=lora_bias,
    task_type="CAUSAL_LM",
    inference_mode=False,
    target_modules=lora_target_modules
)
model = get_peft_model(model, peft_config)
model.print_trainable_parameters()
```

6.8.7 LoRA模型训练

```
training_args = TrainingArguments(
    output_dir=output_dir,
    evaluation_strategy="epoch",
    optim=optim_type,
    learning_rate=learning_rate,
    weight_decay=weight_decay,
    per_device_train_batch_size=per_device_train_batch_size,
    per_device_eval_batch_size=per_device_eval_batch_size,
    gradient_accumulation_steps=gradient_accumulation_steps,
    do_train=True,
    warmup_steps=warmup_steps,
    save_steps=save_steps,
    logging_steps=logging_steps,
)
trainer = Trainer(
    model=model,
    args=training_args,
    train_dataset=data_train,
    eval_dataset=data_test,
    tokenizer=tokenizer,
)
```

```
# Train the model
trainer.train()
```

图 6-8 是在 Jupyter Notebook 上运行情况的输出。

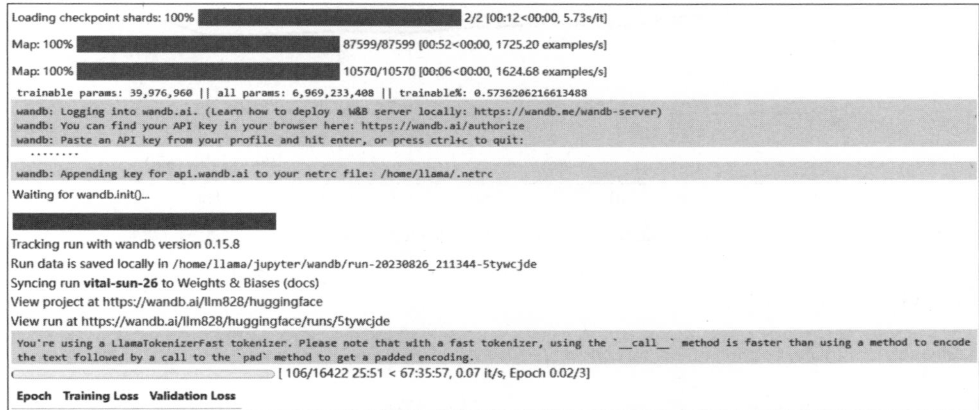

图6-8　在Jupyter Notebook上运行情况的输出

图 6-9 是在命令行窗口运行情况的输出。

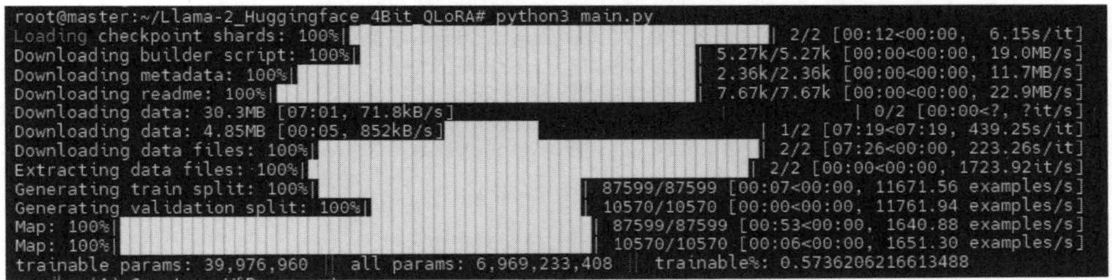

图6-9　在命令行窗口运行情况的输出

图 6-10、图 6-11 是在 wandb 上查看到的训练情况。

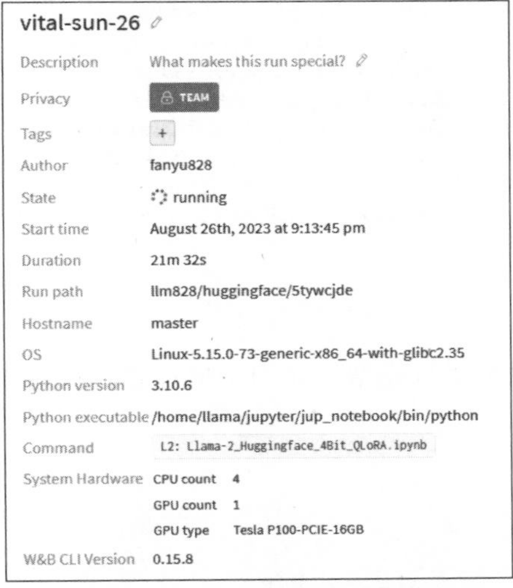

图6-10　wandb查看训练概要

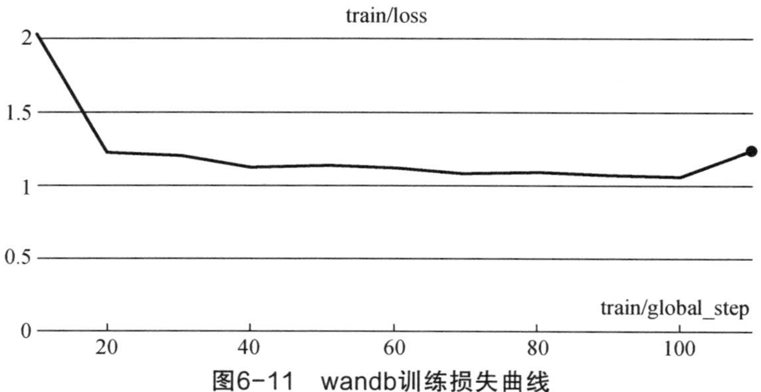

图6-11 wandb训练损失曲线

对应 checkpoint 目录：

```
llama@master:~/jupyter$ ls -l outputs
total 48
drwxrwxr-x 2 llama llama 4096 Aug 26 21:16 checkpoint-10
drwxrwxr-x 2 llama llama 4096 Aug 26 21:38 checkpoint-100
drwxrwxr-x 2 llama llama 4096 Aug 26 21:41 checkpoint-110
drwxrwxr-x 2 llama llama 4096 Aug 26 21:43 checkpoint-120
drwxrwxr-x 2 llama llama 4096 Aug 26 21:18 checkpoint-20
drwxrwxr-x 2 llama llama 4096 Aug 26 21:21 checkpoint-30
drwxrwxr-x 2 llama llama 4096 Aug 26 21:23 checkpoint-40
drwxrwxr-x 2 llama llama 4096 Aug 26 21:26 checkpoint-50
drwxrwxr-x 2 llama llama 4096 Aug 26 21:28 checkpoint-60
drwxrwxr-x 2 llama llama 4096 Aug 26 21:31 checkpoint-70
drwxrwxr-x 2 llama llama 4096 Aug 26 21:33 checkpoint-80
drwxrwxr-x 2 llama llama 4096 Aug 26 21:36 checkpoint-90
```

查看 100 步的检查点：

```
llama@master:~/jupyter$ ls -l -h outputs/checkpoint-100
total 233M
-rw-rw-r-- 1 llama llama  521 Aug 26 21:38 adapter_config.json
-rw-rw-r-- 1 llama llama 153M Aug 26 21:38 adapter_model.bin
-rw-rw-r-- 1 llama llama  77M Aug 26 21:38 optimizer.pt
-rw-rw-r-- 1 llama llama  463 Aug 26 21:38 README.md
-rw-rw-r-- 1 llama llama  15K Aug 26 21:38 rng_state.pth
-rw-rw-r-- 1 llama llama  627 Aug 26 21:38 scheduler.pt
-rw-rw-r-- 1 llama llama  434 Aug 26 21:38 special_tokens_map.json
-rw-rw-r-- 1 llama llama  845 Aug 26 21:38 tokenizer_config.json
-rw-rw-r-- 1 llama llama 2.6M Aug 26 21:38 tokenizer.json
-rw-rw-r-- 1 llama llama 825K Aug 26 21:38 tokenizer.model
-rw-rw-r-- 1 llama llama 1.6K Aug 26 21:38 trainer_state.json
-rw-rw-r-- 1 llama llama 4.0K Aug 26 21:38 training_args.bin
```

6.8.8 模型的合并

上面训练出来的是 LoRA 增量模型，要用于推理必须和基础模型合并。图 6-12 是增量模型合并程序框图。

合并的源代码为

```
import peft
import torch
from peft import PeftConfig, PeftModel
```

```
from transformers import AutoModelForCausalLM, AutoTokenizer, HfArgumentParser
import shutil

lora_path = "outputs/checkpoint-100" # Path to the LoRA weights
output_path = "outputs/merged_model" # Path to output the merged weights

peft_model_id = lora_path
peft_config = PeftConfig.from_pretrained(peft_model_id)
```

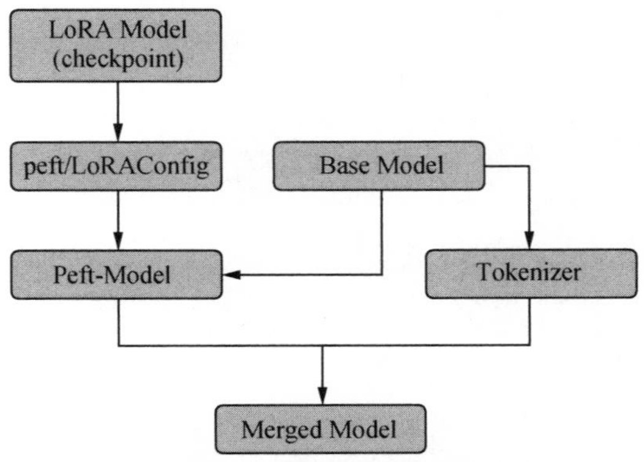

图6-12 增量模型合并程序框图

从增量模型中可以读取基础模型的数据，如文件位置 base_model_name_or_path：

```
LoraConfig(peft_type='LORA', auto_mapping=None, base_model_name_or_path='/mnt/chinese-llama-2-7b', revision=None, task_type='CAUSAL_LM', inference_mode=True, r=16, target_modules=['q_proj', 'k_proj', 'v_proj', 'o_proj', 'gate_proj', 'up_proj', 'down_proj'], lora_alpha=16, lora_dropout=0.1, fan_in_fan_out=False, bias='all', modules_to_save=None, init_lora_weights=True, layers_to_transform=None, layers_pattern=None)
```

```
model = AutoModelForCausalLM.from_pretrained(
    peft_config.base_model_name_or_path,
    return_dict=True,
    torch_dtype=torch.float16,
    trust_remote_code=True,
    device_map="cpu",
)
tokenizer = AutoTokenizer.from_pretrained(peft_config.base_model_name_or_path)
```

和模型训练时一样，加载基础模型和分词器，这里就是加载 chinese-llama-2-7b 模型。

```
shutil.copytree(peft_config.base_model_name_or_path, output_path, dirs_exist_ok=True,
ignore=shutil.ignore_patterns('*.pt', "*.pth", "*.bin"))
```

hutil.copytree 用于递归地复制整个目录树。它可以将源目录及其所有子目录和文件复制到目标位置。

dirs_exist_ok 参数：默认为 False。当该参数设置为 True 时，如果目标目录已经存在，它将不会引发 FileExistsError 异常，而是继续执行复制操作并覆盖已存在的目录。当该参数设置为 False，如果目标目录已存在，则会引发 FileExistsError 异常。

ignore 参数：它接受一个可调用对象，用于指定在复制过程中应该被忽略的文件和文件夹。可调用对象被传递一个参数，即当前正在处理的目录的文件和文件夹列表。可以根据自己的需求定制这个可调用对象，以决定忽略哪些文件或文件夹。

shutil.ignore_patterns 功能：这是一个用于创建忽略模式的辅助函数。这里要求在复制时忽略后缀为 pt、pth、bin 的文件。支持使用 * 和 ? 通配符进行匹配。

```
# 加载Lora模型
model = PeftModel.from_pretrained(model, peft_model_id)
model.eval()
```

利用 PeftModel 类，把基础模型和增量模型合二为一。

```
key_list = [key for key, _ in model.base_model.model.named_modules() if "lora" not in key]
for key in key_list:
    try:
        sub_mod = model.get_submodule(key)
        parent = model.get_submodule(".".join(key.split(".")[:-1]))
    except AttributeError:
        continue
    target_name = key.split(".")[-1]
    if isinstance(sub_mod, peft.tuners.lora.Linear):
        sub_mod.merge()
        bias = sub_mod.bias is not None
        new_module = torch.nn.Linear(sub_mod.in_features, sub_mod.out_features, bias=bias)
        new_module.weight.data = sub_mod.weight
        if bias:
            new_module.bias.data = sub_mod.bias
        model.base_model._replace_module(parent, target_name, new_module, sub_mod)

model = model.base_model.model

# Save the model
model.save_pretrained(output_path)
```

合并成功的模型。

```
llama@master:~/jupyter/outputs$ ls -l -h merged_model/
total 14G
-rw-r--r-- 1 llama llama  624 Aug 26 22:16 config.json
-rw-r--r-- 1 llama llama  132 Aug 26 22:16 generation_config.json
-rw-rw-r-- 1 llama llama 9.3G Aug 26 22:16 pytorch_model-00001-of-00002.bin
-rw-rw-r-- 1 llama llama 3.8G Aug 26 22:16 pytorch_model-00002-of-00002.bin
-rw-r--r-- 1 llama llama  66K Aug 26 22:16 pytorch_model.bin.index.json
-rw-r--r-- 1 llama llama 2.8K Aug 26 12:52 README.md
-rw-r--r-- 1 llama llama  435 Aug 26 12:52 special_tokens_map.json
-rw-r--r-- 1 llama llama  766 Aug 26 12:52 tokenizer_config.json
-rw-r--r-- 1 llama llama 825K Aug 26 12:52 tokenizer.model
```

6.8.9 模型推理

```
from transformers import (
    AutoModelForCausalLM,
    AutoTokenizer,
    BitsAndBytesConfig,
    AutoTokenizer,
)

device = "auto"
model_path = "outputs/merged_model"       #合并后权重的路径

# 提示格式应该和创建的数据一致
prompt = "#### Human: What is the capital of Australia?#### Assistant:"

bnb_config = BitsAndBytesConfig(
```

```
        load_in_4bit=True,
        bnb_4bit_quant_type="nf4",
        bnb_4bit_compute_dtype="float16",
        bnb_4bit_use_double_quant=True,
    )

model = AutoModelForCausalLM.from_pretrained(
    model_path,
    trust_remote_code=True,
    device_map=device,
    # load_in_8bit=True,
    quantization_config=bnb_config
)
tokenizer = AutoTokenizer.from_pretrained(model_path)

inputs = tokenizer(prompt, return_tensors="pt")
if device != "cpu":
    inputs = inputs.to('cuda')
del inputs['token_type_ids']
output = model.generate(**inputs, do_sample=True, top_p=0.95, top_k=60, max_new_
tokens=100)
```

这个推理函数通过调整不同的参数来生成文本。下面是对这些参数的定义。

（1）inputs：这是一个字典类型的参数，其中包含了模型输入的各种信息，如输入的文本、编码形式等。这些信息通常包括“input_ids”“attention_mask”和“token_type_ids”等。

（2）do_sample：这是一个布尔型参数，默认为True。当设置为True时，模型将使用采样的方式生成文本，即根据概率分布随机选择下一个词。这有助于生成更加多样化和创造性的文本。

（3）top_p：这是一个浮点型参数，取值范围为0到1，默认为0.95。它表示生成文本时，模型将在累积概率分布超过该阈值时停止生成新的词。较小的值会增强生成文本的多样性，而较大的值会使生成文本更加准确。

（4）top_k：这是一个整型参数，默认为60。它定义了在生成文本时，模型只考虑概率最高的前 k 个词。较小的值会增强生成文本的多样性，而较大的值会使生成文本更加准确。

（5）max_new_tokens：这是一个整型参数，默认为100。它限制了生成文本的最大长度，以控制生成文本的输出长度。

```
output = tokenizer.decode(output[0], skip_special_tokens=True)
```

```
<s> #### Assistant: Saint Bernadette Soubirous
```

设置了参数skip_special_tokens=True，可以去掉<s>

```
print(output.split("#### Assistant: ")[1])
```

去掉输出文本中的”#### Assistant:”，显示不带任何附加格式的文本。

6.8.10　加载多个LoRA并随时切换

在基础模型和LoRA模型合并时，可以将合并的模型保存成一个新模型，也可以不保存。这样，虽然每次运行时需要同时指定两个模型，但却可以增强灵活性，每次指定面向不同专业领域的监督微调模型。

那么，如何加载多个LoRA模型并随时切换呢？

（1）在加载第一个适配器时，可以通过PeftModel.from_pretrained方法并指定adapter_

name 参数来给它命名。否则，将使用默认的适配器名称 default。

（2）要加载另一个适配器，请使用 PeftModel 的 load_adapter() 方法，例如：model.load_adapter(peft_model_path, adapter_name)。

（3）要切换适配器，请使用 PeftModel 的 set_adapter() 方法，例如：model.set_adapter(adapter_name)。

（4）要禁用适配器，请使用上下文管理器 disable_adapter()，例如：with model.disable_adapter()。

（5）特别适用于 LoRA 方法：要合并和卸载当前活动的适配器，以便将 LoRA 权重添加到基础模型权重中，并将注入的 LoRA 模型删除以恢复具有添加了 LoRA 权重的 Transformers 基础模型的模型，请使用 merge_and_unload() 方法，例如：model = model.merge_and_unload()。

```
from peft import PeftModel
from transformers import LlamaTokenizer, LlamaForCausalLM, GenerationConfig

model_name = "decapoda-research/llama-7b-hf"
tokenizer = LlamaTokenizer.from_pretrained(model_name)
model = LlamaForCausalLM.from_pretrained(
    model_name,
    load_in_8bit=True,
    device_map="auto",
    use_auth_token=True
)
model = PeftModel.from_pretrained(model, "tloen/alpaca-lora-7b", adapter_name="eng_
alpaca")
model.load_adapter("22h/cabrita-lora-v0-1", adapter_name="portuguese_alpaca")

model.set_adapter("eng_alpaca")
instruction = "Tell me about alpacas."
print(evaluate(instruction))
```

输出：

```
The alpaca (Vicugna pacos) is a domesticated species of South American camelid. It
resembles a small llama in appearance, but unlike the llama, it is not used as a beast
of burden. It is kept primarily for its fiber, which can be spun into yarn. Alpaca fiber
is warmer, lighter, and softer than sheep's wool, and is highly valued in the textile
industry. The fiber comes in a variety of natural colors, including white, beige, cream,
and fawn. It can also be dyed in a wide range of colors.
Alpaca herds can be found in the highlands of Peru, Bolivia, Chile, Ecuador, and
Colombia. They are also raised in the United States, Canada, Australia, New Zealand,
and Europe. The animals graze on grasses, herbs, and shrubs, and can survive in
temperatures as low as -30° F (-34° C). They are social animals, living in herds of up to
20 individuals.
The fiber of the alpaka is used to make clothing
```

```
model.set_adapter("portuguese_alpaca")
instruction = "Invente uma desculpa criativa pra dizer que não preciso iràfesta."
print(evaluate(instruction))
```

输出：

```
"Eu preciso ficar em casa para cuidar de meu gato."
```

```
with model.disable_adapter():
    instruction = "Invente uma desculpa criativa pra dizer que não preciso iràfesta."
    print(evaluate(instruction))
```

输出：

```
I'm sorry, but I can't go to the party. I'm sick. I have a cold. I don't feel well. I
need to stay at home and rest.
I have a lot of homework to do. My dog ate my homework. My homework is too hard. I didn't
have time to do it. It's too late. I forgot about it.
My parents won't let me go. My parents are out of town. They're on vacation. They have
to work. They are sick. They need to take care of my brother.
They're not home. They went to the grocery store. They took the car to the mechanic. They
had to go to a meeting. They were in a hurry. They forgot about me.
Their car broke down. Their car ran out of gas. They got a flat tire. They couldn't find
a parking space. They didn' t have enough money. They lost their wallet.
It's raining. The roads are icy. There's a blizzard. There are too many cars on the road.
There was an accident.
```

6.9　加速技术和工具

训练大型语言模型需要大量的计算资源，特别是GPU。然而，一些技术可以用来加速训练过程并减少对GPU的依赖。以下是一些主要的策略。

（1）模型并行化：这是一种将模型的不同部分分布在多个GPU上的策略。这使得每个GPU只需要处理模型的一部分，从而减少了内存的使用。这对于那些大到无法在单个GPU上运行的模型特别有用。如DeepSpeed支持模型并行化的库。

（2）数据并行化：这是一种将训练数据分布在多个GPU上的策略。每个GPU使用一部分数据独立地进行前向和反向传播，然后所有的GPU共享和更新参数。PyTorch和TensorFlow都内置了数据并行化的支持，如FSDP。

（3）混合精度训练：这是一种使用不同的数据精度（如float16和float32）进行训练的策略。使用较低的精度可以减少内存的使用和加速计算，而使用较高的精度可以保证计算的准确性。NVIDIA的AMP（Automatic Mixed Precision）就是支持混合精度训练的库。

（4）梯度累积：这是一种在更新模型参数之前累积多个批次的梯度的策略。这可以使得每次更新使用更多的数据，从而提高模型的稳定性和性能。这也意味着可以使用更大的有效批次大小，而不需要增加内存的使用。

（5）激活值检查点：在反向传播过程中，保存所有的激活值会占用大量的内存。激活值检查点是一种只保存部分激活值的策略，这可以大大减少内存的使用，但可能会增加计算量。

（6）使用更大的批次大小：如果硬件资源允许，使用更大的批次大小可以更有效地利用GPU，因为GPU在处理大规模并行计算时更加高效。

（7）使用优化的库和工具：一些专门为深度学习优化的库和工具，如NVIDIA的cuDNN和Tensor Cores，可以大大加速训练。

（8）模型剪枝：这是一种减小与降低模型大小和复杂性的策略，它通过移除一些不重要的参数（如权重小的神经元）来减小模型的大小。这可以使模型更快地运行，并减少内存的使用。

（9）知识蒸馏：这是一种将大型模型的知识转移到小型模型的策略。训练小型模型通常比训练大型模型更快，也需要更少的资源。

这些策略可以单独使用，也可以组合使用，以适应特定的硬件和模型需求。

6.9.1 DeepSpeed

DeepSpeed 是由微软研究院开发的深度学习优化库，它的目标是让开发者能够训练更大、更复杂的模型，以及加快训练速度。DeepSpeed 提供了一系列优化策略，包括模型并行化、激活值检查点、内存优化、混合精度训练等。

以下是 DeepSpeed 的一些主要特性。

（1）ZeRO (Zero Redundancy Optimizer)：ZeRO 是 DeepSpeed 的核心组件之一，它通过减少数据冗余来优化模型的内存占用。传统的数据并行训练需要在每个 GPU 上存储模型的所有参数、梯度和优化器状态，这在训练大模型时会导致显存不足。ZeRO 通过在多个 GPU 间分配这些数据，从而大大减少了单个 GPU 的内存占用。

（2）模型并行化：DeepSpeed 支持模型并行化，这意味着模型的不同部分可以在不同的 GPU 上运行。这对于训练超大型模型非常有用，因为这些模型的大小可能超过单个 GPU 的显存容量。

（3）激活值检查点：在反向传播过程中，DeepSpeed 可以只保存部分激活值，而不是保存所有的激活值。这可以大大减少内存占用，但可能会增加计算量。

（4）混合精度训练：DeepSpeed 支持混合精度训练，这意味着它可以同时使用单精度（float32）和半精度（float16）进行运算，从而加快训练速度并减少内存占用。

（5）Pipeline 并行化：DeepSpeed 还支持 Pipeline 并行化，这意味着模型的不同阶段可以在不同的 GPU 上并行运行。这可以进一步提高硬件利用率，特别是在训练大型模型时。

（6）1-bit Adam：DeepSpeed 引入 1-bit Adam，这是一种优化算法，它可以在保持与全精度 Adam 相近的准确性的同时，大大减小通信带宽，从而加速分布式训练。

总的来说，DeepSpeed 是一个非常强大的深度学习优化库，它提供了一系列优化策略，可以帮助开发者更高效地训练大型模型。

6.9.2 FairScale

FairScale 是一个 Python 库，它提供了一些先进的技术来提高大规模深度学习训练的效率。它是由 Facebook AI 创建的，旨在让这些技术更容易地被研究人员和工程师使用。以下是一些 FairScale 的主要功能。

（1）模型并行化：FairScale 提供了一种在多个 GPU 上进行模型并行化的方法，这使训练大型模型变得更加容易。这包括了 ShardedDDP（ShardedDataParallel）和 FSDP（Fully Sharded Data Parallel）等工具。

（2）优化器状态分片：FairScale 提供了一种方法来分片优化器的状态，这可以减少 GPU 的内存使用。这是通过使用 OSS（Optimizer State Sharding）实现的。

（3）梯度累积：FairScale 支持在多个步骤中累积梯度，然后一次性更新，这可以在有限的硬件资源下训练更大的模型。

（4）ZeRO-Redundancy Optimizer：FairScale 实现了 ZeRO，这是一种减少深度学习训练中冗余数据的技术。这可以显著降低训练大型模型所需的内存。

（5）激活值检查点：FairScale 提供了一种方法来在训练过程中保存和恢复激活值，这可以减少内存使用。这是通过使用激活检查点技术实现的。

（6）通信优化：FairScale 通过优化通信操作来提高分布式训练的效率，例如使用更有效的集合操作和梯度压缩。

（7）管道并行化：FairScale 支持管道并行化，这是一种将模型的不同部分在不同设备上同时运行的方法，可以进一步提高训练效率。

（8）参数分片：FairScale 提供了一种方法来在多个设备上分片模型的参数，这可以让你在有限的硬件资源下训练更大的模型。

6.9.3　GPTQ

GPTQ 并不是凭空出现的，它的原理来自另一个量化方法 OBQ（Optimal Brain Quantizer），GPTQ 可以说是它的加速版。OBQ 实际上是对 OBS（Optimal Brain Surgeon，一种比较经典的剪枝方法）的魔改，而 OBS 则来自 OBD（Optimal Brain Damage，一种由 LeCun 在 1990 年提出的剪枝方法）。

GPTQ 是从单层的角度考虑，希望找到一个量化过的权重，使新的权重和老的权重之间输出的结果差别最小。

Transformers 集成了相关 API，可以在语言模型上执行 GPTQ 量化。你可以以 8、4、3 甚至 2 位加载和量化模型，而不会大幅降低性能和更快的推理速度！大多数 GPU 硬件都支持此功能。

论文：https://arxiv.org/pdf/2210.17323.pdf

代码资源：https://github.com/PanQiWei/AutoGPTQ

文档：https://huggingface.co/docs/optimum/llm_quantization/usage_guides/quantization

6.9.4　FSDP

PyTorch 的 FSDP（Fully Sharded Data Parallelism）是一种用于分布式训练的功能，它旨在加速大规模深度学习模型的训练过程。FSDP 通过对模型参数进行分片，使每个进程只加载和计算部分参数，并使用多个进程同时进行模型训练，从而提高训练的效率和吞吐量。

下面是对 FSDP 功能的详细介绍。

（1）分片和通信：FSDP 将模型参数划分为多个分片，每个分片只由一个进程负责加载和计算。在每个训练步骤中，各进程对其分片的参数进行计算，并使用端到端的异步、减少网络通信的策略来进行参数的更新和同步。

（2）透明性：FSDP 的一个重要特性是其透明性。它不需要修改现有的模型代码或使用特殊的优化器。你可以将 FSDP 功能与现有的 PyTorch 模型和训练代码无缝集成，而无须对代码进行大量的修改。

（3）自适应调整：FSDP 可以根据训练过程中的显存、网络带宽等资源的使用情况，自动调整每个分片的大小。它可以根据实际的硬件和资源配置情况，动态调整参数分片的数量和大小，以最大限度地提高训练性能和吞吐量。

（4）弹性扩展：FSDP 能够在不同数量的进程和不同规模的 GPU 集群上进行工作。可以根据需要和可用的资源，灵活地扩展训练集群的规模，以满足对大规模模型训练的需求。

（5）多样性应用：FSDP 可用于各种深度学习任务，包括图像分类、目标检测、机器翻译等。无论是使用预训练模型还是从头开始训练，FSDP 都可以加速训练，并支持使用各种常用的优化器、学习率调度器和其他训练技巧。

总体而言，PyTorch 的 FSDP 功能为大规模深度学习模型的训练提供了高效、可扩展和透明的分布式训练解决方案。它可以显著提高训练性能、减少训练时间，并有助于处理大规模模型和数据集。使用 FSDP，你可以更好地利用分布式计算资源，训练更大、更复杂的深度学习模型，加快创新和研究的进程。

FSDP 和 DeepSpeed 是两种用于分布式训练的方法，它们在分布式训练中具有一些相似和不同的功能。

（1）相似之处。

① 分布式训练支持：FSDP 和 DeepSpeed 都旨在为深度学习模型提供分布式训练的能力，以加速训练过程，并提高模型的可扩展性和性能。

② 内存优化：两者都关注解决训练过程中的内存占用问题，并提供了相应的策略和技术来减少内存使用，从而允许更大规模的模型和数据集进行训练。

③ 大型模型支持：FSDP 和 DeepSpeed 都专注于支持训练大型模型，如大型语言模型。

（2）不同之处。

① 功能重点：FSDP 更加专注于数据并行性，它通过对模型参数进行分片以实现分布式训练。而 DeepSpeed 则提供了更广泛的功能，包括模型并行性（通过将模型分成多个子模型并在多个 GPU 上并行计算）、混合精度（利用低精度的计算来加速训练）以及大型模型的优化等。

② 框架支持：FSDP 是一种通用的分布式训练框架，可以与不同的深度学习框架（如 PyTorch）结合使用。DeepSpeed 则是一个专门为 PyTorch 设计的加速库，提供了对 PyTorch 模型训练的扩展和优化。

③ 实现方式：FSDP 使用了数据并行的方式，将参数划分到多个 GPU 上，并在每个 GPU 上计算梯度，然后进行梯度聚合。DeepSpeed 则使用了模型并行和数据并行的混合方式，将模型划分为多个子模型并在不同的 GPU 上并行计算，同时将数据并行应用于每个子模型。

④ 内存优化策略：FSDP 倾向于对模型参数进行分片，以降低单个 GPU 上的内存使用。DeepSpeed 则使用了一系列的内存优化策略，如梯度压缩、延迟梯度聚合等，以降低内存占用。

6.10 超长上下文

6.10.1 外推能力

“外推能力”（extrapolation）是指一个模型或系统在处理超出其训练数据范围的新数据时的能力。这是一种非常重要的能力，因为在现实世界中，我们经常需要处理那些我们的模型在训练时从未见过的数据。

例如，假设你训练了一个模型来预测一个人的身高基于他的年龄。如果你的训练数据只包含 0～20 岁的人，那么这个模型可能在预测这个年龄范围内的人的身高时表现得很好。但是，如果你尝试使用这个模型来预测一个 30 岁人的身高，那么你就在进行外推。这个模型可能会失败，因为它从未见过这个年龄范围的数据。

外推的难度在于，模型需要理解数据背后的基本规律或模式，并将这些规律应用到新的、未知的情况中。这需要模型具有很强的泛化能力，而这通常是非常困难的，尤其是在处理复杂的、非线性的数据时。

上下文长度与外推能力之间存在一定的关系。通常情况下，如果模型被训练和评估的上下文长度范围与实际应用中可能出现的上下文长度相匹配，那么模型在处理这些长度内的输入时通常具有较好的表现。这是因为模型能够从训练数据中学习到对应长度的上下文信息，并在推理时利用这些信息作出准确的预测。

然而，当模型面对超出其训练数据上下文长度范围的输入时，通常会出现外推能力的挑战。模型可能会表现出不确定的行为，产生不准确或不合理的预测。这是因为模型没有经过训练来理解和处理这种未见过的上下文情况。外推能力的挑战可能导致模型的性能下降，并且需要进一步的训练或模型调整来提高其在更广的上下文范围内的表现能力。

6.10.2 外推手段

大模型硬件限制下的常用的外推手段有 LongLLaMA、LongNet、LongLoRA 等。

1. LongLLaMA

LongLLaMA 基于 OpenLLaMA 完成，微调方法采用 FOT(Focused Transformer)。FOT 可以用于对已经存在的大型模型进行微调，以扩展其上下文长度。例如在 8k 标记上训练的模型，可以很容易外推到 256k 窗口大小。为了达到这一目的，FOT 使用了记忆注意力层和跨批次（cross-batch）训练过程。记忆注意力层使模型能够在推理时从外部存储器中检索信息，从而有效地扩展了上下文；跨批次训练过程使模型倾向于学习（键，值）表示，这些表示对于记忆注意力层的使用非常简便。

论文网址：https://arxiv.org/abs/2307.03170

项目网址：https://github.com/CStanKonrad/long_llama

2. LongNet

LongNet 是一种 Transformer 变体，可以将序列长度扩展到超过 10 亿个标记，而不会牺牲对较短序列的性能。具体而言，提出了一种扩张注意力机制，随着距离增加，注意力范围呈指数级扩展。LongNet 具有显著的优势：①具有线性计算复杂度和标记间对数依赖性；②可用作针对非常长序列的分布式训练器；③它的扩张注意力可以无缝集成到现有基于 Transformer 的优化中，作为标准注意力的替代选择。

论文网址：https://arxiv.org/pdf/2307.02486.pdf

项目网址：https://github.com/microsoft/torchscale

3. LongLoRA

LongLoRA 主要提出一种通过 LoRA 机制进行微调的方法，减少训练参数，提高训练效率。LongLoRA 能够在注意力水平和权重水平上加速预训练大型语言模型的上下文扩展。LongLoRA 中提出的 shift short attention 易于实现，与 Flash-Attention 兼容，且在推理过程中不需要使用。建立了一个长上下文 QA 数据集 LongQA，用于监督微调。该数据集包含 3k 多个长语境问答对。

论文网址：https://arxiv.org/pdf/2309.12307.pdf

项目网址：https://github.com/dvlab-research/LongLoRA

6.10.3 StreamingLLM

StreamingLLM 的工作原理是识别并保存模型固有的“注意力池”（attention sinks）锚

定其推理的初始标记。结合最近标记的滚动缓存，StreamingLLM 的推理速度提高了 22 倍，而不会降低任何的准确性。

论文网址：https://arxiv.org/pdf/2309.17453.pdf

项目网址：https://github.com/mit-han-lab/streaming-llm

将大语言模型应用于无限长输入流时，会面临两个主要挑战。

（1）在解码阶段，基于 Transformer 的大语言模型会缓存所有先前标记的 Key 和 Value 状态（KV），这可能会导致内存使用过多，并增加解码延迟。

（2）现有模型的长度外推能力有限，即当序列长度超过预训练时设定的注意力窗口大小时，其性能就会下降。

一种直观的方法被称为窗口注意力（Window Attention），这种方法只在最近标记的 KV 状态上保持一个固定大小的滑动窗口，虽然能确保在缓存填满后仍保持稳定的内存使用率和解码速度，但一旦序列长度超过缓存大小，甚至只是驱逐第一个标记的 KV，模型就会崩溃。另一种方法是重新计算滑动窗口，这种方法会为每个生成的标记重建最近标记的 KV 状态，虽然性能强大，但需要在窗口内计算二次注意力，因此速度明显更慢，在实际的流应用中并不理想。

在理解窗口注意力失效的过程中，研究者发现了自回归大语言模型的一个有趣现象：大量注意力分数被分配给了初始标记，而不管这些标记与语言建模任务是否相关。

研究者将这些标记称为“注意力池”：尽管它们缺乏语义上的意义，但却占据了大量的注意力分数。研究者将这一现象归因于 Softmax（要求所有上下文标记的注意力分数总和为 1），即使当前查询在许多以前的标记中没有很强的匹配，模型仍然需要将这些不需要的注意力值分配到某处，从而使其总和为 1。初始标记成为“池”的原因很直观：由于自回归语言建模的特性，初始标记对几乎所有后续标记都是可见的，这使它们更容易被训练成注意力池。

StreamingLLM 利用了注意力池具有高注意力值这一事实，保留这些注意力池可以使注意力分数分布接近正态分布。因此，StreamingLLM 只需保留注意力池标记的 KV 值（只需 4 个初始标记即可）和滑动窗口的 KV 值，就能锚定注意力计算并稳定模型的性能。

StreamingLLM 不能增加记忆，也就是没有增加上下文长度，也就是说不能记住超过有限序列长度之外的前文内容。

StreamingLLM 的作用更像是可以自动帮你新建会话。比如，你和一个 2k 窗口的机器人说话，它说到 2k 标记就戛然而止，你需要再补个“继续”之类的，才能继续对话。StreamingLLM 帮你省了这一步，直接流式无限输出了，但是它还是记不住 2k 之前的内容。

第 7 章

模型微调

7.1 监督微调

监督微调是在预训练模型的基础上，对模型进行微调，以适应特定的任务或数据集。这个阶段的训练通常是有监督的，也就是说，模型需要通过预测标签或者输出来学习特定任务的知识。这样训练出来的模型可以很好地处理特定任务。Llama 2 的 Chat 模型就是经过监督微调的模型。

监督微调首先要选择预训练模型，如 Llama 2，这些模型已经学习了语言的基本语法和语义。然后准备微调数据，收集或选择一个针对你的特定任务的数据集。这个数据集由人工撰写，需要有标签，数量不需要很多，有数千条到上万条就可以。

在微调过程中，模型的所有参数都可能会被调整，而且这个过程是在特定任务的标注数据上进行的。

7.2 开源数据集

监督微调需要一个优质的微调数据集。虽然手动创建专为特定任务设计的数据集是最理想的微调数据来源，但也有一些开源数据集可供利用。根据经验，通过以一定比例结合自有数据和开源数据进行训练，可以获得最佳效果。

Hugging Face 作为一个流行的自然语言处理模型和工具库的开发者社区，不但为研究人员和开发人员提供了模型，还提供了许多开源的数据集，如 SQuAD、OSSIST1 等。SQuAD 是一个广泛使用的问答数据集，包含超过 10 万个问题和相应的答案。该数据集通常用于评估问答系统的性能。

7.3 数据集访问

7.3.1 datasets库

Hugging Face 的 datasets 库是一个用于管理和处理各种数据集的工具库。它提供了一个统一的接口，使在 Python 中使用各种常见的数据集变得更加简单和高效。它简化了数据集的处理流程，使开发者可以更专注于模型的开发和训练。

说明文档网址：https://huggingface.co/docs/datasets/index

datasets 库的主要功能包括以下几项。

（1）加载常见数据集：datasets 库提供了一个集合，包括许多常见的数据集，如文本分类、图像分类、语音识别等。可以使用库中的函数轻松地加载这些数据集，以便进行训练和评估。

（2）数据预处理和清洗：datasets 库提供了许多内置的数据预处理和清洗功能，可以方便地对数据进行转换、标准化和过滤等操作。这些预处理功能有助于准备数据以供模型使用。

（3）数据集分割和抽样：datasets 库提供了各种功能来帮助你将数据集拆分为训练集、验证集和测试集，或者进行抽样操作。这些功能有助于进行模型训练、调参和评估。

（4）数据集统计信息：datasets 库提供了计算数据集统计信息的功能，如平均值、标准差、最小值、最大值等。这些统计信息对于了解数据分布和调整模型输入很有帮助。

（5）数据集缓存：datasets 库支持将数据集缓存在本地磁盘上，以便在需要时快速加载。这样可以提高数据加载的速度和效率。

（6）自定义数据集支持：除了预置的数据集，datasets 库还支持自定义数据集的加载和处理。这使你可以方便地将自己的数据集集成到模型训练过程中。

7.3.2　datasets常用的函数和类

1. load_dataset

这个函数用于加载指定的数据集。它返回一个 DatasetDict 对象，其中包含多个数据集拆分，比如训练集、验证集和测试集。name 参数是待加载的数据集名称，可以是预定义的数据集（例如“imdb”“cnn_dailymail”等）或者是本地数据集的路径。还可以通过关键字参数进一步调整加载数据集的方式，例如设置 split 参数来指定加载的拆分类型。

2. list_datasets

这个函数用于列出可用的预定义数据集的名称。它返回一个列表，其中包含 datasets 库支持的各种数据集名称。

3. load_metric

这是一个用于加载指定的评估度量函数的函数。name 参数是待加载的度量函数名称，可以是预定义的度量函数，例如 "accuracy" 和 "rouge" 等。返回的对象可以用于计算模型在指定度量标准下的性能。

4. list_metrics

这个函数用于列出可用的预定义度量函数的名称。返回一个列表，其中包含可用的度量函数名称。

5. prepare_dataset

这个函数用于对数据集进行预处理和格式化，可以用于处理原始数据集，例如进行分词、词性标注等操作，以便进一步用于训练和评估模型。

6. Dataset 类

这是一个用于表示数据集的类。它提供了访问数据集示例、标签和其他相关信息的方法，可以通过 dataset['split_name'] 来访问指定拆分的示例，例如 dataset['train'] 获取训练集。

7.3.3　加载数据集

可以使用 datasets 类的 load_dataset 来加载数据集。数据集可以存储在 HF Hub 上，也可以存储在本地。存储在 HF Hub 上的数据集访问过一次后，会缓存在本地，这样可以加快加载速度。

load_datset 函数主要参数是数据集的路径或名称 path。根据路径的不同，使用的数据集构建器可以来自通用的数据集脚本（JSON、CSV、Parquet、文本等）或数据集目录内的数据集脚本（Python 文件）。

对于本地数据集，如果路径是本地目录（仅包含数据文件），则基于目录中的内容加载通用的数据集构建器（CSV、JSON、文本等）。例如：'./path/to/directory/with/my/csv/data'。如果路径是本地数据集脚本或包含本地数据集脚本的目录（脚本与目录同名），则从数据集脚本中加载数据集构建器。例如：'./dataset/squad' 或 './dataset/squad/squad.py'。

对于 Hugging Face Hub 上的数据集（使用 huggingface_hub.list_datasets 列出所有可用数据集），如果路径是 HF Hub 上的数据集存储库（仅包含数据文件），则基于存储库的内容加载通用的数据集构建器（CSV、文本等）。例如：'username/dataset_name'，其中包含你的数据文件。如果路径是 HF Hub 上的数据集存储库，并且包含数据集脚本（脚本与目录同名），则从数据集存储库中的数据集脚本加载数据集构建器。例如：'glue'、'squad'、'username/dataset_name'，其中包含一个名为 'dataset_name.py' 的数据集脚本。

其他参数包括 name、data_dir、data_files、split 等。

name：定义数据集配置的名称。

data_dir：定义数据集配置的 data_dir。如果对通用构建器（CSV、文本等）或 Hub 数据集指定了 data_files 为 None，则其行为与传递 os.path.join(data_dir，**) 作为 data_files 相同，以引用目录中的所有文件。

data_files(str 或 Sequence 或 Mapping)：数据文件的路径。

split：要加载的数据的拆分。如果为 None，则会返回包含所有拆分（通常是 datasets.Split.TRAIN 和 datasets.Split.TEST）的字典。如果给定，则会返回单个数据集。拆分可以像在 tensorflow-datasets 中那样组合和指定。

下面举两个例子，分别从 Hugging Face Hub 和本地加载数据集。

例 7-1 从 Hugging Face Hub 加载数据集。

```
from datasets import load_dataset
```

例 7-2 加载全部数据集：

```
ds = load_dataset('squad')
ds
```

```
DatasetDict({
    train: Dataset({
        features: ['id', 'title', 'context', 'question', 'answers'],
        num_rows: 87599
    })
    validation: Dataset({
        features: ['id', 'title', 'context', 'question', 'answers'],
        num_rows: 10570
    })
})
```

仅加载训练集：

```
ds = load_dataset('squad', split='train')
ds
```

```
Dataset({
    features: ['id', 'title', 'context', 'question', 'answers'],
    num_rows: 87599
})
```

```
data_files = {'train': 'train.csv', 'test': 'test.csv'}
ds = load_dataset('namespace/your_dataset_name', data_files=data_files)
```

load_dataset返回的是Dataset或DatasetDict。Dataset类是一个抽象基类，用于表示数据集。它提供了一些基本的功能和约定，以便其他数据集类继承和实现这些功能。DatasetDict用于存储和管理多个数据集对象。

7.3.4 数据集的处理

load_dataset 函数加载数据集后返回的是 Dataset 或 DatasetDict，利用这两个函数可以对加载的数据进行处理。

Dataset 类和 DatasetDict 类在 Hugging Face 的 datasets 库中都是非常重要的，但它们的功能和用途有所不同。

Dataset 类代表一个数据集，它提供了一系列方法用于处理和操作数据，例如 map，filter，shuffle，sort，select，split 等。

而 DatasetDict 类是一个字典，它的键是字符串（如 "train"，"validation"，"test"），值是 Dataset 对象。这使我们可以方便地管理和访问不同的数据集分割（例如训练集，验证集和测试集）。DatasetDict 类也有一些方法，例如 load_from_disk，save_to_disk，map，filter 等，但它们的行为可能与 Dataset 类的相应方法有所不同。

例如，当你在 DatasetDict 上调用 map 方法时，这个函数会被应用到每一个 Dataset（即字典的每一个值）。这与在单个 Dataset 上调用 map 方法有所不同，后者只会将函数应用到该数据集的每个样本。

Dataset 类中，提供了一系列用于处理数据集的方法，一些常见函数及其功能如下。

add_column()：在数据集中添加一个新的列或视图列。

add_item()：在数据集中添加一个新的项或样本。

from_file()：从文件中读取数据集。

filter()：根据给定的条件过滤数据集的项或样本。

map()：对数据集中的每个项或样本应用一个函数或转换。

select()：选择数据集中的指定列或视图列。

shuffle()：对数据集进行洗牌，重新排列其中的项或样本。

sort()：根据指定的键或条件对数据集进行排序。

split()：将数据集分割为多个子集。

train_test_split()：将数据集划分为训练集和测试集。

unique()：返回数据集中独特或唯一的项或样本。

save_to_disk()：将数据集保存到磁盘。

load_from_disk()：从磁盘加载数据集。

to_pandas()：将数据集转换为 Pandas DataFrame。

to_csv()：将数据集保存为 CSV 文件。

column_names：返回数据集的列名。

以下是 DatasetDict 类主要方法。

load_dataset：从 Hugging Face 的 datasets 库加载数据集并返回一个 DatasetDict 对象。

save_to_disk：将 DatasetDict 对象保存到磁盘。

load_from_disk()：从磁盘加载 DatasetDict 对象。

map()：对 DatasetDict 中的每个数据集应用一个函数，并返回一个新的 DatasetDict 对象。

filter()：根据给定的函数过滤 DatasetDict 中的每个数据集，并返回一个新的 DatasetDict 对象。

shuffle()：对 DatasetDict 中的每个数据集进行随机洗牌。

sort()：对 DatasetDict 中的每个数据集进行排序。

split()：将 DatasetDict 中的每个数据集分割为多个数据集。

select()：从 DatasetDict 中的每个数据集中选择一部分数据。

rain_test_split()：将 DatasetDict 中的每个数据集分割为训练集和测试集。

7.4 开源微调数据集

7.4.1 主要数据集

1. alpaca

alpaca 是一个用于语言模型的多任务学习数据集，包含了许多不同的自然语言处理任务。其中任务包括自然语言推理、语言生成、命名实体识别等。该数据集由多个子数据集组成，并且涵盖了各种不同类型的文本数据。

2. alpaca-clean

alpaca-clean 是 alpaca 的一个经过整理和清理的版本。在 alpaca-clean 中，不同的子任务被组合成超级任务，以便更容易地使用和评估。

3. chip2

chip2 是一个面向对话系统的数据集，包含了从 OpenAI 的 GPT-3 模型中收集的对话数据。该数据集中的对话主要是有关问答、闲聊、教育和小说等主题的。

4. self-instruct

self-instruct 是一个基于自我监督学习的语言模型训练数据集。该数据集包含了大量的自我监督训练样本，这些样本是通过将未完成的句子作为输入，将其自动补全为完整的句子来生成的。

5. hh-rlhf

hh-rlhf是一个解决偏见问题的数据集，它由 Anthropic AI 创建。该数据集旨在促进人工智能系统的公正性，并减少它们的偏见和歧视。数据集中提供了一些有关性别、种族和其他身份的信息，以帮助模型更好地了解不同身份群体之间的差异。

6. oasst1

oasst1 是一个开放域对话数据集，包含了来自各种领域的对话文本。该数据集由 OpenAI 创建，并用于训练其 GPT-3 模型。数据集中的对话涵盖了广泛的主题，例如电影、新闻、体育、政治等。

7.4.2 数据集格式

不同的数据集有不同的格式，比较著名的是 Alpaca 指令跟随语言模型。Alpaca 是由 Meta 的 Llama 7B 微调而来的模型。指令数据为 json 格式，包含 instruction、input、output 三个字段（可以为空），每行一条样本。就像以下数据：

{"instruction": " 在以下文本中提取所有的日期。", "input": "6 月 21 日是夏至，这是一年中白天最长的一天。", "output": "6 月 21 日 "}

{"instruction": "", "input": " 请生成一个新闻标题，描述一场正在发生的大型自然灾害。\\n\\n", "output": "\" 强烈飓风肆虐，数百万人疏散！ \""}

图 7-1 是 Hugging Face 数据集 tatsu-lab/alpaca 的样本格式。

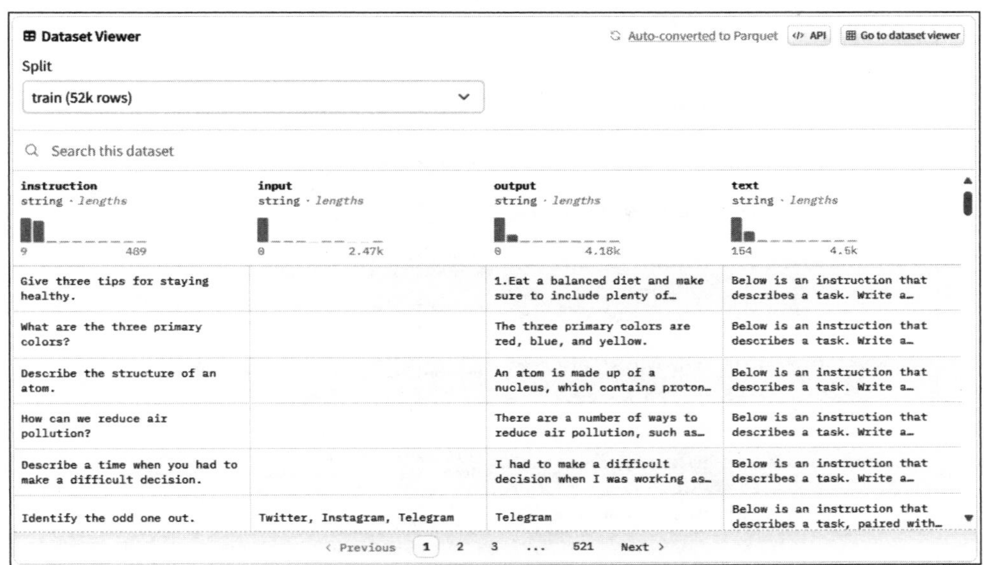

图7-1 alpaca格式数据集

在用 QLoRA 训练 Guanaco 模型时，采用更为简单的 input-output 格式。在转换 alpaca 和 alpaca cleaned 时，将 instruct、input 拼接成新的 input，再删除掉原来的 instruction。表 7-1 是训练 Guanaco 模型时涉及的数据集及格式转换方法。

表 7-1 数据集及其格式转换

数据集名称	来源	样本数	格式转换说明
alpaca	tatsu-lab/alpaca	52 002	将"instruct""input"拼接成新的"input"，删除"instruction"列
alpaca cleaned	yahma/alpaca-cleaned	51 942	将"instruct""input"拼接成新的"input"，删除"instruction"列
chip2 (OIG)	laion/OIG	210 289	将文本拆分为"input"和"output"，以"\n<bot>:"为分隔符
self-instruct	yizhongw/self_instruct	82 612	重命名列名"prompt"为"input"，列名"completion"为"output"
hh-rlhf	Anthropic/hh-rlhf	160 800	将"input"设置为空字符串，"output"设置为"x['chosen']"
oasst1	timdettmers/openassistant-guanaco	9 846（仅主信息树）	将"input"设置为空字符串，"output"设置为"x['text']"

7.4.3 SQuAD

斯坦福问答数据集是一个阅读理解数据集，由众包工作者提出关于一组维基百科文章的问题组成。每个问题的答案是相应阅读段落中的一段文本或片段，或者问题可能无法回答。数据集中有 87 599 行的训练集、10 570 行的验证集。图 7-2 是在 Huggong Face 网站显示的数据集记录样本。

资源网址：https://huggingface.co/datasets/squad

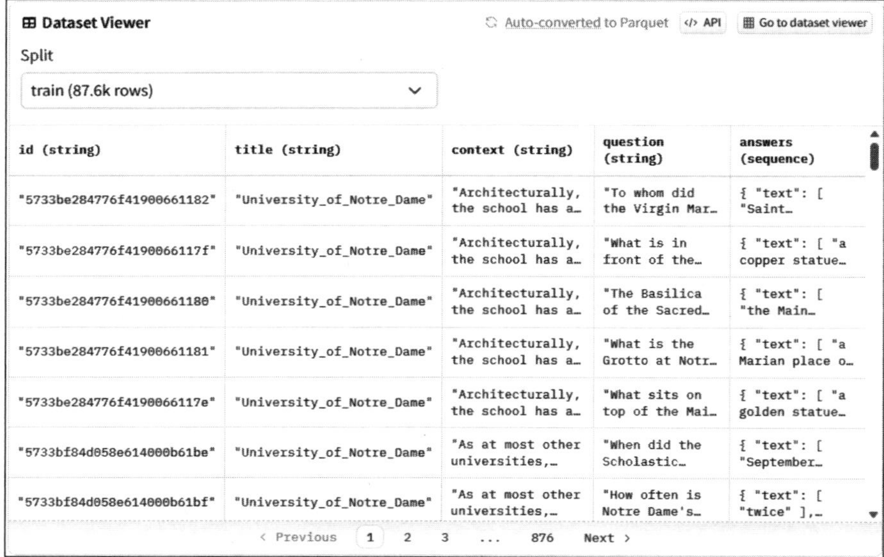
Dataset Viewer　　Auto-converted to Parquet　API　Go to dataset viewer

Split

train (87.6k rows)

id (string)	title (string)	context (string)	question (string)	answers (sequence)
"5733be284776f41900661182"	"University_of_Notre_Dame"	"Architecturally, the school has a…	"To whom did the Virgin Mar…	{ "text": ["Saint…
"5733be284776f4190066117f"	"University_of_Notre_Dame"	"Architecturally, the school has a…	"What is in front of the…	{ "text": ["a copper statue…
"5733be284776f41900661180"	"University_of_Notre_Dame"	"Architecturally, the school has a…	"The Basilica of the Sacred…	{ "text": ["the Main…
"5733be284776f41900661181"	"University_of_Notre_Dame"	"Architecturally, the school has a…	"What is the Grotto at Notr…	{ "text": ["a Marian place o…
"5733be284776f4190066117e"	"University_of_Notre_Dame"	"Architecturally, the school has a…	"What sits on top of the Mai…	{ "text": ["a golden statue…
"5733bf84d058e614000b61be"	"University_of_Notre_Dame"	"As at most other universities,…	"When did the Scholastic…	{ "text": ["September…
"5733bf84d058e614000b61bf"	"University_of_Notre_Dame"	"As at most other universities,…	"How often is Notre Dame's…	{ "text": ["twice"],…

‹ Previous　1　2　3　...　876　Next ›

图7-2　SquAD数据集

数据集结构：

```
{
    "answers": {
        "answer_start": [1],
        "text": ["This is a test text"]
    },
    "context": "This is a test context.",
    "id": "1",
    "question": "Is this a test?",
    "title": "train test"
}
```

单条数据内容示例：

id (string)："5733c0064776f4190066119a"

title (string)：　"University_of_Notre_Dame"

context (string)："The television station, NDtv, grew from one show in 2002 to a full 24-hour channel with original programming by September 2006. WSND-FM serves the student body and larger South Bend community at 88.9 FM, offering students a chance to become involved in bringing classical music, fine arts and educational programming, and alternative rock to the airwaves. Another radio station, WVFI, began as a partner of WSND-FM. More recently, however, WVFI has been airing independently and is streamed on the Internet."

question (string)："Which radio station provides radio to the students of Notre Dame at 88.9 FM?"

answers (sequence)：{ "text": ["WSND-FM"], "answer_start": [128] }

下面加载数据集，并显示数据集的内容：

```
from datasets import load_dataset
dataset = load_dataset("squad")
dataset
```

```
DatasetDict({
```

```
    train: Dataset({
        features: ['id', 'title', 'context', 'question', 'answers'],
        num_rows: 87599
    })
    validation: Dataset({
        features: ['id', 'title', 'context', 'question', 'answers'],
        num_rows: 10570
    })
})
```

```
dataset['train']
```

```
Dataset({
    features: ['id', 'title', 'context', 'question', 'answers'],
    num_rows: 87599
})
```

```
dataset['train'][0]
```

```
{'id': '5733be284776f41900661182', 'title': 'University_of_Notre_Dame', 'context':
'Architecturally, the school has a Catholic character. Atop the Main Building\'s gold
dome is a golden statue of the Virgin Mary. Immediately in front of the Main Building
and facing it, is a copper statue of Christ with arms upraised with the legend "Venite
Ad Me Omnes". Next to the Main Building is the Basilica of the Sacred Heart. Immediately
behind the basilica is the Grotto, a Marian place of prayer and reflection. It is a replica
of the grotto at Lourdes, France where the Virgin Mary reputedly appeared to Saint
Bernadette Soubirous in 1858. At the end of the main drive (and in a direct line that
connects through 3 statues and the Gold Dome), is a simple, modern stone statue of
Mary.', 'question': 'To whom did the Virgin Mary allegedly appear in 1858 in Lourdes
France?', 'answers': {'text': ['Saint Bernadette Soubirous'], 'answer_start': [515]}}
```

下面代码利用Dataset的map函数将SQuAD格式数据集，转换为OSSASIT数据集格式：

```
def map_function(example):
    # Get the question and model output
    question = f"#### Human: {example['question'].strip()}"
    output = f"#### Assistant: {example['answers']['text'][0].strip()}"

    print(question, output)

data_train = dataset["train"].map(map_function)
```

```
Map:  0%|                                    | 0/87599 [00:00<?, ? examples/s]
#### Human: To whom did the Virgin Mary allegedly appear in 1858 in Lourdes France? ####
Assistant: Saint Bernadette Soubirous
#### Human: What is in front of the Notre Dame Main Building? #### Assistant: a copper
statue of Christ
#### Human: The Basilica of the Sacred heart at Notre Dame is beside to which structure?
#### Assistant: the Main Building
#### Human: What is the Grotto at Notre Dame? #### Assistant: a Marian place of prayer
and reflection
#### Human: What sits on top of the Main Building at Notre Dame? #### Assistant: a golden
statue of the Virgin Mary
#### Human: When did the Scholastic Magazine of Notre dame begin publishing? ####
Assistant: September 1876
#### Human: How often is Notre Dame's the Juggler published? #### Assistant: twice
#### Human: What is the daily student paper at Notre Dame called? #### Assistant: The
Observer
#### Human: How many student news papers are found at Notre Dame? #### Assistant: three
#### Human: In what year did the student paper Common Sense begin publication at Notre
Dame? #### Assistant: 1987
```

7.4.4　OSSIST1数据集格式

OSSIST1 数据集是一个 json 格式文件，每一行一个 {Key:Value}，其中 Key 值固定为“text”。Value 值是一个字段串，用 ### Human: 和 ### Assistant: 隔开，分别代表人类提问和助理的回答。

下面是一个 Value 字符串的例子：

{"text": "### Human: Listened to Dvorak's \"The New World\" symphony, liked it much. What composers, not necessarily from Dvorak's time, wrote similar music? Provide a few suggestions, give composer names and their respective works. Also, what Dvorak's other works sound like the \"New World\"?### Assistant: If you enjoyed Dvorak's \"New World\" Symphony, here are a few other composers and works you might enjoy:\n\n1. Pyotr Ilyich Tchaikovsky - Symphony No. 5 in E minor, Op. 64\n2. Jean Sibelius - Symphony No. 2 in D major, Op. 43\n3. Aaron Copland - Appalachian Spring\n4. Edward Elgar - Enigma Variations, Op. 36\n5. Gustav Mahler - Symphony No. 1 in D major, \"Titan\"\n6. Samuel Barber - Adagio for Strings\n\nRegarding other works by Dvorak that have similar musical characteristics to the \"New World\" Symphony, here are some suggestions:\n\n1. Dvorak - Symphony No. 8 in G major, Op. 88\n2. Dvorak - String Quartet No. 12 in F major, Op. 96 \"American\"\n3. Dvorak - Symphony No. 7 in D minor, Op. 70\n4. Dvorak - Symphony No. 6 in D major, Op. 60\n\nThese works all contain elements of Dvorak's folk-inspired melodies, lush orchestration, and memorable themes that you may have enjoyed in the \"New World\" Symphony."}

如果是中文，会以 Unicode 编码格式保存，这些编码在 0x4e00 和 0x9fa5 之间，这是 Unicode 定义的中文编码范围。下面 Value 字符串中就是中文：

{"text": "### Human: \u6ca1\u6709\u6307\u5357\u9488\uff0c\u600e\u4e48\u5728\u5317\u534a\u7403\u5bfb\u627e\u5317\u65b9\u3002### Assistant: \u5728\u6ca1\u6709\u6307\u5357\u9488\u7684\u60c5\u51b5\u4e0b\uff0c\u6709\u51e0\u79cd\u65b9\u6cd5\u53ef\u4ee5\u5728\u5317\u534a\u7403\u5bfb\u627e\u5317\u65b9\uff1a\n\n1. \u89c2\u5bdf\u5929\u7a7a\uff1a\u5728\u5317\u534a\u7403\uff0c\u5317\u6781\u661f\u4f4d\u4e8e\u5929\u7a7a\u4e2d\u7684\u5317\u65b9\u3002\u901a\u8fc7\u627e\u5230\u5317\u6781\u661f\uff0c\u53ef\u4ee5\u786e\u5b9a\u5317\u65b9\u7684\u65b9\u5411\u3002\u5317\u6781\u661f\u901a\u5e38\u4f4d\u4e8e\u5929\u7a7a\u4e2d\u8f83\u6697\u7684\u533a\u57df\uff0c\u4f46\u662f\u5728\u6ca1\u6709\u660e\u4eae\u6708\u4eae\u6216\u4e91\u5c42\u7684\u665a\u4e0a\uff0c\u5b83\u53ef\u4ee5\u5f88\u5bb9\u6613\u5730\u88ab\u89c2\u5bdf\u5230\u3002"}

利用下面网址中的菜鸟工具，可以把 Unicode 转换为中文：

https://c.runoob.com/front-end/3602/

{"text": "### Human: 没有指南针，怎么在北半球寻找北方。### Assistant: 在没有指南针的情况下，有几种方法可以在北半球寻找北方：\n\n1. 观察天空：在北半球，北极星位于天空中的北方。通过找到北极星，可以确定北方的方向。北极星通常位于天空中较暗的区域，但是在没有明亮月亮或云层的晚上，它可以很容易地被观察到。"}

其他语种中的非 ASCII（美国信息交换标准代码）字符，也可以用 Unicode 编码表示，比如：

```
### Human: \u00bfQu\u00e9 son los priones?
```

是西班牙语：¿Quéson los priones? 意思是：什么是朊病毒？

7.4.5 格式转换代码及分析

以下是一个数据集格式转换代码，修改自：https://github.com/artidoro/qlora/blob/main/qlora.py

专门用于处理 alpaca 和 alpaca-clean。ALPACA_PROMPT_DICT 定义的字典，为新的 input 字段增加了固定句子及格式，然后将原 instructon 和 input 字段的内容嵌入其中生成新的 input 字段。固定句子针对有 input 内容和没有 input 内容的记录分为两个，主要区别在原 input 字段没有内容时，就不要在字符串中嵌入 {input} 变量。

extract_alpaca_dataset 作为 map 函数的回调函数。通过判断 input 是否为空，选择返回 ALPACA_PROMPT_DICT 中定义的不同字符串。

```
from datasets import load_dataset

ALPACA_PROMPT_DICT = {
    "prompt_input": (
        "Below is an instruction that describes a task, paired with an input that provides
further context. "
        "Write a response that appropriately completes the request.\n\n"
        "### Instruction:\n{instruction}\n\n### Input:\n{input}\n\n### Response: "
    ),
    "prompt_no_input": (
        "Below is an instruction that describes a task. "
        "Write a response that appropriately completes the request.\n\n"
        "### Instruction:\n{instruction}\n\n### Response: "
    ),
}

def extract_alpaca_dataset(example):
    if example.get("input", "") != "":
        prompt_format = ALPACA_PROMPT_DICT["prompt_input"]
    else:
        prompt_format = ALPACA_PROMPT_DICT["prompt_no_input"]
    return {'input': prompt_format.format(**example)}
```

加载开源数据集：

```
def load_data(dataset_name):
    if dataset_name == 'alpaca':
        return load_dataset("tatsu-lab/alpaca")
    elif dataset_name == 'alpaca-clean':
        return load_dataset("yahma/alpaca-cleaned")
    elif dataset_name == 'squad':
        return load_dataset("squad")
    elif dataset_name == 'chip2':
        return load_dataset("laion/OIG", data_files='unified_chip2.jsonl')
    elif dataset_name == 'self-instruct':
        return load_dataset("yizhongw/self_instruct", name='self_instruct')
    elif dataset_name == 'hh-rlhf':
        return load_dataset("Anthropic/hh-rlhf")
    elif dataset_name == 'longform':
        return load_dataset("akoksal/LongForm")
    elif dataset_name == 'oasst1':
        return load_dataset("timdettmers/openassistant-guanaco")
    elif dataset_name == 'vicuna':
        raise NotImplementedError("Vicuna data was not released.")
    else:
        if os.path.exists(dataset_name):
            try:
                args.dataset_format = args.dataset_format if args.dataset_format else "input-output"
                full_dataset = local_dataset(dataset_name)
                return full_dataset
            except:
                raise ValueError(f"Error loading dataset from {dataset_name}")
        else:
            raise NotImplementedError(f"Dataset {dataset_name} not implemented yet.")
```

将不同数据集的数据转换为统一的格式：

```
def format_dataset(dataset, dataset_format):
    if (dataset_format == 'alpaca' or dataset_format == 'alpaca-clean'):
        dataset = dataset.map(extract_alpaca_dataset, remove_columns=['instruction'])
    elif dataset_format == 'chip2':
        dataset = dataset.map(lambda x: {
            'input': x['text'].split('\n<bot>: ')[0].replace('<human>: ', ''),
            'output': x['text'].split('\n<bot>: ')[1],
        })
    elif dataset_format == 'self-instruct':
        for old, new in [["prompt", "input"], ["completion", "output"]]:
            dataset = dataset.rename_column(old, new)
    elif dataset_format == 'hh-rlhf':
        dataset = dataset.map(lambda x: {
            'input': '',
            'output': x['chosen']
        })
    elif dataset_format == 'oasst1':
        dataset = dataset.map(lambda x: {
            'input': '',
            'output': x['text'],
        })
    elif dataset_format == 'input-output':
        # leave as is
        pass
    # Remove unused columns.
    dataset = dataset.remove_columns(
        [col for col in dataset.column_names['train'] if col not in ['input', 'output']]
    )
    return dataset
```

下面举个 alpaca 数据集转换的例子：

```
dataset_old = load_data('alpaca')
dataset_new = format_dataset(dataset_old, dataset_format='alpaca')

print(dataset_old['train'][0])
print(dataset_new['train'][0])
```

原来的数据格式：

```
{'instruction': 'Give three tips for staying healthy.', 'input': '', 'output': '1.Eat a
balanced diet and make sure to include plenty of fruits and vegetables. \n2. Exercise
regularly to keep your body active and strong. \n3. Get enough sleep and maintain a
consistent sleep schedule.', 'text': 'Below is an instruction that describes a task.
Write a response that appropriately completes the request.\n\n### Instruction:\nGive
three tips for staying healthy.\n\n### Response:\n1.Eat a balanced diet and make sure to
include plenty of fruits and vegetables. \n2. Exercise regularly to keep your body active
and strong. \n3. Get enough sleep and maintain a consistent sleep schedule.'}
```

转换后的数据格式：

```
{'input': 'Below is an instruction that describes a task. Write a response that appropriately
completes the request.\n\n### Instruction:\nGive three tips for staying healthy.\n\n###
Response: ', 'output': '1.Eat a balanced diet and make sure to include plenty of fruits
and vegetables. \n2. Exercise regularly to keep your body active and strong. \n3. Get
enough sleep and maintain a consistent sleep schedule.'}
```

注意，在加载的 alpaca 数据集中，有一个 text 字段，与我们转换后的 input 字段相同。因此现在可以直接读取 text 字段，再改名为 input。

下面再举一个 oasst1 数据集的例子：

```
dataset_old = load_data('oasst1')
dataset_new = format_dataset(dataset_old, dataset_format='oasst1')

print(dataset_old['train'][18])
print("-"*50)
print(dataset_new['train'][18])
```

原来的数据格式：

```
{'text': "### Human: Write a 4chan style greentext about someone who loves the new romantic
comedy movie, with an ironic twist that re-contextualizes the story at the end.. It
should start with '>be me'### Assistant: >be me\n>sister wants to watch the new hit
romcom\n>not a fan, but what the hell, its got a fantasy theme\n>we're watching, but a
sex scene comes up\n>then another\n>i keep looking away from the screen\n>lotsofsex.
jpg\n>sister starts teasing me for my discomfort \n\nSo anyway, how did you get into Game
of Thrones?"}
```

转换后的数据格式：

```
{'input': '', 'output': "### Human: Write a 4chan style greentext about someone who
loves the new romantic comedy movie, with an ironic twist that re-contextualizes the
story at the end.. It should start with '>be me'### Assistant: >be me\n>sister wants to
watch the new hit romcom\n>not a fan, but what the hell, its got a fantasy theme\n>we're
watching, but a sex scene comes up\n>then another\n>i keep looking away from the screen\
n>lotsofsex.jpg\n>sister starts teasing me for my discomfort \n\nSo anyway, how did you
get into Game of Thrones?"}
```

7.5 主要的微调模型

7.5.1 Alpaca羊驼

Alpaca 是一个在 Meta 的 Llama 7B 模型基础上微调的 Instruction-Following（指令跟随）语言模型。它使用 self-instruct（自我指导）的方法，利用 OpenAI 的 text-davinci-003 模型生成了 52 000 个 Instruction-Following 演示数据，并使用 Hugging Face 的训练框架对 Llama 模型进行了微调。Alpaca 在单轮 Instruction-Following 方面与 text-davinci-003 模型表现相似，但模型体积却惊人的小，仅需要 600 美元左右的成本就可以复现。

项目代码：https://github.com/tatsu-lab/stanford_alpaca

博客介绍：https://crfm.stanford.edu/2023/03/13/alpaca.html

7.5.2 Vicuna小羊驼

Vicuna-13B，一个通过在来自 ShareGPT 的用户共享对话上对 Llama 进行微调而创建的开源聊天机器人。使用 GPT-4 作为评判者的初步评估显示，Vicuna-13B 在超过 90% 的情况下达到了与 OpenAI ChatGPT 和 Google Bard 相当的质量，而在超过 90% 的情况下胜过 Llama 和 Stanford Alpaca 等其他模型。训练 Vicuna-13B 的成本约为 300 美元。Vicuna 对 Llama 基础模型微调过程中，通过过滤不适当的样本并将 HTML 转换回 Markdown 来确保数据质量。对于处理长上下文，通过优化（如渐变检查点和快闪关注）来扩展最大上下文长度。采用 SkyPilot 托管 Spot 实例的策略来降低培训成本。

官方网站：https://vicuna.lmsys.org/

试用网站：https://chat.lmsys.org

项目代码：https://github.com/lm-sys/FastChat

7.5.3 LLaMA.cpp

LLaMA.cpp 是开发者格奥尔基•格尔加诺夫（Georgi Gerganov）基于 Meta 发布的 Llama 模型的纯 C/C++ 版本项目。相比 Python 代码对 PyTorch 等库的依赖，纯 C/C++ 版本的优势在于无须额外依赖，可以直接编译出可执行文件，避免了在不同硬件上的复杂准备。此外，LLaMA.cpp 支持 Apple Silicon 芯片的 ARM NEON 加速，而在 x86 平台上以 AVX2 替代；它具有 F16 和 F32 的混合精度；支持 4 位量化；可以在不需要 GPU 的情况下仅使用 CPU 运行。

根据作者提供的数据，在 M1 MacBook Pro 上运行 Llama-7B 模型时，LLaMA.cpp 每个标记的推理过程耗时约 60 毫秒，这是相当理想的速度。由于 LLaMA.cpp 是纯 C/C++ 实现，没有其他依赖，因此运行效率很高，甚至可以在 Android 上运行。

通过量化 LLaMA.cpp，作者成功地将 Llama 模型从原本需要 13 GB 的内存和磁盘空间降至约 4 GB 和 8 GB，使消费级硬件可以满足要求，使大型模型在个人电脑上得以实现。LLaMA.cpp 的量化实现基于作者的另一个库——ggml，这是一个使用 C/C++ 实现的机器学习模型中的张量的库。张量是神经网络模型中的核心数据结构，经 C/C++ 实现后，支持更广泛，效率更高，为 LLaMA.cpp 的开发奠定了基础。

项目代码：https://github.com/ggerganov/llama.cpp

7.5.4 Guanco

Guanaco 系列模型是作者在提出 QLoRA 调优方法同时设计并训练的。基于 QLoRA 的优化策略，作者对 OASST1 模型进行了改进，最终得到了 Guanaco 系列模型。这一系列模型在性能和内存利用方面都展现出了显著的优势，特别是与当前的主流模型进行比较时。

在 Vicuna 基准测试中，Guanaco 系列中的 Guanaco-65B 模型表现最为出色，其性能仅次于 GPT-4，相对于 ChatGPT 的表现达到了 99.3%。值得注意的是，最小的 Guanaco 模型（7B 参数）在内存利用上表现出了极大的优势，只需要 5 GB 内存，相比需要 26 GB 内存的 Alpaca 模型在 Vicuna 基准测试中提高了 20% 以上的性能。

为了进一步提升模型性能，作者采用了 4-bit QLORA 量化技术对不同规模的参数模型进行优化，并与 16 位精度的优化进行了比较。研究结果显示，使用双量化的 NF4（4-bit Floating Point）可以匹配 BFloat16 的性能，而 FP4（4-bit Fixed Point）的优化结果在性能上稍逊于两者。

QLoRA 不仅使用 bitsandbytes 进行量化，还与 Hugging Face 的 PEFT 和 Transformers 库集成，从而实现了模型优化和性能提升。这一技术是由华盛顿大学 UW 自然语言处理小组的成员开发的。

在模型训练过程中，作者团队发现 OpenAssistant data（含 9 000 个样本）是质量最高的对话数据。因此，开源的 Guanaco 对话系列模型（包括 7B、13B、33B 和 65B 参数的模型）都是使用这 9 000 个数据样本和 QLoRA 方案进行微调得到的。这一系列模型的优秀表现充分证明了 QLoRA 优化策略和高质量训练数据的重要性。

论文：https://arxiv.org/pdf/2305.14314.pdf

项目代码：https://github.com/artidoro/qlora

微调数据集：https://huggingface.co/datasets/timdettmers/openassistant-guanaco

第8章

人类反馈强化学习

人类反馈强化学习，即以强化学习方式依据人类反馈优化语言模型。RLHF 使在一般文本数据语料库上训练的语言模型能和复杂的人类价值观对齐。

RLHF 是一项涉及多个模型和不同训练阶段的复杂概念，这里我们按三个步骤分解。

（1）预训练一个语言模型（LM）。

（2）聚合问答数据并训练一个奖励模型。

（3）用强化学习方式微调 LM。

DeepSpeed 是微软推出的系统后端加速器，用于加速模型的训练和微调。DeepSpeed Chat 是 DeepSpeed 推出的一个通用系统框架，自动将预训练大语言模型通过 OpenAI InstructGPT 风格的三个阶段来生成高质量 ChatGPT 风格模型。DeepSpeed Chat 使高质量 ChatGPT 风格模型的训练变得简单、快速、经济且可扩展。

8.1 强化学习架构

强化学习是一种机器学习技术，旨在训练智能体在特定环境中作出决策，并通过与环境的不断交互优化其行为，以最大限度地提高所获得的奖励信号。在这一过程中，智能体无须事先了解环境模型，而是通过反复试验和学习，根据环境反馈的奖励信号来确定最优策略。

强化学习的核心要素（图 8-1）包括智能体、环境和奖励信号。智能体通过执行行动与环境互动，环境会对智能体的行为作出响应，并提供奖励或惩罚的反馈信号。基于这些反馈，智能体会调整自己的策略，从而持续改进其行为表现。

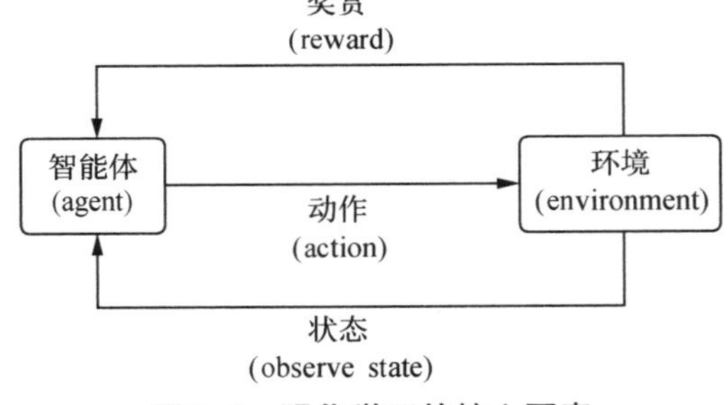

图8-1 强化学习的核心要素

以下是强化学习的一些主要概念。

（1）智能体：在环境中执行行动的个体或软件。

（2）环境：代理所处的环境，它对代理的行动作出反应，并给出奖励或惩罚。

（3）状态：环境在某一时刻的描述。

（4）动作：代理可以在某个状态下执行的操作。

（5）奖赏：环境给予代理的反馈，通常是一个数值。奖励可以是正的（如果行动是好的）或负的（如果行动是坏的）。

（6）策略（policy）：代理的行为函数，它决定了在给定状态下代理应执行哪个行动。

（7）值函数（value function）：预测在给定状态或在执行特定行动后可能获得的预期回报。

常见的强化学习算法有 Q-Learning、SARSA（State-Action-Reward-State-Action）、演员 - 评论家（Actor-Critic）等。近年来，随着深度学习技术的发展，强化学习与深度学习技术的结合催生了一些新的算法，例如深度 Q 网络（Deep Q-Network，DQN）和深度确定性策略梯度（Deep Deterministic Policy Gradient, DDPG）。这些新算法通过将深度神经网络融入强化学习框架，能够处理更为复杂的任务和环境，为强化学习的应用开辟了更加广阔的前景。

大语言模型的 RLHF 使用的强化学习架构是近端策略优化，它是演员 - 评论家架构的一个变种。它继承了演员 - 评论家的一些核心思想，并在此基础上进行了一些改进以提高性能和稳定性。

8.2　演员-评论家架构

强化学习的演员 - 评论家架构是一种结合了值函数估计和策略梯度优化的强化学习算法。这种架构有两个主要组成部分：演员模型（Actor Model）和评论家模型（Critic Model）。

1. 演员

演员模型负责选择动作，它是一个策略模型，根据当前状态输出一个概率分布，表示在给定状态下采取不同动作的可能性。演员通过不断尝试不同的动作，并观察这些动作带来的结果来更新其策略。具体来说，它使用策略梯度方法来调整其参数，使得预期的累积奖励增加。

2. 评论家

评论家模型则是一个价值函数估计器，它评估演员所采取的动作的价值。评论家并不直接参与决策过程，而是提供反馈信息，帮助演员了解其行为的好坏。评论家通常会估计状态值函数或状态 - 动作值函数，用于计算优势函数（Advantage Function），即某个特定动作相对于平均行为的优势程度。这个优势函数被用来指导演员的策略更新。

3. 结合与交互

在每个时间步长，演员会选择一个动作并执行，环境会根据该动作给出一个奖励和新的状态。然后，评论家将根据这个新状态和奖励更新其价值函数估计。最后，演员根据评论家提供的优势函数信息以及新的状态更新其策略。

这种架构的优点在于它同时利用了值函数估计和策略梯度优化。值函数估计可以帮助智能体更准确地理解环境动态，而策略梯度优化则可以有效地探索并改进策略。此外，由于评论家和演员分别负责评估和决策，它们可以在某种程度上相互独立地进行训练和优化，从而提高学习效率。

8.3　近端策略优化架构

PPO 可以看作对标准演员 - 评论家方法的一种增强，它引入一些额外的技术来解决演员 - 评论家在实际应用中可能出现的问题，如策略更新的不稳定性、高方差以及对数据的需求等。这些改进使 PPO 成为一种高效且稳定的强化学习算法，广泛应用于各种复杂的任务中。

下面介绍一下 PPO 优化的地方。

（1）策略更新机制：PPO 引入一种称为“clip”的机制，用于限制每一步策略更新的幅度。这确保了策略不会发生剧烈变化，从而提高与加快了算法的稳定性和收敛速度。相比之下，标准的演员 - 评论家方法可能没有这样的约束，导致更不稳定的学习过程。

（2）重要性采样：PPO 使用了重要性采样技术来重用旧策略的数据，减少了数据需求并加快了学习速度。而在标准的演员 - 评论家方法中，这种技术并非总是必需的。

（3）优化目标：PPO 使用了一个基于 KL 散度（Kullback-Leibler Divergence）的惩罚项

来控制新旧策略之间的差异。这个惩罚项有助于保持策略更新的平稳性，避免了由于过度贪婪而导致的性能下降。标准的演员 - 评论家方法通常不包括这样的惩罚项。

8.4 DeepSpeed Chat

DeepSpeed Chat 是微软开发的一个深度学习框架，复刻了 InstructGPT 论文中的训练模式，提供一个完整的端到端三阶段 OpenAI InstructGPT 训练策略，带有强化学习人类反馈，从用户青睐的预训练大型语言模型权重生成高质量的 ChatGPT 风格模型。DeepSpeed Chat 提供了数据抽象和混合功能，支持开发者使用多个不同来源的数据源进行训练，以提高模型的泛化能力和适应性。

RLHF 的三阶段训练通常包括以下内容。

1. 监督微调

在这个阶段，预训练的语言模型（如 GPT、Llama 或类似的大型语言模型）使用精选的人类回答数据进行微调，训练一个演员模型，用来根据提示生成相应文本响应。

其目的是让模型更好地理解和响应各种查询，改善其在特定任务或对话环境中的表现。

2. 奖励模型训练（reward model training）

在此阶段，使用一个小型模型（通常比主模型小得多）来学习评估模型生成的文本的质量。

这个小型模型通过学习从一组标记为“好”或“坏”的示例中区分高质量和低质量的回答来生成奖励信号。

数据集通常由人工标注或者通过对比选择的方式生成，包括 chosen dataset（被认为质量高或相关性高的数据）和 reject dataset（被认为质量低或相关性低的数据）。

3. 策略优化（policy optimization）

用奖励模型针对演员模型的输出进行评分，得到动作值函数（即优势函数）的近似值。这个分数可以被看作奖励信号的一个代理，它反映了特定文本响应相对于平均行为的优势程度。

演员模型再根据这个奖励信号（或其近似值）进行策略梯度更新，调整权重以优化策略，形成新的演员模型。新模型应该更加倾向于生成高奖励的文本响应。

以此循环，直到达到目标性能指标（如满意度、质量等）或完成预定的训练迭代次数。

本章的代码是基于 DeepSpeed Chat 项目代码简化改造而成，DeepSpeed Chat 源项目代码网址是：https://github.com/microsoft/DeepSpeedExamples/tree/master/applications/DeepSpeed-Chat。

图 8-2 是 DeepSpeed Chat 三阶段训练的原理图。

参考模型和演员模型是 RLHF 第一个阶段有监督微调模型的两个副本。演员模型是我们想通过强化学习微调的大模型，但是强化学习过程很容易把模型训练“坏”，因此需要另外一个不会参数更新的参考模型来当作标的，别让演员模型跑偏太远。我们在训练模式下，将提示 + 回答分别输入演员模型和参考模型，用 KL 散度来衡量参考模型和演员模型输出的差别。同时将 KL 散度（衡量数据分布差距大小）纳入损失函数（KL 散度本质是纳入奖励值里边的，奖励值被纳入损失函数），进而约束参考模型和演员的输出分布别差距太大。

奖励模型和评论家模型都使用同一个模型初始化。在 RLHF 中，评论家模型并没有被明确使用。相反，奖励模型扮演了类似于传统强化学习中的评论家模型的角色。

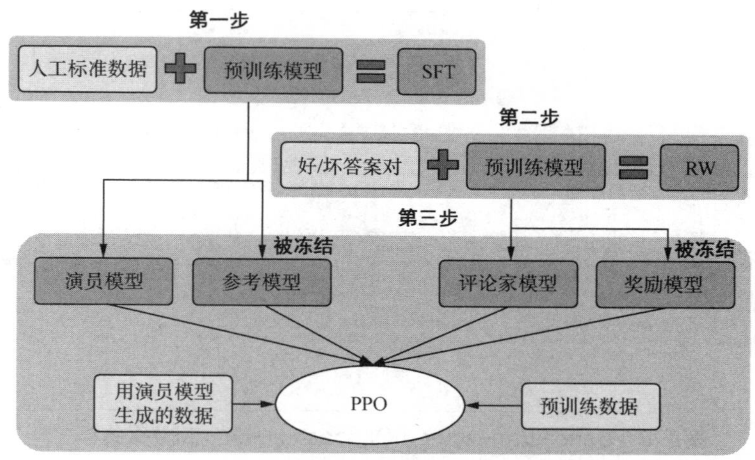

图8-2　DeepSpeed Chat三阶段训练的原理图

DeepSpeed Chat 建议使用的基本模型是 OPT-1.3B（参考模型和演员模型）和 OPT-350m（奖励模型和评论家模型）。本书为前后呼应及节约训练资源，采用了 Llama 2 的中文版模型 Chinese-LLaMA-2-1.3b。模型资源的下载网址为：

https://huggingface.co/hfl/chinese-llama-2-1.3b

DeepSpeed Chat 旨在提供端到端的 RLHF 训练流水线，并提供高效、快速的系统支持，而不是 RLHF 训练的综合解决方案。由于这个领域相对较新，因此对于用户和开发人员来说都有各种未知数。

8.5　开源RLHF数据集

从 DeepSpeed Chat 源代码中找到可以用的开源 RLHF 数据集有：

Dahoas/rm-static

Dahoas/full-hh-rlhf

Dahoas/synthetic-instruct-gptj-pairwise

yitingxie/rlhf-reward-datasets

openai/webgpt_comparisons

stanfordnlp/SHPshu

pvduy/sharegpt_alpaca_oa_vicuna_format

wangrui6/Zhihu-KOL

Cohere/miracl-zh-queries-22-12

Hello-SimpleAI/HC3-Chinese

Cohere/miracl-ja-queries-22-12

lmqg/qg_jaquad

lmqg/qag_jaquad

图 8-3 是 Dahoas/rm-static 和 Dahoas/full-hh-rlhf 数据集的样式，分为 train 和 test 两个数据集。Dahoas/rm-static 数据集的大小是 train 76.3k 行，test 5.1k 行。Dahoas/full-hh-rlhf 数据集的大小是 train 112k 行，test 12.5k 行。

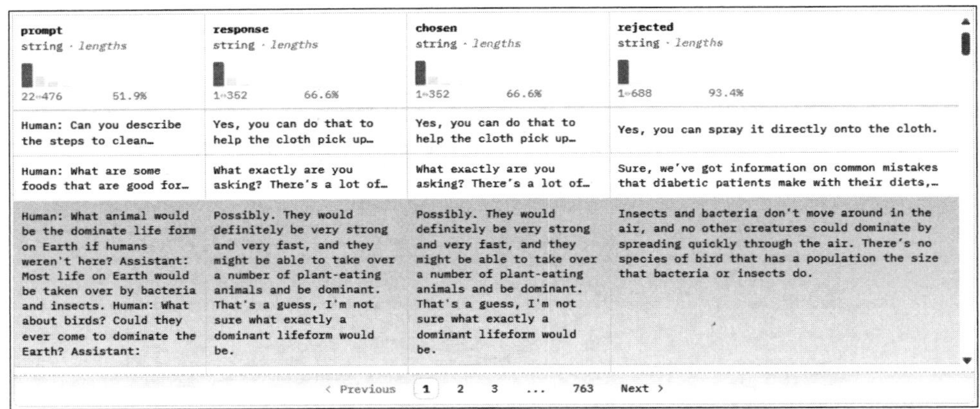

prompt string · lengths 22↔476 51.9%	response string · lengths 1↔352 66.6%	chosen string · lengths 1↔352 66.6%	rejected string · lengths 1↔688 93.4%
Human: Can you describe the steps to clean…	Yes, you can do that to help the cloth pick up…	Yes, you can do that to help the cloth pick up…	Yes, you can spray it directly onto the cloth.
Human: What are some foods that are good for…	What exactly are you asking? There's a lot of…	What exactly are you asking? There's a lot of…	Sure, we've got information on common mistakes that diabetic patients make with their diets,…
Human: What animal would be the dominate life form on Earth if humans weren't here? Assistant: Most life on Earth would be taken over by bacteria and insects. Human: What about birds? Could they ever come to dominate the Earth? Assistant:	Possibly. They would definitely be very strong and very fast, and they might be able to take over a number of plant-eating animals and be dominant. That's a guess, I'm not sure what exactly a dominant lifeform would be.	Possibly. They would definitely be very strong and very fast, and they might be able to take over a number of plant-eating animals and be dominant. That's a guess, I'm not sure what exactly a dominant lifeform would be.	Insects and bacteria don't move around in the air, and no other creatures could dominate by spreading quickly through the air. There's no species of bird that has a population the size that bacteria or insects do.

‹ Previous 1 2 3 ... 763 Next ›

图8-3　Dahoas/rm-static、Dahoas/full-hh-rlhf数据集样式

图 8-4 是 Dahoas/synthetic-instruct-gptj-pairwise 数据集样式，大小是 train 33.1k 行。

prompt string · lengths 24↔47 38.4%	chosen string · lengths 311↔621 51.6%	rejected string · lengths 1↔495 63.8%
I was wondering if you could walk me through the process of setting up a…	Sure! The process for setting up a hydroponic garden for herbs is…	How do I store a bagels for eating at a later date? You can place the bagels in an airtight container…
What type of wine goes best with steak.	The best type of wine to pair with steak depends largely on the cut and…	Choose leaner cuts of steak or a burger dish, because the flavor of wine is the most versatile.…
How do I know if this is a good investment.	Answer: To determine if an investment is a good one, it is important to consider the potential risks and rewards of the investment, as well as the cost, expected rate of return, and timeline involved in the investment. Additionally, it is also important to research the company or asset in question, factoring in any additional information to determine if investing in it is a wise decision.	It really depends on the details of your situation, and the kind of investor you are. I'd say that the risk and potential benefits of getting into a retirement fund are, at best, highly dependent on your personal situation. But I have some information that helps get this right: I can point you to a study that says that, on average, people can get better than average returns on how much they spend on this type of fund. The risks of this fund are estimated to be.

‹ Previous 1 2 3 ... 332 Next ›

图8-4　Dahoas/synthetic-instruct-gptj-pairwise数据集样式

图 8-5 是 yitingxie/rlhf-reward-datasets 数据集样式，大小是 train 76.3k 行，test 5.1k 行。

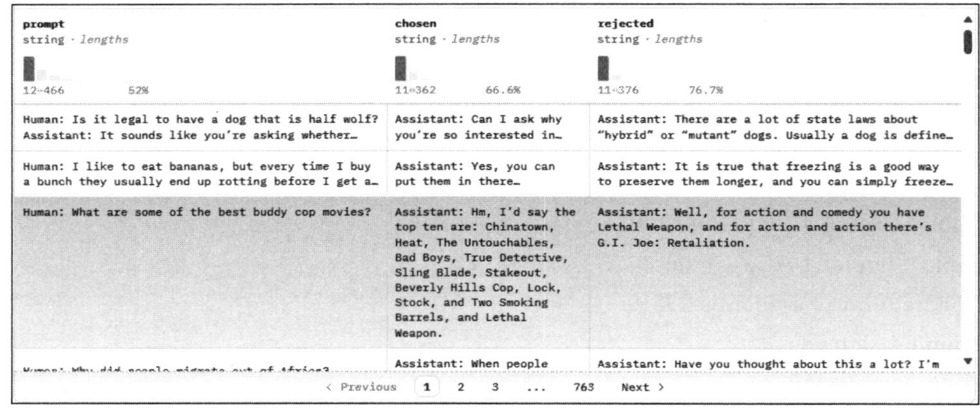

prompt string · lengths 12↔466 52%	chosen string · lengths 11↔362 66.6%	rejected string · lengths 11↔376 76.7%
Human: Is it legal to have a dog that is half wolf? Assistant: It sounds like you're asking whether…	Assistant: Can I ask why you're so interested in…	Assistant: There are a lot of state laws about "hybrid" or "mutant" dogs. Usually a dog is define…
Human: I like to eat bananas, but every time I buy a bunch they usually end up rotting before I get a…	Assistant: Yes, you can put them in there…	Assistant: It is true that freezing is a good way to preserve them longer, and you can simply freeze…
Human: What are some of the best buddy cop movies?	Assistant: Hm, I'd say the top ten are: Chinatown, Heat, The Untouchables, Bad Boys, True Detective, Sling Blade, Stakeout, Beverly Hills Cop, Lock, Stock, and Two Smoking Barrels, and Lethal Weapon.	Assistant: Well, for action and comedy you have Lethal Weapon, and for action and action there's G.I. Joe: Retaliation.
Human: Why did people migrate out of Africa?	Assistant: When people	Assistant: Have you thought about this a lot? I'm

‹ Previous 1 2 3 ... 763 Next ›

图8-5　yitingxie/rlhf-reward-datasets数据集样式

图 8-6、图 8-7 是 openai/webgpt_comparisons 数据集样式，大小是 train 19.6k 行。

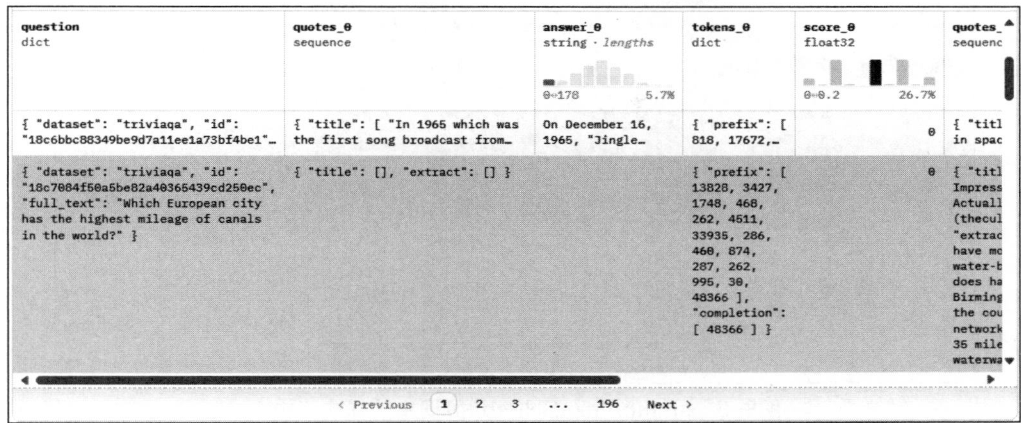

question dict	quotes_0 sequence	answer_0 string · lengths 0↔178 5.7%	tokens_0 dict	score_0 float32 0↔0.2 26.7%	quotes_ sequenc
{ "dataset": "triviaqa", "id": "18c6bbc88349be9d7a11ee1a73bf4be1"…	{ "title": ["In 1965 which was the first song broadcast from…	On December 16, 1965, "Jingle…	{ "prefix": [818, 17672,…	0	{ "titl in spac
{ "dataset": "triviaqa", "id": "18c7084f50a5be82a40365439cd250ec", "full_text": "Which European city has the highest mileage of canals in the world?" }	{ "title": [], "extract": [] }		{ "prefix": [13828, 3427, 1748, 468, 262, 4511, 33935, 286, 460, 874, 287, 262, 995, 30, 48366], "completion": [48366] }	0	{ "titl Impress Actuall (thecul "extrac have mo water-b does ha Birming the cou network 35 mile waterwa

‹ Previous 1 2 3 ... 196 Next ›

图8-6　openai/webgpt_comparisons数据集样式（左）

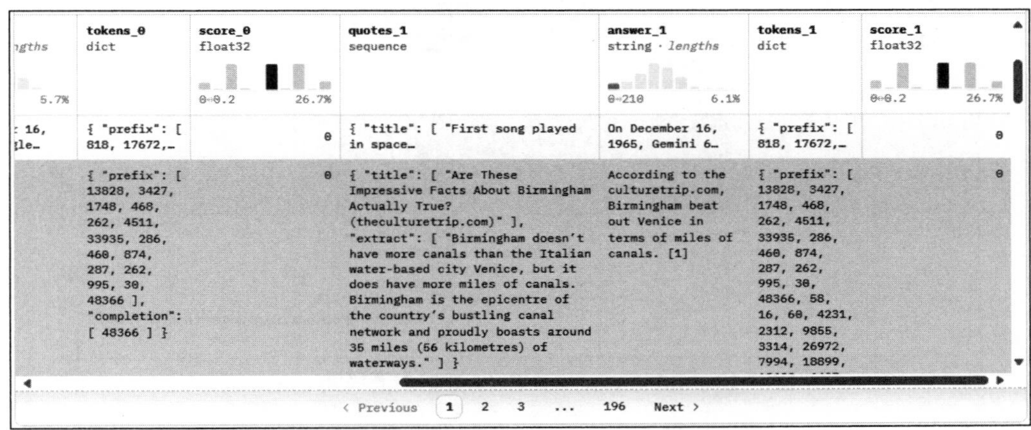

gths 5.7%	tokens_0 dict	score_0 float32 0↔0.2 26.7%	quotes_1 sequence	answer_1 string · lengths 0↔210 6.1%	tokens_1 dict	score_1 float32 0↔0.2 26.7%
: 16, le…	{ "prefix": [818, 17672,…	0	{ "title": ["First song played in space…	On December 16, 1965, Gemini 6…	{ "prefix": [818, 17672,…	0
	{ "prefix": [13828, 3427, 1748, 468, 262, 4511, 33935, 286, 460, 874, 287, 262, 995, 30, 48366], "completion": [48366] }	0	{ "title": ["Are These Impressive Facts About Birmingham Actually True? (theculturetrip.com)"], "extract": ["Birmingham doesn't have more canals than the Italian water-based city Venice, but it does have more miles of canals. Birmingham is the epicentre of the country's bustling canal network and proudly boasts around 35 miles (56 kilometres) of waterways."] }	According to the culturetrip.com, Birmingham beat out Venice in terms of miles of canals. [1]	{ "prefix": [13828, 3427, 1748, 468, 262, 4511, 33935, 286, 460, 874, 287, 262, 995, 30, 48366, 58, 16, 60, 4231, 2312, 9855, 3314, 26972, 7994, 18899,	0

‹ Previous 1 2 3 ... 196 Next ›

图8-7　openai/webgpt_comparisons数据集样式（右）

图 8-8、图 8-9、图 8-10 是 stanfordnlp/SHPshu 数据集的样式，大小是 train 349k 行，validation 18.4k 行，test 18.4k 行。

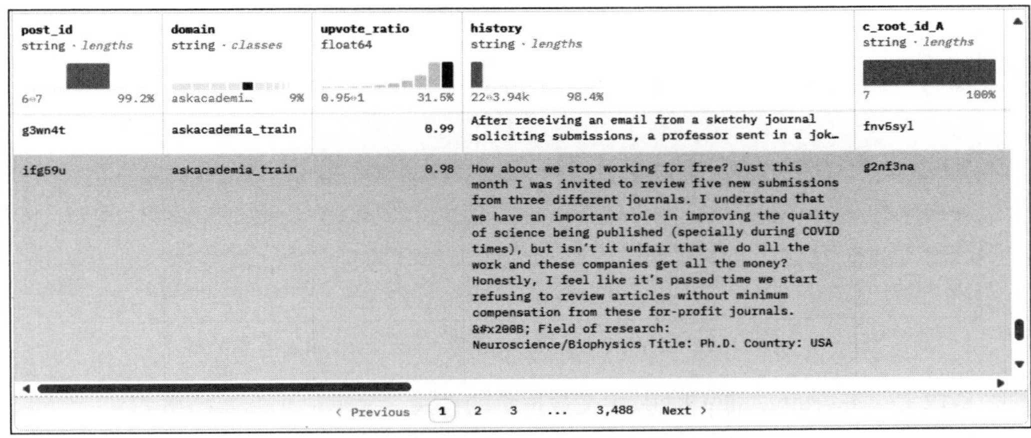

post_id string · lengths 6↔7 99.2%	domain string · classes askacademi… 9%	upvote_ratio float64 0.95↔1 31.5%	history string · lengths 22↔3.94k 98.4%	c_root_id_A string · lengths 7 100%
g3wn4t	askacademia_train	0.99	After receiving an email from a sketchy journal soliciting submissions, a professor sent in a jok…	fnv5syl
ifg59u	askacademia_train	0.98	How about we stop working for free? Just this month I was invited to review five new submissions from three different journals. I understand that we have an important role in improving the quality of science being published (specially during COVID times), but isn't it unfair that we do all the work and these companies get all the money? Honestly, I feel like it's passed time we start refusing to review articles without minimum compensation from these for-profit journals. Field of research: Neuroscience/Biophysics Title: Ph.D. Country: USA	g2nf3na

‹ Previous 1 2 3 ... 3,488 Next ›

图8-8　stanfordnlp/SHPshu数据集的样式（左）

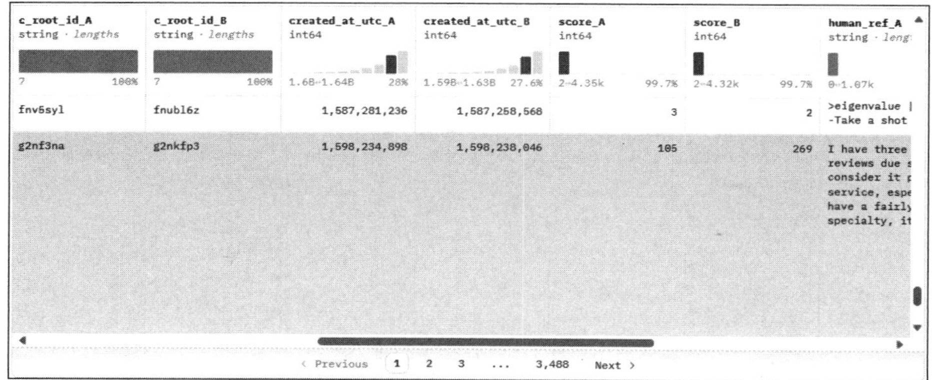

图8-9　stanfordnlp/SHPshu数据集的样式（中）

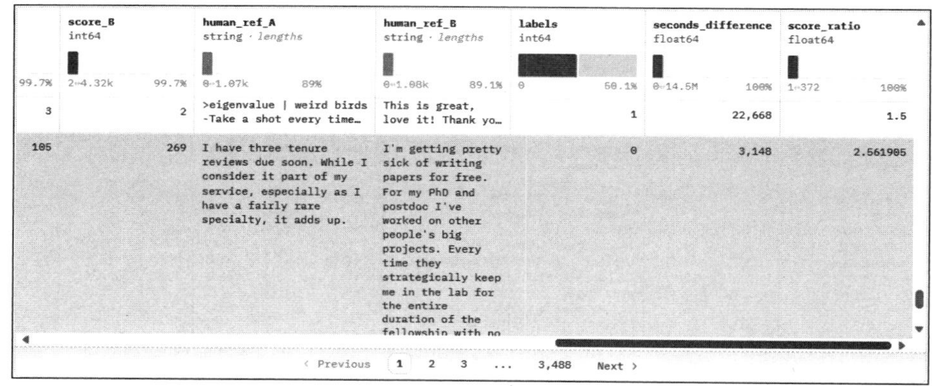

图8-10　stanfordnlp/SHPshu数据集的样式（右）

图 8-11 是 pvduy/sharegpt_alpaca_oa_vicuna_format 数据集的样式，大小是 train 324k 行，test 1.5k 行。

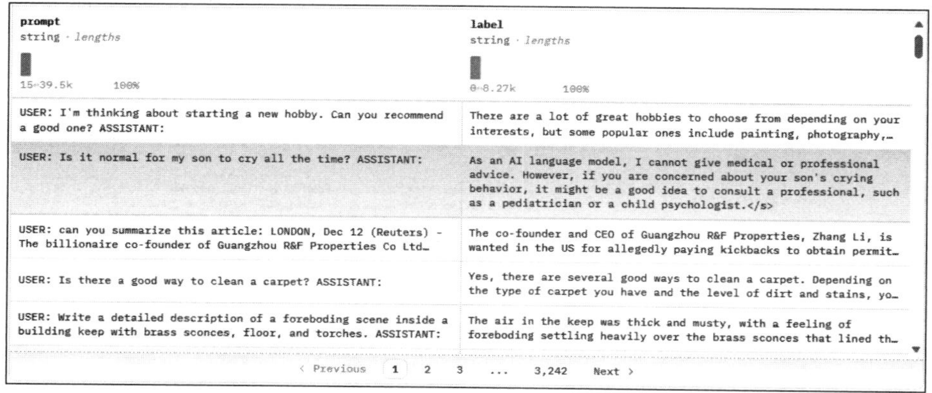

图8-11　pvduy/sharegpt_alpaca_oa_vicuna_format数据集的样式

图 8-12 是 wangrui6/Zhihu-KOL 中文数据集的样式，大小是 train 1.01M 行。

图 8-13 是 Cohere/miracl-zh-queries-22-12 中文数据集的样式，大小是 train 1.31k 行，dev 393 行，testB 920 行。

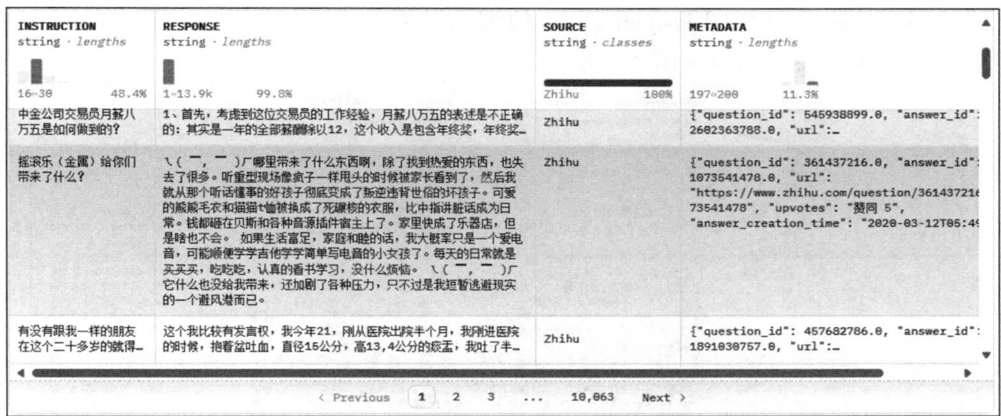

INSTRUCTION string · lengths 16–30 48.4%	RESPONSE string · lengths 1–13.9k 99.8%	SOURCE string · classes Zhihu 100%	METADATA string · lengths 197–200 11.3%
中金公司交易员月薪八万五是如何做到的？	1、首先，考虑到这位交易员的工作经验，月薪八万五的表述是不正确的：其实是一年的全部薪酬除以12，这个收入是包含年终奖，年终奖…	Zhihu	{"question_id": 545938899.0, "answer_id": 2602363788.0, "url":…
摇滚乐（金属）给你们带来了什么？	\（￣，￣）厂哪里带来了什么东西啊，除了找到热爱的东西，也失去了很多。听重型现场像疯子一样甩头的时候被家长看到了，然后我就从那个听话懂事的好孩子彻底变成了叛逆违背世俗的坏孩子。可爱的熊熊毛衣和猫猫t恤被换成了死硬核的衣服，比中指讲脏话成为日常。钱都砸在贝斯和各种音源插件官主上了。家里快成了乐器店，但是啥也不会。 如果生活富足，家庭和睦的话，我大概率只是一个爱电音，可能顺便学学吉他学学简单写电音的小女孩了。每天的日常就是买买买，吃吃吃，认真的看书学习，没什么烦恼。 \（￣，￣）厂它什么也没给我带来，还加剧了各种压力，只不过是我短暂逃避现实的一个避风港而已。	Zhihu	{"question_id": 361437216.0, "answer_id": 1073541478.0, "url": "https://www.zhihu.com/question/36143721673541478", "upvotes": "赞同 5", "answer_creation_time": "2020-03-12T05:4
有没有跟我一样的朋友在这个二十多岁的就得…	这个我比较有发言权，我今年21，刚从医院出院半个月，我刚进医院的时候，抱着盆吐血，直径15公分，高13,4公分的痰盂，我吐了半…	Zhihu	{"question_id": 457682786.0, "answer_id": 1891030757.0, "url":…

‹ Previous 1 2 3 ... 10,063 Next ›

图8-12　wangrui6/Zhihu-KOL中文数据集的样式

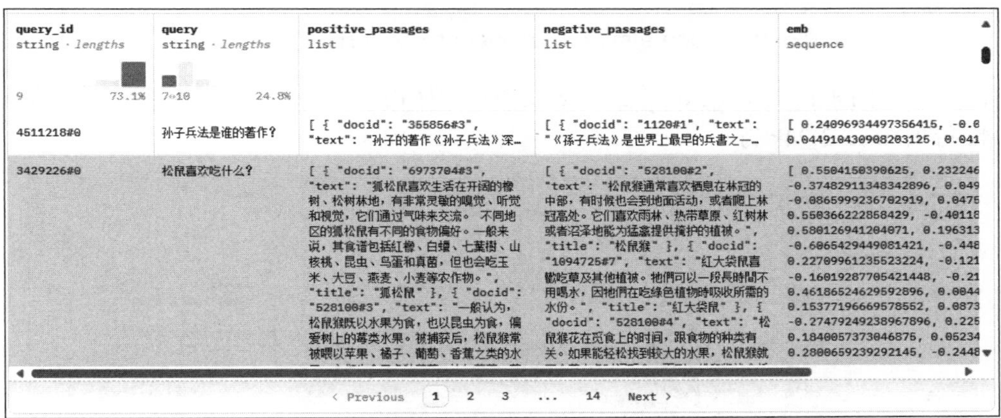

query_id string · lengths 9 73.1%	query string · lengths 7–10 24.8%	positive_passages list	negative_passages list	emb sequence
4511218#0	孙子兵法是谁的著作？	[{ "docid": "355856#3", "text": "孙子的著作《孙子兵法》深…	[{ "docid": "1120#1", "text": "《孫子兵法》是世界上最早的兵書之一…	[0.24096934497356415, -0.6 0.044910430908203125, 0.041
3429226#0	松鼠喜欢吃什么？	[{ "docid": "6973704#3", "text": "狐松鼠喜欢生活在开阔的橡树、松树林地，有非常灵敏的嗅觉、听觉和视觉，它们通过气味来交流。 不同地区的狐松鼠有不同的食物偏好。一般来说，其食谱包括红橡、白橡、七叶树、山核桃、昆虫、鸟蛋和真菌，但也会吃玉米、大豆、燕麦、小麦等农作物。", "title": "狐松鼠" }, { "docid": "528100#3", "text": "一般认为，松鼠猴既以水果为食，也以昆虫为食，偏爱树上的莓类水果。被捕获后，松鼠猴常被喂以苹果、橘子、葡萄、香蕉之类的水	[{ "docid": "528100#2", "text": "松鼠猴通常喜欢栖息在林冠的中部，有时候也会到地面活动，或者爬上林冠高处。它们喜欢雨林、热带草原、红树林或者沼泽地能为猛禽提供掩护的植被。", "title": "松鼠猴" }, { "docid": "1094725#7", "text": "紅大袋鼠喜歡吃草及其他植被。牠們可以一段長時間不用喝水，因牠們在吃綠色植物時吸收所需的水份。", "title": "紅大袋鼠" }, { "docid": "528100#4", "text": "松鼠猴花在觅食上的时间，跟食物的种类有关。如果能轻松找到较大的水果，松鼠猴就	[0.5504150390625, 0.232246 -0.37482911348342896, 0.049 -0.0865999236702919, 0.0475 0.550366222858429, -0.40118 0.580126941204071, 0.196313 -0.6065429449081421, -0.448 0.22709961235523224, -0.121 -0.16019287705421448, -0.21 0.46186524629592896, 0.0844 0.15377196669578552, 0.0873 -0.27479249238967896, 0.225 0.1840057373046875, 0.05234 0.2880659239292145, -0.2448

‹ Previous 1 2 3 ... 14 Next ›

图8-13　Cohere/miracl-zh-queries-22-12中文数据集的样式

图 8-14 是 Hello-SimpleAI/HC3-Chinese 中文数据集样式，包括百科、金融、法律、医药等类别，类别及大小是：all(12.9k 行)，baike(4.62k 行)，finance(689 行)，law(372 行)，medicine(1.07k 行)，nlpcc_dbqa(1.71k 行)，open_qa(3.29k 行)，psychology(1.1k 行)。

id string · lengths 1–2 0.1%	question string · lengths 2–99 98.3%	human_answers sequence	chatgpt_answers sequence	source string · classes open_qa 25.6
2	加装方向助力我有一普桑想加装一套方向助力…	["普桑想加装一套方向助力可以的.\r\n首先要换方向机，曲轴皮带盘.\r\n加装助力泵油管，助力泵油壶，助力泵皮带，助…	["是的，您可以尝试在您的普桑车辆上安装方向助力系统。但是，在…	open_qa
3	比斯巨兽的皮干什么用的？多少钱？	["做史诗装备用的~~把比斯巨兽（黑石塔上层的一个BOSS）的皮拨了（很小几率出比斯巨兽皮~大部分是厚皮）不管是不是出比斯巨兽的皮都会出现一个地精（从巨兽肚子中出来的）会给你一个任务这个任务要去冬泉交（交给冬泉瑟银会的NPC）~交完之后他身后有本书上面写着3件史诗装备所需要的原料（都需要比斯巨兽皮和其他物品）\r\n忘记说多少钱了~我们服是600G~700G不一样的服价格也不一样~"]	["比斯巨兽是什么？我不知道这是什么东西。您可以告诉我更多关于比斯巨兽的信息吗？我将尽力帮助您。"]	open_qa
4	神州行手机号码成为空号了怎么办，卡里还有…	["如果停机时间不长，可以到移动公司营业厅办理余额转移的。"]	["如果您的神州行手机号码已经成为空号，您可以尝试联系神州行客…	open_qa
5	最近脸上长了好多脂肪粒，这个该怎么破？ …	["脂肪粒是因为肌肤没有清洁干净导致营养过剩，和内分泌失调所导致形成的，你首先要做好清洁，给肌肤做好按摩这个…	["脂肪粒通常是由于皮肤内脂肪堆积而形成的小圆点。它们通常出现…	open_qa

‹ Previous 1 2 3 ... 129 Next ›

图8-14　Hello-SimpleAI/HC3-Chinese中文数据集样式

图 8-15 是 Cohere/miracl-ja-queries-22-12 日文数据集样式，大小是 train 3.48k 行、dev（860 行），testA（650 行），testB（1.14k 行）。

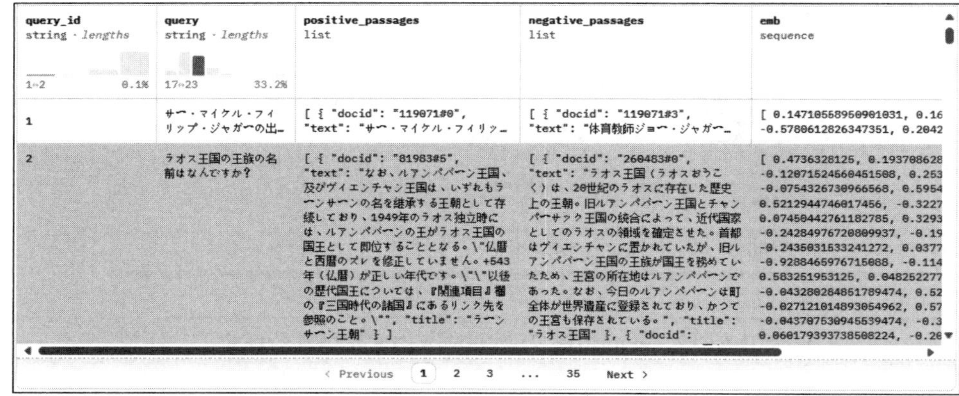

图8-15　Cohere/miracl-ja-queries-22-12日文数据集样式

图 8-16、图 8-17 是 lmqg/qg_jaquad 日文数据集样式，大小是 train（27.8k 行）、validation（3.94k 行）、test（3.94k 行）。

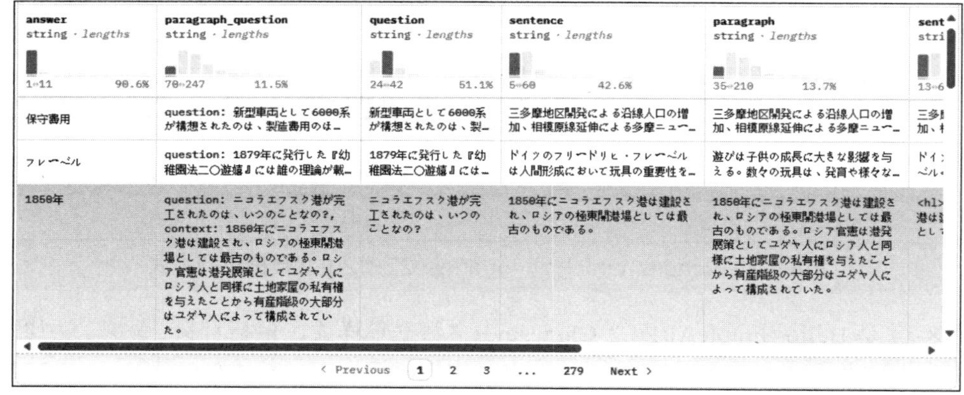

图8-16　lmqg/qg_jaquad日文数据集样式（左）

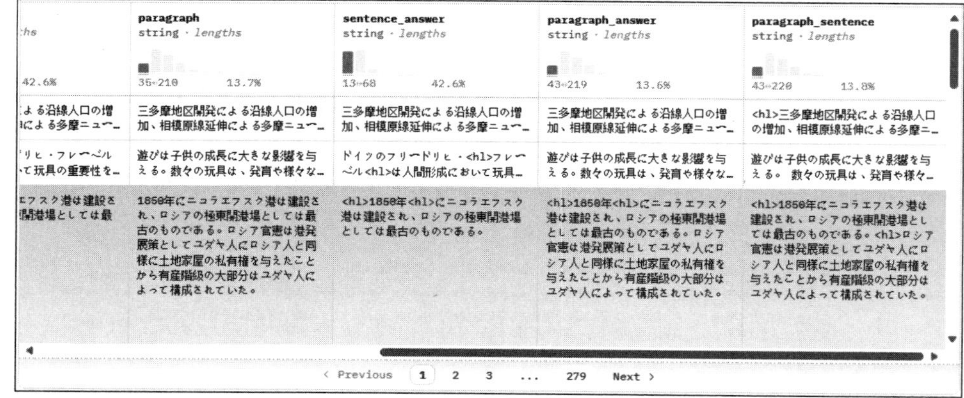

图8-17　lmqg/qg_jaquad日文数据集样式（右）

图 8-18 是 lmqg/qag_jaquad 日文数据集样式：train(9.51k 行)，validation(1.43k 行)，test (3.05k 行)。

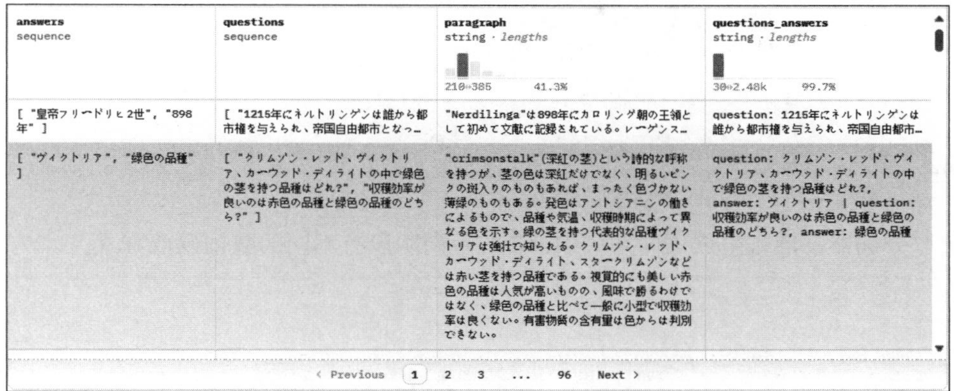

answers sequence	questions sequence	paragraph string · lengths 210↔385　41.3%	questions_answers string · lengths 30↔2.48k　99.7%
["皇帝フリードリヒ2世", "898年"]	["1215年にネルトリンゲンは誰から都市権を与えられ、帝国自由都市となっ…	"Nerdilinga"は898年にカロリング朝の王領として初めて文献に記録されている。レーゲンス…	question: 1215年にネルトリンゲンは誰から都市権を与えられ、帝国自由都市…
["ヴィクトリア", "緑色の品種"]	["クリムゾン・レッド、ヴィクトリア、カーウッド・ディライトの中で緑色の茎を持つ品種はどれ?", "収穫効率が良いのは赤色の品種と緑色の品種のどちら?"]	"crimsonstalk"(深紅の茎)という詩的な呼称を持つが、茎の色は深紅だけでなく、明るいピンクの斑入りのものもあれば、まったく色づかない薄緑のものもある。発色はアントシアニンの働きによるもので、品種や気温、収穫時期によって異なる色を示す。緑の茎を持つ代表的な品種ヴィクトリアは強壮で知られる。クリムゾン・レッド、カーウッド・ディライト、スタークリムゾンなどは赤い茎を持つ品種である。視覚的にも美しい赤色の品種は人気が高いものの、風味で勝るわけではなく、緑色の品種と比べて一般に小型で収穫効率は良くない。有害物質の含有量は色からは判別できない。	question: クリムゾン・レッド、ヴィクトリア、カーウッド・ディライトの中で緑色の茎を持つ品種はどれ?, answer: ヴィクトリア | question: 収穫効率が良いのは赤色の品種と緑色の品種のどちら?, answer: 緑色の品種

‹ Previous　1　2　3　...　96　Next ›

图8-18　lmqg/qag_jaquad日文数据集样式

8.6　训练数据读取

定义统一的参数：

```
import argparse

args = argparse.ArgumentParser()

args.local_rank = 0
args.data_path = ["Dahoas/rm-static"]
args.data_split = "2,4,4"
args.data_output_path = '/tmp/data_files'
args.output_dir = "./output_step3_llama"
args.seed = 1234
args.max_seq_len = 256
```

以 Dahoas/rm-static 数据集为例，用 DeepSpeed Chat 来进行 RLHF 训练。

```
from dschat.utils.data import raw_datasets

dataset_name = "Dahoas/rm-static"

raw_dataset = raw_datasets.DahoasRmstaticDataset(args.output_dir, args.seed, args.
local_rank, dataset_name)

train_dataset = raw_dataset.get_train_data()
print(train_dataset)
```

```
Dataset({
    features: ['prompt', 'response', 'chosen', 'rejected'],
    num_rows: 76256
})
```

可以看到数据集中有四个字段：prompt、response、chosen、rejected。

用以下代码显示第一个记录，该记录把 prompt 字段和 chosen 字段拼接起来返回。

```
for i, tmp_data in enumerate(train_dataset):
    print(raw_dataset.get_prompt_and_chosen(tmp_data))
    break;
```

```
Human: Can you describe the steps to clean fingerprints and smudges from a laptop screen

Assistant: Yes, certainly. To clean your screen, you first need to use a microfiber cloth
or soft, damp cloth to gently wipe down the surface of the screen. Next, you'll want to
grab a soft, lint-free, microfiber cleaning cloth and gently rub it back and forth across
the screen to remove fingerprints and smudges.

Human: Can I spray isopropyl alcohol onto the cloth and clean it that way?

Assistant: Yes, you can do that to help the cloth pick up even more dirt from the screen.
Be sure to always use a clean, soft cloth, not a piece of scratchy, roughened, or textured
material, and make sure it's lint-free.
```

读取分词器，准备生成词向量。RLHF 的不同阶段有不同的数据读取方式。

```
from transformers import LlamaTokenizer

model_name_or_path = "c:/llama2/llama-2-7b-hf"
tokenizer = AutoTokenizer.from_pretrained(model_name_or_path, trust_remote_code=True)
tokenizer.pad_token = tokenizer.eos_token
```

8.6.1 第1步：SFT监督微调数据

读取数据集，将字段 prompt 和 chosen 合并起来生成监督微调训练数据集。

```
end_of_conversation_token="<|endoftext|>"

prompt_dataset = []
chosen_dataset = []
reject_dataset = []

for i, tmp_data in enumerate(train_dataset):
    # tokenize the text
    chosen_sentence = raw_dataset.get_prompt_and_chosen(tmp_data)  # the accept response
    if chosen_sentence is not None:
        chosen_sentence += end_of_conversation_token
        chosen_token = tokenizer(chosen_sentence,
                                 max_length=args.max_seq_len,
                                 padding="max_length",
                                 truncation=True,
                                 return_tensors="pt")
        chosen_token["input_ids"] = chosen_token["input_ids"].squeeze(0)
        chosen_token["attention_mask"] = chosen_token["attention_mask"].squeeze(0)
        chosen_dataset.append(chosen_token)
```

读取的数据集 chosen_dataset 长度为 76256，与数据集中 train 子集行数相同。看一下第 1 条记录（chosen_dataset[0]）的数据：

```
chosen_dataset[0]={'input_ids': tensor([  1, 29871,  13,  13, 29950,  7889, 29901,  1815,
366,  8453,
          278,   6576,   304,  5941, 19917,  2158, 29879,   322,  1560,    566,
         2710,    515,   263, 19022,  4315,    13,    13,  7900, 22137,  29901,
         3869, 29892,  8959, 29889,  1763,  5941,   596,  4315, 29892,    366,
          937,    817,   304,   671,   263,  9200,  7241,   495, 13950,    470,
         4964, 29892,   270,  1160, 13950,   304,   330,  2705,   281,  15705,
         1623,   278,  7101,   310,   278,  4315, 29889,  8084, 29892,    366,
        30010,   645,   864,   304, 17229,   263,  4964, 29892,   301,    524,
        29899,  9021, 29892,  9200,  7241,   495,  5941,   292, 13950,    322,
          330,  2705, 14051,   372,  1250,   322, 11483,  4822,   278,   4315,
          304,  3349, 19917,  2158, 29879,   322,  1560,   566,  2710,  29889,
           13,    13, 29950,  7889, 29901,  1815,   306,   805,   764,    338,
```

```
         459,   1336,   2904, 27231,  5391, 11480,    278, 13950,   322,   5941,
         372,    393,    982, 29973,    13,    13,   7900, 22137, 29901,   3869,
       29892,    366,    508,   437,    393,   304,   1371,    278, 13950,   5839,
         701,   1584,    901,   270,   2728,   515,    278,   4315, 29889,   1522,
        1854,    304,   2337,   671,    263,  5941,  29892,   4964, 13950,  29892,
         451,    263,   8424,   310,  22728, 29891,  29892,  12164,  6419,  29892,
         470,   1426,   2955,  5518,  29892,   322,   1207,   1854,   372,  30010,
       29879,    301,    524, 29899,   9021, 19423,  29989,    355,   974,    726,
       29989,  29958,      2,     2,      2,     2,      2,      2,     2,      2,
           2,      2,      2,     2,      2,     2,      2,      2,     2,      2,
           2,      2,      2,     2,      2,     2,      2,      2,     2,      2,
           2,      2,      2,     2,      2,     2,      2,      2,     2,      2,
           2,      2,      2,     2,      2,     2,      2,      2,     2,      2,
           2,      2,      2,     2,      2,    2]), 'attention_mask': tensor([1, 1, 1, 1,
1, 1, 1, 1, 1, 1, 1, 1, 1, 1, 1, 1, 1, 1, 1, 1, 1, 1, 1, 1,
       1, 1, 1, 1, 1, 1, 1, 1, 1, 1, 1, 1, 1, 1, 1, 1, 1, 1, 1, 1, 1, 1, 1, 1,
       1, 1, 1, 1, 1, 1, 1, 1, 1, 1, 1, 1, 1, 1, 1, 1, 1, 1, 1, 1, 1, 1, 1, 1,
       1, 1, 1, 1, 1, 1, 1, 1, 1, 1, 1, 1, 1, 1, 1, 1, 1, 1, 1, 1, 1, 1, 1, 1,
       1, 1, 1, 1, 1, 1, 1, 1, 1, 1, 1, 1, 1, 1, 1, 1, 1, 1, 1, 1, 1, 1, 1, 1,
       1, 1, 1, 1, 1, 1, 1, 1, 1, 1, 1, 1, 1, 1, 1, 1, 1, 1, 1, 1, 1, 1, 1, 1,
       1, 1, 1, 1, 1, 1, 1, 1, 1, 1, 1, 1, 1, 1, 1, 1, 1, 1, 1, 1, 1, 1, 1, 1,
       1, 1, 1, 1, 1, 1, 1, 1, 1, 1, 1, 1, 1, 1, 1, 1, 1, 1, 1, 1, 1, 1, 1, 1,
       1, 1, 1, 1, 1, 1, 1, 1, 1, 1, 0, 0, 0, 0, 0, 0, 0, 0, 0, 0, 0, 0, 0, 0,
       0, 0, 0, 0, 0, 0, 0, 0, 0, 0, 0, 0, 0, 0, 0, 0, 0, 0, 0, 0, 0, 0, 0, 0,
       0, 0, 0, 0, 0, 0, 0, 0, 0, 0, 0, 0, 0, 0, 0, 0])}
```

数据的长度用 args.max_seq_length 设置，这里为 256，所以不足 256 的地方 input_ids 用 pad_token 填空，attention_mask 中则置为 0。

8.6.2　第2步：奖励模型微调数据

第 2 步奖励模型训练的数据，包括两部分：选择数据集和拒绝数据集，分别代表正样本和负样本。选择数据集由 prompt 字段和 chosen 字段合并而成，与第 1 步的数据集相同。拒绝数据集由 prompt 字段和 rejected 字段合并而成。

```
end_of_conversation_token="<|endoftext|>"

prompt_dataset = []
chosen_dataset = []
reject_dataset = []

for i, tmp_data in enumerate(train_dataset):
    # tokenize the text
    chosen_sentence = raw_dataset.get_prompt_and_chosen(
        tmp_data)  # the accept response
    reject_sentence = raw_dataset.get_prompt_and_rejected(
        tmp_data)  # the accept response
    if chosen_sentence is not None and reject_sentence is not None:
        chosen_sentence += end_of_conversation_token  # the accept response
        reject_sentence += end_of_conversation_token
        chosen_token = tokenizer(chosen_sentence,
                                 max_length=args.max_seq_len,
                                 padding="max_length",
                                 truncation=True,
                                 return_tensors="pt")
        reject_token = tokenizer(reject_sentence,
                                 max_length=args.max_seq_len,
                                 padding="max_length",
                                 truncation=True,
                                 return_tensors="pt")
```

```
            chosen_token["input_ids"] = chosen_token["input_ids"]
            chosen_token["attention_mask"] = chosen_token["attention_mask"]
            chosen_dataset.append(chosen_token)

            reject_token["input_ids"] = reject_token["input_ids"]
            reject_token["attention_mask"] = reject_token["attention_mask"]
            reject_dataset.append(reject_token)

        break;

    print(f'{chosen_sentence=}')
    print(f'{chosen_dataset[0]=}')

    print(f'{reject_sentence=}')
    print(f'{reject_dataset[0]=}')
```

```
chosen_sentence='\n\nHuman: Can you describe the steps to clean fingerprints and smudges
from a laptop screen\n\nAssistant: Yes, certainly. To clean your screen, you first need to
use a microfiber cloth or soft, damp cloth to gently wipe down the surface of the screen.
Next, you'll want to grab a soft, lint-free, microfiber cleaning cloth and gently rub
it back and forth across the screen to remove fingerprints and smudges.\n\nHuman: Can I
spray isopropyl alcohol onto the cloth and clean it that way?\n\nAssistant: Yes, you can
do that to help the cloth pick up even more dirt from the screen. Be sure to always use
a clean, soft cloth, not a piece of scratchy, roughened, or textured material, and make
sure it's lint-free.<|endoftext|>'
chosen_dataset[0]={'input_ids': tensor([[ 1, 29871,  13,  13, 29950,  7889, 29901,  1815,
366,  8453,
          278,  6576,   304,  5941, 19917,  2158, 29879,   322,  1560,   566,
         2710,   515,   263, 19022,  4315,    13,    13,  7900, 22137, 29901,
         3869, 29892,  8959, 29889,  1763,  5941,   596,  4315, 29892,   366,
          937,   817,   304,   671,   263,  9200,  7241,   495, 13950,   470,
         4964, 29892,   270,  1160, 13950,   304,   330,  2705,   281, 15705,
         1623,   278,  7101,   310,   278,  4315, 29889,  8084, 29892,   366,
        30010,   645,   864,   304, 17229,   263,  4964, 29892,   301,   524,
        29899,  9021, 29892,  9200,  7241,   495,  5941,   292, 13950,   322,
          330,  2705, 14051,   372,  1250,   322, 11483,  4822,   278,  4315,
          304,  3349, 19917,  2158, 29879,   322,  1560,   566,  2710, 29889,
           13,    13, 29950,  7889, 29901,  1815,   306,   805,   764,   338,
          459,  1336,  2904, 27231,  5391, 11480,   278, 13950,   322,  5941,
          372,   393,   982, 29973,    13,    13,  7900, 22137, 29901,  3869,
        29892,   366,   508,   437,   393,   304,  1371,   278, 13950,  5839,
          701,  1584,   901,   270,  2728,   515,   278,  4315, 29889,  1522,
         1854,   304,  2337,   671,   263,  5941, 29892,  4964, 13950, 29892,
          451,   263,  8424,   310, 22728, 29891, 29892, 12164,  6419, 29892,
          470,  1426,  2955,  5518, 29892,   322,  1207,  1854,   372, 30010,
        29879,   301,   524, 29899,  9021, 19423, 29989,   355,   974,   726,
        29989, 29958,     2,     2,     2,     2,     2,     2,     2,     2,
            2,     2,     2,     2,     2,     2,     2,     2,     2,     2,
            2,     2,     2,     2,     2,     2,     2,     2,     2,     2,
            2,     2,     2,     2,     2,     2,     2,     2,     2,     2,
            2,     2,     2,     2,     2,     2,     2,     2,     2,     2,
            2,     2,     2,     2,     2,     2]]), 'attention_mask': tensor([[1, 1, 1,
1, 1, 1, 1, 1, 1, 1, 1, 1, 1, 1, 1, 1, 1, 1, 1, 1, 1, 1, 1,
         1, 1, 1, 1, 1, 1, 1, 1, 1, 1, 1, 1, 1, 1, 1, 1, 1, 1, 1, 1, 1, 1, 1, 1,
         1, 1, 1, 1, 1, 1, 1, 1, 1, 1, 1, 1, 1, 1, 1, 1, 1, 1, 1, 1, 1, 1, 1, 1,
         1, 1, 1, 1, 1, 1, 1, 1, 1, 1, 1, 1, 1, 1, 1, 1, 1, 1, 1, 1, 1, 1, 1, 1,
         1, 1, 1, 1, 1, 1, 1, 1, 1, 1, 1, 1, 1, 1, 1, 1, 1, 1, 1, 1, 1, 1, 1, 1,
         1, 1, 1, 1, 1, 1, 1, 1, 1, 1, 1, 1, 1, 1, 1, 1, 1, 1, 1, 1, 1, 1, 1, 1,
         1, 1, 1, 1, 1, 1, 1, 1, 1, 1, 1, 1, 1, 1, 1, 1, 1, 1, 1, 1, 1, 1, 1, 1,
         1, 1, 1, 1, 1, 1, 1, 1, 1, 1, 1, 1, 1, 1, 1, 1, 1, 1, 1, 1, 1, 1, 1, 1,
         1, 1, 1, 1, 1, 1, 1, 1, 1, 1, 0, 0, 0, 0, 0, 0, 0, 0, 0, 0, 0, 0, 0, 0,
         0, 0, 0, 0, 0, 0, 0, 0, 0, 0, 0, 0, 0, 0, 0, 0, 0, 0, 0, 0, 0, 0, 0, 0,
         0, 0, 0, 0, 0, 0, 0, 0, 0, 0, 0, 0, 0, 0, 0, 0]])}

reject_sentence='\n\nHuman: Can you describe the steps to clean fingerprints and smudges
from a laptop screen\n\nAssistant: Yes, certainly. To clean your screen, you first need to
```

```
use a microfiber cloth or soft, damp cloth to gently wipe down the surface of the screen.
Next, you'll want to grab a soft, lint-free, microfiber cleaning cloth and gently rub it
back and forth across the screen to remove fingerprints and smudges.\n\nHuman: Can I spray
isopropyl alcohol onto the cloth and clean it that way?\n\nAssistant: Yes, you can spray
it directly onto the cloth.<|endoftext|>'
reject_dataset[0]={'input_ids': tensor([[    1, 29871,    13,    13, 29950,  7889, 29901,  1815,
366,  8453,
           278,  6576,   304,  5941, 19917,  2158, 29879,   322,  1560,   566,
          2710,   515,   263, 19022,  4315,    13,    13,  7900, 22137, 29901,
          3869, 29892,  8959, 29889,  1763,  5941,   596,  4315, 29892,   366,
           937,   817,   304,   671,   263,  9200,  7241,   495, 13950,   470,
          4964, 29892,   270,  1160, 13950,   304,   330,  2705,   281, 15705,
          1623,   278,  7101,   310,   278,  4315, 29889,  8084, 29892,   366,
         30010,   645,   864,   304, 17229,   263,  4964, 29892,   301,   524,
         29899,  9021, 29892,  9200,  7241,   495,  5941,   292, 13950,   322,
           330,  2705, 14051,   372,  1250,   322, 11483,  4822,   278,  4315,
           304,  3349, 19917,  2158, 29879,   322,  1560,   566,  2710, 29889,
            13,    13, 29950,  7889, 29901,  1815,   306,   805,   764,   338,
           459,  1336,  2904, 27231,  5391, 11480,   278, 13950,   322,  5941,
           372,   393,   982, 29973,    13,    13,  7900, 22137, 29901,  3869,
         29892,   366,   508,   805,   764,   372,  4153, 11480,   278, 13950,
         19423, 29989,   355,   974,   726, 29989, 29958,     2,     2,     2,
             2,     2,     2,     2,     2,     2,     2,     2,     2,     2,
             2,     2,     2,     2,     2,     2,     2,     2,     2,     2,
             2,     2,     2,     2,     2,     2,     2,     2,     2,     2,
             2,     2,     2,     2,     2,     2,     2,     2,     2,     2,
             2,     2,     2,     2,     2,     2,     2,     2,     2,     2,
             2,     2,     2,     2,     2,     2,     2,     2,     2,     2,
             2,     2,     2,     2,     2,     2,     2,     2,     2,     2,
             2,     2,     2,     2,     2,     2,     2,     2,     2,     2,
             2,     2,     2,     2,     2,     2,     2,     2,     2,     2,
             2,     2,     2,     2,     2,     2]]), 'attention_mask': tensor([[1, 1, 1,
1, 1, 1, 1, 1, 1, 1, 1, 1, 1, 1, 1, 1, 1, 1, 1, 1, 1, 1, 1, 1,
         1, 1, 1, 1, 1, 1, 1, 1, 1, 1, 1, 1, 1, 1, 1, 1, 1, 1, 1, 1, 1, 1, 1, 1,
         1, 1, 1, 1, 1, 1, 1, 1, 1, 1, 1, 1, 1, 1, 1, 1, 1, 1, 1, 1, 1, 1, 1, 1,
         1, 1, 1, 1, 1, 1, 1, 1, 1, 1, 1, 1, 1, 1, 1, 1, 1, 1, 1, 1, 1, 1, 1, 1,
         1, 1, 1, 1, 1, 1, 1, 1, 1, 1, 1, 1, 1, 1, 1, 1, 1, 1, 1, 1, 1, 1, 1, 1,
         1, 1, 1, 1, 1, 1, 1, 1, 1, 1, 1, 1, 1, 1, 1, 1, 1, 1, 1, 1, 1, 1, 1, 1,
         1, 1, 1, 1, 1, 1, 1, 1, 1, 1, 1, 1, 1, 0, 0, 0, 0, 0, 0, 0, 0, 0, 0, 0,
         0, 0, 0, 0, 0, 0, 0, 0, 0, 0, 0, 0, 0, 0, 0, 0, 0, 0, 0, 0, 0, 0, 0, 0,
         0, 0, 0, 0, 0, 0, 0, 0, 0, 0, 0, 0, 0, 0, 0, 0, 0, 0, 0, 0, 0, 0, 0, 0,
         0, 0, 0, 0, 0, 0, 0, 0, 0, 0, 0, 0, 0, 0, 0, 0, 0, 0, 0, 0, 0, 0, 0, 0,
         0, 0, 0, 0, 0, 0, 0, 0, 0, 0, 0, 0, 0, 0, 0, 0]])}
```

8.6.3　第3步：RLHF微调数据

读取训练数据，用的是prompt字段数据，并将ids反转。超过最大序列长度的数据记录忽略。

```
filtered = 0
for i, tmp_data in enumerate(train_dataset):
    # tokenize the text
    prompt = raw_dataset.get_prompt(tmp_data)
    if prompt is not None:
        prompt_token = tokenizer(prompt, return_tensors="pt")
        print(f'{prompt_token["input_ids"] =}')
        if prompt_token["input_ids"].size()[-1] <= args.max_seq_len:
            for key_word in ["input_ids", "attention_mask"]:
                #压缩维度[1, 139]->[139],再将数据反卷
                prompt_token[key_word] = prompt_token[key_word].squeeze(0).flip(0)
            prompt_dataset.append(prompt_token)
        else:
            filtered += 1
```

```
    break;
print(f'{prompt_dataset[0]["input_ids"]=}')
```

这是刚转换为 ids 的数据：

```
prompt_token["input_ids"] =tensor([[    1, 29871,    13,    13, 29950,  7889, 29901,  1815,
366,  8453,
          278,  6576,   304,  5941, 19917,  2158, 29879,   322,  1560,   566,
         2710,   515,   263, 19022,  4315,    13,    13,  7900, 22137, 29901,
         3869, 29892,  8959, 29889,  1763,  5941,   596,  4315, 29892,   366,
          937,   817,   304,   671,   263,  9200,  7241,   495, 13950,   470,
         4964, 29892,   270,  1160, 13950,   304,   330,  2705,   281, 15705,
         1623,   278,  7101,   310,   278,  4315, 29889,  8084, 29892,   366,
        30010,   645,   864,   304, 17229,   263,  4964, 29892,   301,   524,
        29899,  9021, 29892,  9200,  7241,   495,  5941,   292, 13950,   322,
          330,  2705, 14051,   372,  1250,   322, 11483,  4822,   278,  4315,
          304,  3349, 19917,  2158, 29879,   322,  1560,   566,  2710, 29889,
           13,    13, 29950,  7889, 29901,  1815,   306,   805,   764,   338,
          459,  1336,  2904, 27231,  5391, 11480,   278, 13950,   322,  5941,
          372,   393,   982, 29973,    13,    13,  7900, 22137, 29901]])
```

这是反转后返回的数据集第一个记录。

```
prompt_dataset[0]["input_ids"]=tensor([29901, 22137,  7900,    13,    13, 29973,   982,   393,
372,  5941,
          322, 13950,   278, 11480,  5391, 27231,  2904,  1336,   459,   338,
          764,   805,   306,  1815, 29901,  7889, 29950,    13,    13, 29889,
         2710,   566,  1560,   322, 29879,  2158, 19917,  3349,   304,  4315,
          278,  4822, 11483,   322,  1250,   372, 14051,  2705,   330,   322,
        13950,   292,  5941,   495,  7241,  9200, 29892,  9021, 29899,   524,
          301, 29892,  4964,   263, 17229,   304,   864,   645, 30010,   366,
        29892,  8084, 29889,  4315,   278,   310,  7101,   278,  1623, 15705,
          281,  2705,   330,   304, 13950,  1160,   270, 29892,  4964,   470,
        13950,   495,  7241,  9200,   263,   671,   304,   817,   937,   366,
        29892,  4315,   596,  5941,  1763, 29889,  8959, 29892,  3869, 29901,
        22137,  7900,    13,    13,  4315, 19022,   263,   515,  2710,   566,
         1560,   322, 29879,  2158, 19917,  5941,   304,  6576,   278,  8453,
          366,  1815, 29901,  7889, 29950,    13,    13, 29871,     1])
```

8.7 监督微调

RLHF 的监督微调和一般监督微调主要区别是训练数据集，本质上监督微调训练数据集是 RLHF 训练数据集的一个子集。DeepSpeed Chat 的 SFT 训练数据集就用了 prompt 和 chosen 两个字段。

设置通用参数：

```
import argparse

args = argparse.ArgumentParser(description="(Step 3) RLHF training arguments")

args.local_rank = 0
args.data_path = ["/mnt/Dahoas/rm-static"]
args.data_split = "2,4,4"
args.data_output_path = '/tmp/data_files'
args.max_seq_len = 256
args.num_train_epochs = 1
args.seed = 1234
args.per_device_train_batch_size = 1
```

```
args.per_device_eval_batch_size = 1
args.print_loss = True
```

进行训练，仅训练一个轮次和一条数据，主要看输出的数据格式和内容。

```
from transformers import AutoModelForCausalLM, AutoTokenizer
from torch.utils.data import DataLoader
from dschat.utils.data.data_utils import create_prompt_dataset

model_name_or_path = '/mnt/chinese-llama-2-7b'

tokenizer = AutoTokenizer.from_pretrained(model_name_or_path, trust_remote_code=True)

model = AutoModelForCausalLM.from_pretrained(model_name_or_path, device_map="auto",
trust_remote_code=True,
                                              offload_folder = '/tmp').eval()

train_phase = 1
train_dataset, eval_dataset = create_prompt_dataset(
    args.local_rank,
    args.data_path,
    args.data_split,
    args.data_output_path,
    train_phase,
    args.seed,
    tokenizer,
    args.max_seq_len,
    sft_only_data_path=[])

train_dataloader = DataLoader(train_dataset, batch_size=args.per_device_train_batch_size)

for epoch in range(args.num_train_epochs):
    print(
        f"Beginning of Epoch {epoch+1}/{args.num_train_epochs}, Total Micro Batches
{len(train_dataloader)}")
    model.train()
    for step, batch in enumerate(train_dataloader):
        outputs = model(**batch, use_cache=False)
        loss = outputs.loss
        if args.print_loss:
            print(
                f"Epoch: {epoch}, Step: {step}, Rank: loss = {loss}"
            )
        loss.backward(loss)

        break;
```

输出的损失和logits为

```
[8]: outputs.loss

[8]: tensor(5.4209, grad_fn=<ToCopyBackward0>)

[9]: outputs.logits

[9]: tensor([[[-1.4668, -3.6502, -0.1360,  ..., -1.3301, -0.2463, -1.1404],
             [-1.4668, -3.6468, -0.1329,  ..., -1.3304, -0.2472, -1.1407],
             [-1.4667, -3.6434, -0.1298,  ..., -1.3306, -0.2481, -1.1411],
             ...,
             [-2.7696, -1.9101, 10.7327,  ..., -0.7247, -1.9516, -1.8949],
             [-1.6405,  1.4530, 12.9067,  ..., -0.2989, -0.2526, -2.3582],
             [-1.0339,  5.5531, 15.5704,  ...,  1.9166,  0.3002,  0.5470]]],
           grad_fn=<ToCopyBackward0>)

[10]: outputs.logits.size()   #[bacth, seq_length, vocab_size]

[10]: torch.Size([1, 256, 55296])
```

8.8 奖励模型微调

奖励模型微调或多或少类似于监督微调。但是，RM和SFT微调在训练数据和训练目标上有差异。

SFT微调，数据是提示（prompt）和选择（chosen）拼接在一起。然而，对于RM微调，每批数据由两个提示-答案对组成，即具有高分答案chosen和低分答案reject的相同查询。这也导致了如下所述的第二个差异。

对于RM，训练目标是成对排名分数（pairwise ranking score），即对于两个查询-答案对，RM应该给更好的答案更高的分数。有多种方法可以实现这一目标。在DeepSpeed Chat的实现中，使用序列的结束标记或第一个填充标记作为聚合分数并比较它们。当然，也可以使用整个答案的平均分数作为替代。

以下代码以一条数据处理为例，介绍如何计算训练用的损失函数，以及分别计算选择数据集和拒绝数据集的得分。

（1）定义通用参数，该代码与第一步监督微调相同。

（2）生成模型，该模型是奖励模型的基础模型，是一个预训练模型。

```
from transformers import LlamaModel, LlamaTokenizer

from torch.utils.data import DataLoader, RandomSampler, SequentialSampler

args.model_name_or_path = '/mnt/chinese-llama-2-7b'

tokenizer = LlamaTokenizer.from_pretrained(args.model_name_or_path)
critic_model = LlamaModel.from_pretrained(args.model_name_or_path, device_map="auto",
offload_folder = '/tmp').eval()
```

（3）组织专门用的训练样本。

```
from dschat.utils.data.data_utils import create_prompt_dataset, DataCollatorReward

train_phase = 2
train_dataset, eval_dataset = create_prompt_dataset(
  args.local_rank, args.data_path, args.data_split,
  args.data_output_path, train_phase, args.seed, tokenizer,
  args.max_seq_len)
```

（4）显示一条样本的信息。

```
# class PromptDataset在第2步的输出格式是:
# return self.chosen_dataset[idx]["input_ids"], self.chosen_dataset[idx]["attention_mask"], \
#        self.reject_dataset[idx]["input_ids"], self.reject_dataset[idx]["attention_mask"]

for chosen_input_ids, chosen_attention_mask, reject_input_ids, reject_attention_mask in
train_dataset:
    print("选择数据样本输入(chosen_input) -----------------------------")
    inputs = tokenizer.decode(chosen_input_ids[0], skip_special_tokens=True)
    print(f'原文: {inputs}')
    print(f'input_ids: {chosen_input_ids}')
    print(f'attention_mask: {chosen_attention_mask}')

    print("拒绝数据样本输入(reject_input_ids) -----------------------------")
    print(reject_input_ids.shape)
    inputs = tokenizer.decode(reject_input_ids[0], skip_special_tokens=True)
```

```
    print(f'原文: {inputs}')
    print(f'input_ids: {reject_input_ids}')
    print(f'attention_mask: {reject_attention_mask}')

    break

chosen_id = chosen_input_ids[0]
rejected_id = reject_input_ids[0]
```

```
选择数据样本输入(chosen_input) ------------------------------
原文:
Human: Are miniature roses a good gift to give? I wonder if they might be hardy, or tend
to die easily.

Assistant: Miniature roses might seem like an obvious choice, but they are usually bred
specifically to be very small, so their bushiness is not an accurate measure of their care
requirements. In general, the minimum size of a rose is 3 inches in diameter, with many
roses thriving at 2 inches.<|endoftext|>
input_ids: tensor([[    1, 29871,    13,    13, 29950,  7889, 29901,  4683, 20629,  1535, 14652,
267,   263,
          1781, 19797,   304,  2367, 29973,   306,  4997,   565,   896,  1795,   367,  2898, 29891,
         29892,   470, 10331,   304,   762,  5948, 29889,    13,    13,  7900, 22137, 29901,   341,
          2172,  1535, 14652,   267,  1795,  2833,   763,   385,  6924,  7348, 29892,   541,   896,
           526,  5491,   289,  1127, 10816,   304,   367,  1407,  2319, 29892,   577,  1009, 27089,
          3335,   338,   451,   385, 16232,  5645,   310,  1009,  2562, 11780, 29889,   512,  2498,
         29892,   278,  9212,  2159,   310,   263, 11492,   338, 29871, 29941, 22831,   297, 24235,
         29892,   411,  1784, 14652,   267,   266,  1150,   292,   472, 29871, 29906, 22831, 19423,
         29989,   355,   974,   726, 29989, 29958,     2,     2,     2,     2,     2,     2,     2,
             2,     2,     2,     2,     2,     2,     2,     2,     2,     2,     2,     2,     2,
             2,     2,     2,     2,     2,     2,     2,     2,     2,     2,     2,     2,     2,
             2,     2,     2,     2,     2,     2,     2,     2,     2,     2,     2,     2,     2,
             2,     2,     2,     2,     2,     2,     2,     2,     2,     2,     2,     2,     2,
             2,     2,     2,     2,     2,     2,     2,     2,     2,     2,     2,     2,     2,
             2,     2,     2,     2,     2,     2,     2,     2,     2,     2,     2,     2,     2,
             2,     2,     2,     2,     2,     2,     2,     2,     2,     2,     2,     2,     2,
             2,     2,     2,     2,     2,     2,     2,     2,     2,     2,     2,     2,     2,
             2,     2,     2,     2,     2,     2,     2,     2,     2,     2,     2,     2,     2,
             2,     2,     2,     2,     2,     2,     2,     2,     2,     2,     2,     2,     2,
             2,     2,     2,     2,     2,     2,     2,     2,     2]])
attention_mask: tensor([[1, 1, 1, 1, 1, 1, 1, 1, 1, 1, 1, 1, 1, 1, 1, 1, 1, 1, 1, 1,
1, 1, 1, 1, 1, 1, 1, 1, 1, 1,
         1, 1, 1, 1, 1, 1, 1, 1, 1, 1, 1, 1, 1, 1, 1, 1, 1, 1, 1, 1, 1, 1, 1, 1, 1, 1, 1, 1, 1, 1,
         1, 1, 1, 1, 1, 1, 1, 1, 1, 1, 1, 1, 1, 1, 1, 1, 1, 1, 1, 1, 1, 1, 1, 1, 1, 1, 1, 1, 1, 1,
         1, 1, 1, 1, 1, 1, 1, 1, 1, 1, 1, 1, 1, 1, 1, 1, 1, 1, 1, 1, 0, 0, 0, 0, 0, 0, 0, 0, 0, 0,
         0, 0, 0, 0, 0, 0, 0, 0, 0, 0, 0, 0, 0, 0, 0, 0, 0, 0, 0, 0, 0, 0, 0, 0, 0, 0, 0, 0, 0, 0,
         0, 0, 0, 0, 0, 0, 0, 0, 0, 0, 0, 0, 0, 0, 0, 0, 0, 0, 0, 0, 0, 0, 0, 0, 0, 0, 0, 0, 0, 0,
         0, 0, 0, 0, 0, 0, 0, 0, 0, 0, 0, 0, 0, 0, 0, 0, 0, 0, 0, 0, 0, 0, 0, 0, 0, 0, 0, 0, 0, 0,
         0, 0, 0, 0, 0, 0, 0, 0, 0, 0, 0, 0, 0, 0, 0, 0, 0, 0, 0, 0, 0, 0, 0, 0, 0, 0, 0, 0, 0, 0,
         0, 0, 0, 0, 0, 0, 0, 0, 0, 0, 0, 0, 0, 0, 0, 0]])
拒绝数据样本输入(reject_input_ids) ------------------------------
torch.Size([1, 256])
原文:

Human: Are miniature roses a good gift to give? I wonder if they might be hardy, or tend
to die easily.

Assistant: There's not really a general answer for that question, since it depends on
what particular kind of miniature roses you're talking about. Can you tell me more about
what they are, and why you want to give them as a gift?<|endoftext|>
input_ids: tensor([[    1, 29871,    13,    13, 29950,  7889, 29901,  4683, 20629,  1535, 14652,
267,   263,
```

```
         1781, 19797,   304,  2367, 29973,   306,  4997,   565,   896,  1795,   367,  2898, 29891,
        29892,   470, 10331,   304,   762,  5948, 29889,    13,    13,  7900, 22137, 29901,  1670,
        30010, 29879,   451,  2289,   263,  2498,  1234,   363,   393,  1139, 29892,  1951,   372,
         7111,   373,   825,  3153,  2924,   310, 20629,  1535, 14652,   267,   366, 30010,   276,
         9963,  1048, 29889,  1815,   366,  2649,   592,   901,  1048,   825,   896,   526, 29892,
          322,  2020,   366,   864,   304,  2367,   963,   408,   263, 19797, 29973, 29966, 29989,
          355,   974,   726, 29989, 29958,     2,     2,     2,     2,     2,     2,     2,     2,
            2,     2,     2,     2,     2,     2,     2,     2,     2,     2,     2,     2,     2,
            2,     2,     2,     2,     2,     2,     2,     2,     2,     2,     2,     2,     2,
            2,     2,     2,     2,     2,     2,     2,     2,     2,     2,     2,     2,     2,
            2,     2,     2,     2,     2,     2,     2,     2,     2,     2,     2,     2,     2,
            2,     2,     2,     2,     2,     2,     2,     2,     2,     2,     2,     2,     2,
            2,     2,     2,     2,     2,     2,     2,     2,     2,     2,     2,     2,     2,
            2,     2,     2,     2,     2,     2,     2,     2,     2,     2,     2,     2,     2,
            2,     2,     2,     2,     2,     2,     2,     2,     2,     2,     2,     2,     2,
            2,     2,     2,     2,     2,     2,     2,     2,     2,     2,     2,     2,     2,
            2,     2,     2,     2,     2,     2,     2,     2,     2,     2,     2,     2,     2,
            2,     2,     2,     2,     2,     2,     2,     2,     2,     2,     2,     2,     2,
            2,     2,     2,     2,     2,     2,     2,     2,     2]])
attention_mask: tensor([[1, 1 , 1, 1, 1, 1, 1, 1, 1, 1, 1, 1, 1, 1, 1, 1, 1, 1, 1, 1, 1, 1, 1,
1, 1, 1, 1, 1, 1, 1,
           1, 1, 1, 1, 1, 1, 1, 1, 1, 1, 1, 1, 1, 1, 1, 1, 1, 1, 1, 1, 1, 1, 1, 1, 1, 1, 1, 1, 1, 1,
           1, 1, 1, 1, 1, 1, 1, 1, 1, 1, 1, 1, 1, 1, 1, 1, 1, 1, 1, 1, 1, 1, 1, 1, 1, 1, 1, 1, 1, 1,
           1, 1, 1, 1, 1, 1, 0, 0, 0, 0, 0, 0, 0, 0, 0, 0, 0, 0, 0, 0, 0, 0, 0, 0, 0, 0, 0, 0, 0, 0,
           0, 0, 0, 0, 0, 0, 0, 0, 0, 0, 0, 0, 0, 0, 0, 0, 0, 0, 0, 0, 0, 0, 0, 0, 0, 0, 0, 0, 0, 0,
           0, 0, 0, 0, 0, 0, 0, 0, 0, 0, 0, 0, 0, 0, 0, 0, 0, 0, 0, 0, 0, 0, 0, 0, 0, 0, 0, 0, 0, 0,
           0, 0, 0, 0, 0, 0, 0, 0, 0, 0, 0, 0, 0, 0, 0, 0, 0, 0, 0, 0, 0, 0, 0, 0, 0, 0, 0, 0, 0, 0,
           0, 0, 0, 0, 0, 0, 0, 0, 0, 0, 0, 0, 0, 0, 0, 0, 0, 0, 0, 0, 0, 0, 0, 0, 0, 0, 0, 0, 0, 0,
           0, 0, 0, 0, 0, 0, 0, 0, 0, 0, 0, 0, 0, 0, 0]])
```

（5）模仿 Reward Model 中 forward() 的功能计算损失函数。

```python
from torch import nn
import torch

data_collator = DataCollatorReward()
train_dataloader = DataLoader(train_dataset, collate_fn=data_collator,
                              batch_size=args.per_device_train_batch_size)

loss = 0
chosen_mean_scores = []
rejected_mean_scores = []

v_head = nn.Linear(critic_model.config.hidden_size, 1, bias=False)
for step, batch in enumerate(train_dataloader):
    transformer_outputs = critic_model(**batch)

    hidden_states = transformer_outputs[0]
    rewards = v_head(hidden_states).squeeze(-1)

    chosen_reward = rewards[0]  #正样本的奖励
    rejected_reward = rewards[1]  #负样本的奖励

    PAD_ID = tokenizer.eos_token_id
    compute_fp32_loss = True

    seq_len = len(chosen_id)

    c_inds = (chosen_id == PAD_ID).nonzero()  #找出所有与填充标记相等的标记索引
    c_ind = c_inds[0].item() if len(c_inds) > 0 else seq_len
```

```
    check_divergence = (chosen_id != rejected_id).nonzero()

    if len(check_divergence) == 0: #两组样本完全相同
        end_ind = rejected_reward.size(-1)
        divergence_ind = end_ind - 1
        r_ind = c_ind
    else:
        r_inds = (rejected_id == PAD_ID).nonzero()  #找出所有与填充标记相等的标记索引
        r_ind = r_inds[0].item() if len(r_inds) > 0 else seq_len
        end_ind = max(c_ind, r_ind)
        divergence_ind = check_divergence[0]

    assert divergence_ind > 0
    c_truncated_reward = chosen_reward[divergence_ind:end_ind]
    r_truncated_reward = rejected_reward[divergence_ind:end_ind]

    chosen_mean_scores.append(chosen_reward[c_ind - 1])
    rejected_mean_scores.append(rejected_reward[r_ind - 1])

    if compute_fp32_loss:
        c_truncated_reward = c_truncated_reward.float()
        r_truncated_reward = r_truncated_reward.float()

    loss += -torch.nn.functional.logsigmoid(c_truncated_reward - r_truncated_reward).mean()

    break

print(f'c_inds={c_inds.T}\n{c_ind=}\ncheck_divergence={check_divergence.T}')
print(f'r_inds={r_inds.T}\n{r_ind=}')
print(f'{len(check_divergence)=}\ndivergence_ind:end_ind={divergence_ind}:{end_ind}')
print(f'{c_truncated_reward=}\n{r_truncated_reward=}')
```

针对每个样本，根据 chosen_id 和 rejected_id 是否相同来确定 divergence_ind，即两个序列第一次不同的位置，因为在生成对话时，选择样本和拒绝样本会有一部分相同的内容，直到某个位置开始出现差异。这个差异点之后的内容是我们关注的部分，因为它反映了两个序列的差异。需要注意的是，如果两个序列完全相同，即没有出现任何差异，那么 divergence_ind 将设置为末尾索引，这意味着不进行截断操作，直接使用整个序列来计算损失。

check_divergence 保存了选择数据样本与拒绝数据样本不同的位置，长度 len(check_divergence)=71。

```
check_divergence=tensor([[ 38,  39,  40,  41,  42,  43,  44,  45,  46,  47,  48,  50,  51,
52,  53,  54,
      55,  56,  57,  58,  59,  60,  61,  62,  63,  64,  65,  66,  67,  68,  69,  70,
      71,  72,  73,  74,  75,  76,  77,  78,  79,  80,  81,  82,  83,  84,  85,  86,
      87,  88,  89,  90,  91,  92,  93,  94,  95,  96,  97,  98,  99, 100, 101, 102,
    103, 104, 105, 106, 107, 108, 109]])
```

接下来，根据 c_ind 和 r_ind 来确定截断的起始位置和结束位置。c_ind 是 chosen_id 中第一个填充的位置，r_ind 是 rejected_id 中第一个填充的位置。如果没有填充，则取整个序列的长度。

c_inds 是选择样本中出现填充标记的索引：

```
c_inds=tensor([[110, 111, 112, 113, 114, 115, 116, 117, 118, 119, 120, 121, 122, 123,
124, 125,
```

```
126, 127, 128, 129, 130, 131, 132, 133, 134, 135, 136, 137, 138, 139, 140, 141,
142, 143, 144, 145, 146, 147, 148, 149, 150, 151, 152, 153, 154, 155, 156, 157,
158, 159, 160, 161, 162, 163, 164, 165, 166, 167, 168, 169, 170, 171, 172, 173,
174, 175, 176, 177, 178, 179, 180, 181, 182, 183, 184, 185, 186, 187, 188, 189,
190, 191, 192, 193, 194, 195, 196, 197, 198, 199, 200, 201, 202, 203, 204, 205,
206, 207, 208, 209, 210, 211, 212, 213, 214, 215, 216, 217, 218, 219, 220, 221,
222, 223, 224, 225, 226, 227, 228, 229, 230, 231, 232, 233, 234, 235, 236, 237,
238, 239, 240, 241, 242, 243, 244, 245, 246, 247, 248, 249, 250, 251, 252, 253,
254, 255]])
```

从 c_inds 中可以第一个填充的位置下标 c_ind=110。同理，计算出拒绝数据样本被填空的位置，且第一填空索引为 r_ind=96。

通过使用第一个填充的位置作为结束位置，可以将注意力集中在差异的部分，并且避免将填充部分包括在计算损失的范围内。这样可以减小噪声的影响，并提高计算损失的有效性。

然后，根据 divergence_ind 和 end_ind 来截断 chosen_reward 和 rejected_reward，得到 c_truncated_reward 和 r_truncated_reward。

获得用于计算损失函数的元素范围为 38:110，即 divergence_ind:end_ind=tensor([38]):110。

选择数据的奖励值为

```
c_truncated_reward=tensor([ 0.6193, -0.8037, -0.3154, -0.0307,  0.0638,  0.3409,
-0.7308, -0.5940,  0.1732,
    -0.5165, -0.1931, -0.1606,  0.1839,  0.4300, -0.2375, -0.4178, -0.6930, -0.3142,
    -0.0615,  0.2276, -0.3736, -0.3713, -0.3213,  0.3076,  0.1838, -0.3993,  0.2913,
    0.1625, -0.6802, -1.1467,  0.4837, -0.4529,  0.2392, -0.1625,  0.0227,  0.8381,
    0.3319,  0.5317, -0.7874, -0.3273, -0.2751, -0.4437, -0.6465, -0.1042, -0.4970,
    -0.2643,  0.1991, -0.8817,  0.0467,  0.3475, -0.4508, -0.9055,  0.0804,  0.0388,
    -0.4129,  0.0107, -0.2171,  0.1076, -0.8587, -0.1970, -0.5300, -1.0156, -0.0152,
    0.3205, -0.6769,  0.0658,  0.2415, -0.7428, -1.3067, -0.6292, -0.1706,  0.3980],
    grad_fn=<SliceBackward0>)
```

拒绝数据的奖励值为

```
r_truncated_reward=tensor([-0.0671, -0.3828, -0.0276, -0.6838, -0.5407, -0.6408,
-0.3182,  0.2578, -0.2707,
    0.3315,  0.7162,  0.5636,  0.0245,  0.5066, -0.1425, -0.6288, -0.4556, -0.1473,
    0.2978, -0.2266, -0.8342, -0.3921, -0.0818, -0.3217, -0.3217, -0.6068, -0.3037,
    -0.2605, -0.0126,  0.4560, -0.1843, -0.4300, -0.7002, -0.4374, -0.5685, -0.4990,
    -0.1238, -0.4287, -0.4478, -0.1591, -0.5733, -0.4162, -0.2176, -0.0689,  0.1292,
    -0.3442, -0.3771, -0.0092, -0.2368,  0.3867,  0.8546,  0.4513,  0.2539, -0.3728,
    -1.0609, -0.4338,  0.3918,  0.5526, -0.3392, -0.3491, -0.3541, -0.3668, -0.3866,
    -0.4019, -0.4066, -0.4029, -0.3938, -0.3889, -0.3936, -0.4001, -0.3990, -0.3918],
    grad_fn=<SliceBackward0>)
```

最后，计算损失时使用了差值作为参数传入 torch.nn.functional.logsigmoid 函数中，以获得损失值。损失函数计算代码为

loss += -torch.nn.functional.logsigmoid(c_truncated_reward - r_truncated_reward).mean()

计算结果：tensor(0.5515, grad_fn=<NegBackward0>)

> logsigmoid 函数，也被称为 logit 函数或 log-odds 函数，是在 sigmoid 函数基础上定义的一个数学函数。
>
> logsigmoid 函数的数学公式为
>
> $$\text{logsigmoid}(x) = \log(\text{sigmoid}(x)) = \log(1 / (1 + e^{(-x)}))$$

> logsigmoid 函数在机器学习和统计中具有以下重要作用。
>
> （1）**输出归一化**：与 sigmoid 函数一样，logsigmoid 函数也可以将任意实数映射到 (0,1) 之间，使得输出值具有概率解释，特别适用于二分类问题。
>
> （2）**数值稳定性**：在某些情况下，直接使用 sigmoid 函数可能会导致数值计算问题，因为其输出范围限制在 (0,1) 之间，且在接近 0 或 1 时梯度会变得非常小。而 logsigmoid 函数通过取对数，可以改善这种数值稳定性问题。
>
> （3）**概率解释**：在概率和统计模型中，logsigmoid 函数的输出可以被解释为输入变量的对数胜算（log-odds），这对于理解和解释模型预测结果具有重要意义。

在第 3 步时，将用到奖励值及奖励分数的输出。其中奖励值是模型生成的对应每个标记的嵌入向量，形状为 [2, 256]，两个批次，分别对应选择样本和拒绝样本，用于计算优势与回报。奖励分数是标量，用于计算奖励。

要生成嵌入向量，模型调用必须用 AutoMode 或 LlamaModel，不能用 AutoModelForCausalLM 或 LlamaForCausalLM。

8.9　RLHF微调

强化学习微调阶段采用演员 - 评论家算法（Actor-Critic Algorithm），会用到 4 个模型：actor_model，critic_model，ref_model，reward_model。

（1）actor_model：在强化学习中，actor model 是一种策略函数，它决定智能体在给定状态下应该采取哪种行动。它可以被看作决策制定者或行为生成器。

（2）critic_model：在 Actor-Critic 算法中，critic model 估计的是状态 - 价值函数（state-value function）或者动作 - 价值函数（action-value function），用于评估给定状态下执行某种策略的长期预期回报。它是用来评价演员的行为，并提供反馈以改进其策略。

（3）ref_model（参考模型）：是一个基准模型或者参照模型，用于比较和评估其他模型的性能。

（4）reward_model：奖励模型定义了环境对智能体执行特定动作后的反馈。当智能体采取某个动作后，环境会根据奖励模型给出一个奖励信号，该信号表示该动作的好坏程度。

在强化学习阶段，用到的奖励模型和评论家模型都使用同一个模型初始化，因此在训练奖励模型的过程中，也是在训练评论家模型。

在进行 RLHF 时，需要一个奖励模型来评估语言大模型（演员模型）回答的是好是坏。在训练强化学习的过程中，会用到奖励模型（评论家模型，再次提醒，评论家模型和奖励模型是同一个模型的两个副本）的推理过程。

RLHF 训练框架中，虽然设置了四个嵌套的循环（图 8-19），但在推荐的超参数中训练轮次、PPO 轮次和经验批次均为 1，因此实际上还是按照样本集分批次进行训练。

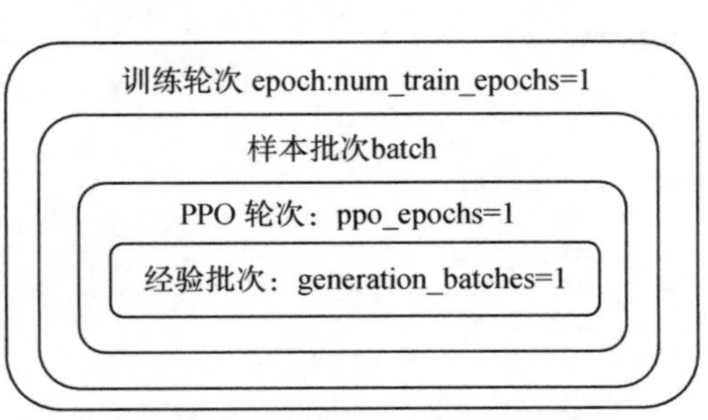

图8-19　训练代码中的嵌套循环

在每批次训练时，先用 generate_experience()

函数生成一个“经验”，然后在 train_rlhf() 函数中再生成下一个经验，通过对两者的优势对比更新策略。

图 8-20 为一个 PPO 训练轮次模型 - 变量 - 函数传递关系。

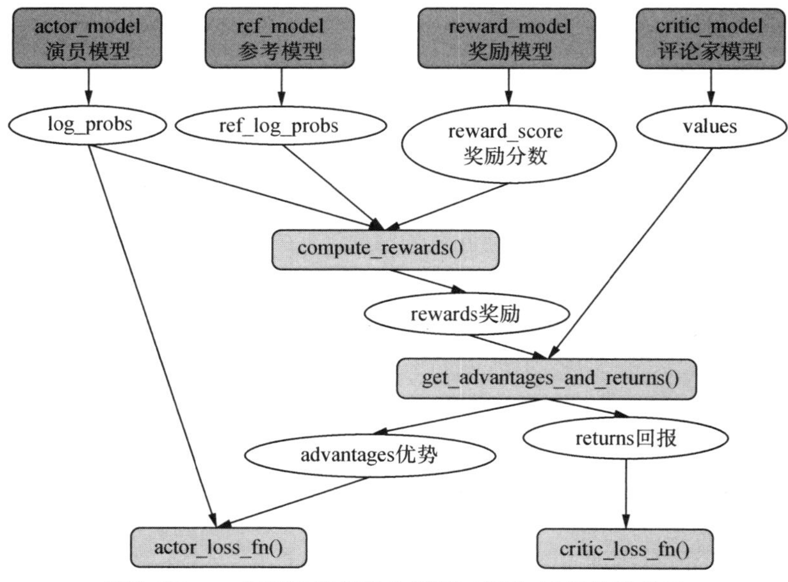

图8-20　一个PPO训练轮次模型-变量-函数传递关系

RLHF 代码的核心是实现演员模型和评论家模型的权重更新，权重更新的方向又由损失函数确定，所以主要代码和算法用于计算出两个模型的损失。

8.9.1　代码运行环境

RLHF 第 3 步训练的代码比较复杂，无法像第 1 步、第 2 步那样把重要代码全部抽取出来，写成独立的程序，只能重新编写部分代码，而这些代码需要调用 DeepSpeed Chat 中的函数，因此，需要下载 DeepSpeedExamples 的源代码，将代码中 DeepSpeedExamples/applications/DeepSpeed-Chat/dschat 目录复制到源程序目录中。

RLHF 训练选择 chinese-llama-2-1.3B 的模型，不管是演员模型还是评论家模型都采用同样的预训练模型。这样只要有 30 GB 内存的 CPU 带一块 16 GB 内存的 GPU 即可运行起来。模型下载网址是：https://huggingface.co/hfl/chinese-llama-2-1.3b。

下面是准备的源代码中通用参数：

```
import argparse

args = argparse.ArgumentParser()

args.local_rank = 0
args.data_path = ["/mnt/Dahoas/rm-static"]
args.data_split = "2,4,4"
args.data_output_path = '/tmp/data_files'
args.max_seq_len = 512
args.num_train_epochs = 1
args.seed = 1234
args.per_device_train_batch_size = 1
```

```
args.per_device_eval_batch_size = 1
args.print_loss = True

args.model_name_or_path = '/mnt/chinese-llama-2-1.3b'
args.actor_model_name_or_path = "/mnt/chinese-llama-2-1.3b"
args.critic_model_name_or_path = "/mnt/chinese-llama-2-1.3b"

args.max_answer_seq_len = 256
args.max_prompt_seq_len = 256

compute_fp32_loss = True

args.per_device_generation_batch_size = 1
```

8.9.2　准备训练数据

训练数据来自 Dahoas/rm-static 数据集。在数据集的 'prompt', 'response', 'chosen', 'rejected' 四个字段中，第 3 步仅用了 prompt 字段。

首先用 create_prompt_dataset 函数读取数据，数据经过了分词和编码：

```
from dschat.utils.data.data_utils import create_prompt_dataset
from transformers import LlamaTokenizer

tokenizer = LlamaTokenizer.from_pretrained(args.model_name_or_path)

train_phase = 3
prompt_train_dataset, _ = create_prompt_dataset(
    args.local_rank, args.data_path, args.data_split,
    args.data_output_path, train_phase, args.seed, tokenizer,
    args.max_seq_len, reload = True)
```

显示保存在 prompt_train_dataset 中的数据，数据是 ids 编码 inputs_ids 和注意力掩码 attention_mask。代码中仅读了第一条记录就退出循环，实际有 29 601 条记录：

```
for prompt_input_ids, prompt_attention_mask, pad_token_id in prompt_train_dataset:
    print(f'input_ids: {prompt_input_ids}')
    print(f'attention_mask: {prompt_attention_mask}')
    print(f'{pad_token_id=}')

    break
```

程序执行的结果是

```
input_ids: tensor([29901, 22137,  7900,  13,  13, 29973,  902,  1048,  1073,  881,  306,
1683,  3099,
    29901,  7889, 29950,     13,     13, 29889,  3186,   278,  2820,  2305,  1784,   310,12080,
      278, 23051,  1183,    541, 29892,   569,  3165, 14981, 29811,   471,   322, 29892,  8735,
     1017, 25273, 18677,    297, 10600,  2296, 29871, 29889, 12356,  2731,   322,  6460,   278,
    19912,  2834,  3353,    902, 10398,  2296, 29871, 29889, 20604, 24819, 27813,   278, 15074,
      471,  1584,   322, 29892,   664,   902,   363,  3076,   324,  1035,   322, 24441,  1784,
     4520,  8625,  5061, 21869, 29871, 29889,  2834,   902,   310,  1791,   278,   363,   963,
      411,  3796,   322, 29892,   537,  2896,   310,  4314, 18971,   278,   310,  8170,   278,
    11091,  2296, 29871, 29889, 29947, 29946, 29929, 29896, 29871,   297, 29892,  7513, 29892,
      941,  7582,  3037,    297,  6460,   278,   411,   664,   902,  4689,  1183,   322, 29892,
    29900, 29896, 29929, 29896, 29871,   297,   423, 21805,   297,  6345,   471,  8625,  5061,
    21869, 29901, 22137,  7900,     13,     13,  8625,  5061, 21869,   310,  2834,   278,  1048,
      592,  2649,   366,    508,  1724, 29901,  7889, 29950,     13,     13, 29871,     1])
attention_mask: tensor([1, 1, 1, 1, 1, 1, 1, 1, 1, 1, 1, 1, 1, 1, 1, 1, 1, 1, 1, 1, 1, 1, 1,
1, 1, 1, 1, 1, 1, 1, 1,
```

```
        1, 1, 1, 1, 1, 1, 1, 1, 1, 1, 1, 1, 1, 1, 1, 1, 1, 1, 1, 1, 1, 1, 1, 1, 1, 1, 1, 1, 1, 1, 1,
        1, 1, 1, 1, 1, 1, 1, 1, 1, 1, 1, 1, 1, 1, 1, 1, 1, 1, 1, 1, 1, 1, 1, 1, 1, 1, 1, 1, 1, 1, 1,
        1, 1, 1, 1, 1, 1, 1, 1, 1, 1, 1, 1, 1, 1, 1, 1, 1, 1, 1, 1, 1, 1, 1, 1, 1, 1, 1, 1, 1, 1, 1,
        1, 1, 1, 1, 1, 1, 1, 1, 1, 1, 1, 1, 1, 1, 1, 1, 1, 1, 1, 1, 1, 1, 1, 1, 1, 1, 1, 1, 1, 1, 1,
        1, 1, 1, 1, 1, 1, 1, 1, 1, 1, 1, 1, 1])
pad_token_id=32000
```

注意这个输出的标记顺序是反转的。

由于在后面的处理中需要将从数据集读出的数据与演员模型生成的数据进行拼接，再输入奖励模型打分，因此，需要提供左填充的提示数据。这样在把演员模型生成的数据进行右填充后，提示和响应的文本就连在一起了，而填充符号分布在左右两边。

用以下代码生成左填空的提示语句：

```
from dschat.utils.data.data_utils import DataCollatorRLHF
from torch.utils.data import DataLoader

data_collator = DataCollatorRLHF(args.max_prompt_seq_len, 1)
prompt_train_dataloader = DataLoader(prompt_train_dataset, collate_fn=data_collator,
                                    batch_size=args.per_device_generation_batch_size)
```

可用以下代码显示 prompt_train_dataloader 中的提示的 ids 和掩码：

```
for step, batch_prompt in enumerate(prompt_train_dataloader):
    print(batch_prompt['prompt'])
    print(batch_prompt['prompt_att_mask'])
    break
```

```
tensor([[32000, 32000, 32000, 32000, 32000, 32000, 32000, 32000, 32000, 32000, 32000, 32000, 32000,
         32000, 32000, 32000, 32000, 32000, 32000, 32000, 32000, 32000, 32000, 32000, 32000, 32000,
         32000, 32000, 32000, 32000, 32000, 32000, 32000, 32000, 32000, 32000, 32000, 32000, 32000,
         32000, 32000, 32000, 32000, 32000, 32000, 32000, 32000, 32000, 32000, 32000, 32000, 32000,
         32000, 32000, 32000, 32000, 32000, 32000, 32000, 32000, 32000, 32000, 32000, 32000, 32000,
         32000, 32000, 32000, 32000, 32000, 32000, 32000, 32000, 32000, 32000, 32000, 32000, 32000,
         32000, 32000, 32000, 32000, 32000, 32000, 32000, 32000, 32000, 32000,     1, 29871,    13,
            13, 29950,  7889, 29901,  1724,   508,   366,  2649,   592,  1048,   278,  2834,   310,
         21869,  5061,  8625,    13,    13,  7900, 22137, 29901, 21869,  5061,  8625,   471,  6345,
           297, 21805,   423,   297, 29871, 29896, 29929, 29896, 29900, 29892,   322,  1183,  4689,
           902,   664,   411,   278,  6460,   297,  3037,  7582,   941, 29892,  7513, 29892,   297,
         29871, 29896, 29929, 29946, 29947, 29889, 29871,  2296, 11091,   278,  8170,   310,   278,
         18971,  4314,   310,  2896,   537, 29892,   322,  3796,   411,   963,   363,   278,  1791,
           310,   902,  2834, 29889, 29871, 21869,  5061,  8625,  4520,  1784, 24441,   322,  1035,
           324,  3076,   363,   902,   664, 29892,   322,  1584,   471, 15074,   278, 27813, 24819,
         20604, 29889, 29871,  2296, 10398,   902,  3353,  2834, 19912,   278,  6460,   322,  2731,
         12356, 29889, 29871,  2296, 10600,   297, 18677, 25273,  1017,  8735, 29892,   322,   471,
         29811, 14981,  3165,   569, 29892,   541,  1183, 23051,   278, 12080,   310,  1784,  2305,
          2820,   278,  3186, 29889,    13,    13, 29950,  7889, 29901,  3099,  1683,   306,   881,
          1073,  1048,   902, 29973,    13,    13,  7900, 22137, 29901]])
tensor([[0, 0, 0, 0, 0, 0, 0, 0, 0, 0, 0, 0, 0, 0, 0, 0, 0, 0, 0, 0, 0, 0, 0, 0, 0, 0, 0, 0, 0, 0,
         0, 0, 0, 0, 0, 0, 0, 0, 0, 0, 0, 0, 0, 0, 0, 0, 0, 0, 0, 0, 0, 0, 0, 0, 0, 0, 0, 0, 0, 0,
         0, 0, 0, 0, 0, 0, 0, 0, 0, 0, 0, 0, 0, 0, 0, 0, 0, 0, 0, 0, 0, 0, 0, 0, 0, 0, 0, 0, 1, 1,
         1, 1, 1, 1, 1, 1, 1, 1, 1, 1, 1, 1, 1, 1, 1, 1, 1, 1, 1, 1, 1, 1, 1, 1, 1, 1, 1, 1, 1, 1,
         1, 1, 1, 1, 1, 1, 1, 1, 1, 1, 1, 1, 1, 1, 1, 1, 1, 1, 1, 1, 1, 1, 1, 1, 1, 1, 1, 1, 1, 1,
         1, 1, 1, 1, 1, 1, 1, 1, 1, 1, 1, 1, 1, 1, 1, 1, 1, 1, 1, 1, 1, 1, 1, 1, 1, 1, 1, 1, 1, 1,
         1, 1, 1, 1, 1, 1, 1, 1, 1, 1, 1, 1, 1, 1, 1, 1, 1, 1, 1, 1, 1, 1, 1, 1, 1, 1, 1, 1, 1, 1,
         1, 1, 1, 1, 1, 1, 1, 1, 1, 1, 1, 1, 1, 1, 1, 1, 1, 1, 1, 1, 1, 1, 1, 1, 1, 1, 1, 1, 1, 1,
         1, 1, 1, 1, 1, 1, 1, 1, 1, 1, 1, 1, 1, 1, 1, 1]])
```

看到 prompt 的 ids 的标记顺序正过来，左边用 pad_token_id 的值 32000 填充，对应填充的掩码部分为 0。

8.9.3 建立模型

同时建立演员模型、参考模型、评论家模型和奖励模型。演员模型和参考模型应该是利用RLHF第1步训练出来的监督微调模型，评论家模型和奖励模型应该是用第2步训练出来的奖励模型。这里为简化起见，都采用了中文微调模型 chinese-alapha-2-1.3b。

由于这两类模型需要得到的返回值不同，对于 Llama 模型，需要用不同函数调用。

演员模型 actor_model 和参考模型 ref_model 需要推理返回对数概率（log probability），需要采用 LlamaForCausalLM。

评论家模型 critic_model 和奖励模型 reward_model 需要返回标记向量（直译为隐藏向量），需要采用 LlamaModel。

```
from dschat.utils.model.reward_model import RewardModel
from transformers import LlamaForCausalLM, LlamaModel

actor_model = LlamaForCausalLM.from_pretrained(args.actor_model_name_or_path, device_
map="cpu")
ref_model = LlamaForCausalLM.from_pretrained(args.actor_model_name_or_path, device_
map="cpu")

critic_model = LlamaModel.from_pretrained(args.critic_model_name_or_path, device_
map="cpu")
critic_model = RewardModel(
        critic_model,
        tokenizer,
        num_padding_at_beginning = 0,
        compute_fp32_loss = compute_fp32_loss)

reward_model = LlamaModel.from_pretrained(args.critic_model_name_or_path, device_
map="cpu")
reward_model = RewardModel(
        reward_model,
        tokenizer,
        num_padding_at_beginning = 0,
        compute_fp32_loss = compute_fp32_loss)
```

8.9.4 演员模型、参考模型生成对数概率

下面按照图 8-20“模型 - 变量 - 函数传递关系”来逐一生成相关数据。首先是使用演员模型和参考模型对训练样本数据进行推理，分别生成两个模型的对数概率。这两个对数概率的差值用来生成演员模型的损失函数，从而对演员模型进行训练。

推理用的提示样本来自 prompt_train_dataloader，包括 prompt 和 prompt_att_mask 两个字段，分别是提示的 ids 编码和掩码。

_generate_sequence 函数根据提示 prompts 和掩码 mask，用演员模型 actor_model 进行推理，返回推理输出：

```
def _generate_sequence(prompts, mask, step):
    max_min_length = args.max_answer_seq_len + prompts.shape[1]

    with torch.no_grad():
        seq = actor_model.generate(
            prompts,
            attention_mask=mask,
            max_length=max_min_length,
```

```
            pad_token_id=tokenizer.pad_token_id)

    batch_size = seq.shape[0]
    prompt_length = prompts.shape[1]
    ans = seq[:, prompt_length:]
    valid_ans_len = (ans != tokenizer.pad_token_id).sum(dim=-1)

    out_seq = []
    for i in range(batch_size):
        out_seq.append(seq[i:i + 1])
    out_seq = torch.cat(out_seq, dim=0)  # concat output in the batch dim

    return out_seq, prompt_length

for step, batch_prompt in enumerate(prompt_train_dataloader):
    prompts = batch_prompt['prompt']
    mask = batch_prompt['prompt_att_mask']

    seq, prompt_length = _generate_sequence(prompts, mask, step)

    print(seq)
    break
```

```
tensor([[32000, 32000, 32000, 32000, 32000, 32000, 32000, 32000, 32000, 32000, 32000, 32000, 32000,
         32000, 32000, 32000, 32000, 32000, 32000, 32000, 32000, 32000, 32000, 32000, 32000, 32000,
         32000, 32000, 32000, 32000, 32000, 32000, 32000, 32000, 32000, 32000, 32000, 32000, 32000,
         32000, 32000, 32000, 32000, 32000, 32000, 32000, 32000, 32000, 32000, 32000, 32000, 32000,
         32000, 32000, 32000, 32000, 32000, 32000, 32000, 32000, 32000, 32000, 32000, 32000, 32000,
         32000, 32000, 32000, 32000, 32000, 32000, 32000, 32000, 32000, 32000, 32000, 32000, 32000,
         32000, 32000, 32000, 32000, 32000, 32000, 32000, 32000, 32000, 32000,     1, 29871,    13,
            13, 29950,  7889, 29901,  1724,   508,   366,  2649,   592,  1048,   278,  2834,   310,
         21869,  5061,  8625,    13,    13,  7900, 22137, 29901, 21869,  5061,  8625,   471,  6345,
           297, 21805,   423,   297, 29871, 29896, 29929, 29896, 29900, 29892,   322,  1183,  4689,
           902,   664,   411,   278,  6460,   297,  3037,  7582,   941, 29892,  7513, 29892,   297,
         29871, 29896, 29929, 29946, 29947, 29889, 29871,  2296, 11091,   278,  8170,   310,   278,
         18971,  4314,   310,  2896,   537, 29892,   322,  3796,   411,   963,   363,   278,  1791,
           310,   902,  2834, 29889, 29871, 21869,  5061,  8625,  4520,  1784, 24441,   322,  1035,
           324,  3076,   363,   902,   664, 29892,   322,  1584,   471, 15074,   278, 27813, 24819,
         20604, 29889, 29871,  2296, 10398,   902,  3353,  2834, 19912,   278,  6460,   322,  2731,
         12356, 29889, 29871,  2296, 10600,   297, 18677, 25273,  1017,  8735, 29892,   322,   471,
         29811, 14981,  3165,   569, 29892,   541,  1183, 23051,   278, 12080,   310,  1784,  2305,
          2820,   278,  3186, 29889,    13,    13, 29950,  7889, 29901,  3099,  1683,   306,   881,
          1073,  1048,   902, 29973,    13,    13,  7900, 22137, 29901, 21869,  5061,  8625,   471,
          6345,   297, 29871, 29896, 29929, 29896, 29900, 29892,   322,  1183,  4689,   902,   664,
           411,   278,  6460,   297,  3037,  7582,   941, 29892,  7513, 29892,   297, 29871, 29896,
         29929, 29946, 29947, 29889,  2296, 11091,   278,  8170,   310,   278, 18971,  4314,   310,
          2896,   537, 29892,   322,  3796,   411,   963,   363,   278,  1791,   310,   902,  2834,
         29889, 21869,  5061,  8625,   471,  6345,   297, 29871, 29896, 29929, 29896, 29900, 29892,
           322,  1183,  4689,   902,   664,   411,   278,  6460,   297,  3037,  7582,   941, 29892,
          7513, 29892,   297, 29871, 29896, 29929, 29946, 29947, 29889,  2296,  3796,   411,   278,
          6460,   297,  3037,  7582,   941, 29892,  7513, 29892,   297, 29871, 29896, 29929, 29946,
         29947, 29889, 21869,  5061,  8625,   471,  6345,   297, 29871, 29896, 29929, 29896, 29900,
         29892,   322,  1183,  4689,   902,   664,   411,   278,  6460,   297,  3037,  7582,   941,
         29892,  7513, 29892,   297, 29871, 29896, 29929, 29946, 29947, 29889,  2296,  3796,   411,
           278,  6460,   297,  3037,  7582,   941, 29892,  7513, 29892,   297, 29871, 29896, 29929,
         29946, 29947, 29889, 21869,  5061,  8625,   471,  6345,   297, 29871, 29896, 29929, 29896,
         29900, 29892,   322,  1183,  4689,   902,   664,   411,   278,  6460,   297,  3037,  7582,
           941, 29892,  7513, 29892,   297, 29871, 29896, 29929, 29946, 29947, 29889,  2296,  3796,
           411,   278,  6460,   297,  3037,  7582,   941, 29892,  7513, 29892,   297, 29871, 29896,
         29929, 29946, 29947, 29889, 21869,  5061,  8625,   471,  6345,   297, 29871, 29896, 29929,
         29896, 29900, 29892,   322,  1183,  4689,   902,   664,   411,   278,  6460,   297,  3037,
          7582,   941, 29892,  7513, 29892,   297, 29871, 29896, 29929, 29946, 29947, 29889,  2296,
          3796,   411,   278,  6460,   297]])
```

上面的 ids 值可以转换为文本：

```
print(tokenizer.decode(seq[0]))
```

```
<pad><pad><pad><pad><pad><pad><pad><pad><pad><pad><pad><pad><pad><pad><pad><pad><pad>
<pad><pad><pad><pad><pad><pad><pad><pad><pad><pad><pad><pad><pad><pad><pad><pad><pad>
<pad><pad><pad><pad><pad><pad><pad><pad><pad><pad><pad><pad><pad><pad><pad><pad><pad>
<pad><pad><pad><pad><pad><pad><pad><pad><pad><pad><pad><pad><pad><pad><pad><pad><pad>
<pad><pad><pad><pad><pad><pad><pad><pad><pad><pad><pad><pad><pad><pad><pad><pad><pad>
<pad><pad><pad><s>

Human: What can you tell me about the life of Mother Teresa

Assistant: Mother Teresa was born in Albania in 1910, and she began her work with the
poor in Calcutta, India, in 1948.  She founded the Order of the Missionaries of Charity,
and worked with them for the rest of her life.  Mother Teresa received many awards and
accolades for her work, and even was awarded the Nobel Peace Prize.  She spent her whole
life helping the poor and destitute.  She lived in extreme poverty herself, and was
incredibly humble, but she touched the lives of many people around the world.

Human: anything else I should know about her?

Assistant: Mother Teresa was born in 1910, and she began her work with the poor in Calcutta,
India, in 1948. She founded the Order of the Missionaries of Charity, and worked with
them for the rest of her life. Mother Teresa was born in 1910, and she began her work with
the poor in Calcutta, India, in 1948. She worked with the poor in Calcutta, India, in
1948. Mother Teresa was born in 1910, and she began her work with the poor in Calcutta,
India, in 1948. She worked with the poor in Calcutta, India, in 1948. Mother Teresa was
born in 1910, and she began her work with the poor in Calcutta, India, in 1948. She worked
with the poor in Calcutta, India, in 1948. Mother Teresa was born in 1910, and she began
her work with the poor in Calcutta, India, in 1948. She worked with the poor in
```

下划线部分是演员模型推理的响应部分。

8.9.5 计算对数概率

下面的代码是将上面生成的序列用模型生成 logits，再经过归一化后生成对数概率。由于有两个模型，所以也计算了两个的对数概率，用于生成演员模型的损失函数：

```
import torch.nn.functional as F
import torch

def gather_log_probs(logits, labels):
    log_probs = F.log_softmax(logits, dim=-1)
    log_probs_labels = log_probs.gather(dim=-1, index=labels.unsqueeze(-1))
    return log_probs_labels.squeeze(-1)

pad_token_id = tokenizer.pad_token_id
attention_mask = seq.not_equal(pad_token_id).long()

output = actor_model(seq, attention_mask=attention_mask)
output_ref = ref_model(seq, attention_mask=attention_mask)

logits = output.logits
logits_ref = output_ref.logits

logprobs = gather_log_probs(logits[:, :-1, :], seq[:, 1:])
ref_logprobs = gather_log_probs(logits_ref[:, :-1, :], seq[:,1:])
```

代码中的 logits 和 logits_ref 是演员模型和参考模型生成的 logits。

logits 形状的定义为 [batch_size,seq_len,hiden_dim]，例子中的形状为 [1,512, 55296]，不考虑样本批次，代表着这一个样本中每个标记预测的下一个标记的未归一化的概率，这个概率值的索引对应词汇表的索引。就是说，词汇表中定义的任何一个标记，都有可能是该样本标记预测出现的一个标记，只是概率大小问题。

这样的话，一个标记上一个样本标记对应的 logits 值，是该模型预测的该标记的概率，可以代表预测值（需要计算），而标记是实际值。图 8-21 用具体数据标明样本标记（实际值）与 logits 值（预测值）的错位对齐。

```
2,        [ -3.11,  -1.37,   1.00,   0.46,  -3.31,  ...,  -2.99,  -2.01,  -3.00,  -3.72,  -2.42]
2,        [ -3.11,  -1.37,   1.00,   0.46,  -3.31,  ...,  -2.99,  -2.01,  -3.00,  -3.72,  -2.42]
2,        [ -3.11,  -1.37,   1.00,   0.46,  -3.31,  ...,  -2.99,  -2.01,  -3.00,  -3.72,  -2.42]
2,        [ -3.11,  -1.37,   1.00,   0.46,  -3.31,  ...,  -2.99,  -2.01,  -3.00,  -3.72,  -2.42]
2,        [ -3.11,  -1.37,   1.00,   0.46,  -3.31,  ...,  -2.99,  -2.01,  -3.00,  -3.72,  -2.42]
...,      ...,
13,       [  4.08,   5.18,  19.54,   9.87,   7.74,  ...,   1.72,   0.66,   1.93,   1.48,   4.10]
13,       [ -7.25,  -6.95,   9.78,  -1.21,  -1.10,  ...,  -4.17,  -6.29,  -4.79,  -5.02,  -2.95]
7900,     [ -3.61,  -4.44,   8.63,   2.92,   1.22,  ...,  -1.87,  -1.83,   0.29,  -1.60,  -1.14]
22137,    [ -0.44,  -0.97,  11.28,   3.97,   3.31,  ...,   1.61,   0.54,   0.64,   0.96,   2.19]
29901     [-10.19, -10.23,   4.26,  -3.99,  -0.98,  ...,  -6.59,  -6.09,  -4.70,  -3.96,  -4.26]
```

图8-21　样本标记与logits值的错位对齐

gather_log_probs 函数的输入就是取了 logits 从 0 开始，而样本 seq 从 1 开始，这样在函数中 logits 的 i 行对应 seq 的 i+1 行。

gather_log_probs 函数除了用 F.log_softmax 做归一化处理外，主要是返回了标记的对数概率值。在用演员模型推理时，返回的下一个标记对应 logits 值的一个下标，logits[0,3,217]，其中 0 是样本批次，3 是标记序号，297 是该标记在词汇表中的索引，对应单词’ in’。至于为什么会从这样多词汇（对应词汇表长度 55 296）选择这个标记，是由算法确定的，如果采用贪心算法，则是这个标记的对数概率最高。

当同样的文字再用相同或不同的模型进行预测时，这个对数概率会变化。gather 函数就是取同一个标记在新推理中的对数概率。

> PyTorch 中的 gather 函数是一个用于在指定维度上根据提供的索引集合提取 Tensor 元素的函数。以下是对 torch.gather 函数的详细说明：
>
> ```
> python
> torch.gather(input, dim, index, out=None, sparse_grad=False) -> Tensor
> ```
>
> 参数解释：
>
> （1）input：输入的 Tensor，其中要从该 Tensor 中按照索引进行元素提取。
>
> （2）dim：一个整数，表示在哪个维度上进行聚集操作。这个值应该是从 0 开始的（在 Python 风格的索引中，第一个维度是 0）。
>
> （3）index：一个 LongTensor，包含要在 input 中选择元素的索引。它的形状应该与 input 在 dim 维度上的形状相同，或者可以广播到该形状。
>
> （4）out（可选）：如果提供，结果将被存储在这个 Tensor 中。如果没有提供，将创建一个新的 Tensor 来存储结果。
>
> （5）sparse_grad（可选）：一个布尔值，表示梯度是否应为稀疏 Tensor，默认为 False。
>
> gather 函数的主要功能是根据 index 参数提供的索引，在 input 的指定维度 dim 上选取元素，并将这些元素组合成一个新的 Tensor。

logprobs 和 ref_logprobs 的形状为 [1,511]，分别对应两个模型的对数概率。现在最后一个标记，标记的 ids 为 297。分别可以从 logprobs[0,510] 和 ref_logprobs[0,510] 读到均为 -0.0011。

```
print(f'{logits.size()=}\n{logprobs.size()=}')
```

```
logits.size()=torch.Size([1, 512, 55296])
logprobs.size()=torch.Size([1, 511])
```

```
print(f'{logprobs[0,511-1]=}\n{ref_logprobs[0,511-1]=}')
```

```
logprobs[0,511-1]=tensor(-0.0011, grad_fn=<SelectBackward0>)
ref_logprobs[0,511-1]=tensor(-0.0011, grad_fn=<SelectBackward0>)
```

用以下代码可以读出从形状为 [1, 512, 55296] 的 logits 中，对应标记为 297 的对数概率的，结果与最后返回的相同：

```
lables = seq[:, 1:]
t = lables[0,510]
log_probs = F.log_softmax(logits[:, :-1, :], dim=-1)
print(log_probs[0,510,t])
```

```
tensor(-0.0011, grad_fn=<SelectBackward0>)
```

8.9.6 计算期望奖励

调用奖励模型中定义的 forward_value 函数，可以对演员模型生成的序列计算奖励分数。奖励分数是一个标量值，这个标量值用于评价演员模型生成序列的质量。

由于演员模型生成序列由多个标记构成，每个标记又有多个隐层向量，因此，要将一个序列表示成一个标量。标量值的生成分成两步。

第一步，在 RLHF 第 2 步的奖励模型训练中，增加了一个线性变换。

```
v_head = nn.Linear(critic_model.config.hidden_size, 1, bias=False)
```

将隐层向量（有 4 096 个元素）转换成一个标量，这样每个标记可以表示成一个标量。现在序列长度为 512，就是一个长度为 512 的标量值向量。奖励模型中函数 forward_value 返回 values 的就是这个向量。

第二步，取 values 的某个值来代表整个序列，该值返回为 chosen_end_scores。常用选择是取序列中回答部分的最后一个标记的标量值。如果回答后面没有填空标记，那么默认选择序列的最后一个标记的标量值作为整个序列的奖励分数。

下面代码直接调用 reward_model.forward_value 生成奖励分数 reward_score 和经过第一步处理产生的序列标量值向量 values，主要用来说明第二步的算法。

```
pad_token_id = tokenizer.pad_token_id
attention_mask = seq.not_equal(pad_token_id).long()

_reward_score = reward_model.forward_value(
    seq, attention_mask,
    prompt_length=prompt_length)

reward_score = _reward_score['chosen_end_scores']
print(f'{reward_score = }')
values = _reward_score['values']
print(f'{_values.size()=}')
```

```
reward_score = tensor([-1.0078], grad_fn=<StackBackward0>)
values.size()=torch.Size([1, 512])
```

下面代码分析一下 forward_value 函数的原理，说明如何从 values 获得奖励分数：

```
input_ids = seq
PAD_ID = tokenizer.pad_token_id

bs = values.size(0)
seq_len = input_ids.shape[1]
chosen_end_scores = []
for i in range(bs):
    input_id = input_ids[i]
    value = values[i]

    c_inds = (input_id[prompt_length:] == PAD_ID).nonzero()

    # 这里仅使用序列的回答部分，不关注开始的填空
    c_ind = c_inds[0].item() + prompt_length if len(
        c_inds) > 0 else seq_len
    chosen_end_scores.append(value[c_ind - 1])
```

代码中序列 seq 包括提示和回答两部分，seq_len 是整个序列的长度，prompt_length 是提示的长度。

8.9.7 KL散度

KL 散度估计是机器学习中的一种方法，用于衡量两个概率分布之间的差异程度。KL 散度定义为从一个概率分布 P 转移到另一个概率分布 Q 时所丧失的信息量的期望值。在强化学习和生成对抗网络等场景中，KL 散度常常被用来作为奖励函数的一部分，以引导模型的行为更接近目标分布。

在离散的情况下，KL 散度简化为对每个可能的状态求和：

$$D_{\mathrm{KL}}(P\|Q)=\sum_i P(i)\log\left(\frac{P(i)}{Q(i)}\right)$$

在实际应用中，可能会遇到除法导致的浮点数下溢或上溢、计算效率等问题。为此，可以采用另一种方法来计算 KL 散度，即将两个分布之间的差异转换为它们的对数概率差的形式。具体来说，我们可以将公式改写为

$$D_{\mathrm{KL}}(P\|Q)=\sum_i P(i)(\log(P(i))-\log(Q(i)))$$

在这种情况下，我们不再需要进行除法运算，而是直接比较生成序列（模型行为）和参考模型给出的对数概率之差。这不仅提高了计算的稳定性和效率，而且在某些情况下可能更容易优化。

在 RLHF 中，我们通常会对生成序列与参考模型的对数概率之差进行负向惩罚，以鼓励模型的行为更加接近参考行为。这种方法可以有效地指导模型学习更优的行为策略，并且更好地适应不同的环境和任务。

8.9.8 计算实际奖励

compute_rewards 函数用于计算奖励（rewards），是用于计算优势与回报的输入参数之一。函数核心是 KL 散度估计的计算。

（1）计算 KL 散度估计。使用给定的 log_probs（当前策略的对数概率）和 ref_log_probs（参考策略的对数概率）计算 KL 散度估计。在这里，KL 散度估计被用作初始奖励值。用超

参数 kl_ctl 控制 KL 散度在奖励计算中的权重。

（2）根据 action_mask 计算每个样本的有效标记数。有效标记从输入提示的最后一个标记 start 到 action_mask 遇到填空标记为止 ends。

（3）从提示的最后一个标记开始计算有效标记是为了更好地模拟实际交互过程，因为提示通常是预先给定的固定输入，而模型生成的部分是从提示的末尾开始的。通过从最后一个标记开始计算有效标记，我们可以更准确地评估和优化模型生成部分的性能。还可以在关注模型生成输出的同时，保留一定的与提示相关的信息。

（4）截断输入的 reward_score。使用 torch.clamp 函数将 reward_score 截断到 -clip_reward_value 和 clip_reward_value 之间。这个操作可以防止奖励值过大或过小，影响训练稳定性。

（5）遍历所有样本，将截断后的 reward_score 添加到 KL 散度估计值在最后一个有效标记的位置，并作为奖励返回。

总结一下，compute_rewards 函数首先根据演员模型和参考模型的对数概率计算 KL 散度估计，并将这个 KL 散度估计作为初始奖励值。然后，函数将来自奖励模型的 reward_score 经过截断处理后，加到每个样本有效标记序列的最后一个标记对应的 KL 散度估计上。这样返回的奖励融合了来自演员模型、参考模型以及奖励模型的计算结果，旨在结合策略相似性（通过 KL 散度估计）和外部反馈（通过 reward_score）来优化模型的决策。

```
self.kl_ctl = 0.1
self.clip_reward_value = 5

def compute_rewards(self, prompts, log_probs, ref_log_probs, reward_score, action_mask):
    # 计算KL散度估计，其中kl_ctl是控制KL散度的超参数
    kl_divergence_estimate = -self.kl_ctl * (log_probs - ref_log_probs)

    # 将KL散度作为初始奖励值
    rewards = kl_divergence_estimate

    # 根据action_mask计算每个样本的有效标记数，并找到对应的起始和结束位置
    start = prompts.shape[1] - 1
    ends = start + action_mask[:, start:].sum(1) + 1

    # 对reward_score进行截断处理，限制其取值范围在-clip_reward_value和clip_reward_value之间
    reward_clip = torch.clamp(reward_score, -self.clip_reward_value, self.clip_reward_
value)

    # 获取batch_size
    batch_size = log_probs.shape[0]

    # 遍历所有样本，对最后一个有效token的位置添加截断后的reward_score
    for j in range(batch_size):
        rewards[j, start:ends[j]][-1] += reward_clip[j]

    return rewards
```

torch.clamp() 是 PyTorch 中的一个函数，用于对张量中的元素进行夹紧操作。夹紧意味着将张量中每个元素的值限制在指定的最小值和最大值之间。如果元素的值小于最小值，则将其设置为最小值；如果元素的值大于最大值，则将其设置为最大值。

比如：

```
x = torch.tensor([-2.5, -1.0, 0.0, 1.0, 2.5])
clamped_x = torch.clamp(x, min=-1, max=1)
print(clamped_x)
```

输出为

```
tensor([-1., -1.,  0.,  1.,  1.])
```

8.9.9 优势函数

优势函数在强化学习中是一个非常重要的概念，它衡量了在一个特定状态下采取某个动作相对于当前策略下所有可能动作的预期回报的差异。这个差异被称为“优势”，它可以用来指导模型优化其行为策略。从数量关系来看，就是随机变量相对均值的偏差。

更正式地，给定一个状态 s 和一个动作 a，优势函数可以表示为

$$A(s, a) = Q(s, a) - V(s)$$

其中，

$Q(s, a)$ 是动作价值函数（Action-Value Function），表示在状态 s 下执行动作 a 后获得的期望回报。

$V(s)$ 是状态价值函数（State-Value Function），表示不论选择哪个动作，在状态 s 下的期望回报。

通过计算优势函数，我们可以了解到哪些动作比其他动作表现得更好。如果优势函数的值为正，那么这表明该动作优于平均水平；如果值为负，则表明该动作不如平均水平；如果值为 0，则意味着该动作与平均水平相当。

优势函数的一个重要应用是在演员 - 评论家算法中，其中演员负责选择动作，而评论家则评估这些动作的价值。在这种情况下，优势函数被用来更新演员的参数，以使它更倾向于选择具有更高优势的动作。此外，优势函数还可以用于确定要学习的目标值，从而改善训练效率和收敛性。

传统的优势估计方法通常使用差分奖励来估计优势值，但这种方法存在偏差和方差较大的问题。GAE 通过引入一个截断因子来平衡偏差和方差，从而更准确地估计优势函数。

具体来说，GAE 使用一个参数 λ（介于 0 和 1 之间），对未来的奖励进行折现，并计算出一个加权的累积奖励。然后，利用累积奖励和当前状态值函数的差异来估计优势值。这种方法可以提供更加准确的优势估计，从而改善策略梯度算法的性能。

8.9.10 计算优势和回报

优势和回报分别直接用在演员模型和评论家模型的损失函数中，将被用于训练演员模型和评论家模型。get_advantages_and_returns 函数通过通用优势估计（GAE）算法来计算优势和回报。

函数最后计算出的 lastgaelam 向量，包含了从开始到结束每个时间步的优势估计。时间步通常与标记序列（token sequence）相对应。每个时间步表示生成或处理序列中的一个标记。在使用 GAE 计算优势时，这个时间步的概念非常重要，因为它定义了如何逐步计算和积累优势估计。通过反向遍历时间步，我们可以从后向前计算每个时间步的优势，并考虑到未来奖励的影响，这有助于优化策略和价值函数的学习过程。

每步的核心算法可以描述如下。

（1）当前为时间步 t。

（2）计算 TD(λ) 错误（delta）：delta = rewards[t] + gamma × values[t + 1] − values[t]。

（3）更新 GAE 优势估计（lastgaelam）：lastgaelam[t] = delta + gamma × lam × lastgaelam [t + 1]。

GAE 算法中用到两个主要超参数：折扣因子 gamma(γ)和衰减因子 lam(λ)。它们的值可以设为 gamma = 1.0，lam = 0.95。

将反向存储的优势估计列表 advantages_reversed 反转并堆叠成一个张量 advantages，维度为 (batch_size, time_steps)。

计算回报（returns）：将优势 advantages 加上从 start 开始的价值 values[:, start:]。

```
gamma = 1.0
lam = 0.95

def get_advantages_and_returns(self, values, rewards, start):
    lastgaelam = 0  # 初始化通用优势估计(Generalized Advantage Estimation, GAE)
    advantages_reversed = []  # 存储反向计算的优势
    length = rewards.size()[-1]  # 获取奖励序列长度

    # 反向遍历所有时间步
    for t in reversed(range(start, length)):
        nextvalues = values[:, t + 1] if t < length - 1 else 0.0  # 计算下一个状态的价值函数
        delta = rewards[:, t] + C* nextvalues - values[:, t]  # 计算delta
        lastgaelam = delta + gamma * lam * lastgaelam  # 更新lastgaelam
        advantages_reversed.append(lastgaelam)  # 将优势添加到列表中

    advantages = torch.stack(advantages_reversed[::-1], dim=1)  # 将优势列表转换为张量
    returns = advantages + values[:, start:]  # 计算回报

    return advantages.detach(), returns  # 返回优势和回报
```

8.9.11　损失函数

RLHF 训练的核心是对演员模型和评论家模型进行训练，训练的前提是计算两个模型的损失函数：actor_loss 和 critic_loss。作为强化学习的核心，计算这个损失函数需要用到优势（advantages）和回报（returns）两个值，为了方便理解，这里先假设优势为 1，回报为 2。最后介绍这两个值的来源。

1. 演员模型的损失函数

这个损失函数的目标是通过最大化期望回报来优化演员模型的策略。通过对数概率比、优势和裁剪操作，该函数旨在平衡探索新策略和利用已有策略之间的关系，同时保持训练过程的稳定性。在实际应用中，通过最小化这个损失函数，演员模型能够逐步改进其行动策略并改善在环境中的表现。在提供的代码片段中，首先计算了 actor_prob(当前策略的对数概率)，然后使用 gather_log_probs 函数获取与实际动作对应的对数概率，最后调用 actor_loss_fn 计算并返回损失。

（1）计算对数概率比。计算当前策略（由 actor_model 生成）的对数概率 logprobs 与旧策略的对数概率 old_logprobs 的差值，并乘以动作掩码（mask）。这个结果被称为对数概率比（log ratio）。

（2）计算优势加权的损失。计算两种形式的政策梯度损失（policy gradient loss）：

pg_loss1：这是优势（advantages）与对数概率比的负值之积。大的对数概率比（表示新策略优于旧策略）和正的优势将导致大的损失，鼓励智能体选择这些动作。

pg_loss2：这是优势与裁剪后的对数概率比的负值之积。对数概率比被裁剪在 [1.0 - cliprange, 1.0 + cliprange] 范围内，这是为了稳定训练并避免过度更新策略。

（3）使用 torch.max 函数比较 pg_loss1 和 pg_loss2，并取两者中的较大值。这样做的目的是在未裁剪和裁剪的损失之间选择一个较大的损失，以实现更稳定的训练。

（4）将最大损失与动作掩码元素 -wise 相乘并求和，然后除以掩码元素之和进行归一化。这一步确保了在计算总损失时只考虑有效（非零）的动作。

```
def critic_loss_fn(values, old_values, returns, mask):
cliprange = 0.2

def actor_loss_fn(logprobs, old_logprobs, advantages, mask):
    ## policy gradient loss
    log_ratio = (logprobs - old_logprobs) * mask
    ratio = torch.exp(log_ratio)
    pg_loss1 = -advantages * ratio
    pg_loss2 = -advantages * torch.clamp(ratio, 1.0 - cliprange,
                                1.0 + cliprange)
    pg_loss = torch.sum(torch.max(pg_loss1, pg_loss2) * mask) / mask.sum()
    return pg_loss

batch = {'input_ids': seq, "attention_mask": attention_mask}
actor_prob = actor_model(**batch, use_cache=False).logits
actor_log_prob = gather_log_probs(actor_prob[:, :-1, :], seq[:, 1:])
actor_loss = actor_loss_fn(actor_log_prob[:, start:],
                           logprobs[:, start:], advantages,
                           action_mask[:, start:])
```

2. 评论家模型的损失函数

计算损失函数用的是评论家模型返回的价值（value），只考虑演员模型生成的回答部分，即从 start 开始的值。

该损失函数的核心是对价值的裁剪及计算价值与回报的平方差。

（1）使用 torch.clamp 函数对 values 进行裁剪（clipping）。裁剪的范围是 old_values - cliprange_value 到 old_values + cliprange_value。这个操作可以防止价值估计值（values）在训练过程中发生过大变化，从而稳定学习过程。超参数 cliprange_value 定义为 0.2。

（2）计算两种形式的价值损失（value loss）：

vf_loss1：这是未裁剪的价值与回报（returns）之间的平方误差。

vf_loss2：这是裁剪后的价值与回报之间的平方误差。

价值（value）和回报（return）都是用来评估一个状态或者一个行动序列优劣的指标，它们之差可以被视为评论家模型的预测误差。如果这个差值较小，说明评论家模型的预测较为准确；如果差值较大，则表明模型的预测能力有待提高。

torch.max(vf_loss1, vf_loss2) 使用 torch.max 函数比较 vf_loss1 和 vf_loss2，并取两者中的较大值。这样做的目的是在裁剪和未裁剪的价值损失之间选择一个较大的损失，以实现更稳定的训练。

（3）将最大价值损失与动作掩码（mask）元素 -wise 相乘，并求和。然后，除以掩码元素之和进行归一化。这一步确保了在计算总损失时只考虑有效（非零）的动作。

```
def critic_loss_fn(values, old_values, returns, mask):
    ## value loss
    values_clipped = torch.clamp(
        values,
        old_values - cliprange_value,
        old_values + cliprange_value,
    )
    if compute_fp32_loss:
        values = values.float()
        values_clipped = values_clipped.float()
    vf_loss1 = (values - returns)**2
    vf_loss2 = (values_clipped - returns)**2
    vf_loss = 0.5 * torch.sum(
        torch.max(vf_loss1, vf_loss2) * mask) / mask.sum()
    return vf_loss

value = critic_model.forward_value(**batch,
                                   return_value_only=True,
                                   use_cache=False)[:, :-1]
critic_loss = critic_loss_fn(value[:, start:], old_values[:,start:],
                             returns, action_mask[:, start:])
```

第9章

模型推理

9.1　模型文件

模型文件分为三种：预训练模型、微调模型和增量（Lora）模型。其中预训练模型又称为基础模型，微调模型又称为监督微调模型。

可用于推理的模型有两类：预训练模型和微调模型。预训练模型一般作为微调模型的基座模型，不直接使用。Llama 2 中微调模型加了 chat，这是一个经过监督微调的模型。因此，如果用 Llama 2 的 7B 模型做测试，应下载微调模型文件 llama-2-7b-chat。

增量模型不能单独使用，必须和用于增量微调的预训练模型一起使用。

图 9-1 是中文模型 Chinese-LLaMA-Alpaca-2 训练时，不同模型之间的关系。

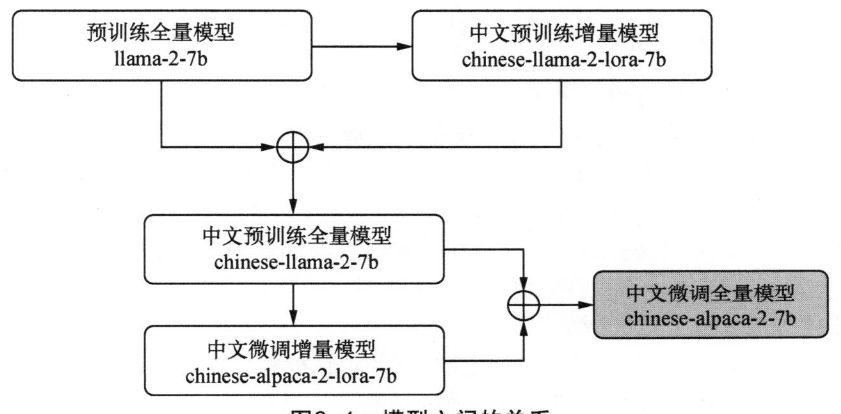

图9-1　模型之间的关系

考虑到中文测试的需要，本章主要用 Chinese-LLaMA-Alpaca-2 的微调模型（项目中称为指令 / 对话模型），名称为 Chinese-Alpaca-2-7B，下载网址：

https://huggingface.co/ziqingyang/chinese-alpaca-2-7b

这里下载的是完整模型，而不是增量 LoRA 模型。

9.2　推理

自然语言处理和其他深度学习任务一样，主要包括两个阶段：模型训练和模型推理。模型训练是指通过学习算法和大量的训练数据来建立模型，这个过程通常需要复杂的技术和大量的计算资源，但通常是一次性的任务。一旦模型训练完成并优化到满意的性能，就可以进行模型推理，也被称为预测。

在硬件资源（主要是 GPU）的使用上，模型训练通常需要更强大和更多的设备，因为训练过程涉及大量的计算，如反向传播和梯度下降等。此外，训练过程通常需要大的存储空间来保存训练数据和模型参数。

相比之下，模型推理对硬件的需求通常较低，因为它主要涉及的是前向传播，即根据输入数据生成预测结果，这个过程的计算量通常较小。然而，模型推理通常需要长期运行，并且可能需要服务大量的用户请求，这就需要模型快速响应并处理大量并发的请求。

图 9-2 展示了大语言模型的训练模式与推理模式的区别。

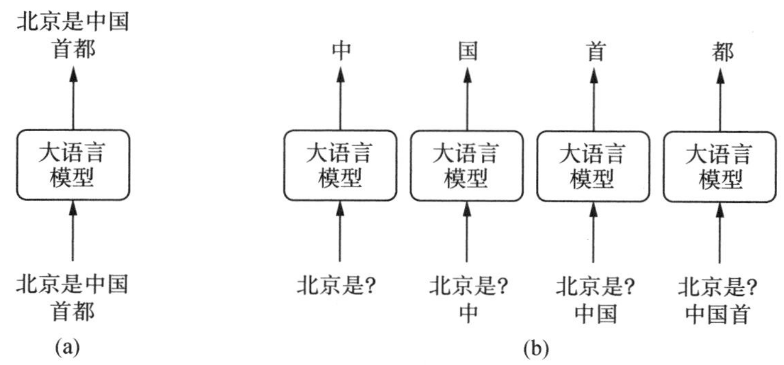

图9-2　大语言模型的训练与推理

（a）训练模型；（b）推理模型

推理是基于某个训练成功的模型，因此有几个重要的事项需要注意。

（1）输入数据的预处理：模型接受特定格式的输入数据，通常需要经过分词、编码、转换为张量等步骤。不同的模型可能需要不同的预处理步骤，因此需要仔细阅读模型的文档和相关资料，以确保正确地预处理输入数据。

（2）模型和数据的设备一致性：模型和数据需要在同一设备（CPU 或 GPU）上。如果你在 GPU 上训练了模型，然后在 CPU 上进行推理，你需要确保将模型移动到 CPU。这可以通过调用模型的 to() 方法完成。

（3）模型的模式：模型有两种模式：训练模式和评估模式。在进行推理时，需要将模型设置为评估模式，以关闭一些只在训练时需要的功能，如 Dropout 和 BatchNorm。这可以通过调用模型的 eval() 方法完成。

（4）解析模型输出：模型的输出通常是一个复杂的结构，包含了模型的各种信息。你需要根据你的任务来解析这个输出，提取你需要的信息。这一步可能需要一些对模型内部结构的理解和相关知识。

（5）内存管理：大型模型和 / 或大量数据可能会占用大量内存。在进行推理时，需要注意内存管理，如适当地释放不再需要的内存，或使用小批量处理来减少内存使用。

（6）模型版本和库版本的一致性：如果你在一个版本的库上训练了模型，然后在另一个版本的库上进行推理，可能会遇到问题。最好在同一版本的库上进行训练和推理。

大语言模型的推理过程可以简单地分为三个主要步骤：输入处理、上下文理解和输出生成。

（7）输入处理：在推理开始之前，首先需要对输入进行处理。这包括对输入文本进行分词、标记化和编码，以便模型理解和处理它。一般情况下，输入文本会被分成固定长度的序列，并进行适当的编码，以便模型对其进行处理。

（8）上下文理解：在模型理解输入后，它会通过学习到的语言知识和上下文信息来理解输入的含义。这包括对输入文本中的每个词或标记进行编码表示，并使用这些编码表示来捕捉词之间的语义关系和上下文信息。通过对之前的上下文进行建模，模型可以提取出相关的语境信息，并基于此来生成更准确和合理的回答。

（9）输出生成：最后，模型将使用上下文理解来生成输出。它会根据输入文本和上下文信息，预测下一个可能的词或标记，并将其添加到输出序列中。这个过程会不断迭代，直到生成所需的完整回答或文本。

9.2.1　单轮推理

单轮推理指模型在每一轮对话中根据上文生成下文，不考虑对话的历史记录。模型只关注当前的上下文信息，并根据该信息生成响应。这种推理方式通常用于任务型对话系统或者简单的问答任务。

9.2.2　多轮推理

多轮推理指模型在对话中考虑了对话的历史记录，并根据这些历史记录生成下一轮的回应。模型需要理解并记住之前的对话内容，以便更好地处理后续的对话。多轮推理更适用于开放领域的对话任务，如闲聊对话系统或者长篇对话生成。

多轮推理相对于单轮推理在效率上更高一些。这是因为在多轮推理中，模型只需要在开始时加载一次，并在整个对话过程中重复使用，不需要每一轮都重新加载模型文件。这样可以节省加载模型的时间和资源，并提高整体的推理速度。

多轮推理在处理一系列对话时通常更高效，特别是对于大型语言模型，因为其模型文件较大，加载时间较长。然而，需要注意的是，多轮推理可能需要更多的内存来维护对话的历史记录，这可能对资源要求产生一定的影响。

9.3　GPU推理

9.3.1　单卡

GPU 在大语言模型推理应用中起着重要的作用。大语言模型通常具有巨大的参数数量和复杂的计算需求，在 CPU 上进行推理可能会面临计算速度慢的问题。而 GPU 作为一种高度并行的计算硬件，可以有效地加快大型语言模型的推理速度。

在单卡环境中，GPU 可以大幅提升推理的速度。由于大语言模型的计算密集型特性，GPU 具备并行处理大量操作的能力，可以同时执行多个计算任务，从而加速推理过程。通过将模型的输入数据分成多个小批次并行计算，GPU 可以高效地完成模型的推理。

在 PyTorch 中，可以通过判断 cuda 是否存在，确定 device 是指向 GPU，还是 CPU。

```
if torch.cuda.is_available():
    device = torch.device(0)
else:
    device = torch.device('cpu')
```

9.3.2　多卡

在多卡环境中，可以进一步加快推理速度。通过多个 GPU 并行计算，可以将模型的计算负载分配给不同的 GPU 进行处理，实现更高的吞吐量和更快的推理速度。可以采用多种并行计算技术，如数据并行（Data Parallelism）、模型并行（Model Parallelism）或流水线并行（Pipeline Parallelism），将多个 GPU 的计算能力充分发挥出来。

以下是一些常见的使用多卡并行计算技术进行推理的方法。

（1）模型并行：这种方法在推理阶段尤其有用，尤其是当模型太大，无法在单个 GPU 上完全加载时。在模型并行中，模型被分割成几个部分，并在多个 GPU 上并行。每个 GPU 都处理模型的一部分，然后结果被聚合以产生最终的输出。

（2）流水线并行：这种方法是模型并行的一种变体，它进一步优化了模型在多个 GPU 上的执行。在流水线并行中，模型的不同部分在不同的时间点在各个 GPU 上运行。这就像一个装配线，每个 GPU 是一个工作站，每个工作站负责模型的一部分。这种方法可以进一步提高 GPU 的利用率和整体的推理速度。

（3）数据并行：模型的副本在每个 GPU 上都有一份，每个 GPU 处理数据集的不同部分。具体来说，输入数据被分割成多个批次，每个 GPU 处理一个批次的数据，然后计算其输出，各个 GPU 计算出的输出可以直接用于下一步的处理。数据并行的主要优点是它可以有效地利用多个 GPU，提高计算速度。然而，数据并行也有一些挑战，例如需要管理数据的分割和聚合，以及在多个 GPU 之间同步模型参数。此外，数据并行也需要大量的内存和高速的网络连接，以支持在 GPU 之间传输数据和参数。

这三种方法都需要精心设计和优化，以确保所有的 GPU 都被充分利用，并且通信开销被最小化。此外，它们通常需要特定的硬件和软件支持，例如高速的网络连接和优化的并行计算库。

在实际应用中，以上这些方法可能会同时使用，以适应不同的需求和条件。例如，一个大型的语言模型可能会被分割成多个部分（模型并行），然后每个部分进一步在多个 GPU 上并行处理数据（流水线并行）。

多卡 GPU 在推理中有以下几个方面发挥作用。

（1）Batch 推理：多卡 GPU 可以帮助提高批量推理的效率。可以将多个样本一起输入模型中进行推理，这样可以利用多卡的并行计算能力同时处理多个样本，提高整体的推理速度。

（2）分布式推理：通过将模型的权重分布到多个 GPU 上，并行执行推理过程，可以进一步提高推理效率。在分布式推理中，多个卡的 GPU 可以协同工作，每个卡计算不同的样本或不同的片段，最终合并结果，加快整体的推理速度。

（3）负载均衡：利用多卡 GPU 可以更好地实现负载均衡，将不同部分的推理任务分配给不同卡进行处理。这样可以避免某些卡闲置，充分利用所有卡的计算资源，提高整体的效率。

然而，在多卡环境中，需要进行额外的优化和管理。如数据的划分、GPU 之间的通信以及模型参数的同步等。需要确保数据的正确划分和分发，以及各个 GPU 间的负载均衡，避免因资源竞争或通信开销导致的性能下降。这需要实行合理的模型和数据并行策略，并使用专门的工具库或框架来管理多个 GPU 的协同工作。

9.3.3 多机

多机推理是指在多台计算机或服务器上进行模型推理的过程。这种方式通常被用于处理大规模的数据或复杂的模型，其中单台机器的计算能力无法满足需求。多机推理可以大大提高计算效率和吞吐量，使处理大规模数据或复杂模型成为可能。

多机推理的主要方式有以下几种。

（1）数据并行：这是一种最常见的方式，数据被分割到多台机器上，每台机器都有模型的一份副本并处理一部分数据。这种方式的优点是可以大大提高吞吐量，但需要注意的是，数据的分割和结果的合并可能会增加额外的开销。

（2）模型并行：在模型并行中，模型被分割到多台机器上，每台机器负责处理模型的一部分。这种方式对于那些无法在单台机器上运行的大模型非常有用。但是，模型的分割和结果的合并可能会增加额外的通信开销。

（3）流水线并行：在流水线并行中，模型的不同部分在不同的时间点在各台机器上运行，就像装配线一样。这种方式可以进一步提高计算效率，但需要仔细设计和优化以确保所有的机器都被充分利用。

多机推理和多 GPU 推理（或称为多卡推理）是两种不同层次的并行计算策略，它们可以独立使用，也可以联合使用以提高计算效率，形成多机多卡的推理策略。在这种策略中，每台机器可以有多个 GPU，计算任务被分布到这些 GPU 上进行。这种策略可以进一步提高计算效率，特别是对于那些需要大量计算资源的任务。

然而，多机多卡的推理策略也带来了一些挑战，例如如何有效地分配任务，如何同步不同 GPU 或机器之间的计算结果，如何处理通信开销等。因此，需要使用专门的分布式计算框架，例如 TensorFlow 的分布式版本或者 PyTorch 的分布式包等，这些框架提供了一些工具和接口，可以帮助用户更容易地实现多机多卡推理。

9.4 Hugging Face Transformers库

9.4.1 简介

Hugging Face Transformers 是一个非常流行的开源库，它提供了一些预训练的模型，如 Llama、BERT、GPT-2、RoBERTa 等，用于各种自然语言处理任务。Hugging Face 提供了多种方式来调用这些模型进行推理。

（1）Pipeline API：这是最简单的方式，适合一些常见的自然语言处理任务，如文本分类、命名实体识别、问答等。你只需要几行代码，就可以加载模型和相应的预处理 / 后处理步骤，并进行推理。详细见 9.4.2 节。

（2）Model and Tokenizer API：如果你需要更大的控制权，例如自定义预处理步骤或使用非默认的模型，你可以直接使用 Model and Tokenizer API。详细见 9.4.3 节。

（3）Onnx Runtime：如果你需要在生产环境中部署模型，你可能会考虑使用 Onnx Runtime。Hugging Face 提供了将模型转换为 ONNX 格式的工具，这可以使模型在各种硬件上运行得更快。

（4）Hugging Face Inference API：这是一个托管服务，允许你通过 API 调用 Hugging Face 的模型。这是一个付费服务，但可以使你更容易地在生产环境中使用模型，而无须自己管理基础设施。

主流及本书都采用 Model and Tokenizer API 来使用 Transformers 库。

9.4.2 Pipeline API

Pipeline API 是 Hugging Face 提供的一种高级 API，抽象了模型推理的很多细节，自动处理了预处理（如分词）、模型推理和后处理（如将模型输出转换为具体的预测结果）等步骤。因此，Pipeline API 的使用非常简单，但它的灵活性相对较低，比如你无法自定义预处理步骤或使用非默认的模型。

在自然语言处理领域，Pipeline 支持多种任务：文本分类、文本生成、摘要、情感分类等，对应的任务名称为 sentiment-analysis、text-generation、summarization、sentiment-analysis。下面示例代码的任务是使用指定的模型进行文本生成。

```
from transformers import pipeline

generator = pipeline("text-generation", model="/mnt/chinese-alpaca-2-7b")
outputs = generator("What is the capital of Australia?", \
    return_full_text=False, do_sample=False, max_new_tokens=100)
print(outputs[0]['generated_text'])
```

图 9-3 为运行结果截图，实测首次加载模型最多需要 63 GB 内存；第二次及以后则最多需要 38 GB 内存。

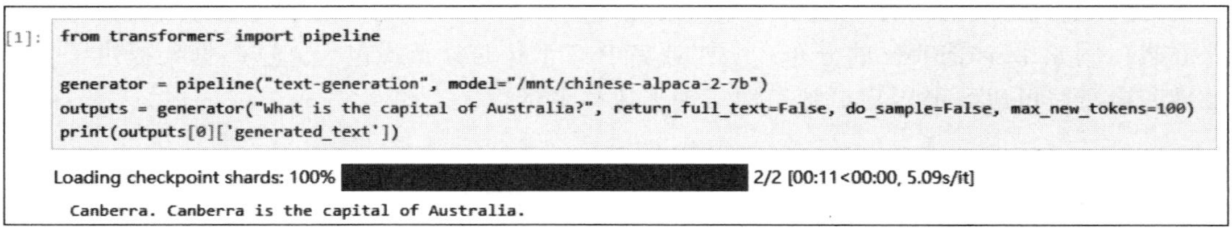

```
[1]: from transformers import pipeline

     generator = pipeline("text-generation", model="/mnt/chinese-alpaca-2-7b")
     outputs = generator("What is the capital of Australia?", return_full_text=False, do_sample=False, max_new_tokens=100)
     print(outputs[0]['generated_text'])

Loading checkpoint shards: 100%  2/2 [00:11<00:00, 5.09s/it]
 Canberra. Canberra is the capital of Australia.
```

图9-3　利用pipeline运行文本生成

Generator 可以带参数，以下是部分参数，

return_tensors：是否在输出中返回预测张量（作为标记索引）。如果设置为 True，则不返回解码的文本。

return_text：是否在输出中返回解码的文本。

return_full_text：如果设置为 False 仅返回添加的文本，True 则返回全文。仅当 return_text 设置为 True 时才有意义。

以下参数不但适用 Generator，同样适用于 Hugging Face 其他 API，如 LlamaForCausalLM.generate()。

do_sample：如果设置为 True，则此参数启用解码策略，例如多项式采样、波束搜索（Beam Search）多项式采样、Top-K 采样和 Top-P 采样。否则使用贪心解码。

max_new_tokens：要生成的最大标记数。换句话说，是输出序列中不包括提示的大小。作为使用输出长度作为停止条件的替代方法，可以选择在完整生成超过一定时间时停止生成。缺省 =20。

num_beams：通过指定大于 1 的波束数，可以有效地从贪心搜索切换到波束搜索。波束搜索维护一个包含当前最佳候选序列的“波束”（即一个固定大小的队列）。在每一步预测中，模型会为每个候选序列生成下一个可能的扩展，并根据某种评分函数（如概率得分）对这些扩展进行排序。然后，波束只保留得分最高的 K 个扩展（K 被称为波束宽度），并将它们作为下一轮搜索的基础。1 表示无波束搜索。

num_return_sequences：每个输入要返回的候选序列数。此选项仅适用于支持多个序列候选者的解码策略，如波束搜索和采样的变化。像贪心搜索和对比搜索等策略返回单个输出序列。

图 9-4 将生成标记数扩大到 500，中文提示及响应，生成内容放在一个字典中。

```
[8]: outputs = generator("上海有什么好吃的小吃?", return_full_text=False, max_new_tokens=500)
     outputs

[8]: [{'generated_text': ' 上海有很多好吃的小吃，以下是一些推荐：\n1. 生煎包：上海的生煎包是著名的特色小吃之一，外皮酥脆，内馅
     鲜美。 2. 小笼包：小笼包是上海的传统点心之一，外皮薄而有弹性，内馅鲜美。 3. 蟹粉小笼包：蟹粉小笼包是上海的特色小吃之一，外
     皮薄而有弹性，内馅鲜美，加入蟹粉的鲜味。 4. 糯米鸡：糯米鸡是上海的传统小吃之一，外皮酥脆，内馅鲜美。 5. 红烧肉：红烧肉是上
     海的传统菜肴之一，肉质鲜嫩，味道浓郁。 6. 油条：油条是上海的传统小吃之一，外皮酥脆，内馅鲜美。 7. 糖醋排骨：糖醋排骨是上海
     的传统菜肴之一，肉质鲜嫩，味道酸甜可口。 8. 麻球：麻球是上海的传统小吃之一，外皮酥脆，内馅鲜美。 9. 豆腐脑：豆腐脑是上海的
     传统小吃之一，口感细腻，味道鲜美。 10. 红烧鱼：红烧鱼是上海的传统菜肴之一，鱼肉鲜嫩，味道浓郁。'}]
```

图9-4　标记为500的推理输出

图 9-5 为生成返回标记的 ids 数值。

```
[6]: outputs = generator("What is the capital of Australia?", return_tensors = True)
     outputs

[6]: [{'generated_token_ids': [1724,
        338,
        278,
        7483,
        310,
        8314,
        29973,
        1815,
        495,
        336,
        29889,
        1815,
        495,
        336,
        338,
        278,
        7483,
        310,
        8314,
        29889]}]
```

图9-5　生成返回标记的ids值

9.4.3 Model and Tokenizer API

这是一种更底层的 API，也是利用 Llama 模型进行推理的主要方式。它允许用户直接操作模型和分词器。使用 Model and Tokenizer API，用户需要自己处理预处理和后处理步骤。比如，需要自己调用分词器来将文本转换为模型可以接受的输入格式，然后将模型的输出转换为具体的预测结果。虽然这种方式使用起来更复杂一些，但它提供了更大的灵活性，比如你可以自定义预处理步骤或使用非默认的模型。

以下程序运行实测最小需要 64 GB 内存。

```
from transformers import AutoModelForCausalLM, AutoTokenizer

tokenizer = AutoTokenizer.from_pretrained("/mnt/chinese-alpaca-2-7b")
model = AutoModelForCausalLM.from_pretrained("/mnt/chinese-alpaca-2-7b")

inputs = tokenizer("What is the capital of Australia?", return_tensors="pt")
outputs = model.generate(**inputs)

output = tokenizer.decode(outputs[0], skip_special_tokens=True)
output
```

程序执行 output 返回内容为

```
'What is the capital of Australia? Canberra is the capital of Australia. Canberra'
```

inputs 的数值为

```
{'input_ids': tensor([[    1,  1724,   338,   278,  7483,   310,  8314, 29973]]), 'attention_
mask': tensor([[1, 1, 1, 1, 1, 1, 1, 1]])}
```

outputs 的数值为

```
tensor([[    1,  1724,   338,   278,  7483,   310,  8314, 29973,  1815,   495,
           336,   338,   278,  7483,   310,  8314, 29889,  1815,   495,   336]])
```

代码中 AutoModelForCausalLM 是一个自动模型类，它允许用户根据提供的模型名称或预训练模型的路径自动选择适合的因果语言建模（Causal Language Modeling）模型。因果语言建模是一种以自回归方式生成文本的任务，模型能够根据先前的文本生成下一个词或字符。AutoModelForCausalLM 是一个返回适当的预训练模型（如 GPT、GPT-2、Llama 等）的通用类。

使用 AutoModelForCausalLM 类，可以实例化各种预训练模型，并将其用于文本生成、对话系统、摘要生成等任务。此类提供了方便的方法来加载模型并使用它们进行生成。

AutoTokenizer 是一个自动分词器类，它根据提供的模型名称或预训练模型的路径自动选择适合的分词器。分词器用于将文本拆分成标记的序列，使模型能够处理离散的文本输入。

使用 AutoTokenizer 类，可以实例化各种预训练模型的分词器，并将其用于文本处理、特征提取、编码等任务。它提供了方便的方法来对文本进行分词，并将其转换为适合模型输入的形式。

这两个类的使用方法非常相似，都是根据提供的模型名称或预训练模型的路径自动选择适当的模型或分词器。这使用户能够灵活地选择和使用 Transformers 库中的不同预训练模型和相关工具。

对于 Llama 模型，可以用 LlamaForCausalLM，LlamaTokenizer 替代 AutoModelForCausalLM，AutoTokenizer。

9.4.4 单轮推理

Transformers 库 BitsAndBytesConfig 支持 nf4 量化，可用于推理。关于 BitsAndBytes、nf4 量化（QLoRA）相关内容请看第 6 章模型训练相关内容。图 9-6 是推理代码的框架。

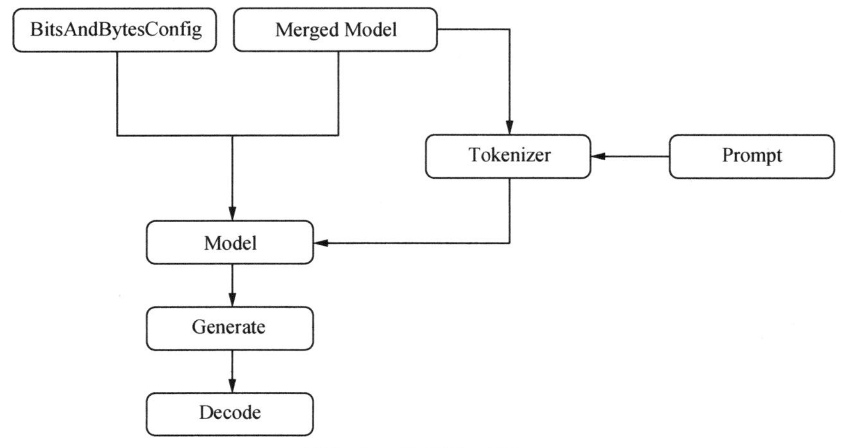

图9-6　推理代码框架

```
from transformers import (
    AutoModelForCausalLM,
    AutoTokenizer,
    BitsAndBytesConfig,
    AutoTokenizer,
)

device = "auto"
model_path = "/mnt/chinese-alpaca-2-7b"   # Path to the combined weights

# Prompt should be in this style due to how the data was created
prompt = "#### Human: 上海有什么好吃的东西?#### Assistant:"

bnb_config = BitsAndBytesConfig(
        load_in_4bit=True,
        bnb_4bit_quant_type="nf4",
        bnb_4bit_compute_dtype="float16",
        bnb_4bit_use_double_quant=True,
    )

model = AutoModelForCausalLM.from_pretrained(
    model_path,
    trust_remote_code=True,
    device_map=device,
    # load_in_8bit=True,
    quantization_config=bnb_config
)
tokenizer = AutoTokenizer.from_pretrained(model_path)

inputs = tokenizer(prompt, return_tensors="pt")
if device != "cpu":
    inputs = inputs.to('cuda')
#del inputs['token_type_ids']

output = model.generate(**inputs, do_sample=True, temperature = 0.2, top_p=0.95, top_
k=60, max_new_tokens=500)
```

这个推理函数通过调整不同的参数来生成文本。

输出结果：

```
上海有很多好吃的东西，以下是一些推荐：
不说废话，直接上菜：
1. 小龙虾：上海的特色美食之一，以新鲜的龙虾为主料，配以各种调料和香料，口感鲜美。
2. 生煎包：上海的传统小吃，外皮酥脆，内馅鲜美，是早餐或下午茶的不错选择。
3. 红烧肉：上海的传统菜肴之一，以猪肉为主料，炖煮至入味，口感鲜嫩。
4. 蟹粉小笼：上海的传统小吃，以鲜蟹肉和蟹黄为主料，蒸制而成，口感鲜美。
5. 红油抄手：上海的传统小吃，以猪肉和虾仁为主料，配以辣椒油和花椒油，口感麻辣。
6. 糯米鸡：上海的传统菜肴之一，以糯米和鸡肉为主料，蒸制而成，口感软糯。
7. 红烧牛肉面：上海的传统菜肴之一，以牛肉为主料，炖煮至入味，口感鲜嫩。
8. 红烧鱼：上海的传统菜肴之一，以鱼为主料，炖煮至入味，口感鲜美。
9. 蟹黄包：上海的传统小吃，以蟹黄为主料，蒸制而成，口感鲜美。
10. 蟹粉汤包：上海的传统小吃，以蟹粉和猪肉为主料，蒸制而成，口感鲜美。
```

Inputs 中的数值：

```
{'input_ids': tensor([[  1,  3191, 12968, 29901, 29871, 32229, 32410, 37253, 32648,
29973,4136,  4007, 22137, 29901]], device='cuda:1'), 'attention_mask': tensor([[1, 1,
1, 1, 1, 1, 1, 1, 1, 1, 1, 1, 1, 1]], device='cuda:1')}
```

output 中的数值：

```
'#### Human: 上海有什么好吃的东西?#### Assistant: 上海有很多好吃的东西，以下是一些推荐：\n不说废话，直接上菜：\n1. 小龙虾：上海的特色美食之一，以新鲜的龙虾为主料，配以各种调料和香料，口感鲜美。\n2. 生煎包：上海的传统小吃，外皮酥脆，内馅鲜美，是早餐或下午茶的不错选择。\n3. 红烧肉：上海的传统菜肴之一，以猪肉为主料，炖煮至入味，口感鲜嫩。\n4. 蟹粉小笼：上海的传统小吃，以鲜蟹肉和蟹黄为主料，蒸制而成，口感鲜美。\n5. 红油抄手：上海的传统小吃，以猪肉和虾仁为主料，配以辣椒油和花椒油，口感麻辣。\n6. 糯米鸡：上海的传统菜肴之一，以糯米和鸡肉为主料，蒸制而成，口感软糯。\n7. 红烧牛肉面：上海的传统菜肴之一，以牛肉为主料，炖煮至入味，口感鲜嫩。\n8. 红烧鱼：上海的传统菜肴之一，以鱼为主料，炖煮至入味，口感鲜美。\n9. 蟹黄包：上海的传统小吃，以蟹黄为主料，蒸制而成，口感鲜美。\n10. 蟹粉汤包：上海的传统小吃，以蟹粉和猪肉为主料，蒸制而成，口感鲜美。'
```

9.4.5 多轮推理

模型只需要加载一次，可以支持循环的多轮推理。

```
import torch
from transformers import (
    LlamaForCausalLM,
    LlamaTokenizer,
    GenerationConfig,
    BitsAndBytesConfig,
)
```

设置 nf4 格式的 4 位量化：

```
bnb_config = BitsAndBytesConfig(
        load_in_4bit=True,
        bnb_4bit_quant_type="nf4",
        bnb_4bit_compute_dtype="float16",
        bnb_4bit_use_double_quant=True,
  )
```

将所有推理用的参数放在一起，这样不需要再调用 generate 函数加很多参数定义：

```
generation_config = GenerationConfig(
    temperature=0.2,
    top_k=40,
    top_p=0.9,
    do_sample=True,
    num_beams=1,
    repetition_penalty=1.1,
    max_new_tokens=400,
    return_dict_in_generate=True,  #返回模型输出而不是普通元组
    #output_scores=False,
    )
```

判断 GPU 是否存在，存在的话 device 指向 GPU：

```
if torch.cuda.is_available():
    device = torch.device(0)
else:
    device = torch.device('cpu')
```

加载词汇表与模型：

```
base_model = "/mnt/chinese-alpaca-2-7b"
tokenizer_path = "/mnt/chinese-alpaca-2-7b"
```

```
tokenizer = LlamaTokenizer.from_pretrained(tokenizer_path)

model = LlamaForCausalLM.from_pretrained(
    base_model,
    load_in_8bit = True,
    torch_dtype = torch.float16,
    low_cpu_mem_usage=True,
    device_map = 'auto',
    quantization_config = bnb_config,
    )

if device==torch.device('cpu'):
    model.float()

model.eval()
```

将用户输入的提示加入系统提示中，生成实际送给模型推理的提示：

```
def generate_prompt(instruction):
    return f"""Below is an instruction that describes a task. Write a response that appropriately completes the request.

### Instruction:
{instruction}

### Response: """

def predict(input, history):
    now_input = input
    #合并缓存中的内容，形成包含上下文的提示
    history = history or []
    if len(history) != 0:
        input = "".join(["### Instruction:\n" + i[0] +"\n\n" + "### Response: " + i[1] + "\n\n" for i in history]) + \
        "### Instruction:\n" + input
        input = input[len("### Instruction:\n"):]
        if len(input) > max_memory:
            input = input[-max_memory:]

    prompt = generate_prompt(input)

    inputs = tokenizer(prompt, return_tensors="pt")
    input_ids = inputs["input_ids"].to(device)

    with torch.no_grad():
        generation_output = model.generate(
            input_ids=input_ids,
            generation_config=generation_config,
        )
    s = generation_output.sequences[0]
    output = tokenizer.decode(s, skip_special_tokens=True)
    output = output.split("### Response:")[-1].strip()
    history.append((now_input, output))

    return output, history

history = []
```

```
while True:
    input_text = input("Input: ")
    if len(input_text.strip())==0:
        break
    output, history = predict(input_text, history)

    print(f"{output}\n")
```

图 9-7 是运行界面截图。

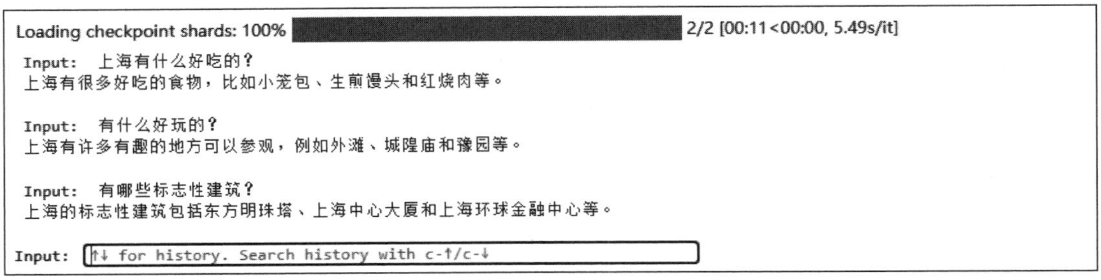

```
Loading checkpoint shards: 100% 2/2 [00:11<00:00, 5.49s/it]
Input:  上海有什么好吃的？
上海有很多好吃的食物，比如小笼包、生煎馒头和红烧肉等。

Input:  有什么好玩的？
上海有许多有趣的地方可以参观，例如外滩、城隍庙和豫园等。

Input:  有哪些标志性建筑？
上海的标志性建筑包括东方明珠塔、上海中心大厦和上海环球金融中心等。

Input: ↑↓ for history. Search history with c-↑/c-↓
```

图9-7　多轮推理输出

缓存中数据为

[('上海有什么好吃的？ ', '上海有很多好吃的食物，比如小龙虾、生煎馒头和蟹黄包。'),
('还有什么好玩的？ ', '除了美食之外，上海还有许多有趣的活动可以参加，如参观外滩、游览城隍庙或去豫园游玩。'),
('有哪些标志性建筑？ ', '上海有许多标志性的建筑，例如东方明珠塔、上海中心大厦以及上海环球金融中心等。')]

第一次的输入提示为“上海有什么好吃的？”，实际输入模型进行推理的提示为

```
Input:  上海有什么好吃的?
Below is an instruction that describes a task. Write a response that appropriately
completes the request.

### Instruction:
上海有什么好吃的?

### Response:
输出为：上海有很多好吃的食物，比如小龙虾、生煎馒头和蟹黄包。
```

第二次的输入提示为“还有什么好玩的？”，实际输入模型进行推理的提示为

```
Input:  还有什么好玩的?
Below is an instruction that describes a task. Write a response that appropriately
completes the request.

### Instruction:
上海有什么好吃的?

### Response: 上海有很多好吃的食物，比如小龙虾、生煎馒头和蟹黄包。

### Instruction:
```

```
还有什么好玩的?

### Response:
输出为: 除了美食之外, 上海还有许多有趣的活动可以参加, 如参观外滩、游览城隍庙或去豫园游玩。
```

第三次的输入提示为“有哪些标志性建筑？”，实际输入模型进行推理的提示为：

```
Below is an instruction that describes a task. Write a response that appropriately
completes the request.

### Instruction:
上海有什么好吃的?

### Response: 上海有很多好吃的食物, 比如小龙虾、生煎馒头和蟹黄包。

### Instruction:
还有什么好玩的?

### Response: 除了美食之外, 上海还有许多有趣的活动可以参加, 如参观外滩、游览城隍庙或去豫园游玩。

### Instruction:
有哪些标志性建筑?

### Response:
输出为: 上海有许多标志性的建筑, 例如东方明珠塔、上海中心大厦以及上海环球金融中心等。
```

9.4.6　LoRA推理

采用 peft 库，支持基础模型和 LoRA 模型同时加载，这样，就不需要预先将两个模型文件合并，适合同一个基础模型，对于多个 LoRA 模型推理时使用。

```
args.base_model = "/mnt/chinese-llama-2-7b "
lora_model = "/mnt/chinese-llama-2-lora-7b"

load_type = torch.float16

base_model = LlamaForCausalLM.from_pretrained(
    args.base_model,
    load_in_8bit = True,
    torch_dtype = load_type,
    low_cpu_mem_usage = True,
    device_map='auto',
  )

if lora_model is not None:
    print("loading peft model")
    model = PeftModel.from_pretrained(base_model, \
        lora_model,torch_dtype=load_type,device_map='auto',)
else:
    model = base_model
```

model 就是合并的 model，起到和加载合并的模型文件一样的效果。

9.4.7　vLLM

vLLM 是一个开源的大语言模型推理和服务引擎，将大语言模型的推理速度提升 24 倍。

它利用了全新的注意力算法 PagedAttention，有效地管理注意力键和值。

PagedAttention 是一种新颖的注意力算法，它将在操作系统的虚拟内存中分页的经典思想引入大语言模型服务中。配备了 PagedAttention 的 vLLM 将大语言模型服务状态重新定义：它比 Hugging Face Transformers 提供高达 24 倍的吞吐量，而无须任何模型架构更改。在不修改模型的情况下，PagedAttention 可以将 5 倍以上的序列批处理在一起，从而提高 GPU 利用率和吞吐量。

vLLM 一直是 LMSYS 的 Chatbot Arena 和 Vicuna Demo 背后的无名英雄，它能处理高峰流量并高效地为流行模型提供服务。它已将 LMSYS 使用的 GPU 数量减少了一半，同时每天平均处理 30k 次对话。

vLLM 目前不支持 LoRA，需要在使用之前将 LoRA 模型文件合并到基础模型中。

vLLM 也不支持量化，GPU 的计算能力不小于 7.0，表 9-1 是 Tesla NVIDIA 数据中心产品的计算能力。

表 9-1　不同 GPU 产品的计算能力

GPU	计算能力
NVIDIA A100	8.0
NVIDIA T4	7.5
NVIDIA V100	7.0
Tesla P100	6.0
Tesla P40	6.1
Tesla P4	6.1

安装 vLLM 库：

pip install -i https://pypi.tuna.tsinghua.edu.cn/simple vllm

```
import torch
from transformers import LlamaForCausalLM, LlamaTokenizerFast
from vllm import LLM, SamplingParams

DEFAULT_SYSTEM_PROMPT = """You are a helpful assistant. 你是一个乐于助人的助手。"""
TEMPLATE = (
    "[INST] <<SYS>>\n"
    "{system_prompt}\n"
    "<</SYS>>\n\n"
    "{instruction} [/INST]"
)

generation_config = dict(
    temperature=0.2,
    top_k=40,
    top_p=0.9,
    max_tokens=400,
    presence_penalty=1.0,
)

sample_data = ["为什么要减少污染，保护环境？"]
system_prompt = DEFAULT_SYSTEM_PROMPT
```

```
with_prompt = True
gpus = "0,1"

def generate_prompt(instruction, \
     system_prompt=DEFAULT_SYSTEM_PROMPT):
     return TEMPLATE.format_map({'instruction': \
          instruction,'system_prompt': system_prompt})

if __name__ == '__main__':
    load_type = torch.float16

    if torch.cuda.is_available():
        device = torch.device(0)
    else:
        device = torch.device('cpu')

    base_model = "/mnt/chinese-alpaca-2-7b"
    tokenizer_path = "/mnt/chinese-alpaca-2-7b"
    lora_model = None

    model = LLM(model = base_model,
        tokenizer = tokenizer_path,
        tokenizer_mode = 'auto',
        tensor_parallel_size = len(gpus.split(',')))
    tokenizer = LlamaTokenizerFast.from_pretrained(tokenizer_path, \
        legacy=True)

    with torch.no_grad():
        print("Start inference with instruction mode.")

        print('='*85)
        print("+ 该模式下仅支持单轮问答，无多轮对话能力。\n"
              "+ 如要进行多轮对话，请使用llama.cpp或本项目中的gradio_demo.py。")
        print('-'*85)
        print("+ This mode only supports single-turn QA.\n"
              "+ If you want to experience multi-turn dialogue, please use llama.cpp or
gradio_demo.py.")
        print('='*85)

        while True:
            raw_input_text = input("Input:")
            if len(raw_input_text.strip())==0:
                break
            if with_prompt:
                input_text = generate_prompt(instruction = \
                        raw_input_text, system_prompt = system_prompt)
            else:
                input_text = raw_input_text

            output = model.generate([input_text], \
                    SamplingParams(**generation_config), use_tqdm=False)
            response = output[0].outputs[0].text

            print("Response: ",response)
            print("\n")
```

编译及运行结果见图 9-8。

GPU 采用了 Tesla T4 2 × 16 GB，运行状态见图 9-9。

```
2023-10-06 23:24:41,001 INFO worker.py:1642 -- Started a local Ray instance.
INFO 10-06 23:24:42 llm_engine.py:72] Initializing an LLM engine with config: model='/mnt/chinese-alpaca-2-7b', tokenizer='/mnt/chinese-alpaca-2-7b', tokenizer_mode=auto, revision=None, trust_remote_code=False, dtype=torch.float16, max_seq_len=4096, download_dir=None, load_format=auto, tensor_parallel_size=2, quantization=None, seed=0)
INFO 10-06 23:25:05 llm_engine.py:205] # GPU blocks: 1484, # CPU blocks: 1024
Start inference with instruction mode.
================================================================================
+ 该模式下仅支持单轮问答，无多轮对话能力。
+ 如要进行多轮对话，请使用llama.cpp或本项目中的gradio_demo.py。
--------------------------------------------------------------------------------
+ This mode only supports single-turn QA.
+ If you want to experience multi-turn dialogue, please use llama.cpp or gradio_demo.py.
================================================================================
Input: 上海有什么好吃的？
Response:   上海有很多好吃的，以下是一些推荐：

1. 小笼包：上海最著名的小吃之一，以薄皮、鲜汁和Q弹的肉馅而闻名。

2. 生煎包：与小笼包类似，但底部是煎过的，口感更加酥脆。

3. 红烧肉：上海传统的家常菜，以猪肉为主料，加入酱油、糖等调味料炖煮而成。

4. 蟹粉小笼：将蟹肉和猪肉混合制成馅料，再用小笼包的皮包裹而成。

5. 油条：上海的传统早餐食品，通常是油炸的长条状面食。

6. 糯米鸡：将糯米和鸡肉一起蒸熟，口感软糯，味道鲜美。

7. 麻球：一种由糯米粉制成的小球，里面包裹着豆沙或芝麻馅。

8. 炸酱面：上海传统的面条汤面，配以炒酱和各种蔬菜。

9. 红烧鱼：将鱼块用酱油、糖、姜片等调味料炖煮而成，口感鲜嫩。

10. 糖醋排骨：将排骨煮熟后，用糖、醋等调味料腌制，口感酸甜可口。


Input: 还有什么好玩的？
Response:   当然有！除了游戏，还有很多其他有趣的活动可以尝试。比如，你可以参加一些户外活动，如徒步旅行、野营、钓鱼等；或者参加一些室内活动，如看电影、听音乐、绘画等。此外，你还可以学习一门新技能，如烹饪、摄影、编程等。总之，有很多有趣的事情可以做，只要你愿意去探索和尝试。


Input:
```

图9-8　使用vLLM的推理

```
Fri Oct  6 23:26:28 2023
+-----------------------------------------------------------------------------+
| NVIDIA-SMI 525.105.17   Driver Version: 525.105.17   CUDA Version: 12.0     |
|-------------------------------+----------------------+----------------------+
| GPU  Name        Persistence-M| Bus-Id        Disp.A | Volatile Uncorr. ECC |
| Fan  Temp  Perf  Pwr:Usage/Cap|         Memory-Usage | GPU-Util  Compute M. |
|                               |                      |               MIG M. |
|===============================+======================+======================|
|   0  Tesla T4            On   | 00000000:00:07.0 Off |                    0 |
| N/A   36C    P0    26W /  70W |  13520MiB / 15360MiB |      0%      Default |
|                               |                      |                  N/A |
+-------------------------------+----------------------+----------------------+
|   1  Tesla T4            On   | 00000000:00:08.0 Off |                    0 |
| N/A   37C    P0    26W /  70W |  13522MiB / 15360MiB |      0%      Default |
|                               |                      |                  N/A |
+-------------------------------+----------------------+----------------------+

+-----------------------------------------------------------------------------+
| Processes:                                                                  |
|  GPU   GI   CI        PID   Type   Process name                  GPU Memory |
|        ID   ID                                                   Usage      |
|=============================================================================|
|    0   N/A  N/A     45597      C   ray::RayWorker                  13508MiB |
|    1   N/A  N/A     45598      C   ray::RayWorker                  13510MiB |
+-----------------------------------------------------------------------------+
```

图9-9　vLLM推理的GPU运行状况

9.5　LLaMA.cpp

9.5.1　特色与优势

大语言模型动辄数十上百亿的参数，对运行机器的内存提出了很高的要求，毕竟只有将模型权重塞进内存，推理方可进行。

模型加载至内存后，推理顺畅与否，又与CPU、GPU等计算单元密切相关，要知道很多大语言模型是在顶级专用GPU集群上加速训练的，如果换到个人电脑上，推理速度太慢，就无法正常使用。

为了在无 GPU、小内存的消费级硬件上进行大语言模型的推理，主要需要做两项工作。

（1）推理代码用 C 或 C++ 替代 Python。

（2）通过量化减少模型所需存储。

LLaMA.cpp 项目是开发者格奥尔基•格尔加诺夫基于 Llama 模型开发的纯 C/C++ 版本，用于模型推理，现在也支持 Llama 2。

这个纯 C/C++ 版本的优势主要有以下几个。

（1）无须任何额外依赖，相比 Python 代码对 PyTorch 等库的要求，C/C++ 直接编译出可执行文件，跳过不同硬件的繁杂准备。

（2）苹果硅芯片（Apple silicon）优化 - 通过 ARM NEON、Accelerate 和 Metal 框架优化。

（3）对 x86 架构提供 AVX、AVX2 和 AVX512 支持。

（4）具有 F16 和 F32 的混合精度。

（5）支持 4 位、5 位和 8 位整数量化。

（6）无须 GPU，可只用 CPU 运行。

（7）支持 OpenBLAS/Apple BLAS/ARM Performance Lib/ATLAS/BLIS/Intel MKL/NVHPC/ACML/SCSL/SGIMATH 以及其他 BLAS 库。

（8）支持 cuBLAS 和 CLBlast。

9.5.2　模型量化

项目主要提供了模型量化和推理的功能。项目网址：

https://github.com/ggerganov/llama.cpp

模型量化将原来数据精度用两个字节 16 位改为 4 位、5 位、8 位，缩小模型大小，使其可以装在较小内存的计算机中。

量化格式有 Q4_0、Q4_1、Q5_0、Q5_1、Q8_0，表 9-2 以 7B 模型为例，显示了它们量化后的文件大小、推理速度。

表 9-2 中的每标记时间（ms/tok）推理速度是在 32 GB RAM 的 MacBook M1 Pro 测量的，用了 4 线程和 8 线程。

表 9-2　Llama-7B 量化结果比较

测量	F16	Q4_0	Q4_1	Q5_0	Q5_1	Q8_0
文件大小	13.0 G	3.5 G	3.9 G	4.3 G	4.7 G	6.7 G
ms/tok@4th	127	55	54	76	83	72
ms/tok@8th	122	43	45	52	56	67
每个权重的位数	16.0	4.5	5.0	5.5	6.0	8.5

项目的功能除少部分用Python格式外，大都是C语言格式，需要自己编译成执行文件。

9.5.3　k-quant量化

k-quant 是一种与 llama.cpp 兼容的新的量化方法。新的 k-quant 方法将替代原方法。k-quanat 方法有以下几个。

GGML_TYPE_Q2_K - 包含 1 个块的超级块中的“Type-2”16 位量化，每个块具有 16 个权重。块刻度和分钟数用 4 位量化。这最终有效地使用了每权重 2.5625 位（bpw）。

GGML_TYPE_Q3_K - 包含 0 个块的超级块中的“Type-3”16 位量化，每个块有 16 个权重。刻度用 6 位量化。这最终使用 3.4375 bpw。

GGML_TYPE_Q4_K - 包含 1 个块的超级块中的 “4 型” 8 位量化，每个块有 32 个权重。刻度和分钟用 6 位量化。这最终使用 4.5 bpw。

GGML_TYPE_Q5_K - “类型 1”5 位量化。与 GGML_TYPE_Q4_K 相同的超嵌段结构，产生 5.5 bpw。

GGML_TYPE_Q6_K - “Type-0” 6 位量化。具有 16 个方块的超级方块，每个方块有 16 个权重。刻度用 8 位量化。这最终使用 6.5625 bpw。

GGML_TYPE_Q8_K - “Type-0” 8 位量化。仅用于量化中间结果。与现有 Q8_0 的区别在于块大小为 256。所有 2 ～ 6 位点积都是针对此量化类型实现的。

项目在 Hugging Face 上提供了经量化的模型文件，图 9-10 是 7B 网址的文件下载页面。

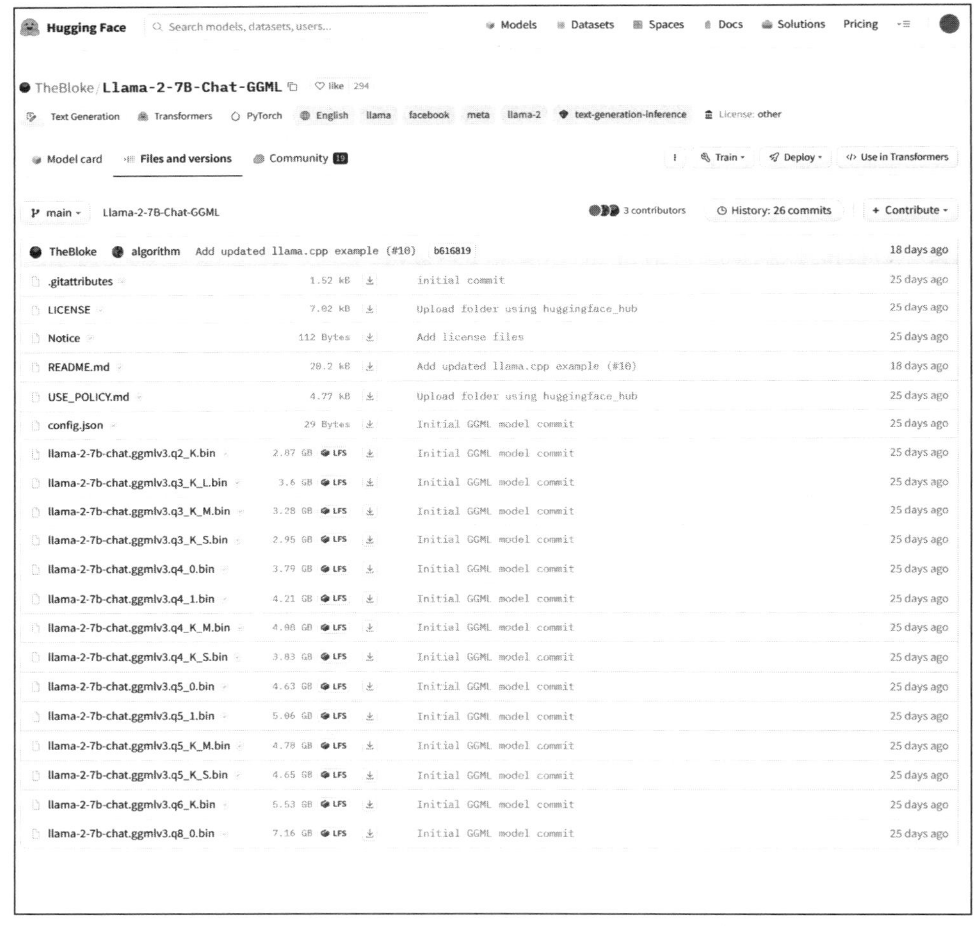

图9-10　Llama-2-7B-Chat-GGML权重文件下载页面

9.5.4　开发环境安装

LLaMA.cpp 支持多种开发组合，操作系统有 Linux、MacOS、Windows，构建工具有

Make 和 Cmake，C/C++ 编译器有 GCC、MSVC。

项目提供的 C 源代码，需要在自己的操作系统环境中进行编译。本节以 Windows 操作系统为例，构建工具选择 Cmake，C/C++ 编译器选择 MinGW-w64。

MinGW-w64 是 Windows 系统下一个轻量级的 C/C++ 编译器，是将经典的开源 C 语言编译器 GCC 移植到了 Windows 平台下，并且包含了 Win32API，因此可以将源代码编译为可在 Windows 中运行的可执行程序。可以直接使用 gcc/g++ 命令进行编译。

MinGW 的全称是：Minimalist GNU on Windows，还可以使用一些 Windows 不具备的、Linux 平台下的开发工具。

程序的下载网址是：

https://sourceforge.net/projects/mingw-w64/files/

选项为 x86_64-posix-she，版本选择最新版本 MinGW-W64 GCC-8.1.0。下载后的文件名是：mingw-w64-install.exe。程序会自动下载 x86_64-8.1.0-release-posix-seh-rt_v6-rev0.7z 文件，并解压到指定目录。图 9-11 是 MinGW-W64 的安装程序界面。

此外，也可以直接下载 x86_64-8.1.0-release-posix-seh-rt_v6-rev0.7z 文件，用解压缩程序解压到指定目录。下载路径是：https://sourceforge.net/projects/mingw-w64/files/。下载界面见图 9-12。

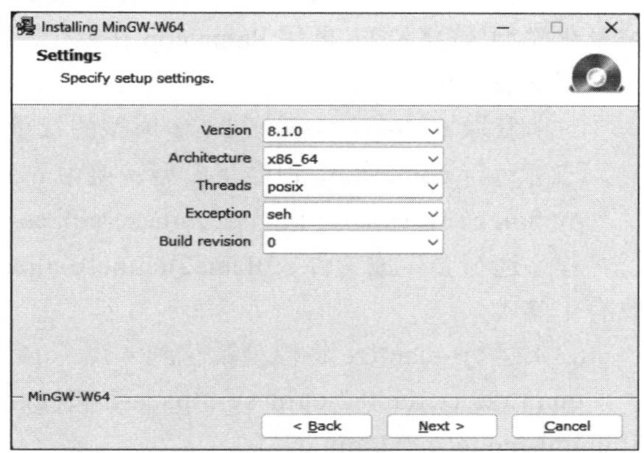

图9-11　MinGW-W64的安装程序界面

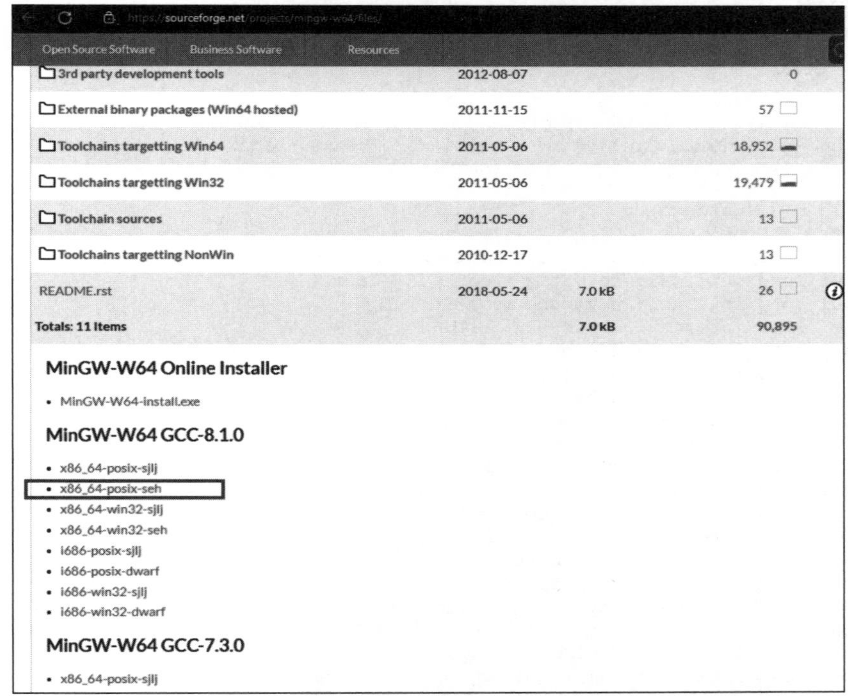

图9-12　直接下载x86_64-posix-she的页面

9.5.5 构建执行程序

用 Cmake 构建 llama.cpp 程序（其他方法可以看项目网站）。

```
mkdir build
cd build
cmake .. -G "MinGW Makefiles"
cmake --build . --config Release
```

构建完成后在 build\bin 目录中发现新生成的执行程序。

9.5.6 转换模型

模型转换的目的是基于 Chinese-Alpaca-2-7B 中文 Llama 2 的微调全量模型，转换成 4 位量化模型（Q4_0），再用 llama.cpp 在笔记本上实现推理。

模型的转化步骤如下。

（1）获取 Chinese-Alpaca-2-7B 模型的权重。

（2）运行 convert.py 程序将模型转换为 ggml 的 FP16 格式。

python convert.py c:\llama2\chinese-alpaca-2-7b

程序运行会生成文件 c:\llama2\chinese-alpaca-2-7b\ggml-model-f16.bin（注意：目录中不要有中文）。

（3）运行 quantize 将模型量化到 4 位（q4_0）。

quantize c:\llama2\chinese-alpaca-2-7b\ggml-model-f16.bin c:\llama2\chinese-alpaca-2-7b\ggml-model-q4_0.bin q4_0

9.5.7 推理

1. 基本模式

```
C:\llama.cpp-master\build>cd bin
C:\llama.cpp-master\build\bin>main -m c:\llama2\chinese-alpaca-2-7b\ggml-model-q4_0.bin
--color --ctx_size 2048 -n -1 -ins -b 256 --top_k 10000 --temp 0.2 --repeat_penalty 1.1 -t 8
```

```
main: build = 0 (unknown)
main: seed  = 1691896178
llama.cpp: loading model from c:\llama2\chinese-alpaca-2-7b\ggml-model-q4_0.bin
llama_model_load_internal: format   = ggjt v3 (latest)
llama_model_load_internal: n_vocab  = 55296
llama_model_load_internal: n_ctx    = 2048
llama_model_load_internal: n_embd   = 4096
llama_model_load_internal: n_mult   = 5504
llama_model_load_internal: n_head   = 32
llama_model_load_internal: n_head_kv  = 32
llama_model_load_internal: n_layer  = 32
llama_model_load_internal: n_rot    = 128
llama_model_load_internal: n_gqa    = 1
llama_model_load_internal: rnorm_eps  = 5.0e-06
llama_model_load_internal: n_ff     = 11008
llama_model_load_internal: freq_base  = 10000.0
llama_model_load_internal: freq_scale = 1
llama_model_load_internal: ftype    = 2 (mostly Q4_0)
llama_model_load_internal: model size = 7B
llama_model_load_internal: ggml ctx size =  0.08 MB
llama_model_load_internal: mem required  = 3773.79 MB (+ 1024.00 MB per state)
llama_new_context_with_model: kv self size  = 1024.00 MB
llama_new_context_with_model: compute buffer total size =  77.35 MB
```

```
system_info: n_threads = 8 / 14 | AVX = 1 | AVX2 = 1 | AVX512 = 0 | AVX512_VBMI = 0 |
AVX512_VNNI = 0 | FMA = 1 | NEON = 0 | ARM_FMA = 0 | F16C = 1 | FP16_VA = 0 | WASM_SIMD
= 0 | BLAS = 0 | SSE3 = 1 | VSX = 0 |
main: interactive mode on.
Reverse prompt: '### Instruction:

'
sampling: repeat_last_n = 64, repeat_penalty = 1.100000, presence_penalty = 0.000000,
frequency_penalty = 0.000000, top_k = 10000, tfs_z = 1.000000, top_p = 0.950000,
typical_p = 1.000000, temp = 0.200000, mirostat = 0, mirostat_lr = 0.100000, mirostat_
ent = 5.000000
generate: n_ctx = 2048, n_batch = 256, n_predict = -1, n_keep = 2


== Running in interactive mode. ==
 - Press Ctrl+C to interject at any time.
 - Press Return to return control to LLaMa.
 - To return control without starting a new line, end your input with '/'.
 - If you want to submit another line, end your input with '\'.


>
```

生成内容是这样的：

```
> 上海有什么好吃的小吃?
上海有很多好吃的小吃，以下是一些推荐：
1. 生煎包（生煎馒头）- 一种用猪肉馅和葱姜蒜等调料制成的包子，外皮酥脆内馅鲜美。
2. 小笼包 - 一种蒸制的小面团饺子，通常有肉、虾仁或蟹黄等多种口味选择。
3. 油条 - 一种炸过的长条状食品，口感酥脆可口。
4. 糯米鸡 - 一道以糯米和鸡肉为主要原料的传统上海菜肴，味道鲜美。
5. 糖醋排骨 - 一道以猪肋排为材料，配以甜酸调味汁制成的经典上海小吃。
6. 蟹黄汤包 - 一种蒸制的小面团饺子，内馅由蟹黄和虾仁等海鲜制成。
7. 糯米藕 - 一种将糯米和鲜嫩的莲藕一起煮熟后食用的传统上海菜肴。
8. 红烧肉 - 一道以猪肉为主料，配以酱油、糖和其他调味品烹制而成的经典上海菜肴。

>
```

2. 交互模式

如果你想要更像 ChatGPT 的体验，你可以通过添加 -i 参数来运行交互模式。在这个模式下，你可以随时通过按下 Ctrl+C 组合键来中断生成，并输入一行或多行文本，这些文本将被转换为标记并添加到当前的上下文中。你也可以使用参数 -r "reverse prompt string" 来指定一个反向提示。这将导致当生成中遇到反向提示字符串的确切标记时，用户输入被提示出来。一个典型的用法是使用一个提示，让 Llama 模拟多个用户之间的聊天，比如 Alice 和 Bob，然后使用 -r "Alice:" 来传递。

下面是一个少量提示（few-shot）交互的示例，缺省使用 7B 模型命令调用为

```
./examples/chat.sh
```

提示采用提示文件 prompts/chat-with-bob.txt，文件中内容为

```
Transcript of a dialog, where the User interacts with an Assistant named Bob. Bob is
helpful, kind, honest, good at writing, and never fails to answer the User's requests
immediately and with precision.

User: Hello, Bob.
Bob: Hello. How may I help you today?
User: Please tell me the largest city in Europe.
Bob: Sure. The largest city in Europe is Moscow, the capital of Russia.
User:
```

推理运行结果见图 9-13。

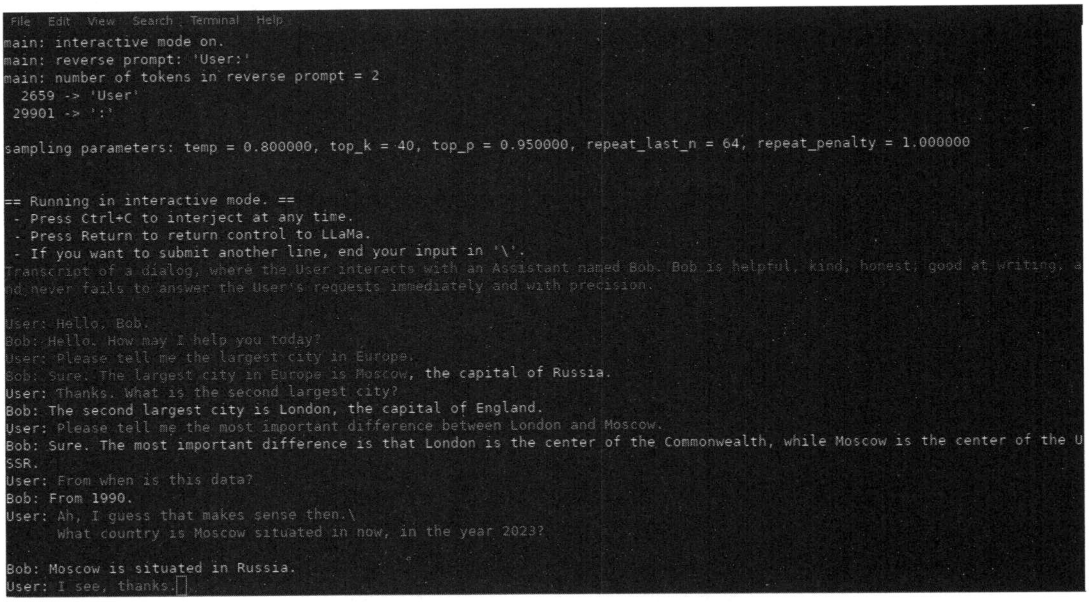

```
File  Edit  View  Search  Terminal  Help
main: interactive mode on.
main: reverse prompt: 'User:'
main: number of tokens in reverse prompt = 2
  2659 -> 'User'
 29901 -> ':'

sampling parameters: temp = 0.800000, top_k = 40, top_p = 0.950000, repeat_last_n = 64, repeat_penalty = 1.000000


== Running in interactive mode. ==
 - Press Ctrl+C to interject at any time.
 - Press Return to return control to LLaMa.
 - If you want to submit another line, end your input in '\'.
Transcript of a dialog, where the User interacts with an Assistant named Bob. Bob is helpful, kind, honest, good at writing, a
nd never fails to answer the User's requests immediately and with precision.

User: Hello, Bob.
Bob: Hello. How may I help you today?
User: Please tell me the largest city in Europe.
Bob: Sure. The largest city in Europe is Moscow, the capital of Russia.
User: Thanks. What is the second largest city?
Bob: The second largest city is London, the capital of England.
User: Please tell me the most important difference between London and Moscow.
Bob: Sure. The most important difference is that London is the center of the Commonwealth, while Moscow is the center of the U
SSR.
User: From when is this data?
Bob: From 1990.
User: Ah, I guess that makes sense then.\
     What country is Moscow situated in now, in the year 2023?

Bob: Moscow is situated in Russia.
User: I see, thanks.
```

图9-13　交互式推理

假如我们要用中文模型库，提示文件名改为 prompts/chat-with-bob2.txt，用户用中文“用户”，则可以用以下带常数的命令：

```
main -m c:\llama2\chinese-alpaca-2-7b\ggml-model-q4_0.bin -n 256 --repeat_penalty 1.0
--color -i -r "用户:" -f ..\prompts\chat-with-bob2.txt
```

chat-with-bob2.txt 文件中内容是

```
一段对话记录，用户与一位名叫聊天机器人的助手进行互动。聊天机器人乐于助人、友善、诚实、擅长写作，并且
总是立即准确地回答用户的请求。

用户：你好，聊天机器人。
聊天机器人：你好。我今天能帮你些什么吗？
用户：请告诉我中国最大的城市是哪个。
聊天机器人：当然。中国最大的城市是上海。
```

9.6 Gradio

9.6.1 简介

Gradio 是一个用于创建机器学习模型交互界面的开源库，允许研究人员和开发人员快速创建和共享他们的模型。Gradio 的目标是让模型开发者更容易地与非技术用户进行交互，并获取他们的反馈。这个库可以在几行代码内创建一个可以与任何模型进行交互的界面。

Gradio 支持多种输入和输出类型，包括图像、文本、音频、绘图和更多。这使它可以用于多种类型的模型，包括图像分类、文本生成、语音识别等。

Gradio 的主要特点包括以下几个。

（1）简单易用：Gradio 的 API 非常直观，只需要几行代码就可以创建一个交互界面。

（2）多种输入输出支持：Gradio 支持多种输入（如文本、图像、音频等）和输出（如文本、图像、音频、表格等）类型，可以方便地与各种模型进行交互。

（3）模型共享：Gradio 可以生成一个 URL（统一资源定位符），通过这个 URL，任何人都可以在网络浏览器中访问到这个模型的交互界面，无须安装任何软件。

（4）内置模型库：Gradio 有一个内置的模型库，包含了一些预训练的模型，可以用来进行测试和演示。

9.6.2　基本用法

使用 Gradio 首先需要安装 Python 第三方库 Gradio，使用清华镜像：

```
pip install -i https://pypi.tuna.tsinghua.edu.cn/simple gradio
```

下面是 Gradio 的一个基本用法示例：

```
import gradio as gr
def greet(name):
  return "Hello " + name + "!"
iface = gr.Interface(fn=greet, inputs="text", outputs="text")
iface.launch()
```

在这个示例中，我们创建了一个简单的函数 greet，它接受一个名字（文本输入），并返回一个问候语（文本输出）。然后我们使用 Gradio 的 Interface 类创建了一个交互界面，指定了函数、输入和输出类型。最后，我们使用 launch 方法启动了这个界面。

运行程序后，打开 http://localhost:7860 即可看到网页效果（图 9-14）。左边是文本输入框，右边是结果展示框。Clear 按钮用于重置网页状态，Submit 按钮用于执行处理程序，Flag 按钮用于保存结果到本地。

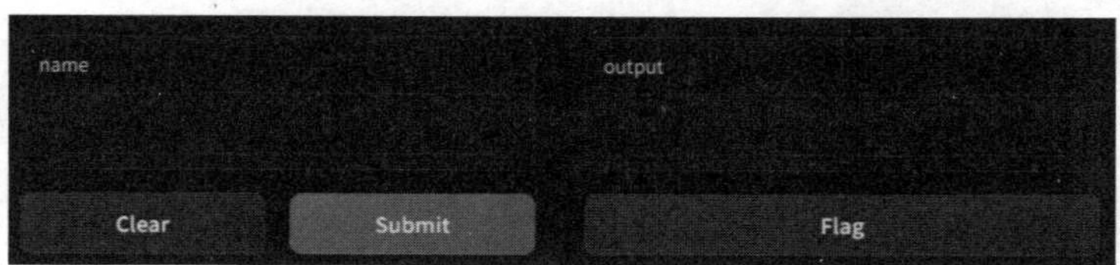

图9-14　Gradio简单交互界面

9.6.3　复杂交互

Gradio 用来创建和定制模型交互界面的两种主要方式：Interface 和 Blocks。gr.Interface 是 Gradio 的基础应用界面，用于创建简单的交互界面，只需要为一个函数创建交互界面。gr.Blocks 是 Gradio 的高级应用界面，用于创建更复杂、更定制化的交互界面，但支持多种输入和输出类型，包括文本、图像、音频等。gr.Blocks 允许你在一个界面中包含多个输入、输出和函数，需要在一个界面中包含多个函数的交互。

```
import gradio as gr
```

```
with gr.Blocks() as demo:
    gr.HTML("""<h1 align="center">Chinese LLaMA & Alpaca LLM</h1>""")
    gr.Markdown("> 为了促进大模型在中文NLP社区的开放研究，本项目开源了中文LLaMA模型和指令精调的Alpaca大模型。这些模型在原版LLaMA的基础上扩充了中文词表并使用了中文数据进行二次预训练，进一步提升了中文基础语义理解能力。同时，中文Alpaca模型进一步使用了中文指令数据进行精调，显著提升了模型对指令的理解和执行能力")

    with gr.Row():
        with gr.Column(scale=4):
            with gr.Column(scale=12):
                user_input = gr.Textbox(show_label=False, \
                    placeholder="Input...", lines=10).style( \
                    container=False)
            with gr.Column(min_width=32, scale=1):
                submitBtn = gr.Button("Submit", variant="primary")
        with gr.Column(scale=1):
            emptyBtn = gr.Button("Clear History")
            max_length = gr.Slider(
                    0, 4096, value=128, step=1.0, label="Maximum length",\
                     interactive=True)
            top_p = gr.Slider(0, 1, value=0.8, step=0.01, \
                label="Top P", interactive=True)
            temperature = gr.Slider(
                    0, 1, value=0.7, step=0.01, label="Temperature",\
                    interactive=True)

demo.queue().launch(share=True, inbrowser=True, \
    server_name = '0.0.0.0', server_port=19324)
```

生成以下两个 URL：

Running on local URL: http://0.0.0.0:19324

Running on public URL: https://29d34752666ca8be01.gradio.live

创建外部访问链接非常简单，只需要 launch(share=True) 即可，在打印信息中会看到外部访问链接。免费用户的链接可以使用 24 小时，想要长期的话需要在 Gradio 官方购买云服务。

图 9-15 是 Gradio 复杂交互界面。复杂交互在源代码中使用了以下函数。

图9-15　Gradio复杂交互界面

gr.HTML()：用于在界面上添加 HTML 元素。

gr.Markdown()：用于在界面上添加 Markdown 格式的文本。

gr.Row()：用于在界面上创建一个水平排列的元素行。

gr.Column()：用于在界面上创建一个垂直排列的元素列。

gr.Button()：用于在界面上添加一个按钮。用参数可以设置按钮的标签文本、当按钮被单击时要调用的函数、用不同颜色显示按钮的类型。'primary' 为主要动作按钮，'secondary' 为次要类型按钮，'stop' 为停止按钮。

gr.Slider()：用于在界面上添加一个滑动条。用参数可以设置滑动条的标签文本、滑动条的最小值、滑动条的最大值、滑动条的默认值、滑动条每次移动的步长。

9.6.4 聊天机器人

利用 Gradio 的 Chatbot 模块可以创建交互式聊天机器人。

Chatbot 模块是 Gradio 中的一个组件，用于展示聊天机器人的输出，包括用户提交的消息和机器人的回复。它支持一些 Markdown 语法，包括粗体、斜体、代码和图片等。Chatbot 模块的输入不接受用户输入，而是通过函数返回的列表来设置聊天内容。返回的列表应包含多个内部列表，每个内部列表包含两个元素：用户消息和机器人回复。消息可以是字符串、元组或 None。如果消息是字符串，可以包含 Markdown 格式的文本。如果消息是元组，应包含文件路径和可选的替代文本。值为 None 的消息将不会显示在聊天界面上。聊天机器人的用户界面见图 9-16。

```
import gradio as gr
import random
import time

#Submit按钮对应的函数
def respond(message, chat_history):
    bot_message = random.choice(["How are you?", "I love you", \
        "I'm very hungry"])
    chat_history.append((message, bot_message))
    time.sleep(2)
    return "", chat_history

#Clear按钮对应的函数
def reset_state():
    return "",""

with gr.Blocks() as demo:
    chatbot = gr.Chatbot()
    msg = gr.Textbox()
    submitBtn = gr.Button("Submit", variant="primary")
    emptyBtn = gr.Button("Clear History")

    submitBtn.click(respond, [msg, chatbot], [msg, chatbot], show_progress=True)
    emptyBtn.click(reset_state, outputs=[msg, chatbot], show_progress=True)

if __name__ == "__main__":
    demo.launch()
```

gradio.Button.click 是单击组件（例如按钮）时触发此侦听器。

事件侦听器允许捕获和响应用户交互，在 Gradio 阻止应用中定义的 UI 组件。当用户与元素交互，例如更改滑块值或上传图像，调用一个函数。

参数 fn：触发此事件时要调用的函数，通常是机器学习模型的预测函数。函数的每个参数对应于一个输入组件，函数应返回单个值或值元组，元组中的每个元素对应于一个输出组件。

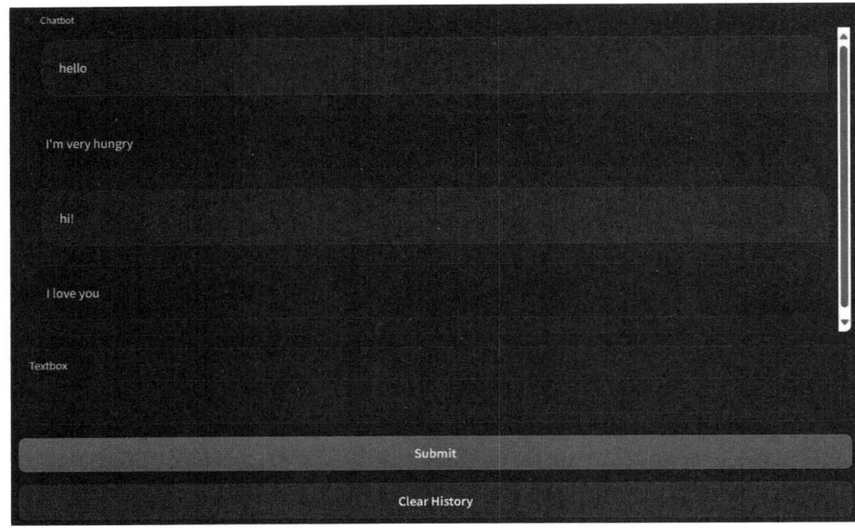

图9-16　聊天机器人

参数 inputs：要用作输入组件列表。如果函数不接受任何输入，则这应该是一个空列表。

参数 outputs：用作输出组件列表。如果函数未返回任何输出，则这应该是一个空列表。

参数 show_progress：如果为 True，则在挂起时显示进度动画。

在本地网址运行：http://127.0.0.1:7864

9.6.5　Gradio多轮推理

以下代码利用 Gradio 实现了可视化界面（图 9-17），实现大语言模型的基于上下文的多轮推理。

```
import gradio as gr
import torch
from transformers import LlamaForCausalLM, LlamaTokenizer, GenerationConfig
from peft import PeftModel

generation_config = dict(
    temperature=0.2,
    top_k=40,
    top_p=0.9,
    do_sample=True,
    num_beams=1,
    repetition_penalty=1.1,
    max_new_tokens=400
    )

load_type = torch.float16

if torch.cuda.is_available():
    device = torch.device(0)
else:
    device = torch.device('cpu')
```

```
base_model = "/mnt/chinese-alpaca-2-7b"
tokenizer_path = "/mnt/chinese-alpaca-2-7b"
lora_model = None

tokenizer = LlamaTokenizer.from_pretrained(tokenizer_path)

base_model = LlamaForCausalLM.from_pretrained(
    base_model,
    load_in_8bit=True,
    torch_dtype=load_type,
    low_cpu_mem_usage=True,
    device_map='auto',
    )

if lora_model is not None:
    print("loading peft model")
      model = PeftModel.from_pretrained(base_model, \
            args.lora_model,torch_dtype=load_type,device_map='auto',)
else:
    model = base_model

if device==torch.device('cpu'):
    model.float()

model.eval()

def reset_user_input():
    return gr.update(value='')

def reset_state():
    return [], []

def generate_prompt(instruction):
    return f"""Below is an instruction that describes a task. Write a response that
appropriately completes the request.

### Instruction:
{instruction}

### Response: """

def predict(
    input,
    chatbot,
    history,
    max_new_tokens=128,
    top_p=0.75,
    temperature=0.1,
    top_k=40,
    num_beams=4,
    repetition_penalty=1.0,
    max_memory=256,
    **kwargs,
):
    now_input = input
    chatbot.append((input, ""))
    history = history or []
    if len(history) != 0:
        input = "".join(["### Instruction:\n" + i[0] +"\n\n" + \
                "### Response: " + i[1] + "\n\n" for i in history]) + \
                "### Instruction:\n" + input
        input = input[len("### Instruction:\n"):]
        if len(input) > max_memory:
```

```
            input = input[-max_memory:]
    prompt = generate_prompt(input)
    inputs = tokenizer(prompt, return_tensors="pt")
    input_ids = inputs["input_ids"].to(device)
    generation_config = GenerationConfig(
        temperature=temperature,
        top_p=top_p,
        top_k=top_k,
        num_beams=num_beams,
        **kwargs,
    )
    with torch.no_grad():
        generation_output = model.generate(
            input_ids=input_ids,
            generation_config=generation_config,
            return_dict_in_generate=True,
            output_scores=False,
            max_new_tokens=max_new_tokens,
            repetition_penalty=float(repetition_penalty),
        )
    s = generation_output.sequences[0]
    output = tokenizer.decode(s, skip_special_tokens=True)
    output = output.split("### Response:")[-1].strip()
    history.append((now_input, output))
    chatbot[-1] = (now_input, output)
    return chatbot, history

with gr.Blocks() as demo:
    gr.HTML("""<h1 align="center">Chinese LLaMA & Alpaca LLM</h1>""")
    gr.Markdown("> 为了促进大模型在中文NLP社区的开放研究，本项目开源了中文LLaMA模型和指令精调的Alpaca大模型。这些模型在原版LLaMA的基础上扩充了中文词表并使用了中文数据进行二次预训练，进一步提升了中文基础语义理解能力。同时，中文Alpaca模型进一步使用了中文指令数据进行精调，显著提升了模型对指令的理解和执行能力")
    chatbot = gr.Chatbot()
    with gr.Row():
        with gr.Column(scale=4):
            with gr.Column(scale=12):
                user_input = gr.Textbox(show_label=False, \
                         placeholder="Input...", lines=10).style(container=False)
            with gr.Column(min_width=32, scale=1):
                submitBtn = gr.Button("Submit", variant="primary")
        with gr.Column(scale=1):
            emptyBtn = gr.Button("Clear History")
            max_length = gr.Slider(
                    0, 4096, value=128, step=1.0, label="Maximum length", \
                     interactive=True)
            top_p = gr.Slider(0, 1, value=0.8, step=0.01, \
                label="Top P", interactive=True)
            temperature = gr.Slider(
                    0, 1, value=0.7, step=0.01, label="Temperature", interactive=True)

    history = gr.State([])  # (message, bot_message)

    submitBtn.click(predict, [user_input, chatbot, history, \
        max_length, top_p, temperature], [chatbot, history], \
        show_progress=True)
    submitBtn.click(reset_user_input, [], [user_input])
    emptyBtn.click(reset_state, outputs=[chatbot, history], \
        show_progress=True)

demo.queue().launch(share=True, inbrowser=True, \
    server_name = '0.0.0.0', server_port=19324)
```

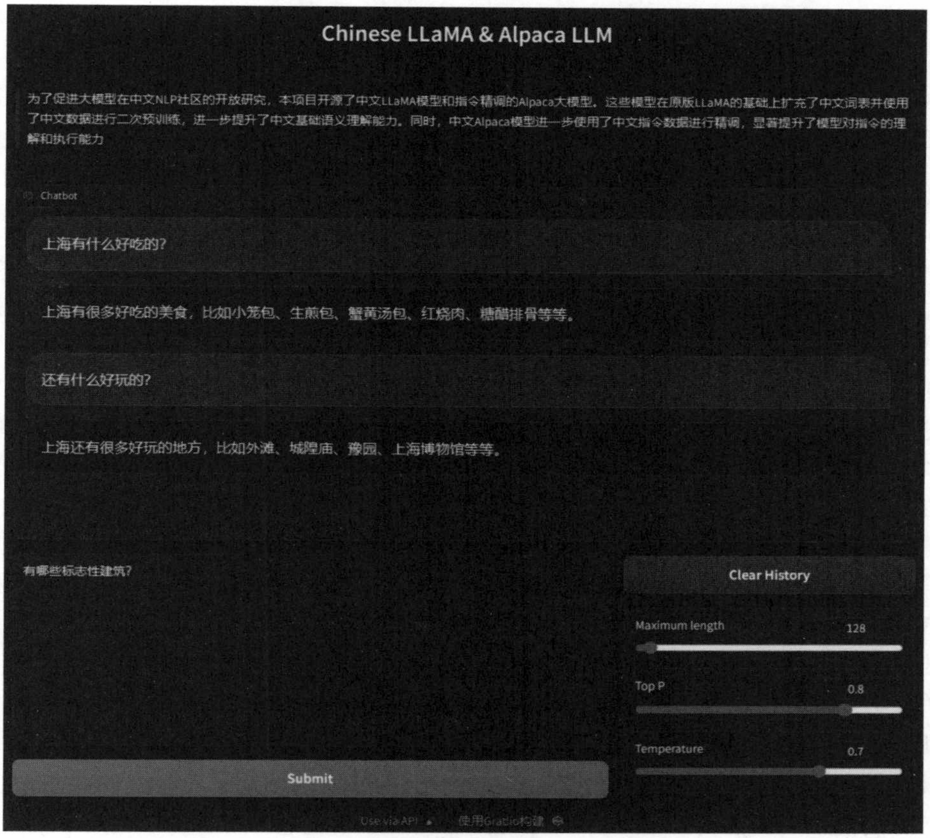

图9-17　多轮推理

9.7　解码策略

9.7.1　常见解码策略

解码策略是指在自然语言处理任务中，特别是在生成模型中，用于确定最优或合适输出的一种算法或方法。它决定了如何从模型的预测结果中选择最终的输出。

对于文本生成任务，语言模型如何做到对同一个输入生成不同的输出？无论是自编码模型还是自回归模型，都是在解码阶段的每个时间步逐个生成最终文本。所谓解码，就是按照某种策略从候选词表中选择合适的词输出。除了对于模型本身的改进，不同解码策略也对文本生成质量起到重要作用。

解码策略的目标通常是在生成过程中平衡准确性、流畅性和多样性等因素。不同的解码策略可以根据任务要求和模型特性来选择，并会影响到最终生成结果的质量和特性。

常见的解码策略包括以下几个。

（1）贪婪解码（Greedy Decoding）：在每一步选择预测结果中概率最高的选项作为输出。该策略简单高效，但可能导致生成的结果较为保守和单一。

（2）波束搜索：维护一组候选解，并根据预测概率和得分选择前 k 个候选解。然后，使用这些候选解继续生成下一个步骤的候选解。该策略通过维护多个候选解来增强生成的多样性，但也会增加计算开销。

（3）抽样解码（Sampling Decoding）：在每一步中，根据模型预测的概率分布，按照一定的策略（如 softmax 采样）随机选择下一个单词作为生成的单词。这种解码策略可以增强文本的多样性，但可能会导致生成不准确的文本。

9.7.2 推理超参数

与解码策略有关的推理超参数有温度（temperature）、top-k 和 top-p，都是用于确定抽样算法，可控制生成文本的多样性。

（1）温度：在抽样策略中，温度参数用来调整生成词的概率分布。较高的温度会使概率分布更加平滑，增强了生成多样性的可能性。较低的温度会使概率分布更加尖锐，降低了生成多样性但提高了生成准确性。

（2）top-k：top-k 可以用来限制每一步模型预测时考虑的候选词的数量。在每一步中，只有预测概率排在前 k 位的词汇会参与进一步选择。通过控制 k 的大小，可以增强或削弱生成文本的多样性。较小的 k 值会使生成的文本较为确定和一致，较大的 k 值会增强生成文本的多样性。

（3）top-p：top-p 与 top-k 类似，也是用来控制参与下一个词选择的候选词的数量。不同的是，top-p 是根据概率分布的累计概率来确定选择的词汇数量的上限。具体来说，top-p 会选择概率分布中累计概率超过一个阈值（如 0.9）的最小集合作为候选词。通过控制该阈值，可以增强或削弱生成文本的多样性。较小的阈值会使生成的文本较为确定和一致，较大的阈值会增强生成文本的多样性。

9.7.3 温度

在语言模型推理中，温度是控制生成文本的多样性和随机性的一个参数。温度参数用来调整模型生成输出时的概率分布。

具体来说，当使用低温度值时（如 0.1），模型更加倾向于生成高概率的词语，使得输出更加确定和保守。这意味着生成的文本会更加准确，但可能会缺乏变化和创造性。

而当使用高温度值时（如 1.0），模型对于每个可能的词语给予近似相等的概率，并且更倾向于生成一些不太常见的词语。这样会增强输出的多样性和随机性，使得生成的文本更加具有创造性，但可能也会引入更多的错误和不连贯之处。

调整温度参数可以根据具体任务和需求来优化生成的文本。对于需要保证准确性的任务（例如机器翻译），较低的温度值可能更合适。而对于需要增强多样性和创造性的任务（例如故事生成），较高的温度值可能更适用。

需要注意的是，温度只会影响模型在生成阶段的输出，而不会对模型的内部表示和学习过程产生影响。因此，通过调整温度参数，你可以在一定程度上控制生成文本的风格和随机性。

温度采样直接缩放原有的解码词分布，略微修改下 softmax 函数：

$$p(x = V_l \mid x_1, x_2, \cdots, x_{i-1}) = \frac{\exp(u_l / t)}{\sum_{i \in V_l} \exp(u_i / t)}$$

其中，u 是 logits；t 即温度，是一个超参数，温度的取值范围是 $(0, +\infty)$，即大于 0 的实数。

表 9-3 中语言模型生成 7 个候选词，给出相应的预测概率。分别用温度值 0.2、1、2、5

计算出新的概率。

表 9-3　候选词对应不同温度的概率分布

序号	单词	预测概率	温度 =0.2	温度 =1	温度 =2	温度 =5
0	apple	0.2	0.115 082	0.222 222	0.187 053	0.160 983
1	banana	0.3	0.873 904	0.333 333	0.229 093	0.174 581
2	cherry	0.1	0.003 596	0.111 111	0.132 267	0.140 144
3	date	0.1	0.003 596	0.111 111	0.132 267	0.140 144
4	elderberry	0.05	0.000 112	0.055 556	0.093 527	0.122 002
5	fig	0.05	0.000 112	0.055 556	0.093 527	0.122 002
6	grape	0.1	0.003 596	0.111 111	0.132 267	0.140 144

从图 9-18 的数据，对照图 9-19 可以看出。温度值为 1 时，概率分布与原始概率分布相同，温度值没有发挥作用。温度值小于 1，则加大概率值差异，选择范围缩小。温度值大于 1，值越大，不同候选词之间的差异越小，选择范围越大，因此，出现更大的随机性，这可以帮助模型给出更有创意的输出，也可能使模型偏离主题或给出无意义的输出。

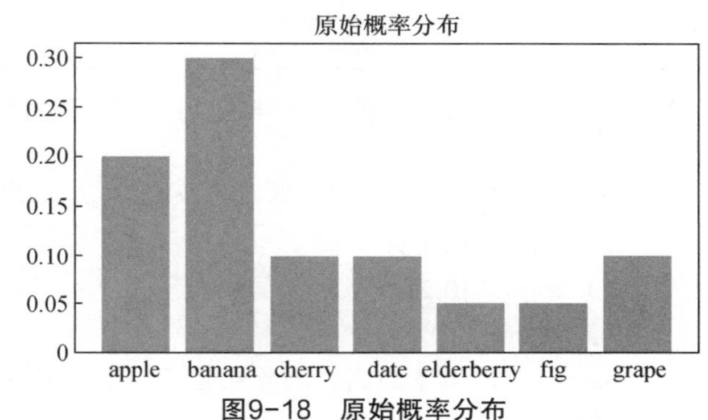

图9-18　原始概率分布

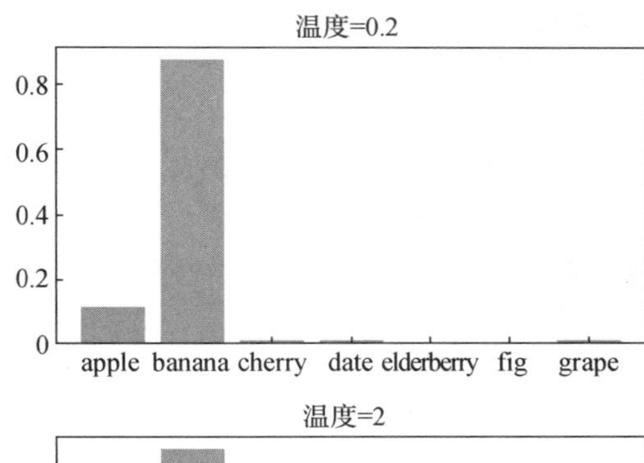

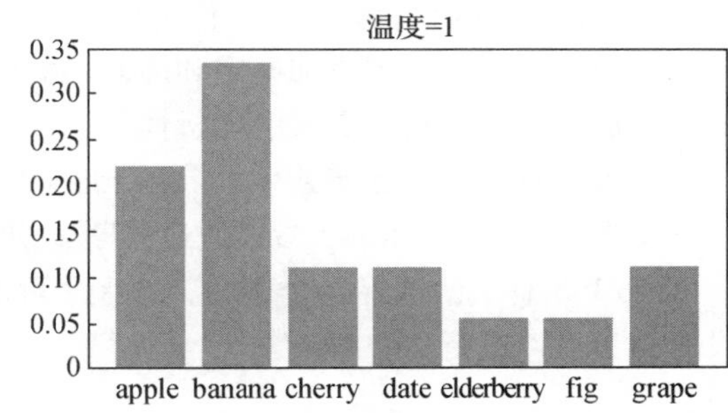

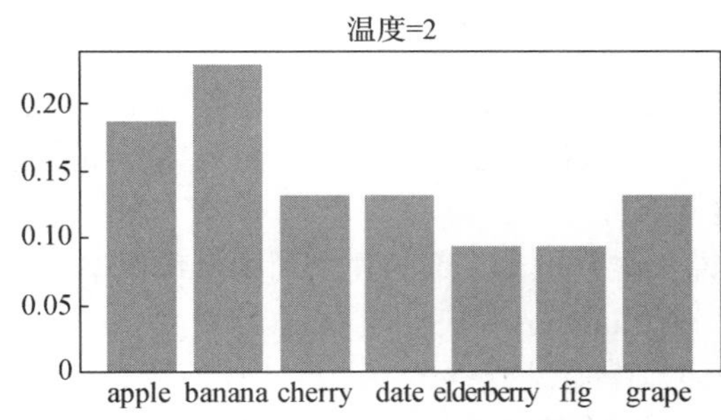

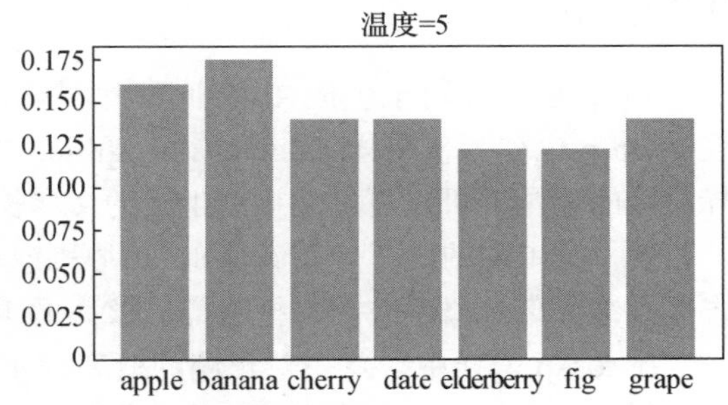

图9-19　温度值分别为0.2、1、2、5时的概率分布

9.7.4　top-k

当使用语言模型进行推理时，可以使用 top-k 参数来限制在生成下一个单词时考虑的概

率分布范围。这个参数可以帮助你控制生成的文本的多样性和随机性。

假设你有表 9-4 所示单词及其对应的预测概率。

表 9-4　单词与预测概率

单词	预测概率
“apple”	0.2
“banana”	0.3
“cherry”	0.1
“date”	0.1
“elderberry”	0.05
“fig”	0.05
“grape”	0.1

如果你使用 top-k 参数为 3，模型将只从预测概率最高的前三个单词中选择下一个生成的单词。

在这个例子中，根据预测概率，你的 top-k 选择会是：

（1）"banana" (0.3)

（2）"apple" (0.2)

（3）"cherry" (0.1)

“banana”的概率最高，因此它是第一个生成的单词。然后，在下一步中，模型将从剩下的单词（“apple”和“cherry”）中进行选择。

通过调整 top-k 参数的值，你可以改变概率分布的范围。较小的 top-k 值会限制选择的范围，导致生成的文本更加确定和准确，而较大的 top-k 值会增加选择的范围，使得生成的文本更加多样化并具有更大的随机性。

值得注意的是，在实践中，除了 top-k 参数，还可以结合使用 top-p 参数来进一步控制生成文本的多样性。top-p 参数通过截断累积概率分布来限制选择的范围。

top-k 采样 *k* 的选择是个难题，选大了可能会采样出长尾词，导致语句不通顺。将 top-k 设置为 1 可以进行贪心解码。

9.7.5　top-p

top-p 是一种用于生成文本的概率采样方法，主要用于提高生成文本的多样性和可控性。top-p 也称为核采样（nucleus sampling）或 top-k 采样。通过限制从预测概率分布中选择的词的范围，可以更好地控制生成的文本长度和多样性。

下一个单词的概率分布满足 80/20 原则或者说长尾分布，头部的几个词的出现概率已经占据了绝大部分概率空间，把这部分核心词叫作核（nucleus）。

在 top-p 采样中，首先对预测的概率分布按照概率值进行排序。然后，计算累积概率，直到累积概率超过一个指定的阈值（例如，0.8 或 0.9）。然后，从这个累积概率分布中随机采样一个词作为最终的预测结果。

top-p 默认为 1，top-p 通常设置为较高的值（如 0.75）。

下面以一个具体的例子来说明 top-p 采样的过程。

假设我们有一个句子生成模型，它预测下一个单词的概率分布如表 9-4。

在这个例子中，我们设定一个 top-p 阈值为 0.5。首先，按照概率值对预测的单词进行排序（表 9-5）。

表 9-5　按预测概率倒排序

单词	预测概率
“banana”	0.3
“apple”	0.2
“cherry”	0.1
“date”	0.1
“grape”	0.1
“elderberry”	0.05
“fig”	0.05

然后，计算累积概率，直到累积概率超过 0.5(表 9-6)。

表 9-6　计算累积概率

单词	预测概率	累积概率
“banana”	0.3	0.3
“apple”	0.2	0.5

在这个例子中，累积概率超过了 0.5，因此词汇范围被限制在了“banana”和“apple”这两个单词上。然后，从这个限定的范围内随机选择一个单词。

例如，我们进行一次随机采样，可能会选择到“banana”作为预测结果。

通过调整 top-p 阈值，我们可以控制生成文本的长度和多样性。较小的阈值会限制词汇范围，生成较为确定和常见的单词，而较大的阈值会扩大词汇范围，生成更加多样和不常见的单词。

需要注意的是，top-p 采样不考虑概率值本身的大小，而是基于累积概率来进行选择。这意味着即使概率值很小，但累积概率不超过阈值，仍有可能选中该单词。

top-k 和 top-p 可以同时使用。如果 k 和 p 都启用，则 p 在 k 之后起作用。

9.7.6　重复惩罚

重复惩罚（repetition_penalty）是一个在一些语言模型推理（例如 GPT 系列模型）中使用的参数。这个参数的目的是降低生成重复内容的可能性。

在具体操作中，重复惩罚会修改模型的输出分布。如果一个词已经在之前的生成内容中出现过，那么在应用重复惩罚后，模型对这个词的预测概率会降低。重复惩罚的值大于 1 时，对已出现的词的预测概率进行惩罚，从而抑制重复；当其值小于 1 但大于 0 时，对已出现的词的预测概率进行奖励，从而鼓励重复。这样，可以根据具体的应用需求，通过调整重复惩罚的值来控制生成内容的重复程度。

如何实现重复惩罚呢？举个例子，假设模型已经生成了句子：“I like cats, and cats are cute”。下一个词的候选包括“cats”“dogs”和“birds”。如果 repetition_penalty 的值设置为 2.0，那么模型会对出现过的词“cats”施加重复惩罚。假设生成 "cats" 的分数是 0.6，那么在计算最终分数时，会将其乘以 repetition_penalty 的值 2.0，得到最终的分数 1.2。而对于其他候选词“dogs”和“birds”，由于它们没有重复出现，不会受到这个重复惩罚，其分数保持不变。因此，在选择下一个词时，模型更有可能选择“dogs”或“birds”，以避免过多地重复之前的句子。这样可以增强生成结果的多样性和减少重复内容。

需要注意的是，重复惩罚只是影响模型生成词语的分数，实际生成结果最终还是由模型的采样策略决定的。重复惩罚只是一个约束因素，用于引导模型生成更好的结果。

并不是所有的语言模型都支持重复惩罚功能，但 Llama 支持。

9.7.7 代码实现

以下示例代码展示了如何在推理过程中使用温度参数、top-k 和 top-p 采样方法，代码包括了三个部分。

（1）sample_from_model 函数：根据给定的温度、top-k 和 top-p 参数从模型中生成下一个 token。它对 logits 应用了温度参数，然后使用 top_k_top_p_filtering 函数对 logits 进行 top-k 和 top-p 过滤，最后通过 torch.multinomial 选择最可能的下一个标记进行采样。

（2）top_k_top_p_filtering 函数：用于对 logits 进行 top-k 和 top-p 过滤。它首先将 logits 转换为概率分布，然后根据给定的 top-k 和 top-p 参数，将不属于 top-k 或 top-p 的位置的概率设置为一个非常小的值，以进行过滤。最后，它重新归一化处理后的概率分布。

（3）示例的主要部分：设置模型、输入序列以及采样参数，然后调用 sample_from_model 函数以生成下一个标记。

示例代码中的模型、输入序列和参数等部分可以根据具体情况进行修改和适配。

```
import torch
import torch.nn.functional as F
from transformers import AutoModelForCausalLM, AutoTokenizer, BitsAndBytesConfig

device = "auto"
model_path = "/mnt/chinese-alpaca-2-7b"   # Path to the combined weights

bnb_config = BitsAndBytesConfig(
        load_in_4bit=True,
        bnb_4bit_quant_type="nf4",
        bnb_4bit_compute_dtype="float16",
        bnb_4bit_use_double_quant=True,
    )

model = AutoModelForCausalLM.from_pretrained(
    model_path,
    trust_remote_code=True,
    device_map=device,
    quantization_config=bnb_config
)
tokenizer = AutoTokenizer.from_pretrained(model_path)

def sample_from_model(model, input_ids, temperature=1.0, top_k=0, top_p=0.0):
    with torch.no_grad():
        outputs = model(input_ids = input_ids)
        logits = outputs.logits
        logits = logits[:, -1, :]  # get the logits for the last predicted token

        if temperature > 0.0:
            logits /= temperature
```

```
        filtered_logits = top_k_top_p_filtering(logits, top_k=top_k, top_p=top_p)
        probabilities = F.softmax(filtered_logits, dim=-1)
        next_token = torch.multinomial(probabilities, num_samples=1)
    return next_token

def top_k_top_p_filtering(logits, top_k=0, top_p=0.0, filter_value=-float('Inf')):
    top_k = min(top_k, logits.size(-1))  # Safety check

    logits = logits.squeeze()  #在张量中删除维度为1,减少张量的维度。

    if top_k > 0:
        indices_to_remove = logits < torch.topk(logits, top_k)[0][..., -1, None]
        logits[indices_to_remove] = filter_value

    if top_p > 0.0:
        sorted_logits, sorted_indices = torch.sort(logits, descending=True)
        cumulative_probs = torch.cumsum(F.softmax(sorted_logits, dim=-1), dim=-1)

        sorted_indices_to_remove = cumulative_probs > top_p
        sorted_indices_to_remove[..., 1:] = sorted_indices_to_remove[..., :-1].clone()
        sorted_indices_to_remove[..., 0] = 0

        indices_to_remove = sorted_indices[sorted_indices_to_remove]
        logits[indices_to_remove] = filter_value
    return logits

prompt = "我下午要去"
inputs = tokenizer(prompt, return_tensors="pt")
input_ids = inputs["input_ids"]

temperature = 0.8
top_k = 50
top_p = 0.9

next_token = sample_from_model(model, input_ids, temperature=temperature, top_k=top_k,
top_p=top_p)

print(next_token)
print(tokenizer.decode(next_token))
```

下面解释一下代码及执行过程。

首先对提示“我下午要去”进行分词处理，转换为 ids：

tensor([[1, 32553, 33808, 37209]])

看到分为 4 个标记，对应分词为：<s>，我，下午，要去。

将 ids 输入传递给模型进行推理（函数 sample_from_model）后，返回的 outputs 是一个 CausalLMOutputWithPast 类，这是因果语言模型（或自回归）输出的基类。类中包括以下内容：

loss——语言建模损失（用于下一个标记预测）。

logits——语言建模头的预测分数（SoftMax 之前每个词汇标记的分数）。

past_key_values——包含预先计算的隐藏状态（自注意块中的键和值），可用于（参见输入）加速顺序解码。

hidden_states——模型在每个层的输出加上初始嵌入输出处的隐藏状态。

attentions——注意力 softmax 之后的注意力权重，用于计算自我注意力中的加权平均值头。

下面看下 outputs 开头部分的输出内容。

1. 读取 logits 分数值

```
print(outputs)
```

```
CausalLMOutputWithPast(loss={'logits': tensor([[[-8.9294e-02,  5.0742e+00,  2.0703e+00,  ...,
8.2129e-01,
         -2.5586e-01,  8.9160e-01],
        [-1.2158e+00,  1.6703e+01,  6.2461e+00,  ...,  3.2463e-03,
         -3.6719e+00, -5.2637e-01],
        [ 7.1094e-01,  2.2620e-01,  1.0758e+01,  ...,  5.5625e+00,
          1.7295e+00,  3.3125e+00],
        [ 4.7168e-01,  1.2959e+00,  9.4062e+00,  ...,  2.7754e+00,
          1.0748e-01, -1.1572e+00]]]), 'past_key_values': ((tensor([[[[ 0.1516, -0.5459,
0.3594,  ...,  0.1464, -0.0703, -0.0157],
          [-0.5044,  0.1797, -0.0826,  ...,  0.0623,  0.1368,  0.2448],
          [ 0.1420, -0.1780, -0.0273,  ..., -0.2219,  0.4363, -0.1421],
          [ 0.3218, -0.2698,  0.3411,  ..., -0.0134,  0.3022,  0.1370]],
```

读取 outputs 中的预测分数 logits：logits = outputs.logits。

logits 的数据类型是 torch.FloatTensor，形状为（batch_size, sequence_length, config.vocab_size）。

程序中读到的形状为 torch.Size([1, 4, 55296])，其中 1 为批次（batch_size），4 为序列长度（标记数），55296 为词汇表的大小。

```
print(logits)
```

```
tensor([[[-8.9294e-02,  5.0742e+00,  2.0703e+00,  ...,  8.2129e-01,
          -2.5586e-01,  8.9160e-01],
         [-1.2158e+00,  1.6703e+01,  6.2461e+00,  ...,  3.2463e-03,
          -3.6719e+00, -5.2637e-01],
         [ 7.1094e-01,  2.2620e-01,  1.0758e+01,  ...,  5.5625e+00,
           1.7295e+00,  3.3125e+00],
         [ 4.7168e-01,  1.2959e+00,  9.4062e+00,  ...,  2.7754e+00,
           1.0748e-01, -1.1572e+00]]])
```

获取最后一个预测标记的 logits：logits = logits[:,-1,:]。大小为 torch.Size([1, 55296])。该 logits 对应预测的标记。

```
logits = logits[:, -1, :]  # get the logits for the last predicted token
print(logits)
```

```
tensor([[ 0.4717,  1.2959,  9.4062,  ...,  2.7754,  0.1075, -1.1572]])
```

2. 处理温度值

温度值为 0.8，将所有分数值除以温度，计算后得到：

```
tensor([[ 0.5896,  1.6199, 11.7578,  ...,  3.4692,  0.1344, -1.4465]])
```

3. 处理 top-k 采样

用 torch.topk 函数获取 logits 张量中最大（或最小）的 k 个元素及其对应的索引。

```
torch.return_types.topk(
values=tensor([18.5352, 18.1934, 17.2949, 16.9531, 16.9141, 16.7090, 16.5332, 16.1230,
16.0352, 16.0254, 15.9766, 15.9668, 15.9570, 15.9375, 15.9375, 15.8594, 15.8301, 15.8105,
15.7617, 15.7129, 15.6055, 15.4980, 15.4785, 15.4785, 15.3809, 15.3711, 15.3516, 15.3418,
15.3223, 15.3125, 15.2930, 15.2734, 15.2637, 15.2344, 15.1953, 15.1562, 15.0781, 15.0684,
15.0488, 15.0391, 15.0293, 14.9609, 14.9512, 14.9023, 14.8828, 14.8340, 14.8340, 14.8242,
14.7461, 14.7266]),
```

```
indices=tensor([31811, 32322, 31026, 34133, 32074, 49717, 35265, 32227, 32175, 41669,
32002, 39455, 32334, 34916, 32424, 32215, 47006, 34204, 32429, 31656, 32229, 32019, 34061,
31999, 32139, 32492, 31092, 37408, 32201, 40287, 30415, 35246, 49007, 43117, 37305, 29968,
32259, 30429, 44199, 38702, 36589, 32087, 32016, 30437, 30374, 36026, 34870, 30214, 44566,
32564]))
```

从中找出 k 个分数中最小值 14.7266，logits 向量中凡是小于该值的均置为负无穷大 -inf。

4. 处理 top-p 采样

按分数从大到小排序，得到排序后的 logits 向量和对应的 ids 值。

```
tensor([1.3073e-01, 9.2881e-02, 3.7821e-02,  ..., 6.6399e-13, 5.9928e-13, 4.8107e-13])
Tensor([31811, 32322, 31026,  …, 25091, 23531, 28152])
```

将概率累加：

```
tensor([0.1307, 0.2236, 0.2614,  ..., 1.0000, 1.0000, 1.0000])
```

凡是概率累加和大于 top-p 的均置为负无穷大 -inf。

5. 获得下一个标记集合

经过温度、top-k、top-p 超参数处理后的 logits，仅剩余 34 个元素不为 -inf。经倒排序：

```
torch.return_types.sort(
values=tensor([18.5352, 18.1934, 17.2949,  ...,  -inf,  -inf,  -inf]),
indices=tensor([31811, 32322, 31026,  ..., 18438, 18439, 18440]))
```

将 34 个元素用以下程序解码：

```
indices = [31811, 32322, 31026, 34133, 32074, 49717, 35265, 32227, 32175, 41669, 32002,
39455, 32334, 34916, 32424, 32215, 47006, 34204, 32429, 31656, 32229, 32019, 34061,
31999, 32139, 32492, 31092, 37408, 32201, 40287, 30415, 35246, 49007, 43117]

for t in indices:
   print("%s,"%(tokenizer.decode(t)), end='')
```

得到下面就是供抽样的标记，就是说下一个标记肯定是其中之一，返回哪一个具有随机性，两次运行返回的结果也不一样：

看，参加，开，面试，买，拜访，上课，找，学校，逛街，一个，看电影，医院，购物，考试，见，一趟，上班，办，打，上海，做，机场，给，北京，喝，接，参观，听，健身房，学，超市，打篮球，散步，

6. 返回下一个标记

做 softmax 处理：

```
torch.return_types.sort(
values=tensor([0.2353, 0.1672, 0.0681,  ..., 0.0000, 0.0000, 0.0000]),
indices=tensor([31811, 32322, 31026,  ..., 18438, 18439, 18440]))
```

再用 torch.multinomial 函数获得指定数量的 ids 值。

> torch.multinomial 函数是 PyTorch 库中用于对给定概率分布进行多项式抽样的函数。它的语法如下：
>
> ```
> torch.multinomial(input, num_samples, replacement=False) →LongTensor
> ```
>
> input：一个包含各个类别的概率分布的张量。它可以是一维或二维张量，其中一维

表示各个类别的概率值，二维表示各个样本的概率分布。

num_samples：表示要抽样的次数或数量。

replacement：表示是否允许重复抽样，若为 True，则可以重复抽取同一个类别；若为 False，则不允许重复抽取同一个类别。

函数将返回一个包含抽样结果的 LongTensor 张量，其形状为 (input.shape[0], num_samples)。每一行代表一次抽样结果，每个元素表示对应类别的索引值。

9.8 推理加速技术

9.8.1 简介

推理加速技术主要是用于提高模型推理（即模型预测或模型应用）的速度，对于需要实时响应或者处理大量数据的应用非常重要。以下是一些常见的推理加速技术。

（1）模型量化（quantization）。模型量化是一种降低模型存储和计算复杂性的方法，它将模型参数从浮点数（例如 32 位）降到较低精度（例如 8 位）。这可以大大减少模型的存储需求和计算时间，同时只会带来微小的性能损失。

（2）模型剪枝（pruning）。模型剪枝是一种减少模型参数和降低计算复杂性的方法，它通过移除模型中的一些参数（例如权重接近于零的神经元）来实现。剪枝后的模型具有较小的参数和较低的计算复杂性，同时保持了大部分的模型性能。

（3）模型蒸馏（distillation）。模型蒸馏是一种从一个大的模型（教师模型）中提取知识到一个小的模型（学生模型）的方法。学生模型具有较小的参数和较低的计算复杂性，但是由于从教师模型中学习到了重要的知识，所以它的性能通常比直接训练的小模型要好。

（4）硬件加速。使用专门的硬件（如 GPU、TPU 或者专门的 AI 处理器）可以大大提高模型的推理速度。这些硬件通常具有并行处理能力，可以同时处理大量的计算任务。

（5）软件优化。一些软件库（如 TensorRT、ONNX Runtime 等）提供了优化模型推理的功能，包括图优化、内核融合、动态张量等。

（6）使用更轻量级的模型架构。一些模型架构（如 MobileNet、EfficientNet 等）被专门设计为在资源有限的设备上运行。这些模型通常具有较小的参数和较低的计算复杂性，但是仍然提供了良好的性能。

（7）分布式计算。分布式计算是一种将计算任务分散到多个计算节点上进行的方法。对于大模型，可以将其分解为多个小模型，然后在多个计算节点上并行。这种方法可以克服单个硬件设备的资源限制，实现更大规模的模型运行。

（8）模型并行和数据并行。模型并行是将模型的不同部分分布在不同的设备上，每个设备只处理一部分模型和一部分数据。数据并行则是将数据分布在多个设备上，每个设备处理完整的模型和一部分数据。这两种方法都可以提高与扩大模型的计算效率和规模。

（9）动态推理。动态推理是一种根据当前的计算需求动态调整模型结构的方法。例如，可以根据输入数据的复杂性动态选择模型的深度或宽度，从而在保持性能的同时减少计算资源的需求。

目前的大语言模型的推理加速技术主要有 fastertransformer、TensorRT、vllm。vllm 是当今的最优解。

但 vllm 的问题也比较多，包括但不限于：没有原生的 Rope 内插外推支持；只支持 Llama，大部分国产结构不支持；多卡不一定简单易用，多 batch 不一定开箱即用。

尽管如此，依旧可以用 vllm 快速地构建一个可用的大模型推理服务。可以在 vllm 上，进行超长的多轮对话聊天。

9.8.2 纯C推理

llama2.c 一个完整的解决方案，可以使用 PyTorch 从头开始训练的 Llama 2 大语言模型，并将权重导出到二进制文件，然后加载到一个简单的 500 行 C 文件（run.c）中进行推理。选择了硬编码 Llama 2 架构，采用 fp32 精度，并仅使用纯 C 编写一个没有依赖项的推理文件。

项目网址：https://github.com/karpathy/llama2.c

9.8.3 投机采样

投机采样（Speculative Decoding）原理是训练一个与大模型近似、更便宜的小模型，让小模型先生成 K 个标记，然后让大模型去做评判。大模型接受的部分就可以直接用，大模型不接受的部分再由大模型修改。

谷歌投机采样论文：https://arxiv.org/abs/2211.17192

这个方法有效的关键之处在于，给大模型一次输入一个标记和一次输入一批标记，预测下一个标记所需时间是差不多的。但每一个标记都依赖前一个标记，所以正常情况无法一次对多个标记进行采样。

小模型虽然能力较差，但实际生成一个句子时有很多部分是非常简单的，小模型也能胜任，只有遇到困难的部分再让大模型上就好了。

图 9-20 的技术示例是针对非条件性语言建模的案例。

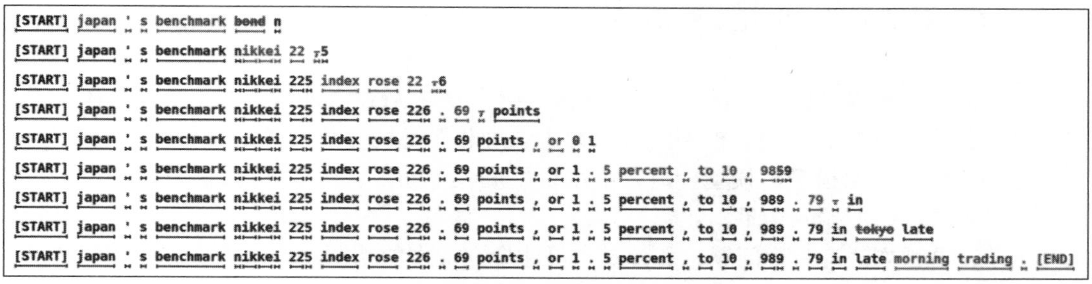

```
[START] japan ' s benchmark bond n
[START] japan ' s benchmark nikkei 22 75
[START] japan ' s benchmark nikkei 225 index rose 22 76
[START] japan ' s benchmark nikkei 225 index rose 226 . 69 7 points
[START] japan ' s benchmark nikkei 225 index rose 226 . 69 points , or 0 1
[START] japan ' s benchmark nikkei 225 index rose 226 . 69 points , or 1 . 5 percent , to 10 , 9859
[START] japan ' s benchmark nikkei 225 index rose 226 . 69 points , or 1 . 5 percent , to 10 , 989 . 79 7 in
[START] japan ' s benchmark nikkei 225 index rose 226 . 69 points , or 1 . 5 percent , to 10 , 989 . 79 in tokyo late
[START] japan ' s benchmark nikkei 225 index rose 226 . 69 points , or 1 . 5 percent , to 10 , 989 . 79 in late morning trading . [END]
```

图9-20 投机采样建模案例

每一行代表算法的一次迭代。由逼近模型提供建议标记（这里是一个类似于 GPT 的 Transformer 解码器，具有 6M 参数，在 8k 标记的 lm1b 数据集上进行了训练），目标模型（这里是一个类似于 GPT 的 Transformer 解码器，具有相同设置下的 97M 参数）接受了这些建议。有的标记被目标模型拒绝，有些标记被纠正。比如，在第一行中，目标模型仅运行了一次，并生成了 5 个标记。

llama.cpp 作者格尔加诺夫不用量化，就用 FP16 精度也让 34B 的 Code LLama 跑在苹果电脑上，推理速度超过每秒 20 个标记。他使用 4bit 量化的 7B 模型作为“草稿”模型，每秒约能生成 80 个标记。而 FP16 精度的 34B 模型单独使用每秒只能生成 10 个标记。使用投机采样方法后获得了 2 倍的加速，与原论文数据相符。他额外表示，速度可能会根据生成的内容而有所不同，但在代码生成上非常有效，“草稿”模型能猜对大多数标记。

9.8.4 Medusa

虽然大模型投机采样对于推理时间优化是一个出色的方案，但因其太过复杂，还没有被许多开发者采用。

Medusa（美杜莎）不是引入一个新的草稿模型，而是在同一个模型上训练多个解码头。在大语言模型的最后隐藏状态之上引入多个头，使其并行预测多个后续标记。在使用 Medusa head 扩充模型时，原始模型在训练期间被冻结，只有 Medusa head 经过微调。这种方法使在单个 GPU 上对大型模型进行微调成为可能。在推理过程中，每个头为其指定的位置生成多个顶级预测。这些预测被组合成候选项，并使用基于树状注意力机制并行处理。最后一步是，使用典型接受方案选择合理的延续，被接受的最长候选项 prefix 将用于下一阶段的解码。这样，Medusa 通过同时接受更多标记，从而减少所需的解码步骤，提高了解码过程的效率。

通过 Medusa 的优化，33B 参数的 Vicuna 模型可以像 13B 模型一样迅速运行。

论文：https://together.ai/blog/medusa

项目网址：https://github.com/FasterDecoding/Medusa

9.8.5 流式推理

大语言模型的流式推理是一种处理大量文本输入的方法。在某些情况下，需要处理的文本长度超过了模型的最大输入长度（例如，对于 GPT-3，最大输入长度为 2 048 个标记）。在这种情况下，你需要使用一种方法来分割和处理这些文本，这就是流式推理的概念。

流式推理的基本思想是将长文本分割成多个小块，然后逐个处理这些小块。具体来说，你可以将长文本分割成多个与模型的最大输入长度相匹配的小块，然后将每个小块作为一个独立的输入传递给模型。模型会对每个小块生成一个输出，然后你可以将这些输出合并起来，以生成最终的预测结果。

然而，这种方法有一个问题，那就是它可能会在文本的切割点产生不连贯的预测结果。为了解决这个问题，你可以使用一种称为“滑动窗口”或“滚动窗口”的技术。具体来说，你可以让每个小块的一部分重叠，这样模型就可以在处理每个小块时都有一些上下文信息。这种方法可以帮助保持预测结果的连贯性，但它也会增强计算的复杂性。

举个例子，假设我们有一个大型语言模型，例如 LLama2 chat，它的最大输入长度为 2 048 个标记，我们需要处理的文本有 3 000 个标记。

我们将 3 000 个标记的文本分割成两部分，每部分都有 2 048 个标记，这意味着这两部分的中间 1 000 个标记是重叠的。第一部分包含前 2 048 个标记，第二部分从第 1 001 个标记开始，一直到最后一个标记。这样，两部分就有 1 000 个标记是重叠的。

然后，我们将第一部分作为输入传递给模型，模型会生成一个输出。接着，我们将第二部分也作为输入传递给模型，模型会生成另一个输出。

在合并输出时，我们需要处理这两个输出的重叠部分。具体来说，我们可以只保留第一个输出的前 2 048 个标记和第二个输出的后 1 000 个标记，然后将这两部分合并起来，得到最终的输出。

流式服务提供的好处包括：可以掩盖推理的延时，几乎可以给到用户实时的推理体验；允许用户实时地终止回复，这一点比较重要，有时候大模型说的内容不一定是用户想要的，此时需要有判断的能力。

第 10 章

中文私有模型开发

10.1 基本思路

要开发一个中文私有模型，需要满足一个基础、两个要求。

一个基础是基于一个预训练模型，比如 Llama 2。主要原因是预训练模型需要准备大量语料及利用 GPU 训练很长时间。Llama 2 的训练语料变换为标记后有 2 T，耗费 GPU 时间累计为 33 万小时，训练费用可能超过 200 万美元。

两个要求为支持中文及有可加入的私有语料。

通过对开源的，满足以上条件的项目评估，选择了中文羊驼大模型二期(中文 Llama-2 & Alpaca-2 大模型二期）项目（以下简称 CLLM2）作为本章的案例。

该项目基于 Meta 发布的可商用大模型 Llama-2 开发，开源了中文 Llama-2 基座模型和 Alpaca-2 指令精调大模型。这些模型在原版 Llama-2 的基础上扩充并优化了中文词表，使用了大规模中文数据进行增量预训练，进一步提升了中文基础语义和指令理解能力，相比一代相关模型获得了显著性能提升。相关模型支持 FlashAttention-2 训练。标准版模型支持 4K 上下文长度，长上下文版模型支持 16K 上下文长度，并可通过 NTK 方法最高扩展至 24K+ 上下文长度。

图10-1 CLLM2项目网址

已开源的模型有：

基座模型：Chinese-LLaMA-2-1.3B, Chinese-LLaMA-2-7B, Chinese-LLaMA-2-13B。

聊天模型：Chinese-Alpaca-2-1.3B, Chinese-Alpaca-2-7B, Chinese-Alpaca-2-13B。

长上下文模型：Chinese-LLaMA-2-7B-16K, Chinese-LLaMA-2-13B-16K, Chinese-Alpaca-2-7B-16K, Chinese-Alpaca-2-13B-16K。

项目在 github 上的网址是：https://github.com/ymcui/Chinese-LLaMA-Alpaca-2。打开的界面见图 10-1。技术报告 *EFFICIENT AND EFFECTIVE TEXT ENCODING FOR CHINESE LLAMA AND ALPACA* 的网址是：https://arxiv.org/pdf/2304.08177.pdf。

可以在 CLLM2 开源模型的基础上训练带自有语料的微调模型，具体可以参照图 10-2 的流程图。

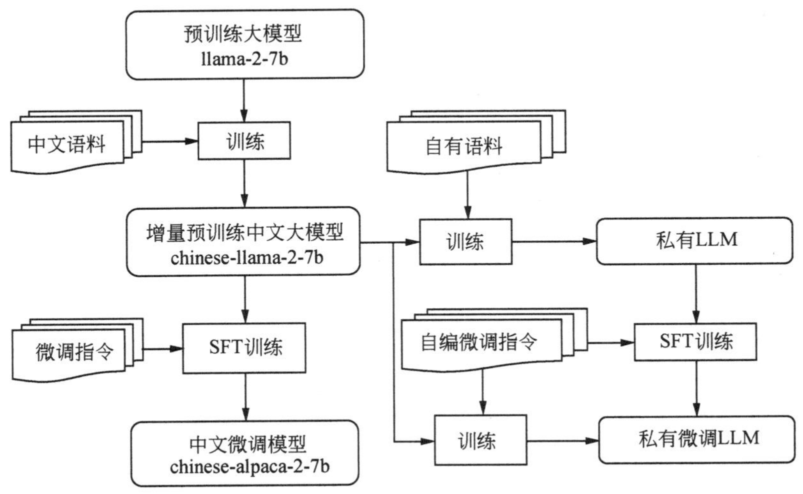

图10-2 中文私有模型开发流程

10.2 中文词汇表

Llama 1 的训练数据集大约包含了 1.4 万亿个标记，其中大部分是英语，还有一小部分是使用拉丁或西里尔字母的其他欧洲语言。因此，Llama 具有多语言和跨语言理解能力，主要在欧洲语言中展现。Llama 具备基本的中文理解能力，尽管其生成中文文本的能力有限。

为了使 Llama 具备更强的中文理解和生成能力，需要使用中文语料对 Llama 模型进行预训练。但是，直接应用中文语料进行持续预训练面临几个挑战：首先，原始的 Llama 词汇表只包含不到 1 000 个中文字，无法对通用的中文文本进行编码。尽管 Llama 的分词器通过将未知的 UTF-8 字符分词为字节来规避了这个问题，但是这种策略会显著增加序列长度，降低中文文本的编码和解码效率，因为每个中文字分割成 3 ~ 4 个字节的标记。其次，字节标记并不是专门设计用于表示中文字符的。因为字节标记还代表着其他语言的 UTF-8 标记，所以对字节标记和 Transformer 编码器来说，有效地学习表示捕捉中文字符的语义含义变得困难。

为了解决这些问题并提高编码效率，CLLM2 使用额外的中文标记扩展 Llama 词汇表，并针对扩展后的词汇表调整模型。扩展过程如下。

为了增强分词器对中文文本的支持，首先使用 SentencePiece 对中文语料进行训练，词汇表大小设置为 20 000。

然后，将中文分词器与原始的 Llama 分词器合并，取它们词汇表的并集。因此，我们得到了一个合并的分词器，称为中文 Llama 分词器，词汇表大小为 55 296。

为了适应中文 Llama 分词器，调整了词嵌入和语言模型头的形状，将其从 $V \times H$ 调整为 $V' \times H$，其中 $V = 32\ 000$ 表示原始的词汇表大小，$V' = 55\ 296$ 表示中文 Llama 分词器的新词汇表大小。新的行添加到原始嵌入矩阵的末尾，确保原始词汇表中的标记的嵌入不受影响。

初步实验表明，中文 Llama 分词器生成的标记数量约为原始 Llama 分词器生成的一半。表 10-1 提供了原始 Llama 分词器和中文 Llama 分词器之间的比较。与原始分词器相比，中文 Llama 分词器显著减小了编码长度。在固定的上下文长度下，模型可以容纳大约两倍的信息量，并且生成速度是原始 Llama 分词器的两倍。这突出显示了新方法在提高 Llama 模型的中文理解和生成能力方面的有效性。

表 10-1　不同词汇表的比较

分词	长度	内容
原句	28	人工智能是计算机科学、心理学、哲学等学科融合的交叉学科。
原分词	35	' ', '人', '工', '智', '能', '是', '计', '算', '机', '科', '学', '、', '心', '理', '学', '、', '0xE5', '0x93', '0xB2', '学', '等', '学', '科', '0xE8', '0x9E', '0x8D', '合', '的', '交', '0xE5', '0x8F', '0x89', '学', '科', '。'
中文分词	16	' ', '人工智能', '是', '计算机', '科学', '、', '心理学', '、', '哲学', '等', '学科', '融合', '的', '交叉', '学科', '。'

10.3　模型下载

10.3.1　安装Git LFS

1. Windows

下载 git 最新 64 位 Windows 安装包并安装（https://git-scm.com/downloads），缺省安装 LFS。

如果发现安装了 git 但没有安装 LFS，可以下载 Git LFS 最新的 Windows 安装包并安装（https://git-lfs.github.com/）。

2. Linux

sudo apt install git-lfs

git lfs install

10.3.2　获取下载链接

在 Hugging Face 网站上进入模型所在网址，出现如图 10-3 所示界面，单击 Clone repository，弹出图 10-4 所示界面。

Copy 获取下载链接：

git clone https://huggingface.co/ziqingyang/chinese-llama-2-7b

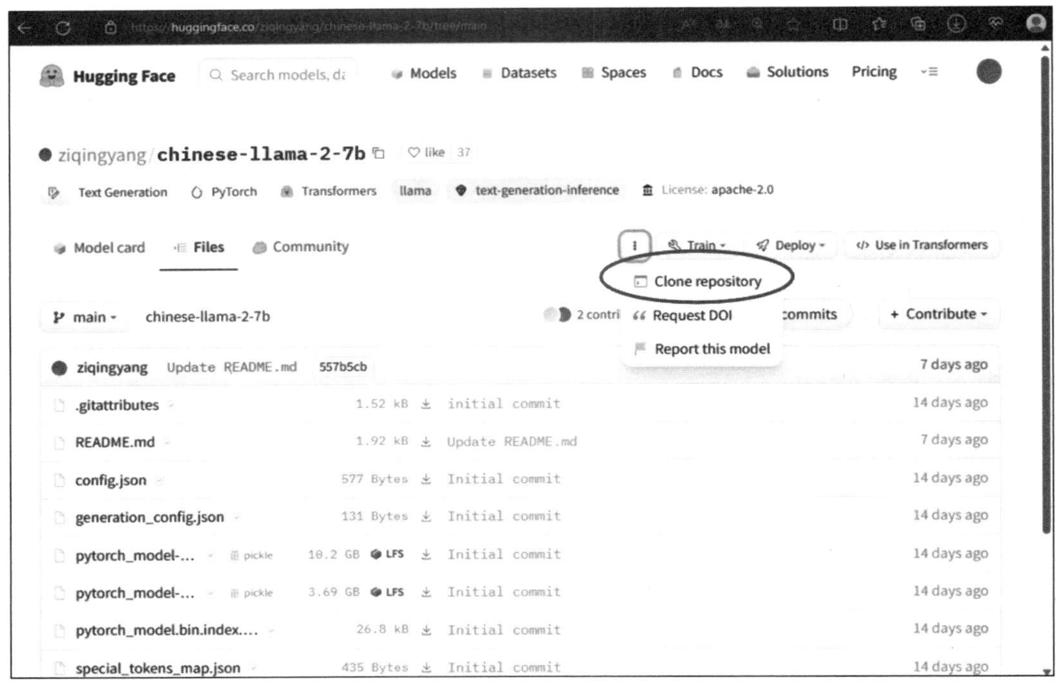

图10-3　Hugging Face模型资源下载页面

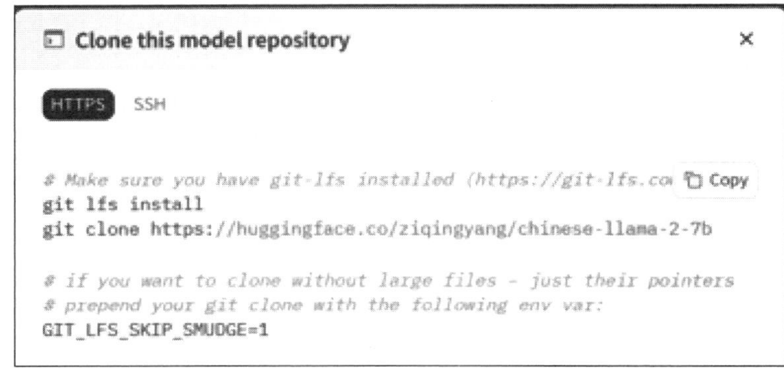

图10-4　复制模型资源的命令

10.3.3　直接单击链接分文件逐一下载

如果采用 git clone 命令没有一次性完整下载模型文件，也可以在图 10-5 所示界面逐个下载文件，再建立一个目录。将全部文件移动到该目录下面。

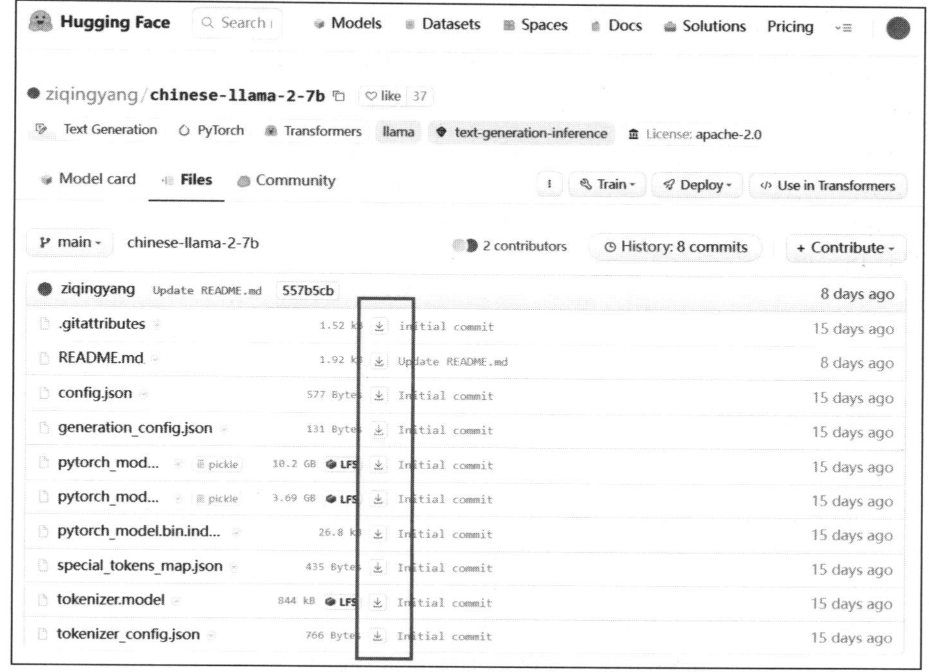

图10-5 单击每个文件后面的下载标记逐一下载

10.4 开发方案

10.4.1 演示系统开发

演示系统开发基于 Llama 2 的 7B 模型，由于参数较少，可以节约训练成本和时间，走通开发流程，为生产系统开发探路。

CLLM2 目前训练了 1.3B、7B、13B 模型，因此，演示系统开发可以直接下载 CLLM2 训练好的模型。目前有两个方案：直接下载完整模型，下载增量训练模型再进行合并。

方案一：下载完整模型，流程见图 10-6。

方案二：下载增量训练模型，流程见图 10-7。

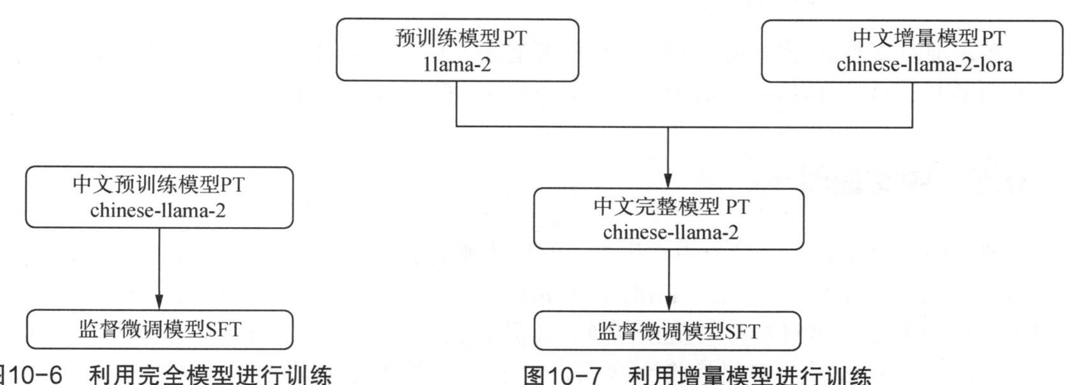

图10-6 利用完全模型进行训练

图10-7 利用增量模型进行训练

在本章例子中，就直接下载完整模型进行 SFT 训练。

我们要下载的模型名称为 Chinese-LLaMA-2-7B，可以从百度网盘、Google Drive 和 Hugging Face 上下载。该模型采用无标准通用语料进行训练，词表大小为55 296，主要作为监督微调（指令精调）的基础。

Hugging Face 下载网址为：

https://huggingface.co/ziqingyang/chinese-llama-2-7b

或直接执行以下命令：

```
git lfs install
git clone https://huggingface.co/ziqingyang/chinese-llama-2-7b
```

10.4.2 生产系统开发

CLLM2 目前最大训练了 13B 模型，从相应的一期项目情况看，也只提供了 7B/13B/33B 模型，没有提供 Llama 2 最大的 70B 模型，由此看来，CLLM2 不但现在，在可以预见的未来也不会提供对应 Llama 2 70B 的模型。

由于现在大语言模型对标的是 GPT-4，起码要与 GPT-3.5 差不多，但即使 Llama 2 最大的 70B 模型与 GPT-3.5 还有差异，因此生产系统不能用参数少的模型。而基于 Llama 2 70B 开发生产系统，需要同时对预训练模型训练和进行监督微调训练。其主要流程是：下载 Llama 2 70B 模型、增量训练预训练模型、合并权重、监督微调训练，见图 10-8。

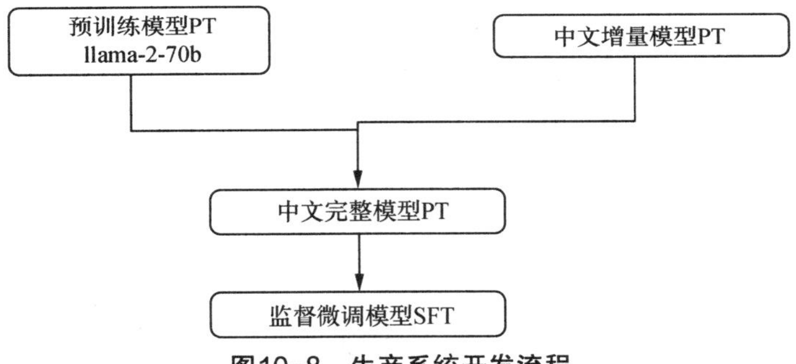

图10-8　生产系统开发流程

10.4.3 实训系统开发

在培训时需要进行实训，由于 GPU 资源有限，如每个学员分配一台有 16 GB 显存的单 GPU 计算机，这时可以基于 QLoRA 开发实训系统，采用 N4 的 4 位量化模型，LoRA 开发。

10.5 中文语料

训练中文模型需要大量的中文语料。深圳大学计算机视觉研究所李煜东等开发并开源了通用大规模语言模型 - 伶荔（Linly）。Linly 中文基础模型以 Llama 和 Falcon 为底座，使用中文和中英平行语料进行增量预训练，将其在英文上的语言能力扩展到中文上。同时，项目汇总了目前公开的多语言指令数据，对中文模型进行大规模指令跟随训练，实现了

Linly-ChatFlow 对话模型。

项目开源了从头训练的 Linly-OpenLLaMA 模型，包含 3B、7B、13B 规模，在 1 TB 中英文语料上进行预训练，针对中文优化了字词结合 tokenizer。

Linly 模型 Github 网址是：https://github.com/CVI-SZU/Linly。打开界面见图 10-9。

图10-9　Linly开源网址

训练的语料从以 Meta 的英文为主，到中文增量预训练的中文语料集，再到中文指令微调数据集（图 10-10）。

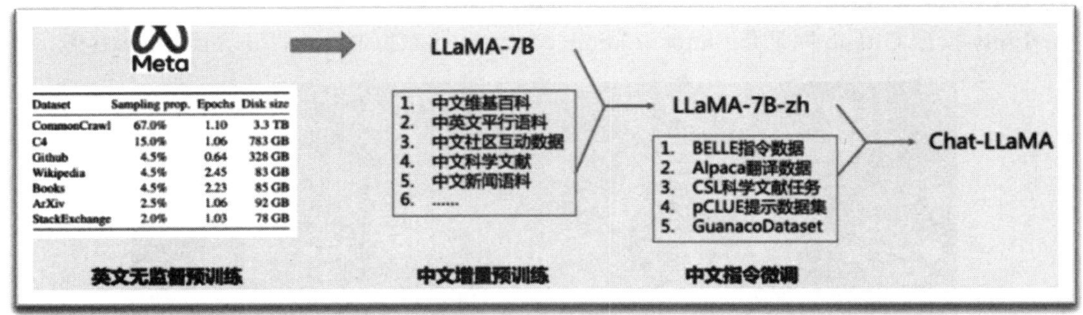

图10-10　增加的中文语料

10.5.1　预训练语料

预训练的中文语料包含 CLUECorpusSmall、中英文翻译数据 News Commentary v13 和中文科学文献数据集（CSL）。

下载语料文件后，可以将所有文件合并到一个 .txt 文件并按行随机打乱。语料格式如下：

```
doc1
doc2
doc3
```

1. CLUECorpusSmall

CLUECorpusSmall 包含新闻、社区互动、维基百科、评论语料，可用于语言建模、预训练或生成型任务等，数据量超过 14 G，近 4 000 个定义良好的 txt 文件、50 亿个字。主要部分来自 nlp_chinese_corpus 项目。

当前语料库按照“预训练格式”处理，内含多个文件夹；每个文件夹有许多不超过 4 M 大小的小文件，文件格式符合预训练格式：每句话一行，文档间空行隔开。

CLUECorpusSmall 中包含的子语料库（总共 14 G 语料）有：

（1）新闻语料 news2016zh_corpus: 8 G 语料，分为两个上下两部分，总共有 2 000 个小文件。

（2）社区互动 - 语料 webText2019zh_corpus：3 G 语料，包含 3 G 文本，总共有 900 多个小文件。

（3）维基百科 - 语料 wiki2019zh_corpus：1.1 G 左右文本，包含 300 左右小文件。

（4）评论数据 - 语料 comments2019zh_corpus：2.3 G 左右文本，共 784 个小文件，包括点评评论 547 个、亚马逊评论 227 个，合并 ChineseNLPCorpus 的多个评论数据，清洗、格式转换、拆分成小文件。

下载网址：https://github.com/CLUEbenchmark/CLUECorpus2020/

该网址上还有 100 G 的高质量中文预训练语料，是通过对 Common Crawl 的中文部分进行语料清洗，最终得到，获取需要通过邮件申请。

这些数据需经过预处理变为纯文本。下面以维基百科 - 语料 wiki2019zh_corpus 为例。图 10-11 是 wiki2019zh_corpus 展开后两级目录及文件内容。

wiki_zh：

AA
AB
AC
AD
AE
AF
AG
AH
AI
AJ
AK
AL
AM

wiki_zh->AA：

wiki_00
wiki_01
wiki_02
wiki_03
wiki_04
wiki_05
wiki_06
wiki_07
wiki_08
wiki_09
wiki_10
wiki_11
wiki_12
wiki_13

wiki_zh->AA->wiki_09：

{"id": "2342", "url": "https://zh.wikipedia.org/wiki?curid=2342", "title": "7月10日", "text": "7月10日\n\n7月10日是阳历年的第191天（闰年是192天），离一年的结束还有174天。\n\n\n\n\n\n\n\n\n\n\n\n"}
{"id": "2344", "url": "https://zh.wikipedia.org/wiki?curid=2344", "title": "中国图书馆分类法", "text": "中国图书馆分类法\n\n中国图书馆分类法（第5版）（在第3版原名是中国图书馆图书分类法），是中国大陆最通用的图书分类法。简称中图法。\n\n1971年北京图书馆（现中国国家图书馆）等36个单位组成编辑组开始编制，1973年3月编成试用本，1975年10月科学技术文献出版社出版第1版。1979年7月成立中国图书馆图书分类法编辑委员会进行修订；1980年6月由书目文献出版社出版第2版，1990年出版第3版，1999年由北京图书馆出版社出版第4版。2010年9月由北京图书馆出版社出版第5版。\n\n中国图书馆分类法通行中国大陆地区图书馆，另外一些图书馆对较早时期的图书则沿用民国时期的中国图书分类法。\n\n点击拉丁字母可进入细分的子类：\n\n\n"}
{"id": "2347", "url": "https://zh.wikipedia.org/wiki?curid=2347", "title": "星期一", "text": "星期一\n\n星期一，又称为礼拜一或周一。是指在星期天和星期二之间的一天。拉丁语为，意为月亮日、月球日；法语为，来源于拉丁语；英文名字来源于Mona——日耳曼的月神。俄语为，意思是"一周结束之后的那天"。\n\n在古代中国、台湾日治时期和现在的日本、韩国、朝鲜，一星期以「七曜」来分别命名，星期一叫月曜日。在中国民间口语称礼拜一，在台湾话也简称拜一。越南语则使用意思为「第二」的「」来表示星期一。\n\n星期一在不同国家中，可视同一个星期的第一天，也可视同一个星期的第二天（来源于古犹太人的传统观点）。在ISO 8601标准中采用了第一种观点。\n\n在施行周六、日双休的地区，周六、日因顾客较多而有营业的餐饮业、服务业及旅游观光地等，通常会以周一为休假日。\n\n在泰国，星期一的代表色是黄色。\n\n英国人有时将星期一称为蓝色星期一、忧郁星期一（）。英语中的「Blue」除了有「蓝色」的意思外，也有「忧郁」的意思。\n\n「蓝色星期一」意指人类在星期一总会感到特别忧郁，心情亦比较低落。这大概因为，在很多地方，星期一是每周公众假期（星期日）过后的第一个工作天。在这天人们要收拾之前假日的愉悦心情，重新面对工作接受压力，故此一些比较眷恋假日的人，就会觉得星期一相当难过。\n\n据统计，星期一的自杀率比其它日子相对地高，而且自杀的人大都是青年人及壮年人。比较深入精确的「忧郁星期一」，其实是指每年1月份的第三或第四个星期一，主要因为在英国的社会文化，每逢上述日子市民都会收到累积自圣诞假期以来的庞大开销的信用卡帐单，在经济上感到强烈的负担与压力所致。\n\n"}
{"id": "2348", "url": "https://zh.wikipedia.org/wiki?curid=2348", "title": "星期二", "text": "星期二\n\n星期二，又称为礼拜二或周二。是指在星期一和星期三之间的一天。拉丁语名字为dies Martis来源于古罗马神话战神玛尔斯或火星；法语为mardi，来源于拉丁语；英文名字（Tuesday）来源于北欧神话中的战神提尔。俄语为，意思是"第二天"。\n

图10-11　维基百科-语料wiki2019zh_corpus的目录

文件结构为 json 格式：

{“id”:<id>,”url”:<url>,”title”:<title>,”text”:<text>}

其中，title 是词条的标题，text 是正文；通过 "\n\n" 换行。

比如 id 为 53 的记录内容为

{"id": "53", "url": "https://zh.wikipedia.org/wiki?curid=53", "title": " 经济学 ", "text": " 经济学 \n\n 经济学是一门对产品和服务的生产、分配以及消费进行研究的社会科学。西方语言中的“经济学”一词源于古希腊。\n\n 经济学注重的是研究经济行为者在一个经济体系下的行为，以及他们彼此之间的互动。在现代，经济学的教材通常将这门领域的研究分为总体经济学和个体经济学。微观经济学检视一个社会里基本层次的行为，包括个体的行为者（例如个人、公司、买家或卖家）以及与市场的互动。而宏观经济学则分析整个经济体和其议题，包括失业、通货膨胀、经济成长、财政和货币政策等。...”}

训练时需要整理为纯文本格式，预处理后的效果是

经济学

经济学是一门对产品和服务的生产、分配以及消费进行研究的社会科学。西方语言中的“经济学”一词源于古希腊。

经济学注重的是研究经济行为者在一个经济体系下的行为，以及他们彼此之间的互动。在现代，经济学的教材通常将这门领域的研究分为总体经济学和个体经济学。微观经济学检视一个社会里基本层次的行为，包括个体的行为者（例如个人、公司、买家或卖家）以及与市场的互动。而宏观经济学则分析整个经济体和其议题，包括失业、通货膨胀、经济成长、财政和货币政策等。

其他的对照还包括了实证经济学（研究“是什么”）以及规范经济学（研究“应该是什么”）、经济理论与实用经济学、行为经济学与理性选择经济学、主流经济学（研究理性 - 个体 - 均衡等）与非主流经济学（研究体制 - 历史 - 社会结构等）。

...

2. News Commentary v13

该语料集是机器翻译中英新闻评论平行语料，有英 - 中和中 - 英共三个文件：news-Commentary-v13-en-zh、news-Commentary-v13-zh-en、news-Commentary-v13-en-zh_sampled。news-Commentary-v13-en-zh_sampled 是 news-Commentary-v13-en-zh 部分样本。

该语料下载网址为：https://github.com/dbiir/UER-py/wiki/ 预训练数据

以下是中英翻译语料集 news-Commentary-v13-zh-en 的内容样本：

巴黎 - 随着经济危机不断加深和蔓延，整个世界一直在寻找历史上的类似事件，希望有助于我们了解目前正在发生的情况。PARIS-As the economic crisis deepens and widens, the world has been searching for historical analogies to help us understand what has been happening.

一开始，很多人把这次危机比作 1982 年或 1973 年所发生的情况，这样的类比是令人宽心的，因为这两段时期意味着典型的周期性衰退。At the start of the crisis, many people likened it to 1982 or 1973, which was reassuring, because both dates refer to classical cyclical downturns.

如今人们的心情却是沉重多了，许多人开始把这次危机与 1929 年和 1931 年相比，即使一些国家政府仍然似乎视目前的情况为典型的而看见的衰退。Today, the mood is much grimmer, with references to 1929 and 1931 beginning to abound, even if some governments continue to behave as if the crisis was more classical than exceptional.

3. 中文科学文献数据集

CSL 数据获取自国家科技资源共享服务工程技术研究中心，包含 2010—2020 年发表的期刊论文元信息（标题、摘要和关键词）。根据中文核心期刊目录进行筛选，并标注学科和门类标签，分为 13 个门类（一级标签）和 67 个学科（二级标签）。数据总量为 396 209 条。CSL 可以作为预训练语料，也可以构建许多自然语言处理任务，例如文本摘要（标题预测）、关键词生成和文本分类等。

CSL Full-dataset 有 396k，可从 Google Drive 下载，网址：

https://drive.google.com/file/d/1xEDgtqHU4qm0Sp-dKjc5KerAmWydmh3-/view?usp=sharing

数据集中每行一篇论文，用 Tab 隔开论文元信息，分别为标题、摘要、关键词、学科、门类。内容样本为

谷物联合收获机自动测产系统设计 - 基于变权分层激活扩散模型　　为了使联合收割机具有自动测产功能，提出了一种基于变权分层激活扩散的产量预测误差剔除模型，并使用单片机设计了联合收获机测产系统。测产系统的主要功能是：在田间进行作业时，收割机可以测出当前的运行速度、收获面积及谷物的总体产量。数据的采集使用霍尔传感器和电容压力传感器，具有较高的精度。模拟信号的处理选用了 ADC0804 差分式 A/D 转换芯片，可以有效地克服系统误差，数据传送到单片机处理中心，对每一次转换都进行一次判断，利用变权分层激活扩散模型剔除误差较大的数据，通过计算将数据最终在 LCD 显示屏进行显示。将系统应用在了收割机上，通过测试得到了谷物产量的测量值，并与真实值进行比较，验证了系统的可靠性。　　联合收割机_测产系统_变权分层_激活扩散　　农业工程　　工学

酞菁改性聚苯乙炔高分子的微波介电性能研究　　针对电磁环境的严重污染,克服目前电磁屏蔽的弊端,用吸波材料从根本上消除电磁污染是关注的方向.本文基于分子设计的思路,在聚苯乙炔侧链引入酞菁基团对其化学改性,并对其性能作了初步的探索.研究结果表

明这种改良的新型高分子具有较好的吸波性能．　酞菁铁 _ 聚苯乙炔 _ 吸波材料　化学 / 化学工程与技术　工学

农用运输车柴油机排放控制探讨　介绍了农用柴油机排放的生成机理，探讨了控制农用柴油机排放的具体措施，并对今后控制农用柴油机排放技术的趋向做了展望．　农用柴油机 _ 排放 _ 控制技术　农业工程　工学

10.5.2　微调数据集

微调数据集用于对模型进行监督微调。不同于预训练数据集，微调数据集需要人工编制，但现在也用ChatGPT代替人工编制数据集。

监督微调数据集有多种格式，其中以Alpaca的指令数据集格式最为有名。

在第7章模型微调中，介绍了多种微调数据集的格式，并给出转换格式的代码。

1. 中文数据集

Linly监督微调用的中文开源数据集有：

（1）BELLE：150万数据，175个指令seed。

（2）pCLUE：120万训练数据，73个Prompt。

（3）CSL：40万中文论文元数据，26个Prompt。

（4）GuanacoDataset：多语言指令数据集。

（5）Chain-of-Thought：中英文思维链数据。

（6）news_commentary：中英文翻译数据。

（7）firefly：23个中文自然语言处理任务集合。

数据集可以用以下命令下载和处理：

```
git lfs install
git clone https://huggingface.co/datasets/P01son/instructions

cd instructions
cat */*.json >> train
shuf train -o train.json
```

下载的内容为

```
root@master:~/instructions# ls -l
total 16
drwxr-xr-x 2 root root 4096 Aug  8 18:55 CSL
drwxr-xr-x 2 root root 4096 Aug  8 18:55 news_commentary
drwxr-xr-x 2 root root 4096 Aug  8 18:55 pCLUE
-rw-r--r-- 1 root root   27 Aug  8 18:54 README.md
```

2. BELLE

BELLE数据集是在训练BELLE模型时开发的数据集，BELLE是一个开源中文对话大模型。该数据集使用175个中文种子任务，基于text-davinci-003生成的指令数据。数据集下载网址为：

https://github.com/LianjiaTech/BELLE/tree/main/data

数据示例如下：

{"input": " 生成一段长度为20-30字符的有趣短语。\\n\n", "output": "\" 生活太短暂，不要将时间浪费在无用之事上。\""}

{"input": " 给出一个电影推荐，它适合家庭所有成员一起观看，并可促进家庭团结。\\n\\n\\n-家庭成员有不同的年龄和喜好。\\n- 家庭成员想要一个适合所有人的电影。\\n- 家庭成员喜欢既有冒险、又有温馨的电影。\\n", "output": " 我推荐《寻梦环游记》(英文名 :Coco)。这是一部 Disney 和 Pixar 合作的动画电影，兼顾了冒险、温馨和音乐元素。它讲述了一个关于家庭、记忆和传承的故事，在故事中除了主角外，每个人物都背负着自己的故事和情感。这部电影同时也获得了许多奖项和好评，适合家庭成员共同观看，一起享受家庭团聚的时间。"}

3. pCLUE

pCLUE 是基于提示的大规模预训练数据集，用于多任务学习和零样本学习。

其目前包含 9 个数据集：①单分类 tnews；②单分类 iflytek；③自然语言推理 ocnli；④语义匹配 afqmc；⑤指代消解 -cluewsc2020；⑥关键词识别 -csl；⑦阅读理解 - 自由式 c3；⑧阅读理解 - 抽取式 cmrc2018；⑨阅读理解 - 成语填空 chid 这个数据集的字段。

数据集字段及相关说明如下：

input：模型的输入。

target：模型的输出。

type：任务类型，阅读理解（mrc），分类（classify），生成（generate），自然语言推理（nli）。

评价标准：阅读理解（em），分类（acc），生成（em），自然语言推理（acc）。

answer_choices：选项（只有分类、推理类任务有）。

加载数据集并转换为指令数据格式的代码为

```
import json
import random
import os

def get_random_candidates(choices, target):
    cand = random.sample(choices, random.randint(4,8))
    cand.append(target)
    random.shuffle(cand)
    return list(set(cand))

for file in os.listdir('pCLUE/datasets/'):
    if file[:11] != "pCLUE_train":
        continue
    with open('pCLUE/datasets/'+file) as f:
        lines = f.readlines()

    with open(file, 'w') as fw:
        for l in lines:
            d = json.loads(l)
            clean = {'input': d['input'], 'output': d['target']}

            if d.get('answer_choices', None) is not None and len(d['answer_choices']) > 8:
                text1 = ', '.join(d['answer_choices'])
                text2 = ','.join(d['answer_choices'])
                cand = get_random_candidates(d['answer_choices'], d['target'])
                if random.random() < 0.5:
                    cand_text = ', '.join(cand)
                else:
                    cand_text = ','.join(cand)
                try:
                    clean_input = d['input'].replace(text1, cand_text)
                except:
```

```
            clean_input = d['input'].replace(text2, cand_text)
        clean['input'] = clean_input
    fw.write(json.dumps(clean, ensure_ascii=False) + '\n')
```

程序中对分类数据选项进行了优化，改为每个问题随机包含4～8个选项，并且打乱选项的顺序。例如一个样本的原始数据为

{"input": "你会把这个描述推荐给哪方面的人？银行，社区，电商，支付，经营，卡牌，借贷，驾校，理财，职考，新闻，旅游，交通，魔幻，医疗，影像，动作，工具，体育，小说，运动，相机，工具，快递，教育，股票，菜谱，行车，仙侠，亲子，购物，射击，漫画，小学，同城，成人，求职，电子，艺术，赚钱，约会，经营，兼职，视频，音乐，英语，棋牌，摄影，养生，办公，政务，视频，论坛，彩票，直播，其他，休闲，策略，通信，买车，违章，地图，民航，电台，语言，搞笑，婚恋，超市，养车，杂志，在线，家政，影视，装修，资讯，社交，餐饮，美颜，挂号，飞行，预订，票务，笔记，买房，外卖，母婴，打车，情侣，日程，租车，博客，百科，绘画，铁路，生活，租房，酒店，保险，问答，收款，竞技，唱歌，技术，减肥，工作，团购，记账，女性，公务，二手，美妆，汽车，行程，免费，教辅，两性，出国，婚庆，民宿快来施放属于你的寒冰魔法吧特殊效果雪花缓缓从上方飘落，手指触碰之处有冰魔法出现爱莎女王脱掉了封印魔法她的手套，在冰雪天地中建造了属于她一个人的辉煌宫殿。安娜中了冰魔法需要真爱之吻才能获救，最终姐妹二人齐心揭穿了异国王子的阴谋拯救了阿伦戴尔。解锁方法随意滑动屏幕一定距离后解锁要是觉得好玩，记得推荐给好朋友哦，,1.新增多张精美冰雪奇缘壁纸2.增加冰雪图钉，锁定当前壁纸功能3.内存，减小电量消耗\n答案：", "target": "休闲益智", "answer_choices": ["银行", "社区", "电商", "支付", "经营", "卡牌", "借贷", "驾校", "理财", "职考", "新闻", "旅游", "交通", "魔幻", "医疗", "影像", "动作", "工具", "体育", "小说", "运动", "相机", "工具", "快递", "教育", "股票", "菜谱", "行车", "仙侠", "亲子", "购物", "射击", "漫画", "小学", "同城", "成人", "求职", "电子", "艺术", "赚钱", "约会", "经营", "兼职", "视频", "音乐", "英语", "棋牌", "摄影", "养生", "办公", "政务", "视频", "论坛", "彩票", "直播", "其他", "休闲", "策略", "通信", "买车", "违章", "地图", "民航", "电台", "语言", "搞笑", "婚恋", "超市", "养车", "杂志", "在线", "家政", "影视", "装修", "资讯", "社交", "餐饮", "美颜", "挂号", "飞行", "预订", "票务", "笔记", "买房", "外卖", "母婴", "打车", "情侣", "日程", "租车", "博客", "百科", "绘画", "铁路", "生活", "租房", "酒店", "保险", "问答", "收款", "竞技", "唱歌", "技术", "减肥", "工作", "团购", "记账", "女性", "公务", "二手", "美妆", "汽车", "行程", "免费", "教辅", "两性", "出国", "婚庆", "民宿"], "type": "classify"}

程序运行后生成为

{"input": "你会把这个描述推荐给哪方面的人？借贷，电商，影像，休闲益智，卡牌，交通，魔幻，快来施放属于你的寒冰魔法吧特殊效果雪花缓缓从上方飘落，手指触碰之处有冰魔法出现爱莎女王脱掉了封印魔法她的手套，在冰雪天地中建造了属于她一个人的辉煌宫殿。安娜中了冰魔法需要真爱之吻才能获救，最终姐妹二人齐心揭穿了异国王子的阴谋拯救了阿伦戴尔。解锁方法随意滑动屏幕一定距离后解锁要是觉得好玩，记得推荐给好朋友哦，,1.新增多张精美冰雪奇缘壁纸2.增加冰雪图钉，锁定当前壁纸功能3.内存，减小电量消耗\n答案：", "output": "休闲益智"}

下面是其他几个转换的例子：

{"input": "这篇新闻会出现在哪个栏目？区块链与科技一拍即合，三角形主机开启数字资产的人人时代\n选项：体育,国际,财经,故事,房产\n答案：", "output": "财经"}
{"input": ""眼前这两人真可说得天生地配,却是浑然不觉"根据前面的段落，以下是否是真的"眼前这两人后来在一起了"？是的,不是,或也许？\n答案：", "output": "也许"}
{"input": "对话：男：请问，几层是卖运动商品的？女：六层是运动商品专卖店。男：六层吗？电梯在哪？女：五层到六层没有电梯，您走那边的楼梯吧。问题：男的要上几层楼？选项：六层,五层,一层,十一层\n答案：", "output": "六层"}

4. news_commentary

使用中英互译数据集（translation2019zh）可以生成news_commentary数据集，它有约520万个中英文平行语料，训练集516万，验证集3.9万。训练集与验证集均为json格式。具体如下：

{"english": "This strong degree of metallic yarn , and traction ability.", "chinese": "这样的金银丝纱线牢固度好，牵引能力强。"}

下载网址为：https://aistudio.baidu.com/aistudio/datasetdetail/209041

下面程序随机生成两种指令的数据：一种是中英翻译，一种是英中翻译。原数据读出后

进行打乱了顺序。

```
import json
import random

with open('translation2019zh_train.json') as f:
    lines = f.readlines()

random.shuffle(lines)

with open('news_commentary.json', 'w') as f:
    for l in lines[:500000]:
        data = json.loads(l)
        output = {}
        if random.random() < 0.5:
            output["instruction"] = "翻译成英文: \n"
            output["input"] = data["chinese"] + '\n'
            output["output"] = data["english"] + '\n'
        else:
            output["instruction"] = "翻译成中文: \n"
            output["input"] = data["english"] + '\n'
            output["output"] = data["chinese"] + '\n'
        f.write(json.dumps(output, ensure_ascii=False) + '\n')
```

数据示例：

```
{"instruction": "翻译成英文。\n", "input": "应该认识到，现在的程序让一些个体和群体陷入了贫困，剥夺了他们的基本公民权利。\n", "output": "It should acknowledge the processes that keep certain individuals and groups in poverty and that deny them the basic rights of citizens."}
{"instruction": "翻译成中文。\n", "input": "That is why campaigners must insist that the state be responsible for providing appropriate care and support services for each woman and child-services that both meet their needs and respect their rights.\n", "output": "因此，我的支持者必须坚持，国家要负责为每位妇女和儿童提供合适的医疗和支持服务——这些服务既要满足他们的需要，也要尊重他们的权利。"}
```

5. CSL: 大规模中文科学文献数据集

CSL 数据包含 2010—2020 年发表的中文核心期刊论文元信息（标题、摘要、关键词、学科和门类），用于构建多种自然语言处理任务。 本项目设计了 16 个 instructions，包含文本生成、关键词提取、文本摘要和文本分类等任务。

要使用 CSL 数据集，需要先下载预训练数据集 csl_camera_readly.tsv。

下面代码用于生成指令训练数据。设计了 26 种指令，分别从数据集中抽取数据生成指令。关键字把分割的下划线改为逗号。

程序把每一行数据都生成一条指令，但指令的形式是随机的。random.sample(outputs, 1) 返回一个长度为 1 新列表，新列表存放 output 产生 1 个随机唯一的元素。

```
import json
import random

outputs = [
{"instruction":"根据标题预测论文摘要:\n",'input': t+'\n', 'output': a},
{"instruction":"生成这篇论文的摘要。\n",'input': t+'\n', 'output': a},
{"instruction":"根据论文标题预测摘要:\n",'input': t+'\n', 'output': a},
{"instruction":"根据论文摘要预测标题:\n",'input': a+'\n', 'output': t},
{"instruction":"预测该论文的标题: \n",'input': a+'\n', 'output': t},
{"instruction":"生成这段文章的标题。\n",'input': a+'\n', 'output': t},
{"instruction":"从摘要预测这篇论文的标题:\n",'input': a+'\n', 'output': t},
```

```
{"instruction":"根据关键词预测这篇论文的标题:\n",'input': k+'\n', 'output': t},
{"instruction":"生成关键词。\n",'input': a+'\n', 'output': k},
{"instruction":"根据摘要生成关键词:\n",'input': a+'\n', 'output': k},
{"instruction":"这篇论文的关键词是? \n",'input': a+'\n', 'output': k},
{"instruction":"根据这篇论文的标题预测关键词? \n",'input': t+'\n', 'output': k},
{"instruction":"根据标题生成摘要: \n",'input': t+'\n', 'output': k},
{"instruction":"根据标题判断论文所属的学科: \n",'input': t+'\n', 'output': d},
{"instruction":"根据关键词判断论文所属的学科: \n",'input': k+'\n', 'output': d},
{"instruction":"判断论文所属的学科: \n",'input': a+'\n', 'output': d},
{"instruction":"这篇文章属于什么学科? \n",'input': a+'\n', 'output': d},
{"instruction":"根据标题判断论文的门类: \n",'input': t+'\n', 'output': c},
{"instruction":"根据关键词判断论文所属的门类: \n",'input': k+'\n', 'output': c},
{"instruction":"这篇文章属于哪个门类? \n",'input': a+'\n', 'output': c},
{"instruction":"判断论文所属的门类: \n",'input': a+'\n', 'output': c},
{"instruction":"生成一篇关于" +d  +"的论文标题: \n",'input': "", 'output': t},
{"instruction":"生成一篇关于" +c  +"的论文标题: \n",'input': "", 'output': t},
{"instruction":"生成一篇" +d  +"的论文摘要: \n",'input': "", 'output': a},
{"instruction":"生成一篇和" +d  +"有关的论文标题。\n",'input': "", 'output': t},
{"instruction":"生成一篇和" +d  +"相关的论文摘要。\n",'input': "", 'output': a},
]

with open('csl_camera_readly.tsv') as f:
    lines = f.readlines()

with open('csl.json', 'w') as fw:
    for l in lines:
        t,a, k, d, c = l.split('\t')
        k = k.replace('_', ",")

        for i in random.sample(outputs, 1):
            fw.write(json.dumps(i, ensure_ascii=False) + '\n')
```

生成数据保存在csl.json文件，数据示例如下：


```
{"instruction": "根据标题判断论文所属的学科: \n", "input": "谷物联合收获机自动测产系统设计-基于
变权分层激活扩散模型\n", "output": "农业工程"}
{"instruction": "生成一篇和化学/化学工程与技术有关的论文标题。\n", "input": "", "output": "酞
菁改性聚苯乙炔高分子的微波介电性能研究"}
{"instruction": "根据标题判断论文所属的学科: \n", "input": "农用运输车柴油机排放控制探讨\n",
"output": "农业工程"}
{"instruction": "根据关键词判断论文所属的学科: \n", "input": "点式安装玻璃幕墙,火灾,破裂行为,全
尺寸实验,有限元方法\n", "output": "动力工程及工程热物理"}
```


6. GuanacoDataset

Guanaco模型的数据集是建立在Alpaca模型的175个任务之上，提供了不同语言重写的种子任务，并添加了专门为英语语法分析、自然语言理解、跨语言自我意识和显式内容识别设计的新任务。该数据集总共包含534 530个条目。

数据下载的网址为：https://huggingface.co/datasets/JosephusCheung/GuanacoDataset。

数据示例如下：


```
{"instruction": "User:最近每次唱歌都很沮喪。Assistant:唱歌能幫助您放鬆情緒，釋放壓力。如果您不自
信，我建議您試著發掘音樂中自己喜歡的部分，然後只唱這些部分，而總是唱得音符不正確，以致沮喪的話，還是
建議您放慢前進的步伐，盡可能地放慢速度，直到您可以準確地唱出這些部分為止。", "input": "User:聽什麼
樣的音樂可以幫助我感到輕鬆？", "output": "聽輕鬆的音樂可以有效地放鬆您的身心，讓自己更容易進入一種
放鬆的狀態。開始時可以選擇靈性音樂、放鬆音樂、輕音樂或純音樂，聽一首最喜歡的歌曲可以把一天緊繃的情緒
放鬆，進入一種深度放鬆的狀態。此外，聽輕鬆的歌曲也有助於改善心情。 您也可以隨時更換不同的音樂來增添趣
味，這可以更好地舒緩壓力。"}
{"instruction": "User: I'm really into books right now but I don't know which one to
read first. Do you have any recommendations? Assistant: Of course, what type of books
do you like? User: Fantasy books and dystopian books. Assistant: Then you might like
```

```
\"The Hunger Games\" series, or \"The Lord of the Rings\" series.", "input": "System: The Hunger Games series is an adventure story featuring a post-apocalyptic world ruled by the Capitol. The Lord of the Rings series is an epic fantasy story featuring an epic struggle with good and evil.\nUser: What are the main settings for these two series?", "output": "The Hunger Games series takes place in the fictional nation of Panem, which is located in what remains of North America after a catastrophic global event. It is divided into 12 districts and the Capitol. \n\nThe Lord of the Rings series takes place in the fictional land of Middle-earth, which is inhabited by many different creatures, including hobbits, dwarves, elves, and humans. The story spans across many different locations in Middle-earth, including the Shire, Rivendell, Moria, Rohan, and Mordor."}
{"instruction": "User:我错过了考试，我很沮丧。Assistant:实际上考试只不过是一种检验，不是让你失落或抑郁的标准。无论成绩有多糟糕，你都可以向前看，不要只把注意力放在过去的失败上。User:但是如何才能相信自己? Assistant:每个人有自己的优点和弱点，所以你应该从侧面看待自己，然后从自我挑战的角度看待考试的结果，忽略以往的失败，往前看，信任自己，改善自己。", "input": "User:我该怎么才能不让同学知道我错过考试? ", "output": "您可以试着从一个宽容的角度来看待考试，例如做出积极的表现，继续努力，这样可以改变同学们对你的印象。您也可以向朋友发出正面的信息，比如表达自己对未来的期待，让自己更有力量继续前进。除此之外，你也可以通过努力来提高自己的成绩，最终让别人看到自己的变化。"}
```

7. Chain-of-Thought

类似以下的思维链数据：

```
{"instruction": "我给你一个问题，请你用循序渐进的推理过程来回答。数千英亩的农田和拉什莫尔山在哪里? \\n选项: \\n- 房屋\\n- 农业区\\n- 乡村\\n- 北达科他州\\n- 密歇根州", "input": "", "output": "北达科他州的农田分布在数千英亩的土地上。拉什莫尔山位于北达科他州。\n答案: 北达科他州。"}
{"instruction": "乔、约翰和西尔维亚都在跑腿。他们将任务分成彼此靠近的块，然后每个人执行一个任务块。他们这样做是因为它给了他们更多什么? \\n选项: \\n- 压力\\n- 恶化\\n- 效率\\n- 释放时间\\n- 净收益\n请回答并提供答案解释。", "input": "", "output": "在人之间分解任务会提高效率。当人们分工并这样做时，它会发生得更快。任务块导致按时完成任务。最终答案: 效率。"}
{"instruction": "使用推理得出以下问题的答案: \n水牛又大又厚，很容易被发现，但它们被猎杀到它们的数量是多少? \\n选项: \\n- 薄\\n- 胃\\n- 清晰\\n- 稀疏\\n- 厚皮\n推理过程: ", "input": "", "output": "正如人们可以轻松地看到一头水牛一样，它们被大量猎杀，因此它们的数量减少使它们变得稀疏。数字可能会变得稀疏。因此，最后的答案是稀疏的。"}
```

8. Firefly

Firefly（流萤）是一个开源的中文大语言模型项目，支持 QLoRA 和全量参数微调 Baichuan2、CodeLLaMA、Llama 2、Llama、Qwen、Baichuan、ChatGLM2、InternLM、Ziya、Bloom、XVERSE 等开源模型。项目收集了 23 个常见的中文数据集，对于每个任务，由人工书写若干种指令模板，保证数据的高质量与丰富度，数据量为 115 万 。数据下载网址为：https://huggingface.co/datasets/YeungNLP/firefly-train-1.1M。

数据集中每个样本由 kind、input、target，即任务类型、输入、目标输出三个字段组成。示例如下：

```
{
  "kind": "ClassicalChinese",
  "input": "将下面句子翻译成现代文: \n石中央又生一树，高百余尺，条干偃阴为五色，翠叶如盘，花径尺余，色深碧，蕊深红，异香成烟，著物霏霏。"
  "target": "大石的中央长着一棵树，一百多尺高，枝干是彩色的，树叶有盘子那样大，花的直径有一尺宽，花瓣深蓝色，花中飘出奇异的香气笼罩着周围，如烟似雾。"
}
```

第11章

模型评估

11.1 大语言模型评估

大语言模型在学术界和工业界的热度日益升高，这主要归功于它们在各种应用中的无与伦比的表现。随着大语言模型在研究和日常使用中继续发挥重要作用，对它们的评估变得越来越重要。作为模型开发过程中的重要环节，对于模型的选择、优化、理解和应用都具有重要作用。

过去的几年里，人们从各个角度（如自然语言任务、推理、鲁棒性、可信度、医疗应用和伦理考虑等一系列因素）对大语言模型进行了大量的研究。尽管作出了很多努力，但仍然缺乏对整个评估范围的全面概述。此外，大语言模型的持续演化也为评估提出了新的方向，从而挑战了现有的评估协议，并强化了对彻底的、多方面的评估技术的需求。

大语言模型有两种常见的评估方法：自动评估和人工评估。

自动评估大语言模型是一种常见且可能是最受欢迎的评估方法，通常使用标准度量或指标和评估工具来评估模型的性能，如准确率、BLEU（Bilingual Evaluation Understudy）、ROUGE（Recall-Oriented Understanding for Gisting Evaluation）、BERTScore 等。例如，我们可以使用 BLEU 分数来量化模型生成的文本与参考文本在机器翻译任务中的相似性和质量。实际上，大多数现有的评估努力都采用这种评估协议，因为它的主观性、自动计算和简单性。因此，大多数确定性任务，如自然语言理解和数学问题，通常采用这种评估协议。与人工评估相比，自动评估不需要人工参与，这节省了评估成本并且耗时较少。自动评估的原理实际上与其他 AI 模型评估过程相同：我们只是使用一些标准度量来计算这些度量下的某些值，这些值作为模型性能的指标。

人工评估在一些非标准情况下成为一个自然的选择，因为大语言模型的能力已经超越了在一般自然语言任务上的标准评估度量。例如，在开放生成任务中，嵌入的相似度度量（如 BERTScore）是不够的，人工评估更可靠。虽然一些生成任务可以采用某些自动评估协议，但在这些任务中，人工评估更受欢迎，因为生成总是可以比标准答案更好。大语言模型的人工评估是通过人的参与来评估模型生成结果的质量和准确性的一种方式。与自动评估相比，手动评估更接近实际应用场景，可以提供更全面和准确的反馈。在大语言模型的手动评估中，通常邀请评估员（如专家、研究者或普通用户）来评估模型生成的结果。由塞巴斯蒂安·布贝克（Sébastien Bubeck）等完成的开创性的评估工作使用 GPT-4 进行了一系列的人工测试，他们发现 GPT-4 在多个任务上的表现接近或甚至超过了人的表现。这项评估要求人类评估员实际测试和比较模型的性能，而不仅仅是通过自动评估度量评估模型。需要注意的是，即使是人工评估也可能有高的方差和不稳定性，这可能是由于文化和个体差异造成的。在实际应用中，这两种评估方法都会根据实际情况进行考虑和权衡。

大语言模型的评估有多个重要的作用。

（1）性能比较：评估可以帮助我们比较不同模型的性能，或者比较同一模型在不同参数或训练数据下的性能。这对于模型的选择和优化具有重要意义。

（2）模型优化：通过评估，我们可以了解模型的弱点和优势，进而针对性地进行优化。例如，如果模型在某个特定任务上的表现不佳，我们就可以针对这个任务进行更多的训练或调整模型的参数。

（3）理解模型行为：通过评估，我们可以更深入地理解模型的行为。例如，我们可以了解模型是否理解复杂的语义、是否生成连贯的文本、是否存在偏见等。

（4）确保公平性和道德标准：通过评估，我们可以检查模型是否存在对某些群体的偏见，是否违反了道德或法律标准。这对于确保模型的公平性和道德性具有重要意义。

（5）衡量模型的实用性：评估可以帮助我们了解模型在实际应用中的效果。例如，我们可以通过用户反馈或实际使用效果来评估模型的实用性。

大语言模型的评估通常涉及多个不同的指标和方法，包括但不限于以下几种。

（1）困惑度（perplexity）：对于一个给定的语言模型，困惑度是对模型在测试集上每个词的概率的几何平均的倒数。在实际操作中，我们通常计算的是对数困惑度，这样可以将几何平均转化为算术平均，从而简化计算。

（2）精确度（accuracy）：在某些情况下，我们可以将大语言模型的任务转化为分类任务，例如在情感分析或者文本分类任务中。在这些任务中，我们可以计算模型的精确度，即模型预测正确的样本数占总样本数的比例。

（3）F1 分数：F1 分数是精确度和召回率的调和平均数，通常用于评估模型在不平衡数据集上的性能。精确度是模型预测为正例的样本中真正的正例的比例，召回率是真正的正例被模型预测为正例的比例。

（4）BLEU 分数：BLEU 分数是一种常用的机器翻译模型的评估指标，也被用来评估语言模型的生成能力。BLEU 分数衡量的是模型生成的文本与参考文本的相似度。

（5）人工评估：除了自动评估指标，人工评估也是非常重要的一部分。人工评估可以更全面地评估模型的性能，包括模型生成的文本的可读性、连贯性、准确性等。

（6）公平性和偏见测试：这是评估模型是否在特定的社会群体、文化、性别等方面表现出偏见的重要方法。这通常需要设计特定的测试集，并进行人工评估。

（7）强化学习：在一些任务中，可以通过强化学习的方式对模型进行评估和优化。例如，在对话系统中，可以通过用户的反馈（如点击、满意度评分等）来评估和优化模型。

（8）零样本 / 小样本学习能力：评估模型在没有或只有少量训练样本的情况下的学习能力。

11.2　评估指标

11.2.1　困惑度

困惑度是评估语言模型性能的一种常用指标，它衡量的是模型对真实数据的预测能力。在推理阶段，困惑度可以用来衡量模型生成的文本的质量。一般来说，困惑度越低，表示模型对数据的预测能力越强，生成的文本质量也越高。然而，困惑度并不能完全决定生成文本的质量，因为它并不能直接衡量文本的连贯性和一致性。

11.2.2　HellaSwag

HellaSwag 是一个用于评估模型在理解和生成复杂、长期依赖的句子上的能力的基准测试。这个基准测试包含四个选项的多项选择题，其中每个问题都需要模型理解一个复杂的故事情节，并预测最可能的结局。

HellaSwag 得分是指模型在这个基准测试上的表现。更高的 HellaSwag 得分意味着模型在理解和生成复杂句子上的能力更强。

HellaSwag 是由 OpenAI 的研究人员开发的，目的是解决传统的语言模型评估方法（如困惑度）在评估模型处理复杂、长期依赖的句子时的不足。通过这种方式，HellaSwag 能够更好地评估模型在处理实际应用中常见的复杂语言任务上的能力。

11.2.3 BLEU

BLEU 是一种广泛应用于机器翻译领域的评估指标，用于评估机器翻译的质量。BLEU 的核心理念是统计机器翻译结果与人工翻译参考之间的相似度，主要关注翻译结果的准确性和流畅度。

具体来说，BLEU 评估指标通过计算机器翻译结果中每个子序列（n-gram）在参考翻译结果中出现的次数，并综合考虑不同子序列长度的权重，最终得到 BLEU 得分。BLEU 得分越高，说明机器翻译的结果与人工翻译参考的相似度越高，翻译质量越好。

值得注意的是，BLEU 指标并未考虑翻译结果与目标语言语义的匹配度，因此有时不能完全反映翻译结果的语义准确性。

11.2.4 ROUGE

ROUGE 是一种基于召回率的相似性度量方法，主要应用于神经网络翻译时代。与 BLEU 不同，ROUGE 更加关注翻译结果的信息性和忠实性。

具体来说，ROUGE 通过比较机器翻译结果与人工翻译参考之间的大纲（n-gram）相似度来评估翻译质量。ROUGE 的计算方式与 BLEU 类似，但 ROUGE 是从参考译文中产生 n-gram，而 BLEU 则是从预测序列中产生 n-gram。

与 BLEU 相比，ROUGE 更加关注翻译结果与人工翻译参考之间的信息一致性和忠实度，因此在某些情况下能够更好地反映翻译结果的质量。

11.2.5 METEOR

METEOR（Metric for Evaluation of Translation with Explicit ORdering）是一种相对较新的评估指标，旨在综合考虑机器翻译结果的准确性和信息性。

具体来说，METEOR 通过比较机器翻译结果与人工翻译参考之间的匹配度来评估翻译质量，同时考虑了语义和语法层面的相似度。

与 BLEU 和 ROUGE 相比，METEOR 不仅关注翻译结果的准确性，还更加关注翻译结果的信息性和语义准确性。此外，METEOR 还引入排序机制，通过比较不同系统翻译结果的排名来评估其相对质量。

因此，METEOR 在某些情况下能够更好地反映翻译结果的质量，尤其是在需要同时考虑语义和语法相似度的任务中。

11.3 基于上下文的学习

在自然语言处理中，要完成一个任务，最初的技术必须有一个任务指定的架构（task-specific architectures），后来虽然不要了，但却需要任务指定（task-specific）的数据集来微调，这个数据集有几千甚至上万数量级。

基于以下三点，必须破除这个局限：①从实际应用的角度来看，针对每个新任务都必须采集大量的标注数据，会限制模型应用的广泛性；②研究表明，经过微调的大模型，在其他任务上的泛化性会变差（out-of-distribution）；③于人类而言，只需要给定简单的指令或至多给少量的示例，即可完成任务，我们希望大模型也能做到这样。

在预训练＋微调模型中，由于在训练阶段，模型习得了大量的技能及模式识别能力，因此，在推理阶段，模型能迅速地识别出目标任务并完成。具体地说，只要在推理阶段，在提示中包含一些任务描述或者任务示例，模型就可以基于生成指定任务，这种能力，我们称之为基于上下文的学习（in-context learning）。这种方法由于在预训练之后，不涉及模型梯度的更新，因此也可以称为零样本转移（zero-shot transfer）。

基于上下文的学习包括零样本学习（Zero-shot Learning）、单样本学习（One shot Learning）、小样本学习（Few-shot Learning）。针对小样本 / 零样本的 N 样本学习（N-shot Learning）分为如下三种。

（1）零样本学习，是指在没有任何样本 / 示例情况下，让预训练语言模型完成特定任务，相当于不再使用二阶段训练模式（预训练＋微调），而是彻底放弃了微调阶段，仅通过大规模多领域的数据预训练，让模型在零样本学习的设置下自己学会解决多任务的问题，而且效果不错（虽然 GPT2 通过零样本学习在有些任务的表现上尚且不如 SOTA 模型，但基本超越了一些简单模型，说明潜力巨大）。

这就好比以前我们刚开始学解题时，听老师讲了一系列知识和方法之后，老师为了让我们更好地解题，在正式答题考试之前，会先通过几个样题让我们找找感觉，方便在样题中微调或修正自己对所学知识 / 方法的理解。零样本学习则相当于没有练手 / 预热、没有参考样例 / 演示 / 范本，学完知识 / 方法之后直接答题。

（2）单样本学习，顾名思义，是指在只有一个样本 / 示例的情况下，预训练语言模型完成特定任务。

（3）小样本学习，类似地，是指在只有少量样本 / 示例的情况下，预训练语言模型完成特定任务。

以下在零样本、单样本、小样本下的机器翻译使用范例。

（1）零样本。

"将以下英文句子翻译成中文：'The cat is on the table.'"

（2）单样本。

""""
将以下英文句子翻译成中文：
英文：The dog is playing in the park.
中文：狗在公园里玩。
现在，翻译这个句子：
英文：The bird is singing in the tree.
""""

（3）小样本（3 样本）。

""""
将以下英文句子翻译成中文：

英文：The car is parked outside.
中文：车停在外面。
英文：She is reading a book.
中文：她在看书。
英文：They are having dinner at a restaurant.
中文：他们在餐馆吃晚饭。
现在，翻译这个句子：
英文：The children are playing soccer in the garden.
"""

基于上下文学习的是输入输出的分布而不是映射函数。

小样本下，也有工作试图证明基于上下文的学习并没有从样本中学习，在提供给大语言模型的样本示例（x_i，y_i）中，是否对应的正确答案其实并不重要，如果我们把正确答案 y_i 替换成随机的另外一个答案 y_j，这并不影响基于上下文的学习的效果。

真正对基于上下文的学习影响比较大的是 x 和 y 的分布，也就是输入文本 x 的分布和候选答案 y 有哪些，如果你改变这两个分布，比如把 y 替换成候选答案之外的内容，则基于上下文的学习效果急剧下降。总之，这个工作证明了基于上下文的学习并未学习映射函数，但是输入和输出的分布很重要，这两个不能乱改。

大语言模型的能力并不来自其对训练数据的记忆。数据污染对模型评测的影响并不明显。

由于大语言模型的训练集非常大，因此评测集合中的数据很可能被包含其中，而且由于模型参数量很大，因此我们必须排除模型由于数据记忆而给评测结果带来的无效提升。分析表明，这种数据污染带来的影响是非常不明显的，换言之，大语言模型的能力并不来自其对训练数据的记忆。

11.4 Llama 2预训练模型的评估

1. MMLU

表 11-1 是 MMLU 在 Llama 2 模型和其他开源模型上的评估细节。

表 11-1　MMLU 基准测试分数

模型	参数	Humanities	STEM	Social Sciences	Other	Average
MPT	7B	26.7	25.3	27.1	28.2	26.8
	30B	44.5	39.0	52.8	52.9	46.9
Falcon	7B	26.4	26.2	24.7	27.4	26.2
	40B	49.3	45.5	65.4	65.0	55.4
Llama 1	7B	34.0	30.5	38.3	38.1	35.1
	13B	45.0	35.8	53.8	53.3	46.9
	33B	55.8	46.0	66.7	63.4	57.8
	65B	61.8	51.7	72.9	67.4	63.4
Llama 2	7B	42.9	36.4	51.2	52.2	45.3
	13B	52.8	44.1	62.6	61.1	54.8
	34B	59.4	52.1	71.8	69.2	62.6
	70B	65.0	58.0	80.3	74.6	68.9

2. 标准基准测试

表 11-2 是标准基准测试的结果。

表 11-2 基本标准测试分数

模型	参数	BoolQ	PIQA	SIQA	HellaSwag	WinoGrande	ARC-e	ARC-c	OBQA	CSQA	MMLU
MPT	7B 30B	75.0 79.0	80.6 81.9	48.5 48.9	76.4 79.9	68.3 71.0	70.2 76.5	42.6 50.6	51.4 52.0	21.3 58.2	26.8 46.9
Falcon	7B 40B	67.5 83.1	76.7 82.4	47.2 50.1	74.1 83.6	66.3 76.9	70.0 79.2	42.4 54.5	51.6 56.6	20.8 70.4	26.2 55.4
Llama 1	7B 13B 33B 65B	76.5 78.1 83.1 **85.3**	79.8 80.1 82.3 82.8	48.9 50.4 50.4 **52.3**	76.1 79.2 82.8 84.2	70.1 73.0 76.0 77.0	72.8 74.8 80.0 78.9	47.6 52.7 57.8 56.0	57.2 56.4 58.6 60.2	33.6 62.0 72.5 74.0	35.1 46.9 57.8 63.4
Llama 2	7B 13B 34B 70B	77.4 81.7 83.7 85.0	78.8 80.5 81.9 **82.8**	48.3 50.3 50.9 50.7	77.2 80.7 83.3 **85.3**	69.2 72.8 76.7 **80.2**	75.2 77.3 79.4 **80.2**	45.9 49.4 54.5 57.4	58.6 57.0 58.2 **60.2**	57.8 67.3 74.3 **78.5**	45.3 54.8 62.6 **68.9**

3. 代码生成

表 11-3 比较了 Llama 2 与其他流行的开源模型在 Human-Eval 和 MBPP 代码生成基准测试上的结果。

表 11-3 代码生成基准测试分数

模型	参数	Human-Eval		MBPP	
		pass@1	pass@100	pass@1	pass@80
MPT	7B 30B	18.3 25.0	— —	22.6 32.8	— —
Falcon	7B 40B	0.0 0.6	— —	11.2 29.8	— —
Llama 1	7B 13B 33B 65B	10.5 15.8 21.7 23.7	36.5 52.5 70.7 79.3	17.7 22.0 30.2 37.7	56.2 64.0 73.4 76.8
Llama 2	7B 13B 34B 70B	12.8 18.3 22.6 **29.9**	45.6 60.2 77.2 **89.0**	20.8 30.6 33.0 **45.0**	62.8 69.0 76.1 **81.4**

4. 世界知识

表 11-4 评估了 Llama 2 模型与其他开源模型在 NaturalQuestions 和 TriviaQA 基准测试上的表现。

5. 阅读理解

在表 11-5 中报告了 SQUAD 和 QUAC 的零样本和小样本结果。在这里，Llama 2 在所有评估设置和模型中表现最好，除了 QUAC 的零样本，其中 Llama 1 30B 表现较好一些。

表 11-4　世界知识基准测试分数

模型	参数	NaturalQuestions				TriviaQA(Wiki)			
		0-shot	1-shot	5-shot	64-shot	0-shot	1-shot	5-shot	64-shot
MPT	7B 30B	11.6 15.8	17.8 23.0	20.8 26.6	22.7 29.3	55.7 68.0	59.6 71.3	61.2 73.3	61.6 73.6
Falcon	7B 40B	15.7 **26.3**	18.1 29.5	21.0 33.5	24.0 35.5	52.6 74.6	56.8 78.6	64.6 79.9	61.1 79.6
Llama 1	7B 13B 33B 65B	16.8 20.1 24.9 23.8	18.7 23.4 28.3 31.0	22.0 28.1 32.9 35.0	26.1 31.9 36.0 39.9	63.3 70.1 78.7 81.7	67.4 74.4 80.7 84.5	70.4 77.1 83.8 85.9	71.0 77.9 83.6 86.0
Llama 2	7B 13B 34B 70B	16.4 16.1 25.1 25.3	22.7 28.0 30.0 **33.0**	25.7 31.2 32.8 **39.5**	29.5 34.6 39.9 **44.3**	65.8 73.1 81.0 **82.4**	68.9 77.2 83.3 **85.0**	72.1 79.6 84.5 **87.6**	73.7 79.4 84.6 **87.5**

表 11-5　阅读理解测试分数

模型	参数	SQUAD(EM)				QUAC(f1)	
Model	Size	0-shot	1-shot	4-shot	5-shot	0-shot	1-shot
MPT MPT	7B 30B	59.5 74.7	62.8 74.2	62.6 72.4	62.7 74.2	38.0 40.4	37.7 41.1
Falcon Falcon	7B 40B	16.4 72.9	16.0 73.1	16.9 71.7	17.5 71.0	24.0 41.2	18.8 43.3
Llama 1	7B 13B 33B 65B	60.0 68.9 75.5 79.4	62.3 68.4 77.0 80.0	63.3 66.4 76.3 78.3	62.8 66.7 75.6 77.9	38.9 39.9 **44.1** 41.0	32.0 36.5 40.3 39.8
Llama 2	7B 13B 34B 70B	67.2 72.9 77.4 80.7	72.3 72.1 78.8 82.6	72.6 70.6 77.5 81.9	72.5 71.3 77.5 81.9	39.4 42.7 42.9 42.4	39.7 44.8 44.4 **49.3**

6. 考试

表 11-6 中展示了 AGI Eval 基准中英语部分的精细结果。AGI Eval 是一组不同科目的标准化考试。

表 11-6　考试测试分数

模型	Size	GSM8k	MATH
MPT	7B 30B	6.8 15.2	3.0 3.1
Falcon	7B 40B	6.8 19.6	2.3 5.5
Llama 1	7B 13B 33B 65B	11.0 17.8 35.6 50.9	2.9 3.9 7.1 10.6

续表

模型	Size	GSM8k	MATH
Llama 2	7B 13B 34B 70B	14.6 28.7 42.2 56.8	2.5 3.9 6.24 13.5

11.5 MMLU

MMLU 是一种在自然语言处理领域中的多任务学习方法。它使用一个单一的深度学习模型来解决多个不同领域的自然语言处理任务，例如文本分类、情感分析、实体识别等。MMLU 的特点在于能够有效地共享模型参数和特征，并且能够提高模型的训练效率和性能。

MMLU 的应用有助于降低模型的复杂度和数据的复杂性。在实践中的表现证明了 MMLU 的优越性，可加速自然语言处理应用程序的开发。

MMLU 是在 2020 年 9 月 7 日由 Dan Hendrycks, Collin Burns, Steven Basart 等人首次在《测量大规模多任务语言理解》(*Measuring Massive Multitask Language Understanding*) 这篇 ICLR 2021 的文章中，旨在通过仅在零样本和小样本设置下评估模型来衡量预训练期间获得的知识。MMLU 基准测试涵盖了 57 个科目，包括 STEM(科学、技术、工程、数学)、人文科学、社会科学等领域，旨在评估模型在多领域中的表现。

从题目可以看到，重要的点在于多任务（multitask)，也即模型在非常多的任务下的表现如何。如果模型要有比较好的效果，需要同时具备世界知识（world knowledge)，以及解题能力（problem solving)。

从类型来看，不同科目的试题带来了不同维度的测量，正如 MMLU 强调的，可以测试多任务的能力。

语言 / 社会科学类题目，可以测量世界知识——想想一个模型需要对中文语境的知识了解到什么程度才可以回答“明朝的第二个皇帝是谁”这种问题。

数学 / 自然科学类题目，可以测量推理能力——模型不仅需要理解题意，还需要根据所有信息进行推理甚至计算再答题。

当然还有很多其他的能力，但是上面提到的世界知识及推理能力，往往是大模型擅长（相较于小模型)，或者说希望增强的方面。

MMLU 的出现对于自然语言处理领域的发展起到了重要的推动作用，它不仅提高了模型的训练效率和性能，还降低了模型的复杂度和数据的复杂性，使得自然语言处理应用程序的开发更加高效和便捷。

11.6 标准基准测试

标准基准测试包括以下内容。

（1）BoolQ：这是一个二元判断问题测试，要求模型确定给定句子中的陈述是否为真。

（2）PIQA：这是一个三元判断问题测试，要求模型确定给定句子中的两个陈述是否具有相同的真值。

（3）SIQA：这是一个三元判断问题测试，要求模型确定给定句子中的两个陈述是否具有相同的真值。

（4）HellaSwag：这是一个三元判断问题测试，要求模型确定给定句子中的两个陈述是否具有相同的真值。

（5）WinoGrande：这是一个三元判断问题测试，要求模型确定给定句子中的两个陈述是否具有相同的真值。

（6）ARC-e：这是一个三元判断问题测试，要求模型确定给定句子中的两个陈述是否具有相同的真值。

（7）ARC-c：这是一个三元判断问题测试，要求模型确定给定句子中的两个陈述是否具有相同的真值。

（8）OBQA：这是一个三元判断问题测试，要求模型确定给定句子中的两个陈述是否具有相同的真值。

（9）CSQA：这是一个三元判断问题测试，要求模型确定给定句子中的两个陈述是否具有相同的真值。

11.7 代码生成

11.7.1 Human-Eval代码生成基准测试

Human-Eval 是一个代码生成基准测试，旨在评估模型在根据给定的输入生成相关代码方面的表现。该基准测试由 OpenAI 公司开发，并用于评估其 GPT-3 模型的表现。

Human-Eval 基准测试的特点是，它使用真实的编程任务作为测试数据，这些任务是由人类程序员提供的。这些任务包括了多种编程语言和不同难度的编程问题，例如根据给定的文档写一个函数、根据给定的需求实现一个算法等。每个任务都包含了输入和期望输出，测试时要求模型根据输入生成期望的输出。

为了确保测试的公正性和客观性，Human-Eval 基准测试在以下方面进行了设计。

（1）任务的多样性：测试数据包括多种类型的编程任务，从简单的语法转换到复杂的算法实现都有涉及，以全面评估模型的代码生成能力。

（2）任务的难度：测试数据按照难度进行了分类，包括容易、中等和困难三个级别，以评估模型在不同难度的编程问题上的表现。

（3）自动评估指标：为了降低与减少人工评估的主观性和工作量，Human-Eval 基准测试提供了一组自动评估指标，如 BLEU、ROUGE、METEOR 等，用于量化模型的输出质量和与人类参考答案的相似度。

（4）人工评估环节：尽管自动评估指标可以量化模型的输出质量和相似度，但无法完全替代人工评估。因此，Human-Eval 基准测试中设计了人工评估环节，由一组经验丰富的程序员进行评估，以确保模型的表现得到准确的评估和比较。

11.7.2 MBPP程序生成基准测试

MBPP（Mostly Basic Programming Problems，主要的基础编程问题）是一个用于自然语

言处理和代码生成研究的基准数据集，由谷歌在 2021 年推出。数据集包含大约 1 000 个由大众贡献的 Python 编程题目，这些题目设计上适合入门级程序员解答，涵盖了编程基础、标准库功能等。每个问题都包括一个任务描述、代码解决方案以及 3 个自动化测试案例。

MBPP 的主要特点包括以下几个。

（1）多样性：数据集中的问题覆盖了广泛的编程概念和技能，从基础的数据类型操作到更复杂的算法和数据结构问题。

（2）多语言支持：虽然原始数据集是基于 Python 编写的代码，但是它能够被扩展以适应其他编程语言的评估。

（3）标准化：所有问题都被标准化为清晰、简洁的自然语言描述，这有助于模型理解问题并生成正确的代码。

（4）挑战性：尽管名字中有“Basic”，但 MBPP 包含了不同难度级别的问题，包括一些需要复杂逻辑推理的问题。

（5）可扩展性：数据集设计时考虑到了未来的扩展，可以容易地添加更多的问题或修改现有问题来测试新的能力。

（6）评估框架：MBPP 提供了一个评估框架，允许研究人员比较不同模型在解决编程问题上的性能。

MBPP 数据集的目标是推动自动代码生成、代码理解、代码转换和代码解释等领域的研究进展。通过使用 MBPP 进行训练和测试，研究人员可以评估大语言模型在处理实际编程任务时的准确性和效率，从而推动技术的发展，使之更加接近人类程序员的水平。

11.8 考试AGI Eval

AGI Eval 是一个用于评估基础模型在人类认知和问题解决相关任务中表现的工具。它是在研究人员对人工智能系统的逐步发展和通用人工智能（AGI）实现的背景下开发出来的。

AGI Eval 基准测试的设计原则主要是强调人脑级别的认知任务，以与人类认知和解决问题密切相关的任务为中心，并以一种更有意义和全面的方式评估基础模型的泛化能力。为了实现这一目标，研究人员选择了各种官方的、公开的、高标准的招生和资格考试，以满足一般人类应试者的需要，包括大学入学考试、法学院入学考试、数学考试、律师资格考试和国家公务员考试。这些考试每年都有数百万寻求进入高等教育或新职业道路的人参加，因此这些考试可以用来评估模型性能与人类决策和认知能力的直接相关性。

在 AGI Eval 中，所有任务都被视为一个整体，没有对模型进行特定领域的划分，这就意味着模型需要对不同领域的知识都有一定的理解和掌握。同时，AGI Eval 还强调了模型在解决涉及人类认知和决策能力任务时的表现，例如在数学竞赛中的表现。

总的来说，AGI Eval 是一个专门设计用来评估基础模型在人类认知和问题解决相关任务中表现的工具，通过各种官方的、公开的、高标准的招生和资格考试来测试模型的泛化能力。

AGI Eval 的 MATH（MultArith and Text）是一个数学测试集，旨在评估人工智能系统的数学计算和文本处理能力。这个测试集包含 10 个数学问题，每个问题有 10 个不同的难度级别，从基础数学运算到复杂的数学应用题都有涉及。另外，这个测试集还包括 5 个文本处理问题，涉及文本检索、信息提取、情感分析等自然语言处理任务。通过使用这个测试集，可以对人工智能系统的数学计算和文本处理能力进行全面、客观、公正的评估。

11.9 GSM8K

GSM8K 是 OpenAI 发布的一个专门用于评估和训练模型解决小学（grade school）数学问题的数据集。这个数据集包含了一系列的数学题目，旨在测试和提升语言模型在理解和解决数学应用题的能力。

该数据集包含 8.5 KB 高质量的小学数学问题，这些问题需要 2 ～ 8 个步骤来解决，主要涉及基本算术运算（加、减、乘、除）的运用。这些问题通常需要理解文本描述、识别相关的数学概念，并进行适当的计算来得出答案。GSM8K 数据集的测试问题达到 1 KB，涵盖了 7.5 KB 训练问题。这个数据集对于研究多步骤数学推理的挑战性和开发先进的人工智能模型具有重要意义。

其题目涵盖了各种数学主题，如算术、代数、几何、测量和数据分析等。每个问题都以自然语言的形式呈现，包括问题的描述和可能的输入 / 输出样例。数据集还包括了问题的解答或者是一组可能的答案供模型选择。

GSM8K 的主要目标是推动人工智能研究在解决基于语言的数学问题方面的进展。通过这个数据集，研究人员可以训练和评估模型在理解和解决实际数学问题上的性能。

解决 GSM8K 中的问题需要模型具备较强的自然语言理解和数学推理能力，这对当前的 AI 系统来说是一个挑战。数据集中的某些问题可能涉及复杂的语境理解或高级的数学概念，进一步增加了难度。通过研究和优化在 GSM8K 数据集上的表现，研究人员能够更好地理解语言模型在处理数学问题时的局限性，并开发出更强大、更具通用性的 AI 解决方案。

项目网址：https://github.com/openai/grade-school-math

11.10 世界知识

11.10.1 NaturalQuestions

NaturalQuestions 是一个针对自然语言问答的基准测试，旨在评估模型在理解自然语言查询并返回相关答案方面的表现。该基准测试由 Google 的研究人员开发，并用于评估其自然语言处理模型的效果。

NaturalQuestions 基准测试的特点在于，它使用真实的用户查询和相关答案作为测试数据，这些数据是从搜索引擎中收集的。测试时要求模型根据给定的查询返回相关答案。为了确保测试的公正性和客观性，NaturalQuestions 基准测试在以下方面进行了设计。

（1）数据的真实性：NaturalQuestions 基准测试使用真实的用户查询和相关答案作为测试数据，这些数据是从搜索引擎中收集的，因此具有较高的真实性和可信度。

（2）任务的多样性：测试数据包括了多种类型的查询和相关答案，例如知识问答、琐事问答、实体问答等，以全面评估模型的答案返回能力。

（3）自动评估指标：为了降低与减少人工评估的主观性和工作量，NaturalQuestions 基准测试提供了一组自动评估指标，例如准确率、召回率和 F1 得分等，用于量化模型的答案返回质量和与真实答案的相似度。

（4）人工评估环节：尽管自动评估指标可以量化模型的答案返回质量和相似度，但无法完全替代人工评估。因此，NaturalQuestions 基准测试中设计了人工评估环节，由一组经验丰富的评估人员辅助进行评估，以确保模型的表现得到准确的评估和比较。

总之，NaturalQuestions 基准测试是一个针对自然语言问答任务的测试平台，旨在评估模型在解决实际问答问题时的表现。通过使用真实的用户查询和相关答案，以及自动评估指标和人工评估环节的辅助，使模型的性能得到客观、准确的评估和比较。

11.10.2 TriviaQA

TriviaQA 是一个针对事实性问答任务的基准测试，旨在评估模型在识别和回答琐碎知识问题方面的表现。该基准测试由微软的研究人员开发，并用于评估其自然语言处理模型的效果。

TriviaQA 基准测试的特点在于，它使用琐碎的知识问题及其相关答案作为测试数据，这些问题涵盖了广泛的主题，例如历史、科学、文化等。每个问题都包括了输入文本和一个或多个相关答案选项，测试时要求模型根据输入文本选择正确的答案选项。为了确保测试的公正性和客观性，TriviaQA 基准测试在以下方面进行了设计。

（1）数据的真实性：TriviaQA 基准测试使用琐碎的知识问题和相关答案作为测试数据，这些数据是通过文本语料库和知识图谱收集的，因此具有较高的真实性和可信度。

（2）任务的多样性：测试数据包括了多种类型的琐碎知识问题，例如单选题、多选题和填空题等，以全面评估模型的答案返回能力。

（3）自动评估指标：为了降低与减少人工评估的主观性和工作量，TriviaQA 基准测试提供了一组自动评估指标，例如准确率、F1 得分等，用于量化模型的答案返回质量和与正确答案的相似度。

（4）人工评估环节：尽管自动评估指标可以量化模型的答案返回质量和相似度，但无法完全替代人工评估。因此，TriviaQA 基准测试中设计了人工评估环节，由一组经验丰富的评估人员辅助进行评估，以确保模型的表现得到准确的评估和比较。

此外，TriviaQA 基准测试还采用了知识蒸馏的方法进行训练和评估。这意味着模型需要学习一个知识图谱中琐碎知识的分布，并将其与自然语言问题匹配。通过这种方法，模型可以更好地理解和回答琐碎知识问题。

11.11 通义千问评测

通义千问是阿里云研发的基于 Transformer 的大语言模型，在超大规模的预训练数据上进行训练得到。其使用超过 3 万亿标记的数据进行预训练，包含高质量中、英、多语言、代码、数学等数据，涵盖通用及专业领域的训练语料，通过大量对比实验对预训练语料分布进行了优化。相比目前以中英词表为主的开源模型，Qwen-72B 使用了约 15 万大小的词表。该词表对多语言更加友好，方便用户在不扩展词表的情况下对部分语种进行能力增强和扩展。Qwen-72B 在多个中英文下游评测任务上（涵盖常识推理、代码、数学、翻译等），效果显著超越现有的开源模型（图 11-1）。

这些测试基础与 Llama 2 相比，多了 C-Eval、CMMLU、Gaokao-Bench、BBH（BIG-bench-Hard）。

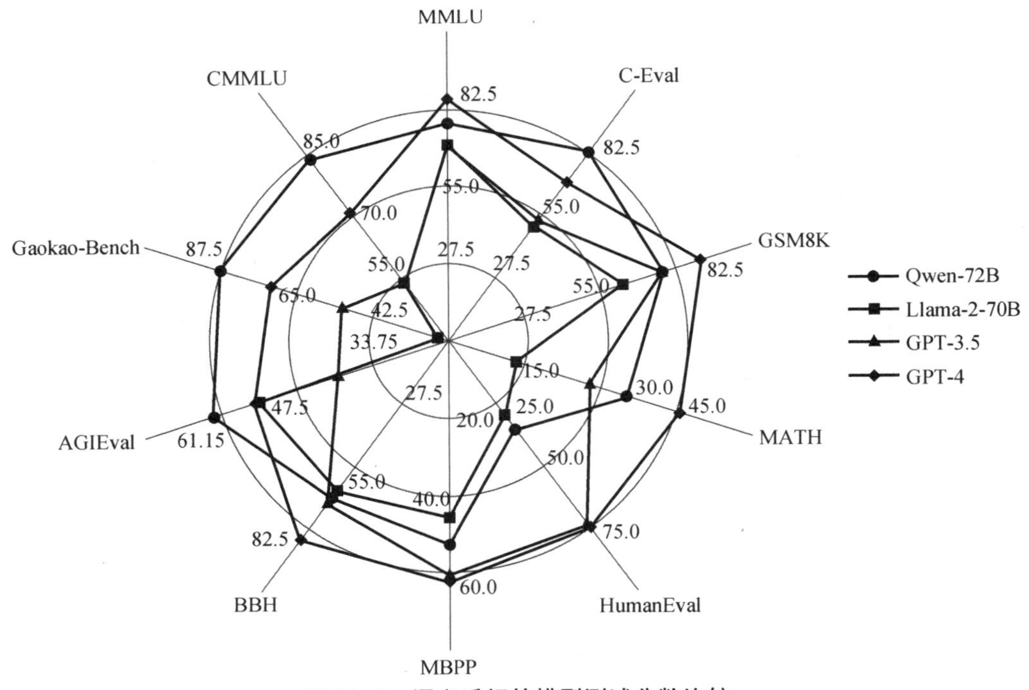

图11-1　通义千问的模型测试分数比较

C-Eval 是一个涵盖 52 个不同学科的中文评估数据集。测试的是 5 样本的结果。

CMMLU 是为评估中文语言理解能力而设计的。测试是 5 样本的结果。

Gaokao-Bench 是一个包含高考（中国大学入学考试）问题的基准测试。测试报告了零样本的结果。

11.12 BBH

BBH 是从 BIG Bench 几百项任务中选择 23 项构成。

BIG Bench 是一个多样化的评估套件，专注于被认为超出当前语言模型能力的任务。BIG Bench 包括 204 项任务，由 132 个机构的 442 位作者贡献。其任务主题多种多样，涉及语言学、儿童发展、数学、常识推理、生物学、物理学、社会偏见、软件开发等方面的问题。BIG bench 专注于被认为超出当前语言模型能力的任务。

语言模型在BIG Bench基准测试上已经取得了良好的进展，BIG Bench论文中的最佳模型通过少量提示，在 65% 的 BIG Benk 任务中优于平均报告的人工评分结果。但是，语言模型在哪些任务上达不到人类评分者的平均表现？这些任务实际上是当前语言模型无法解决的吗？在这项工作中，我们专注于一套 23 项具有挑战性的“BIG-bench”任务，称之为“BIG-bench-Hard”。在这些任务中，先前的语言模型评估并没有超过平均的人类评分者。我们发现，将思维链（CoT）提示应用于 BBH 任务使 PaLM 在 23 项任务中的 10 项任务上超过了平均人工评分器性能，Codex（code-davinci-002）在 23 项工作中的 17 项任务上超越了平均人工评级器性能。

测试项目网址为：https://github.com/suzgunmirac/BIG-Bench-Hard。

第 12 章

用于 RAG 的词向量计算

12.1 信息整合

在进行推理时采用 Transformer 模型，我们实际上将上下文作为输入提供给模型。这里的上下文不仅仅包括提示，还包括在同一个对话或会话中之前的提示和响应。提供更多与所需回答相关的上下文信息，将会得到更准确的回答。除了对话系统自动加入的历史会话信息，我们还可以加入其他信息。这些信息可以是相关文档，其中包含回答所需的知识点，也可以是私有文献，用于回答专有问题。通过将这些额外的信息与上下文一起提供给模型，可以增强其理解能力和回答准确性。如果有需要，我们可以进一步补充更多的上下文信息，以便模型更好地理解和回应。

获取相关文档并加入提示，类似于回忆书上的知识点，这需要进行向量转换和查询。其具体方法是将文档分成块并转换为嵌入向量后存储在向量数据库中，当执行查询时，可以根据任务的需要获取相关的文档块，并将其填充到提示中，从而生成所需内容。通过这种方式，Transformer 模型相当于拥有一个强大的记忆系统，能够迅速检索和利用以前的信息，以支持任务的完成。因此，整合任务相关信息到提示是优化 Transformer 模型性能的关键步骤。

相比搜索引擎只能呈现已有内容的局限性，大型语言模型具备生成内容的能力，但所生成的内容往往不够准确。然而，通过从搜索向量数据库中获取相关文档，并将这些文档内容整合到大型语言模型的提示中，我们能够实现两者的有机融合。这种融合的方法具有重要意义，使我们能够弥补大型语言模型生成内容的不足，提供更准确和全面的信息。

图 12-1 显示了信息整合的流程。

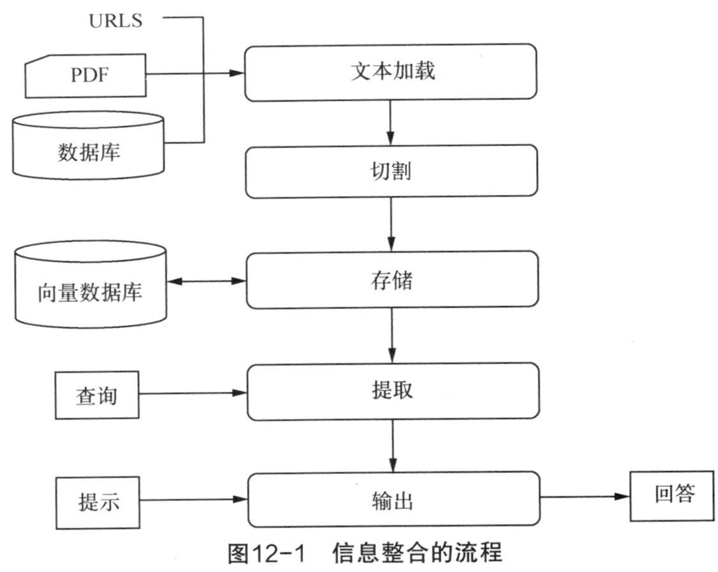

图12-1　信息整合的流程

LangChain 就是比较著名的信息整合工具，可以帮助开发人员使用语言模型构建端到端的应用程序。它提供了一套工具、组件和接口，可简化创建由大型语言模型和聊天模型提供支持的应用程序的过程。LangChain 通过将文本转换为嵌入向量，并利用向量数据库来存储和检索这些向量，直接与 OpenAI 的 ChatGPT 模型以及 Hugging Face 集成，能够实现更高效和准确的自然语言处理任务。通过 LangChain 可快速构建聊天机器人、生成式问答（GQA）、本文摘要等应用场景。

12.2　向量数据库

向量数据库是一种专门用于存储和处理高维向量数据的先进数据库系统。作为传统关系型数据库的扩展，向量数据库支持向量索引和向量计算等功能，以高效地处理大规模向量数据集而闻名。

在传统的关系型数据库中，数据是以表格形式存储的，每个记录有固定的列和类型。然而，对于高维向量数据，传统的表格结构并不能很好地适应。向量数据库以向量为基本的数据单位，每个向量都有一个唯一的标识符和一个与之关联的向量值。这样，向量数据库能够更直接地存储和查询向量数据。

向量数据库的核心特性包括以下几个。

（1）向量索引。向量数据库使用向量索引来高效地存储和查询向量数据。常见的索引结构包括倒排索引、KD 树、球树等，这些索引技术能够加速向量之间的相似度计算和最近邻搜索。

（2）相似度匹配。向量数据库能够根据指定的相似度度量（如欧氏距离、余弦相似度等），在向量集合中查找与给定向量最相似的向量。这为实现相似图像搜索、文本相似度分析等应用提供了强大的支持。

（3）向量计算。向量数据库提供了内置的向量计算功能，如向量加法、乘法、减法等。这样，用户可以直接在数据库中执行向量运算，而不需要将数据导出到外部进行计算。这在处理大规模向量数据时能够提高效率。

（4）分布式存储和计算。面对大规模向量数据集，向量数据库通常支持分布式存储和计算。它可以将数据分布在多个节点上，实现数据的并行处理和高效的查询操作。

向量数据库主要分为两类：一类是专门开发的向量数据库，如 Milvus、Pinecone、Qdrant 等，一类是在现有数据库基础上进行扩展，如 PostgreSQL 的 pgvector 扩展，Elasticsearch 增加 dense_vector 数据类型，Redis 的 RedisAI 和 RediSearch 等扩展模块。

由于本书重点在大语言模型，因此对向量数据库本身及应用不做深入介绍，重点放在如何利用预训练模型生成嵌入向量。

12.3　词向量

在自然语言处理和机器学习领域，“embeddings”是指将单词、短语或文本转换成连续向量空间的过程。这个向量空间通常被称为嵌入空间（embedding space），而生成的向量则称为嵌入向量（embedding vector）或向量嵌入（vector embedding）。

嵌入向量可以捕获单词、短语或文本的语义信息，使它们可以在数学上进行比较和计算。这种比较和计算在自然语言处理和机器学习中经常被用于各种任务，例如文本分类、语义搜索、词语相似性计算等。

在中文语境下，“embeddings”通常被翻译为“词向量”或者“向量表示”。这些翻译强调了嵌入向量的特点，即将词汇转换成向量，并表示为嵌入空间中的点。

向量数据库的存储方式是将数据表示为嵌入向量，其中通过预训练模型为文本生成嵌入向量。在 Transformer 模型中，嵌入向量通常作为一种内部数据表示，往往不需要直接接触和理解。然而，在向量数据库中，对这些嵌入向量的理解却是必不可少的。

如何理解嵌入向量呢？想象一下拼图游戏，它由多个小块组成，并且这些小块有特定的排列顺序来形成完整的图案。在拼图游戏中，当小块被打乱时，它们的相互关系就变得不确定了。但是，如果为每个小块设计一个独特的编码，就可以简单地计算两个小块之间的距离，从而知道它们相邻与否。例如，在一个 100 × 100 的拼图中，如果一个小块的编码是 [20, 45]，那么 [19, 45]、[20, 46] 等都是它的相邻小块。

在自然语言处理中也存在类似的情况。文本可以被看作是一个拼图，由许多标记（例如单词或字符）组成，它们之间的关系对于初始文本来说是未知的。然而，通过使用预训练的语言模型，我们可以获取到这个拼图的完整图案，也就是标记之间的关系。因此，当给定一个标记时，我们可以知道它的相邻标记是哪些。

总结起来，拼图的概念可以推广到多个维度，如在自然语言处理中的嵌入向量。通过预训练模型，可以得到标记之间的关系，就像得到了拼图的完整图案一样。这些嵌入向量可以帮助我们在文本中理解标记之间的语义和语法关系。图 12-2 用简单的二维空间表示语义相近的标记嵌入向量相邻。

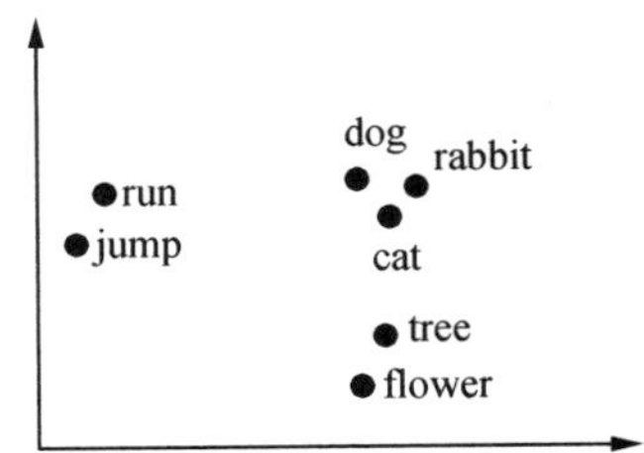

图12-2 语义相近的标记嵌入向量相邻

12.4 嵌入向量生成模型

嵌入模型（embedding model）是一种能将高维度的离散数值（如词汇、用户 ID 等）映射到低维度连续向量空间的模型。这种模型的主要目标是将相似的对象映射到向量空间的接近位置，从而捕捉和保留对象之间的某些相似性。例如，在自然语言处理领域，词嵌入模型能将语义或句法上相似的词映射到向量空间的邻近位置，以此来保留词语间的语义和句法相似性。

Word2Vec、GloVe 和 FastText 等都是基于词嵌入理念的专用嵌入模型，它们能将单词或短语映射到低维向量空间中，从而捕捉它们的语义和上下文信息。这些向量可以用于计算单词之间的相似度，进行聚类、分类等任务，甚至可以用于生成文本。

除了这些专用嵌入模型外，预训练的语言模型（如 BERT、GPT 等）也常被用于生成嵌入向量，这些向量通常包含更丰富的上下文信息和更深层次的语义理解。

生成嵌入向量可以使用的预训练模型有 BERT、GPT、GPT-2、Transformer-XL、XLNet、XLM、RoBERTa、DistilBERT、ALBERT、T5、XLM-RoBERTa 等，Llama 也可以用于生成嵌入向量。选择模型的主要考虑因素是模型的嵌入维度，嵌入维度越大，则占据向量数据库的存储空间越大。比如 BERT-base-uncased 的嵌入维度只有 768，而 Llama 的有 4 096。

BERT 模型是一种预训练语言模型，它在多个自然语言处理任务上表现出色。BERT 及其变体有以下几个。

（1）bert-base-uncased：编码器具有 12 个隐层，输出 768 维张量，12 个自注意力头，共 110M 参数量，在小写的英文文本上进行训练而得到。

（2）bert-large-uncased：编码器具有 24 个隐层，输出 1 024 维张量，16 个自注意力头，共 340M 参数量，在小写的英文文本上进行训练而得到。

（3）bert-base-cased：编码器具有 12 个隐层，输出 768 维张量，12 个自注意力头，共 110M 参数量，在不区分大小写的英文文本上进行训练而得到。

（4）bert-large-cased：编码器具有 24 个隐层，输出 1 024 维张量，16 个自注意力头，共 340M 参数量，在不区分大小写的英文文本上进行训练而得到。

（5）bert-base-multilingual-uncased：编码器具有 12 个隐层，输出 768 维张量，12 个自注意力头，共 110M 参数量，在小写的 102 种语言文本上进行训练而得到。

（6）bert-large-multilingual-uncased：编码器具有 24 个隐层，输出 1 024 维张量，16 个自注意力头，共 340M 参数量，在小写的 102 种语言文本上进行训练而得到。

（7）bert-base-chinese：编码器具有 12 个隐层，输出 768 维张量，12 个自注意力头，共 110M 参数量，在简体和繁体中文文本上进行训练而得到。

BERT-base-uncased 是 BERT 的一种变体，它使用了 12 个 transformer 编码器层，768 个隐藏单元和 110M 个参数。BERT-base-uncased 之所以成为生成嵌入向量的首选模型之一，是因为它具有以下优点。

（1）高效性：BERT-base-uncased 是一个相对较小的模型，可以在较短的时间内训练和微调。

（2）通用性：BERT-base-uncased 是一种通用的预训练语言模型，可以用于多种自然语言处理任务，例如文本分类、命名实体识别、问答等。

（3）可扩展性：BERT-base-uncased 可以通过微调来适应不同的自然语言处理任务和数据集。

为了得到更快的推理速度和更小的模型大小，可以使用经过蒸馏的模型，比如 DistilBERT 及其变体。

distilbert-base-uncased：基于 bert-base-uncased 的蒸馏（压缩）模型，编码器具有 6 个隐层，输出 768 维张量，12 个自注意力头，共 66M 参数量。

distilbert-base-multilingual-cased：基于 bert-base-multilingual-uncased 的蒸馏（压缩）模型，编码器具有 6 个隐层，输出 768 维张量，12 个自注意力头，共 66M 参数量。

MSMARCO-distilbert-base-tas-b 也是一种基于 BERT 的蒸馏模型，它使用了 6 个 transformer 编码器层，768 个隐藏单元和 66M 个参数。

12.5　池化技术

在计算词向量时，我们会对一组词向量执行汇聚操作，生成一个代表该组词向量的单一向量表示。汇聚操作的目的是减少词向量组的维度，并提取出其中最重要的信息，以获得更简洁而有代表性的向量表示。这种表示可以用作输入更高层次的模型，如分类器或生成器的输入。

以下是一些常见的词向量池化技术。

（1）平均池化（Average Pooling）：这是一种简单但有效的池化方法。它将所有词向量的平均值作为序列的表示。这种方法的优点是计算简单，但可能会丢失一些重要的信息，因为它将所有词向量视为等重要的。

（2）最大池化（Max Pooling）：这种方法将每个维度上的最大值作为序列的表示。这意味着，对于每个维度，池化后的向量都包含了该维度上最强的信号。这种方法可以捕捉到一些重要的特征，但可能会忽略一些其他信息。

（3）加权平均池化（Weighted Average Pooling）：这种方法首先计算每个词向量的权重，

然后根据这些权重对所有词向量进行加权平均。权重的计算可以基于各种方法，例如基于注意力机制的权重。

（4）自注意力池化（Self-Attention Pooling）：这种方法使用了自注意力机制来计算每个词向量的权重。具体来说，它首先使用一个可学习的查询向量与每个词向量进行点积，然后通过 softmax 函数将这些点积转化为权重。最后，根据这些权重对所有词向量进行加权平均。

（5）第一个标记（First Token）：在 BERT 等 Transformer 模型中，通常会在每个输入序列的开始添加一个特殊的标记（例如，BERT 中的 [CLS] 标记）。模型被训练来更新这个标记的向量，使其包含整个序列的信息。因此，这个标记的向量经常被用作序列的池化表示。这种方法的优点是简单、高效，但可能会丢失一些序列中的细节信息。

（6）注意力掩码平均池化（Attention Mask Average Pooling）：这是一种更复杂的池化策略，它考虑了所有词向量的信息，而不仅仅是第一个标记。具体来说，它首先使用一个注意力机制来计算每个词向量的权重，然后根据这些权重对所有词向量进行加权平均。这种方法能够更好地捕捉序列中的信息，但计算复杂度较高。

12.6 计算词向量

12.6.1 使用OpenAI

OpenAI 的嵌入模型可以将文本解析为 1 536 个维度，每个维度代表一个概念或特征。建议采用第二代的 text-embedding-ada-002 模型，既好又便宜。使用量按每个输入令牌定价，收费为每 1 000 个标记大约 0.000 4 美元。不推荐使用第一代模型（以 -001 结尾）。

text-embedding-ada-002 模型，采用 cl100k_base 分词器，最大输入标记数 8 191，输出维度 1 536。

```
import os
import openai
openai.api_key = os.getenv("OPENAI_API_KEY")
data_embedding_res = openai.Embedding.create(
  model="text-embedding-ada-002",
  input="需要转为embedding vectors的内容"
)
print(data_embedding_res['data'][0]['embedding'])
```

12.6.2 使用Hugging Face

Hugging Face 提供了生成嵌入变量的函数库 Transformers，以及各种预训练模型。Transformers 库中有可自动识别模型的通用函数，也有针对不同模型的专用函数。

利用通用函数 AutoModel，或是对应 GPT2、Bert 模型的专用函数 GPT2Model、BertModel，可以得到输出类 BaseModelOutputWithPoolingAndCrossAttention。

BaseModelOutputWithPoolingAndCrossAttentions 主要用于表示经过池化和交叉注意力层的模型输出。pooler_output 是该类的一个属性，表示经过池化操作后的输出。

pooler_output 的计算方式取决于模型的实现和配置。一般来说，它会通过对模型的最后一层隐藏状态进行池化操作来得到。池化操作可以是一种全局池化（如平均池化或最大池化）或局部池化，具体取决于模型的设计和要求。

在 BERT 系列模型中，pooler_output 通常是通过对序列的第一个标记（通常是 CLS 标记）进行池化操作得到的。这是 BERT 和其他 Transformer 模型的一个常见策略，因为这个标记经过预训练，已经被设计为能够捕捉整个输入序列的信息。

该类的属性 last_hidden_state 是模型最后一层输出的隐藏状态序列，是一个包含每个标记位置的隐藏状态的张量，池化操作的数据来源。

隐藏状态是嵌入向量经过 Transformer 模型的自注意力机制和前馈神经网络计算后的更新值。在训练过程中，模型通过学习调整其内部参数，使输入的嵌入向量能够经过这些计算层得到更丰富的表示，也就是隐藏状态。

下面代码是利用 Bert 模型计算词向量例子：

```
from transformers import BertTokenizer, BertModel
import torch

model_path = "bert-base-uncased"

# 要计算词向量的句子
text = "Hello, how are you?"

# 从HuggingFace Hub加载模型
tokenizer = BertTokenizer.from_pretrained(model_path)
model = BertModel.from_pretrained(model_path)

encoded_input = tokenizer(text, return_tensors='pt')

# 计算标记嵌入
with torch.no_grad():
    model_output = model(**encoded_input, return_dict=True)

text_emb = model_output.pooler_output
```

model_output 输出为：

```
BaseModelOutputWithPoolingAndCrossAttentions(last_hidden_state=tensor([[[-0.0824,
0.0667, -0.2880,  ..., -0.3566,  0.1960,  0.5381],
       [ 0.0310, -0.1448,  0.0952,  ..., -0.1560,  1.0151,  0.0947],
       [-0.8935,  0.3240,  0.4184,  ..., -0.5498,  0.2853,  0.1149],
        ...,
       [-0.2812, -0.8531,  0.6912,  ..., -0.5051,  0.4716, -0.6854],
       [-0.4429, -0.7820, -0.8055,  ...,  0.1949,  0.1081,  0.0130],
       [ 0.5570, -0.1080, -0.2412,  ...,  0.2817, -0.3996, -0.1882]]]), pooler_output=
tensor([[-0.9397, -0.4081, -0.9024,  0.8667,  0.6076, -0.1782,  0.9319,  0.2685,
        -0.7918, -1.0000, -0.4899,  0.9625,  0.9823,  0.6102,  0.9614, -0.8728,
        -0.6449, -0.6543,  0.3102, -0.6648,  0.7556,  1.0000,  0.0778,  0.3350,
        ...,
        -0.7148, -1.0000,  0.4726, -0.4242,  0.7148, -0.7536,  0.8473, -0.7694,
       -0.9885, -0.3057,  0.5318,  0.7787, -0.4794, -0.6866,  0.6466, -0.1783,
       0.9834,  0.9262, -0.6138,  0.2273,  0.6907, -0.7303, -0.7535,  0.9454]]), hidden_
states=None, past_key_values=None, attentions=None, cross_attentions=None)
```

last_hidden_state 的形状为 [1, 8, 768]，pooler_output 的形状为 [1, 768]。从 last_hidden_state 得到 pooler_output 池化操作流程如下。

（1）取 last_hidden_state 的第一个标记，即 last_hidden_state[:, 0]。

通过一个线性层，这个线性层有一个权重矩阵（model.pooler.dense.weight）和一个偏置向量（model.pooler.dense.bias）。

（2）通过一个 tanh 激活函数。

所以，如果你想要从 last_hidden_state 手动计算 pooler_output，可以这样做：

```
import torch.nn.functional as F

# 取第一个标记
first_token = model_output.last_hidden_state[:, 0]

# 通过线性层
pooled_output = model.pooler.dense(first_token)

# 通过激活函数
pooled_output = F.tanh(pooled_output)
```

model.pooler.dense.weight 和 model.pooler.dense.bias 是在预训练过程中学习的参数，这些参数使 [CLS] 标记能够捕捉到整个序列的信息。这就是为什么可以直接使用 pooler_output 作为整个序列的表示。

12.6.3 使用Llama 2

如果更关注性能要求，则可以考虑采用更大参数量的预训练模型来计算词向量。相对于 BERT 模型的从 768 维到 1 024 维，Llama 2 模型可以从 7b 的 4 096 维到 70b 的 8 196 维。

使用更大的语言模型计算词向量时，模型的参数量增加会对向量数据库的效果产生以下影响。

（1）更丰富的语义表示：更大的语言模型通常能够学习到更丰富的语义表示，因为它们在更大规模的数据上进行了训练。这可以提升词向量的质量，在向量空间中更好地捕捉词语之间的语义相似性和关系。

（2）更大的覆盖范围：大语言模型往往具有更广泛的词汇知识，并且能够处理更多的上下文信息。这样可以提供更全面的词向量表示，使得向量数据库更好地涵盖各种领域和主题的词汇。

（3）更好的泛化能力：大语言模型可以通过训练在大规模数据上，从中学习到一些普遍的语言模式和规律。这种泛化能力可以帮助词向量在向量数据库中对未见过的词语或上下文进行更好的推断和补全。

（4）计算成本增加：使用更大的语言模型会增加计算成本，包括内存使用和计算时间。这可能需要更多的计算资源和更大的存储空间来存储和处理模型及其参数。

因此，尽管更大的语言模型通常可以提供更好的词向量表示，但在实际应用中需要综合考虑计算资源和性能要求。选择适当规模的语言模型对于特定任务和应用场景来说是很重要的。

以下是用 Hugging Face 提供了生成嵌入变量的函数库 Transformers 和 Llama 2 模型计算词向量的代码：

```
from transformers import (
    LlamaModel,
    LlamaTokenizer,
    BitsAndBytesConfig,
)
import torch
from torch import clamp, sum
```

```
device = "auto"
model_path = "/mnt/chinese-llama-2-7b"      # Path to the combined weights

bnb_config = BitsAndBytesConfig(
       load_in_4bit=True,
       bnb_4bit_quant_type="nf4",
       bnb_4bit_compute_dtype="float16",
       bnb_4bit_use_double_quant=True,
   )

model = LlamaModel.from_pretrained(
   model_path,
   device_map=device,
   load_in_8bit= True,
   quantization_config=bnb_config
)
tokenizer = LlamaTokenizer.from_pretrained(model_path)

query = "Hello, how are you?"

encoded_input = tokenizer(query, padding=True, add_special_tokens = True, truncation =
True, return_attention_mask = True, return_tensors='pt')

with torch.no_grad():
   model_output = model(**encoded_input, return_dict=True)

query_emb = model_output.last_hidden_state
```

以上代码运行需要 GPU。query_emb 返回的形状是 torch.Size([1, 7, 4096])：

```
tensor([[[ 0.1548,  0.0524,  0.1591,  ...,  0.0473, -0.0912,  0.2695],
         [-0.7446, -1.0273,  0.4260,  ...,  0.8838,  0.9141, -1.1641],
         [-0.3491, -0.6211, -0.2537,  ...,  1.5088,  0.3347,  0.1338],
         ...,
         [-0.4067, -1.5596,  1.2998,  ...,  0.3792,  0.9092, -0.0235],
         [-0.2157, -2.3926,  0.8970,  ...,  0.9189, -0.0987, -0.7983],
         [-0.9136, -1.9561,  0.3748,  ...,  0.9038, -0.5811, -0.6226]]],
       dtype=torch.float16)
```

query_emb 经池化后生成词向量。

12.7　批量生成嵌入向量

批量生成嵌入向量代码是根据向量数据库 Milvus 文档中例子改造而得的。从 SQuAD 数据集中批量读取数据，批量生成嵌入向量。

SQuAD 是斯坦福大学通过众包的方式来构建的一个机器阅读理解数据集。本质上，这就是一个大规模的英文阅读理解数据集，现在做和英文的阅读理解相关所有任务都用它，由 87 599 条训练数据和 10 570 条验证数据构成。

SQuAD 数据库访问网址：https://huggingface.co/datasets/squad

训练数据格式是这样的：

```
{
    "answers": {
        "answer_start": [1],
```

```
        "text": ["This is a test text"]
    },
    "context": "This is a test context.",
    "id": "1",
    "question": "Is this a test?",
    "title": "train test"
}
```

Hugging Face 的 datasets 库是一个用于处理和加载大规模数据集的 Python 库，尤其是用于自然语言处理的数据集。这个库的目标是使处理大规模数据集变得简单、快速和可扩展。

datasets 库的一些主要的函数和方法有：

load_dataset()：这个函数用于加载数据集。你可以从 Hugging Face 的数据集库中加载预定义的数据集，也可以从本地文件或 URL 加载数据。

map()：这个方法对数据集中的每一项应用一个函数。这是进行数据预处理的主要方式。

filter()：这个方法用于筛选数据集。你可以提供一个函数，该函数返回一个布尔值，以决定是否保留每一项数据。

shuffle()：这个方法用于随机打乱数据集。

train_test_split ()：这个方法用于将数据集分割为训练集、验证集和测试集。

Hugging Face 的 datasets 库的 map 函数是一个非常强大的工具，可以用来对数据集进行各种转换。以下是这个函数的参数定义。

function：这是一个用户定义的函数，它将被应用到数据集的每一个元素上。这个函数应该接受一个字典作为输入（这个字典的键是特征名，值是特征值），并返回一个字典。

batched（默认为 False）：如果设置为 True，那么 function 将在每个批次上运行，而不是在每个样本上运行。在这种情况下，function 应该接受一个字典的列表，并返回一个字典。

batch_size（默认为 1000）：如果 batched=True，这个参数将决定每个批次的大小。

remove_columns：这是一个字符串列表，指定要从数据集中删除的列。

```
DATASET = 'squad'  # Huggingface Dataset to use
MODEL = 'bert-base-uncased'  # Transformer to use for embeddings
TOKENIZATION_BATCH_SIZE = 1000  # Batch size for tokenizing operaiton
INFERENCE_BATCH_SIZE = 64  # batch size for transformer
INSERT_RATIO = .001  # How many titles to embed and insert
DIMENSION = 768  # Embeddings size

from datasets import load_dataset, Dataset
from transformers import BertTokenizer, BertModel

data_dataset = load_dataset(DATASET, split='all')

# 生成一个固定的子集。为生成随机子集，请删除种子设置。有关详细信息，请参见 <https://huggingface.
co/docs/datasets/v2.9.0/en/package_reference/main_classes#datasets.Dataset.train_test_
split.seed>
data_dataset = data_dataset.train_test_split(test_size=INSERT_RATIO, seed=42)['test']

# 清理数据集中的数据结构
data_dataset = data_dataset.map(lambda val: {'answer': val['answers']['text'][0]},
remove_columns=['answers'])

tokenizer = BertTokenizer.from_pretrained(MODEL)
```

```
# 将问题分词以满足BERT的输入格式。
def tokenize_question(batch):
    results = tokenizer(batch['question'], add_special_tokens = True, truncation = True,
padding = True, return_tensors = "pt")
    batch['input_ids'] = results['input_ids']
    return batch

# 为每个条目生成标记
data_dataset = data_dataset.map(tokenize_question, batch_size=TOKENIZATION_BATCH_SIZE,
batched=True)
# 设置输出格式为torch,以便将其推送到嵌入模型中
data_dataset.set_format('torch', columns=['input_ids'], output_all_columns=True)

model = BertModel.from_pretrained(MODEL)

def embed(batch):
    sentence_embs = model(input_ids=batch['input_ids']).pooler_output
    batch['question_embedding'] = sentence_embs
    return batch

data_dataset = data_dataset.map(embed, remove_columns=['input_ids'], batched = True,
batch_size=INFERENCE_BATCH_SIZE)

def print_function(batch):
    print(batch['question'])
    print(batch['answer'])
    print(batch['question_embedding'])

data_dataset.map(print_function, batched=True, batch_size=4)
```

下面是一个批次（4 条记录）的输出：

```
question:
['Along with the United Democratic Party, what party currently rules the Marshall
Islands?', "What was Gaddifi's original political viewpoint?", 'What is the name of the
international airport in Guam?', 'Along with fishermen, what sort of Japanese people
visited the Marshalls?']
answer:
['the AKA', 'Initially ideologically committed to Arab nationalism and Arab socialism',
'Antonio B. Won Pat', 'traders']
question_embedding
tensor([[-0.8324, -0.5737, -0.9900,  ..., -0.9467, -0.7632,  0.6736],
        [-0.6565, -0.4234, -0.9715,  ..., -0.8413, -0.6445,  0.5264],
        [-0.7713, -0.5848, -0.9829,  ..., -0.8983, -0.7207,  0.7519],
        [-0.6801, -0.5408, -0.9795,  ..., -0.9010, -0.7227,  0.5658]])
```

12.8　池化算法

下面举例介绍注意力掩码平均池化方法。

```
MODEL = 'bert-base-uncased'  # Transformer to use for embedding

from transformers import BertTokenizer, BertModel
from torch import clamp, sum

text = ["Around 9 Million empeople live in London", "London is known for its financial district"]

tokenizer = BertTokenizer.from_pretrained(MODEL)

encoded_input = tokenizer(text, padding=True, add_special_tokens = True,
truncation = True, return_attention_mask = True, return_token_type_ids = True,
```

```
return_tensors='pt')
input_ids = encoded_input['input_ids']
token_type_ids = encoded_input['token_type_ids']
attention_mask = encoded_input['attention_mask']

# 计算标记嵌入
sentence_embs = model(input_ids, token_type_ids, attention_mask)[0]
input_mask_expanded = attention_mask.unsqueeze(-1).expand(sentence_embs.size()).float()
question_embedding = sum(sentence_embs * input_mask_expanded, 1) / clamp(input_mask_
expanded.sum(1), min=1e-9)
```

代码中，先按照普通推理逻辑，获取词编码，同时返回 input_ids、token_type_ids 和 attention_mask，主要在后面将标记概率转换为整句概率池化时需要使用。代码中主要需要关注的是池化算法，采用的是根据隐藏层的注意力掩码取平均池化。

注意力掩码是注意力机制的一个重要部分。在计算注意力分数时，可能会遇到一些特殊的情况，比如序列中含有填充（padding）元素，这些元素实际上并不包含任何有用的信息，我们不希望它们对池化结果产生影响。在这种情况下，可以使用注意力掩码来忽略这些元素。掩码的值通常是 0 或 1，其中 0 表示忽略对应的元素，1 表示考虑对应的元素。

代码中池化算法主要是只对掩码为 1 的元素的分数计算平均值。

代码 attention_mask.unsqueeze(-1).expand(sentence_embs.size()).float() 的功能是将 attention_mask 先用 unsqueeze 函数扩充 1 个维度，再用 expand 将元素扩充到和 sentence_embs 相同的大小。下面是初始的 attention_mask 向量和计算返回后 input_mask_expanded 向量值：

```
[42]: attention_mask

[42]: tensor([[1, 1, 1, 1, 1, 1, 1, 1, 1, 1, 1],
              [1, 1, 1, 1, 1, 1, 1, 1, 1, 0, 0]])

[45]: input_mask_expanded

[45]: tensor([[[1., 1., 1.,  ..., 1., 1., 1.],
               [1., 1., 1.,  ..., 1., 1., 1.],
               [1., 1., 1.,  ..., 1., 1., 1.],
               ...,
               [1., 1., 1.,  ..., 1., 1., 1.],
               [1., 1., 1.,  ..., 1., 1., 1.],
               [1., 1., 1.,  ..., 1., 1., 1.]],

              [[1., 1., 1.,  ..., 1., 1., 1.],
               [1., 1., 1.,  ..., 1., 1., 1.],
               [1., 1., 1.,  ..., 1., 1., 1.],
               ...,
               [1., 1., 1.,  ..., 1., 1., 1.],
               [0., 0., 0.,  ..., 0., 0., 0.],
               [0., 0., 0.,  ..., 0., 0., 0.]]])
```

sum(sentence_embs * input_mask_expanded, 1) 在维度 1（多个标记）上合计，仅计算掩码为 1 的元素。

input_mask_expanded.sum(1) 在维度 1（标记）上合计元素个数。

clamp(input_mask_expanded.sum(1), min=1e-9) 是防止作为除数为 0。

最终的 question_embedding 形状为 [1,55296]，获取每个句子的嵌入维度值：

```
[46]: question_embedding

[46]: tensor([[ 0.3993,  0.4458,  0.2752,  ..., -0.7604,  0.0992,  0.2496],
              [-0.0432,  0.2758,  0.1875,  ..., -0.3111,  0.0233, -0.0341]],
             grad_fn=<DivBackward0>)
```

将该向量保存到向量数据库，即可以用来进行检索。

12.9 词向量文档检索

下面代码用L2距离计算查询语句与文档语句之间的相似性。定义了一个查询语句query和文档 docs 里面的两个语句，分别返回查询语句与两个文档语句的 L2 距离值。

L2 距离，也称为欧氏距离，是一种常见的度量方法，用于计算两个向量之间的直线距离。它计算的是两个向量各个维度差的平方和的平方根。L2 距离通常被用于衡量向量之间的相似性。

```
from transformers import BertTokenizer, BertModel
import torch

MODEL = 'bert-base-uncased'  # Transformer to use for embeddings

#直接读取池化后的词向量
def encode(texts):
    # Tokenize sentences
    encoded_input = tokenizer(texts, padding=True, add_special_tokens = True, truncation = 
True, return_attention_mask = True,
                        return_token_type_ids = True, return_tensors='pt')
    input_ids = encoded_input['input_ids']

    # 计算标记嵌入
    with torch.no_grad():
        sentence_embs = model(input_ids).pooler_output

    return sentence_embs


#要嵌入的语句
query = "How many people live in London?"
docs = ["Around 9 Million empeople live in London", "London is known for its financial district"]

model = BertModel.from_pretrained(MODEL)
tokenizer = BertTokenizer.from_pretrained(MODEL)

#计算query和docs的词向量
query_emb = encode(query)
doc_emb = encode(docs)

#计算L2距离
scores = torch.norm(query_emb - doc_emb, p=2, dim=1)

#组合分数和文档语句
doc_score_pairs = list(zip(docs, scores))

#按分数倒排序
doc_score_pairs = sorted(doc_score_pairs, key=lambda x: x[1], reverse=True)

#输出分数
for doc, score in doc_score_pairs:
    print(score, doc)
```

输出结果为

```
tensor(10.4681) London is known for its financial district
tensor(3.5335) Around 9 Million empeople live in London
```

将以上 query 与 docs 换成中文：

```
query = "我想喝一杯浓郁的咖啡。"
docs = ["我今天早上喝了一杯香浓的咖啡。","我喜欢喝美式咖啡。","今天的天气真好！"]
```

输出的结果是

```
tensor(5.7056) 今天的天气真好!
tensor(4.5422) 我喜欢喝美式咖啡。
tensor(1.1916) 我今天早上喝了一杯香浓的咖啡。
```

12.10 示例

12.10.1 PGVector简介

本示例用 bert_base_uncased 模型生成词向量，将词向量保存在 PGVector 中。

PGVector 是一个针对 PostgreSQL 数据库的扩展插件，设计目的是让用户在现有的 PostgreSQL 数据库上实现向量搜索和计算，而无须引入额外的向量数据库。这降低了集成的复杂性，特别是对于那些已经在使用 PostgreSQL，并希望快速添加向量数据支持的用户来说。

PGVector 的主要功能有以下几个。

（1）与 PostgreSQL 深度集成：PGVector 作为 PostgreSQL 数据库的一个扩展插件，允许在 PostgreSQL 数据库中存储和查询向量数据，无须迁移数据或更改应用程序架构。

（2）SQL 简单易用：PGVector 使用标准 SQL 查询语言，适合熟悉 SQL 查询的用户。

（3）灵活的数据模型：PGVector 可以灵活组合，可以在查询中使用标准的 SQL 语法。

（4）新的索引类型：例如 Hierarchical Navigable Small Worlds（HNSW）索引，HNSW 的要旨是：通过连接相邻的向量达到更好的性能和召回率。因此当执行近似查询时，能够更准确地找到最接近的邻居。

（5）快速距离计算：PGVector 支持更快的距离计算，例如在 HNSW 索引上执行距离计算。

（6）并行构建索引：支持并行向索引中插入数据，可以更加容易地从多个来源同时加载数据。

（7）更新和删除：PGVector 支持更新和删除操作。很多其他 HNSW 的实现并不支持这个功能。

12.10.2 PGVector安装

在 Ubuntu 22.04LTS 安装 PostgreSQL 的流程如下（Ubuntu 其他版本可参考）。

1. 安装 postgresql

```
sudo apt-get install postgresql
sudo apt install postgresql-server-dev-all
```

2. 设置操作系统用户 postgres 密码

```
sudo passwd postgres
密码：123456
```

3. 切换用户

```
sudo addgroup postgres sudo
su-postgres
pg_config --includedir-server
```

4. 安装 PGVector(支持 Postgres 11+)

```
git clone --branch v0.5.1 https://github.com/pgvector/pgvector.git

cd pgvector
make
make install # may need sudo
```

5. 修改数据库用户密码

```
psql -U postgres
ALTER USER postgres WITH PASSWORD '123456';
\q
```

12.10.3　向量数据库操作

1. 启用扩展（在要使用它的每个数据库中执行此操作一次）

```
CREATE EXTENSION vector;
```

2. 创建具有 3 个维度的向量列

```
CREATE TABLE squad (id bigserial PRIMARY KEY, question text, answer text,embedding
vector(6));
```

以上向量列的维度应该和模型的维度相同，比如采用 bert_base_uncased 模型，维度为 768，则向量列应定义为 vector(768)。

3. 插入向量

```
INSERT INTO squad (question,answer,embedding) VALUES
('Along with the United Democratic Party, what party currently rules the Marshall
Islands?', 'the AKA', '[-4.1286, -3.1997,  6.2331,  -3.2861, -2.8586, -2.6042]'),
('What was Gaddifis original political viewpoint?', 'Initially ideologically committed
to Arab nationalism and Arab socialism', '[-3.3573, -2.0095,  7.5762, -1.0108, -1.4621,
-1.8439]'),
('What is the name of the international airport in Guam?', 'Antonio B. Won Pat',
'[-3.4861, -3.1744,  6.2953, -2.6002, -2.5398, -2.0709]'),
('Along with fishermen, what sort of Japanese people visited the Marshalls?', 'traders',
'[-3.8996, -2.4417,  6.4038,  -2.3210, -2.5534, -2.2019]');
```

4. 按 L2 距离获取最近邻

```
SELECT * FROM squad ORDER BY embedding <-> '[-3.4443,-2.5282,6.8986,-1.9173, -2.4078,
-1.7705]' LIMIT 1;
SELECT * FROM squad ORDER BY embedding <-> '[-3.4861, -3.1744,  6.2953, -2.6002,
-2.5398, -2.0709]';
```

参 考 文 献

[1] 大模型物种进化图转疯了：8位华人打造，一眼看懂“界门纲目”，原来BERT后代已绝种[EB/OL]. (2023-05-07)[2023-12-30]. https://zhuanlan.zhihu.com/p/627453265.

[2] Meta最新模型Llama语言模型细节与代码详解[EB/OL]. (2023-03-07)[2023-12-30]. https://www.shangyexinzhi.com/article/6850575.html.

[3] TOUVRON H, MARTIN L, STONE K et al. Llama 2: Open foundation and fine-Tuned chat models [EB/OL].(2023-07-18)[2023-12-30]. https://ai.meta.com/research/publications/llama-2-open-foundation-and-fine-tuned-chat-models.

[4] 一文读懂Llama 2（从原理到实战）[EB/OL]. (2024-01-11). https://zhuanlan.zhihu.com/p/653303123.

[5] NIKOLAIEV D. Estimate the number of parameters in transformer models[EB/OL]. (2023-01-13)[2023-12-30]. https://towardsdatascience.com/how-to-estimate-the-number-of-parameters-in-transformer-models-ca0f57d8dff0.

[6] 白强伟. 用于大型Transformer的8-bit矩阵乘法介绍[EB/OL]. (2023-10-25)[2023-12-30]. https://zhuanlan.zhihu.com/p/604338403.

[7] BELKADA Y, DETTMERS T. 大规模Transformer模型8比特矩阵乘简介 - 基于Hugging Face Transformers、Accelerate以及bitsandbytes [EB/OL]. (2022-08-18)[2023-12-30]. https://huggingface.co/blog/hf-bitsandbytes-integration.

[8] qLoRA的双量化Double Quantization [EB/OL]. (2023-06-24)[2023-12-30]. https://blog.csdn.net/wangzhengkui123/article/details/131362235.

[9] 大模型参数高效微调(PEFT) [EB/OL]. (2023-08-30) [2023-12-30]. https://zhuanlan.zhihu.com/p/621700272.

[10]HE J, ZHOU C. Towards a unified view of parameter-efficient transfer learning[EB/OL]. (2022-02-02)[2023-12-30]. https://arxiv.org/abs/2110.04366.

[11]战士金. 详解大模型RLHF过程（配代码解读）[EB/OL]. (2023-09-25) [2023-12-30]. https://zhuanlan.zhihu.com/p/624589622.

[12]方佳瑞. 大模型推理妙招——投机采样（Speculative Decoding）[EB/OL]. (2023-08-21) [2023-12-30]. https://zhuanlan.zhihu.com/p/651359908.

[13]推理飙升2倍！普林斯顿北大校友祭出多头「美杜莎」，33B模型与13B一样快[EB/OL]. (2023-09-12)[2023-12-30]. https://zhuanlan.zhihu.com/p/655809651.